西北村镇分布式能源多能互补应用技术

狄彦强 苏 醒 陈来军 赵 晨 马广兴 主编

U0291346

中国建筑工业出版社

图书在版编目（CIP）数据

西北村镇分布式能源多能互补应用技术／狄彦强等

主编. -- 北京：中国建筑工业出版社，2024.8.

ISBN 978-7-112-30221-5

Ⅰ. TK019

中国国家版本馆 CIP 数据核字第 20246Y0L33 号

责任编辑：张文胜　武　洲

文字编辑：赵欧凡

责任校对：赵　力

西北村镇分布式能源多能互补应用技术

狄彦强　苏　醒　陈来军　赵　晨　马广兴　主编

*

中国建筑工业出版社出版、发行（北京海淀三里河路 9 号）

各地新华书店、建筑书店经销

北京科地亚盟排版公司制版

廊坊市金虹宇印务有限公司印刷

*

开本：787 毫米×1092 毫米　1/16　印张：24　字数：599 千字

2024 年 8 月第一版　　2024 年 8 月第一次印刷

定价：**97.00** 元

ISBN 978-7-112-30221-5

（42848）

编写委员会

中国建筑科学研究院有限公司：

狄彦强　赵　晨　李颜颐　张志杰　龙　鹤　廉雪丽　狄海燕　刘寿松
张秋蕾　李小娜　冷　娟　鲁子琛　李小龙　曹思雨　刘　芳　李梦莹

青海大学：

陈来军　陈晓弢　司　杨　马恒瑞　苏小玲

同济大学：

苏　醒　田少宸　聂祎宁

内蒙古工业大学：

马广兴　刘广忱　王　娟　常　琛　徐宝清　温素芳

天津大学：

穆云飞　张晴柱

中国建筑技术集团有限公司：

孙海燕　李雅铃　赵　静　邓亚楠　田培谨　丛　森　周芷琦　罗　琼
谢微峰　康凯新　王　赛

前言

随着我国村镇能源建设水平的不断提高，村镇能源供应得到进一步保障，然而相较于城镇地区，村镇能源供给手段较为单一落后，清洁能源利用率低，部分偏远地区供电稳定性差，能源供给多元性和能源综合利用效率有待进一步提升。2022年5月23日，中共中央办公厅、国务院办公厅印发的《乡村建设行动实施方案》明确指出，实施乡村清洁能源建设工程，发展太阳能、风能、水能、地热能、生物质能等清洁能源，在条件适宜地区探索建设多能互补的分布式低碳综合能源网络。

我国西北地区土地总面积约占全国总面积的32%，而人口却不到全国总人口的8%，其中70%以上人口居住在农村，经济发展相对落后。项目组针对西北地区典型村镇的用能现状、能效水平及终端用能特征进行了广泛调研，当地居民供暖、炊事、全年生活热水等生活用能主要依靠煤炭、薪柴、秸秆、牲畜粪便等传统能源，清洁能源利用率低且室内居住品质差，严重制约了该地区美丽乡村建设与宜居环境水平。

相对于我国其他地区，西北地区可再生能源资源丰富，其中太阳能资源技术可开发量超过全国可开发总量的50%，风能资源技术可开发量超过全国可开发总量的35%。西北村镇建筑密度小、层数低、收集面足、安装空间大，具备可再生能源技术发展的先决条件，如何进一步提高西北村镇地区清洁能源利用率是我国绿色宜居村镇建设的一项重要工作。与此同时，西北村镇地区能源供需协调能力和当地气候匹配适应性差，供需矛盾较为突出，单一供能系统普遍存在不稳定、不持续、不可靠等问题，严重制约了太阳能、风能、空气能、生物质能等清洁能源在西北村镇地区的有效利用。

在此背景下，科学技术部于2020年10月正式立项国家重点研发计划项目"西北村镇综合节水降耗技术示范"（项目编号：2020YFD1100500）。项目紧密围绕绿色宜居村镇综合节水降耗的共性及重大科学问题开展关键技术突破与装备产品创新，并应用于工程示范，为下一步规模化推广应用提供科技引领和典型模式。

为宣传科研成果，加强技术交流，项目组决定组织出版西北村镇综合节水降耗系列标准及书籍，本书为其中一册。由于内蒙古自治区西部和山西省西部的村镇气候特征与西北地区相似，因此本书所指的西北村镇包括青海省、甘肃省、宁夏回族自治区、新疆维吾尔自治区、陕西省、内蒙古自治区西部、山西省西部等地区村镇。

本书针对西北村镇供电、供暖、炊事、生活热水等终端用能需求，重点对分布式能源多能互补协同优化设计、光伏光热一体化热电联产联供、分布式风光互补发电、太阳能耦合低温空气源热泵供暖、生物质沼气耦合太阳能高效联供、多元混合生物质成型燃料高效联供、压缩空气储能分布式热电联储联供、分布式多能互补智慧监测与运维等技术进行了详细介绍，并将研究成果应用到农区、牧区、山区、高海拔聚居、沿黄流域等西北典型区域，初步形成了一套适用于西北村镇地区的分布式多能互补综合技术解决方案。

本书适用于西北村镇分布式能源多能互补系统的设计和建设，可为从事村镇人居环境建设的相关管理、咨询、设计、施工等技术人员提供重要参考和指导。因编写时间仓促及编者水平所限，疏漏与不足之处在所难免，恳请广大读者朋友不吝赐教，斧正批评。

狄彦强

"西北村镇综合节水降耗技术示范"项目负责人

2023 年 12 月 18 日

目 录

概　　述

1.1　分布式多能互补系统

　　能源短缺与环境污染是制约经济和社会可持续发展的主要瓶颈，开发先进供能系统已成为我国实施节能减排战略，构建清洁低碳、安全高效能源体系的重大需求[1]。分布式能源系统是指临近用户设置，梯级利用不同品位能源发电、产热或热电联产，且就地向用户输出电和（或）热的能源系统。分布式能源系统作为集中式能源供应的重要补充手段，将传统"源—网—荷"间的刚性链式转变为便于调控的"源—荷"柔性连接[2]，是实现能源转型和能源利用技术变革的重要方向。分布式能源系统在地理位置上位于或临近负荷中心，避免了能源大规模输送导致的能源损耗和基础设施投资，实现了能源的就地生产与消纳。在燃料利用上具有多元灵活的特点，不仅可以采用天然气、氢气作为燃料，还可以利用太阳能、生物质等可再生能源，在"碳中和"目标下，以可再生能源为主体的多能源互补的分布式能源系统是实现我国能源转型与可持续性发展的必由之路[3]。

　　多能互补系统是指面向用电、供暖、生活热水、炊事等终端用能需求，通过多种能源的协同供应和综合利用，实现清洁低碳、安全高效的供能与用能方式。多能互补分布式能源系统是对传统分布式能源系统的衍生和拓展，在优先发展可再生能源的基础上，合理开发利用本地能源资源，实现可再生能源与化石能源的协同转化。在能源转换过程中，需要遵循能势匹配、梯级利用思想，构建新型高效多能互补分布式能源系统，结合源荷时空分布特性，合理配置系统设备和储能元件，实现终端能源需求的可靠灵活供应。

1.2　西北村镇终端用能现状特征

　　西北地区土地总面积约占全国总面积的 32%，而人口不到全国人口的 8%，其中 70% 以上人口居住在农村。近年来，随着我国经济总量不断提高，能源需求也不断增大，但我国目前能源利用效率仍然处于较低水平，尤其在西北地区，村镇用能困难，分布式能源供给手段单一落后，综合能源利用效率低。图 1-1 为西北村镇分布式多能互补系统构型及规划场景技术路线图。

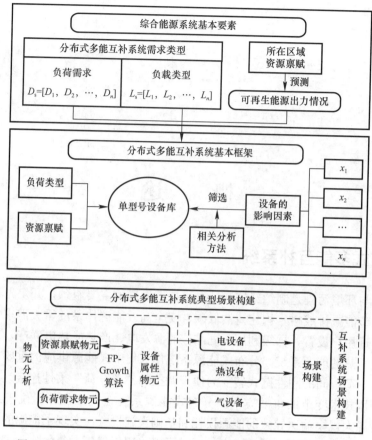

图 1-1　西北村镇分布式多能互补系统构型及规划场景技术路线图

2020 年 12 月至 2022 年 12 月期间，通过现场调研＋线上问卷＋企业走访的方式，在西北地区开展村镇典型用能现状、能效水平及农户终端用能特征调研，现场调研村镇数量超过 120 个，共获取有效样本量超 1000 份，并进一步对相关调研数据进行了汇总分析。

1.2.1　供暖用能

1. 供暖形式

我国西北大部分村镇处于严寒和寒冷气候区，冬季室外空气温度较低，供暖期较长，供暖用能较大。调研区域部分村镇已逐步实行"煤改电""煤改气"的供暖方式，但由于清洁取暖方式尚未实现全覆盖，西北村镇建筑仍然呈现多样化的供暖方式。西北村镇的冬季供暖方式有着很强的地域特征，村民依据当地的生活习惯和自己的经济条件，有燃煤炉、火炕、土暖气、电供暖、空气源热泵、太阳能和燃气壁挂炉等，如图 1-2 所示。

西北村镇居民生物质能的使用经验非常丰富，农作物秸秆是传统的供暖燃料。随着供暖方式的改变，燃料结构也发生了变化。目前，农村居住建筑供暖能源以煤炭为主，辅以电和农作物秸秆等生物质能源，仅有极少部分村镇居民应用太阳能供暖。结合供暖方式的特点，农村居住建筑燃料利用的种类有煤炭、电能、生物质能（农作物秸秆、木材），消耗最多的能源是煤炭；电能以较便宜的价格与方便、干净的特点，在农村居住建筑得到较为普遍的应用，在供暖用能中，主要以使用小功率电热毯的方式为主，所以电能消耗量不大。

图 1-2 西北村镇典型供暖形式

各供暖方式的使用率如图 1-3 所示。由于同一农户存在多种供暖方式，因此各供暖方式使用率的总和会大于 100%。由图 1-3 可知，大部分村民采用燃煤炉，使用率为 76.95%；电供暖使用率为 18.07%；空气源热泵和火炕的使用率仅为 41.12% 和 30.22%；燃气壁挂炉和太阳能的使用率较低，分别为 10.90% 和 6.85%。

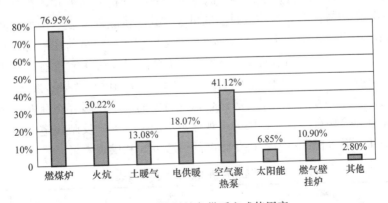

图 1-3 西北村镇各供暖方式使用率

2. 供暖能耗

为了进一步分析西北村镇农户的供暖能耗强度，对农户不同供暖方式的总能耗进行调研，将调研得到的农户供暖能源消耗量折算成标煤，按小于 2000kgce/户、2001～4000kgce/户、

4001～6000kgce/户、6001～8000kgce/户、8001～10000kgce/户、大于 10000kgce/户 6 个区间划分，绘制成图 1-4。可以看出，调研的农户中供暖能耗以 2001～4000kgce/户为主，占比 48.55%；其次为 4001～6000kgce/户和小于 2000kgce/户，分别占 23.15%和 19.61%。图 1-5 为 2018 年我国西北农村生活用能不同种类能源消耗量。

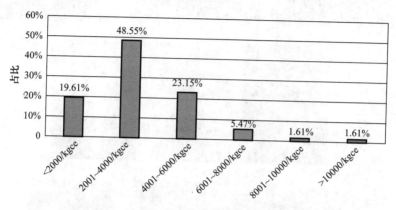

图 1-4　西北村镇户均供暖能耗分布情况

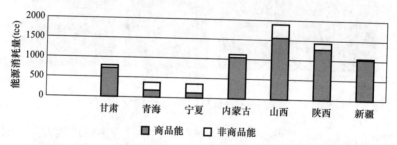

图 1-5　2018 年我国西北农村生活用能不同种类能源消耗量

3. 居民供暖满意度

表 1-1 所示为部分西北村镇居民供暖满意度调查。分析数据可知，青海省与新疆维吾尔自治区大多数受访村民对乡村住宅目前的供暖方式和供暖效果表示满意；陕西省与甘肃省大多数受访村民表示，受制于经济条件及自家房屋情况，对目前住宅的供暖方式和供暖效果能够接受；宁夏回族自治区有 17.65%的受访村民对乡村住宅目前的供暖方式和供暖效果表示满意，47.06%的受访村民认为目前的供暖方式和供暖效果一般，35.29%的受访村民对目前的供暖方式和供暖效果不满意，认为目前的住宅供暖存在耗能过多、室内热舒适差、劳动强度大等缺点。受访村民的主观评价不能完全准确反映住宅的供暖效果，而且受制于经济条件，很多村民不得不接受目前的供暖方式和供暖效果。

部分西北村镇供暖满意度调查表　　　　　　　　　　　　　　　　表 1-1

满意度	地区				
	甘肃省	青海省	宁夏回族自治区	陕西省	新疆维吾尔自治区
满意	8.33%	53.33%	17.65%	4.76%	59.09%
一般	75.00%	16.67%	47.06%	66.67%	36.36%
不满意	16.67%	30.00%	35.29%	28.57%	4.55%

1.2.2 生活热水用能

甘肃省、青海省、宁夏回族自治区、内蒙古自治区村镇居民生活热水基本上采取与供暖、炊事复合的方式来提供。山西省、陕西省、新疆维吾尔自治区村镇居民生活热水供给方式较为多样化，除了通过采取与供暖、炊事复合的方式提供外，太阳能热水器使用比例也较高，另外也有一部分居民采用电热水器。甘肃省、青海省、宁夏回族自治区村镇生活热水使用形式主要为饮用水、洗涤用水，且居民生活热水用量较少。

在利用太阳能制热水方面，不同省份采用的方式不同，甘肃省、青海省、宁夏回族自治区主要使用太阳灶，陕西省主要采用太阳能集热器，如图 1-6 和图 1-7 所示。太阳灶是利用太阳辐射能，通过聚光、传热、储热等方式从太阳获取能量，然后对食物进行炊事烹饪的一种设备，具有使用方便、投入成本小、维护简单等优点，是西北地区常用的小型热水制备装置。太阳能热水器也是目前常见的供热水装置，具有集热效率高、供水量大等优点。

图 1-6 太阳灶图　　　　　　　　　图 1-7 太阳能热水器

图 1-8 为西北村镇生活热水各种制取方式使用率的分布情况，由于同一农户同时存在多种制备生活热水的方式，因此各方式的使用率之和会大于 100%。调研发现，西北村镇居民制取生活热水的方式主要有柴火灶、煤灶、电热水器、太阳灶、气灶、太阳能热水器和液化气热水器等，其中煤灶和电热水器使用率最高，分别为 48.09% 和 49.04%。其次为柴火灶和太阳能热水器，使用率分别为 42.68% 和 37.58%，说明西北村镇居民有使用可再生能源的意愿，但使用人数还不多，推行范围较低，太阳灶、气灶和液化气热水器的使用率较低。进一步了解发现，当地政府在鼓励和支持使用太阳能制取生活热水方面力度有差异，仅有部分地区出台了阳光沐浴工程政策，对安装太阳能热水器的农户发放补贴。

1.2.3 炊事用能

调研发现，由于存在能效低、污染严重、柴火及作物秸秆供给不足等缺点，过去普遍用作燃料的柴草和秸秆在西北村镇家庭已逐渐被商品能源替代。但作为传统的炊事方式，柴灶的使用量仍处于一定范围，通常情况下与供暖、生活热水复合使用。

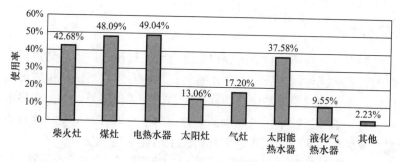

图 1-8　西北村镇生活热水制取方式使用率

随着村民生活水平的提高，电磁炉、电饭煲等电炊具越来越多地被村镇居民接受而进入家庭。相较于煤炭等其他能源，电能具有方便快捷、卫生清洁等优点。相对于其他 3 种炊事方式，电能在农村居住建筑得到了较为普遍的应用，尤其在炊事用能方面，电炊具的使用量较高，电能消耗较大。

图 1-9 反映了西北村镇炊事方式使用率的整体分布情况，西北村镇的炊事方式主要有柴灶、液化气炉、燃煤炉、煤灶、电磁炉和电饭煲等，其中电磁炉使用率最高，为 69.43%，其次为电饭煲、液化气炉和柴灶，使用率分别为 50.32%、49.04% 和 42.04%，兼具供暖、生活热水供应功能的燃煤炉和煤灶的使用率较低，分别为 29.94% 和 22.61%。

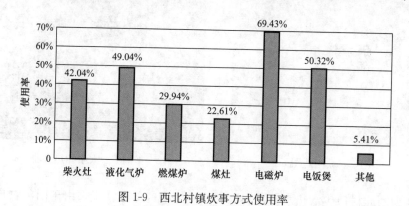

图 1-9　西北村镇炊事方式使用率

1.3　存在的问题

通过对西北村镇居民的用能现状及特性进行分析可知，西北村镇整体用能消耗以煤炭、柴禾、电为主，清洁能源利用比例较低，用能形式较为单一落后，且单一能源季节性供给能力与终端实际用能需求的时间尺度矛盾相对于其他地区更加突出，不同品位能源缺乏有机协同，能源供给多元性和能源综合利用效率有待进一步提升。

在太阳能资源利用方面，受太阳能资源间歇性和波动性的影响，单一太阳能供能存在不稳定、不持续、不可靠等问题，能源供给能力与终端实际用能需求的时间尺度矛盾突出，从而导致西北村镇对太阳能的利用率不高。鉴于此，应基于西北村镇居民的终端用能特性，研究适用于西北村镇的"太阳能＋"互补集成模式、结构工艺设计、最佳容量配置及运行调控策略，打破能源系统之间相互分立的格局，实现以太阳能为主的多能互补系统协同供能的灵活性、可靠性、节能性和经济性。

在风能发电资源利用方面，西北村镇地区气候条件恶劣，现有中小型风力发电设备易受当地大风、沙尘暴等恶劣气候因素的影响，在运行时极易出现叶片掉落、主轴断裂、风机着火等重大事故，影响供能的安全性和稳定性。鉴于此，应基于西北村镇地形特征及气候变化规律，研发适应大风沙、寒冷、干燥环境的中小型高效风力发电装置设计及制造技术，并结合风速及辐射强度等气象参数，研究风光互补发电的配置技术与调控策略，实现系统稳定高效运行，解决供能设备与当地气候匹配适应性差的关键问题。

在生物质成型燃料利用方面，除小麦、玉米和水稻等常规作物秸秆资源外，西北村镇还拥有沙柳、柠条等当地特色植物，其热值可与煤炭媲美，是生物质能源转化的绝佳材料。对于常规作物秸秆资源，应针对西北村镇电、热等用能需求特征，研究兼顾生物质资源分布、村镇规模、气候等因素的"生物质＋"互补型热电联产关键技术及配套工艺。对于沙柳、柠条等特色生物质资源，应针对其水分含量、热值和灰分等特征，研发高热值生物质成型燃料及相关制备工艺，并配套开发适应性典型成型燃料的多功能一体化燃烧炉具。

在生物质沼气利用方面，西北村镇现有的沼气工程产气率长期偏低，产气量不稳定，与低温环境不相适应，系统可靠性和能源利用效率低。鉴于此，应针对西北村镇禽畜粪便资源的分布特征及产气潜力，研究适应西北村镇资源与气候条件的沼气发酵设施低温运行效果保障关键技术，同时结合当地太阳能资源丰富的特点，将太阳能低成本应用于沼气发酵环境温度调控，研发太阳能辅助的发酵环境增温、恒温及沼气高效制备技术，实现西北村镇沼气池全年高效稳定运行。

开发利用太阳能、风能、沼气等可再生能源，不仅能够有效地解决能源短缺问题，还能帮助农牧民走向致富之路。在我国，风能资源丰富的地区，大多是自然条件恶劣的地区，发展经济的条件较差，风力发电可以带来脱贫致富的途径，有助于发展旅游业和当地土特产的加工业。同时，通过提高太阳能固定转化效率，发展"阳光产业"，走"多采光、少用水、新技术、高效益"的技术路线，可促进干旱区设施农业的良好发展。在西北村镇发展中，生物质能潜力巨大，特别是对自然环境脆弱、经济条件较差、人口居住比较分散的广大农村地区而言，是解决能源短缺、保护生态环境、发展农村庭院循环经济、促进西北村镇全面发展的良好现实选择。

1.4 西北村镇典型分布式多能互补系统应用形式

针对西北村镇电、热、炊事、生活热水等典型终端用能需求，通过现场调研＋线上问卷＋企业走访的方式，基于调研所得的西北地区资源禀赋及多终端用能需求，总结梳理了适用于西北村镇的典型清洁能源供能方式，如表 1-2 所示。其中典型的多能互补集成模式包括风-光、光热-光伏、风/光-空气能、太阳能-地热能、太阳能-生物质能源互补集成模式。

适用于西北村镇的典型多能互补系统形式 表 1-2

发电	供暖＋生活热水	炊事
太阳能/风力发电＋储能（蓄电池/压缩空气）	太阳能光热＋空气源热泵	电磁炉
太阳能/风力发电＋储能（蓄电池/压缩空气）	太阳能光热＋沼气	沼气

续表

发电	供暖＋生活热水	炊事
太阳能/风力发电＋储能（蓄电池/压缩空气）	太阳能光热＋生物质炉	生物质炉
太阳能/风力发电＋储能（蓄电池/压缩空气）	地热能	电磁炉
太阳能/风力发电＋储能（蓄电池/压缩空气）	沼气	沼气
太阳能/风力发电＋储能（蓄电池/压缩空气）	生物质炉	生物质炉

参考文献

[1] 金红光，何雅玲，杨勇平，等. 分布式能源中的基础科学问题 [J]. 中国科学基金，2020，34（3）：266-271.

[2] 杨勇平，段立强，杜小泽，等. 多能源互补分布式能源的研究基础与展望 [J]. 中国科学基金，2020，34（3）：281-288.

[3] 李承周，王宁玲，窦潇潇，等. 多能源互补分布式能源系统集成研究综述及展望 [J]. 中国电机工程学报，2023，43（18）：1-25.

第2章

分布式能源多能互补协同优化设计技术

2.1 终端用能负荷动态预测方法

2.1.1 多元负荷需求预测建模

西北村镇电、气、热负荷需求预测模型的准确建立是西北村镇分布式能源多能互补系统优化设计和运行优化模拟的关键因素和基本前提。电、气、热负荷时间序列是典型的混沌时间序列，使负荷表现出复杂性、不确定性、非线性等特点。电、气、热负荷不仅与自身历史时间序列数据有关，而且负荷之间也相互影响。

温度、湿度、风速等天气因素更是影响负荷的重要因素。而多变量相空间重构方法是一种恢复动力系统特征的有效方法，它包含更丰富、更完整的系统信息，可充分挖掘多变量数据中的相关信息。与此同时，卡尔曼滤波器是一种基于状态空间的最优化自回归数据处理算法，具有预测因子灵活、预测精度高、预测时间短等优点。

因此，为了更准确地预测电、气、热多元负荷，采用基于多变量相空间重构和卡尔曼滤波的气热电负荷预测方法。首先，采用相关性分析方法分析电、气、热负荷之间及天气等相关因素之间的相关性；进而，选择与负荷密切相关的变量时间序列，构建由电、气、热负荷时间序列和与负荷密切相关的温度、湿度和风速时间序列组成多变量时间序列；然后运用混沌理论和C-C方法对多变量时间序列进行相空间重构，进而挖掘电、气、热负荷与各种相关因素之间的内在联系，分析负荷演变的混沌变化规律；最后，以相变量为状态变量，建立电、气、热负荷的多变量相空间的自回归模型，采用卡尔曼滤波算法预测气热电负荷。

2.1.2 多变量相空间重构及其参数优化

影响西北村镇分布式能源多能互补系统短期气、热、电负荷的主要因素包括：气负荷 x_1、热负荷 x_2、电负荷 x_3、温度 x_4、湿度 x_5、风速 x_6 等组成 D 维多变量时间序列 $\{x_i, i=1, 2, \cdots, D\}$，其中，$x_i=[x_i(1), x_i(2), \cdots, x_i(N)]^{\mathrm{T}}$，$N$ 为时间序列的长度，挖掘气、热、电负荷与各天气因素之间的耦合及相互影响关系。运用单变量时间序列相空间重构的求解方法，去独立计算单变量时间序列的嵌入维数 m_i 和延迟时间 t_i，得到 D 维多变量时间序列的相空间：

$$X(t) = [x_1^{\mathrm{T}}(t),\ x_2^{\mathrm{T}}(t),\ \cdots,\ x_D^{\mathrm{T}}(t)]^{\mathrm{T}} \tag{2-1}$$

式中，$x_i(t) = \{x_i(t),\ x_i(t-t_i),\ \cdots,\ x_i[t-(m_i-1)t_i]\}^{\mathrm{T}}$；

t——时间变量，$t = L,\ L+1,\ \cdots,\ N$；$L = \max\limits_{1 \leqslant i \leqslant D}(m_i-1)t_i+1$，其中，$m_i$ 和 t_i（$i = 1,\ 2,\ \cdots,\ D$）分别为第 i 个单变量混沌时间序列的嵌入维数和延迟时间。

D 维多变量相空间的维数为 d：

$$d = \sum_{i=1}^{D} m_i \leqslant i \leqslant D(m_i-1)t_i+1 \tag{2-2}$$

嵌入维数和延迟时间的优化选择是混沌时间序列重构相空间的前提和关键。如选择的延迟时间过大的话，则时间序列的任意两个相邻延迟坐标点将毫不相关，不能完整、充分的反映整个动态系统特性；如延迟时间选择过小的话，则时间序列的任意两个相邻延迟坐标点又非常接近而不能相互独立，导致数据的冗余。因此对混沌时间序列的嵌入维数和延迟时间优化选择方法提出了较高要求。

求解嵌入维数和延迟时间的 C-C 算法融合了自相关函数和互信息方法的优点，综合考虑嵌入维数和延迟时间，可充分利用时间序列的关联积分，实现代表非线性时间序列相关性的精确统计量，应用该统计量及延迟时间的相互关系图，进而确定延迟时间 t 和时间延迟窗口 τ_{w} 从而确定嵌入维数。与此同时，C-C 算法具有计算准确、计算量小等显著优点，既可以有效的减少计算量，又能保持系统的非线性特征，因此本节选用 C-C 算法求解嵌入维数和延迟时间。

C-C 算法的具体描述如下：

设混沌时间序列 $x = \{x_i \mid i = 1,\ 2,\ \cdots,\ N\}$，以嵌入维数 m 和延迟时间 t 重构相空间，可以得到：

$$X = \{X_1,\ X_2,\ \cdots,\ X_i,\ \cdots,\ X_M\} \tag{2-3}$$

式中，$X_i = \{X_i,\ X_{i+1},\ \cdots,\ X_{i+(m-1)t}\}$；

M——相空间的点数，其中，$M = N-(m-1)t$。

该重构时间序列的关联积分定义为：

$$C(m,\ N,\ r,\ t) = \frac{2}{M(M-1)} \sum_{1 \leqslant i < j \leqslant M} \theta(r - \|X_i - X_j\|) \tag{2-4}$$

式中，r——领域半径的大小；

$\theta(\cdot)$——Heaviside 单位函数。

$$\theta(x) = \begin{cases} 1 & x \geqslant 0 \\ 0 & x \leqslant 0 \end{cases} \tag{2-5}$$

把给定的时间序列 $x(n)$（$n = 1,\ 2,\ \cdots,\ N$）分割成 t 个不相交的子时间序列，分别为：

$$\begin{cases} \{x_1,\ x_{1+t},\ \cdots,\ x_{1+(m-1)t}\} \\ \{x_2,\ x_{2+t},\ \cdots,\ x_{2+(m-1)t}\} \\ \quad\quad\quad \vdots \\ \{x_i,\ x_{i+t},\ \cdots,\ x_{i+(m-1)t}\} \\ \quad\quad\quad \vdots \\ \{x_t,\ x_{2t},\ \cdots,\ x_{mt}\} \end{cases} \tag{2-6}$$

计算每个子序列的统计量 $S(m,N,r,t)$：

$$S(m,N,r,t) = \frac{1}{t}\sum_{s=1}^{t}\left\{C_s\left(m,\frac{N}{t},r,t\right) - \left[C_s\left(1,\frac{N}{t},r,t\right)\right]^m\right\} \tag{2-7}$$

式中，C_s——第 S 子序列的关联积分。

定义关于 r 的最大偏差为：

$$\Delta S(m,t) = \max[S(m,N,r_i,t)] - \min[S(m,N,r_i,t)] \quad (i \neq j) \tag{2-8}$$

据统计学原理，$2 \leqslant m \leqslant 5$ 且 $\sigma/2 \leqslant r \leqslant 2\sigma$（$\sigma$ 为时间序列的方差），渐进分布可通过有限序列很好的近似，分别利用式（2-9）、式（2-10）以及式（2-11）计算下列 3 个统计量：

$$\bar{S}(t) = \frac{1}{16}\sum_{j=2}^{4}\sum_{m=2}^{5}S(m,N,r_j,t) \tag{2-9}$$

$$\Delta\bar{S}(t) = \frac{1}{4}\sum_{m=2}^{5}\Delta S(m,t) \tag{2-10}$$

$$S_{\text{cor}}(t) = \Delta\bar{S}(t) + |\bar{S}(t)| \tag{2-11}$$

最佳延迟时间定义为 $\bar{S}(t)$ 的第 1 个零点或 $\Delta\bar{S}(t)$ 的第 1 个极小值；$S_{\text{cor}}(t)$ 最小值相应的时间定义为最佳嵌入窗宽 τ_w。

2.1.3　多元负荷预测模型

卡尔曼滤波方法（Kalman Filter）是一种基于状态空间方法的最优化自回归数据处理算法，其基本原理为：基于最小均方差最佳估计准则，运用信号和噪声的状态空间模型，使用前一时刻的状态变量估计值和当前时刻的状态变量的观测值更新状态变量估计，去求解当前时刻状态变量的估计值。该算法根据建立的系统方程和观测方程实现被处理信号最小均方差估计，同时卡尔曼滤波方法具有预测因子灵活、预测精度高、预测时间短等优点。图 2-1 为卡尔曼滤波方法的原理结构图。

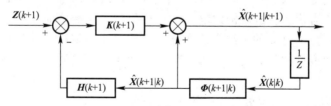

图 2-1　卡尔曼滤波方法的原理结构图

线性离散系统的状态方程和观测方程可表示为：

$$\boldsymbol{X}(k+1) = \boldsymbol{\Phi}(k+1,k)\boldsymbol{X}(k) + \boldsymbol{\Gamma}(k+1,k)w(k) \tag{2-12}$$

$$\boldsymbol{Z}(k+1) = \boldsymbol{H}(k+1)\boldsymbol{X}(k+1) + \boldsymbol{v}(k+1) \tag{2-13}$$

式中，$\boldsymbol{X}(k+1)$——n 维系统的状态向量；

　　$\boldsymbol{\Phi}(k+1,k)$——状态转移矩阵；

　　$\boldsymbol{\Gamma}(k+1,k)$——激励转移矩阵；

　　$\boldsymbol{H}(k+1)$——$k+1$ 时刻的预测输出转移矩阵；

　　$\boldsymbol{v}(k+1)$——观测噪声向量。

卡尔曼滤波方法包括两部分：

（1）时间更新方程

系统状态的先验估计：

$$\hat{\boldsymbol{X}}(k+1,\ k)=\boldsymbol{\Phi}(k+1,\ k)\hat{\boldsymbol{X}}(k,\ k) \tag{2-14}$$

误差协方差的先验估计：

$$\boldsymbol{P}(k+1|k)=\boldsymbol{\Phi}(k+1,\ k)\boldsymbol{P}(k|k)\boldsymbol{\Phi}^{\mathrm{T}}(k+1,\ k)+\boldsymbol{\Gamma}(k+1,\ k)\boldsymbol{Q}(k)\boldsymbol{\Gamma}^{\mathrm{T}}(k+1,\ k)$$

$$\tag{2-15}$$

（2）观测更新方程

卡尔曼滤波方法增益矩阵方程：

$$\boldsymbol{K}(k+1|k)=\boldsymbol{P}(k+1\ |\ k)\boldsymbol{H}^{\mathrm{T}}(k+1)[\boldsymbol{H}(k+1)\boldsymbol{P}(k+1|k)\boldsymbol{H}^{\mathrm{T}}(k+1)+\boldsymbol{R}(k+1)]^{-1}$$

$$\tag{2-16}$$

系统状态的后验估计：

$$\hat{\boldsymbol{X}}(k+1|k+1)=\boldsymbol{\Phi}(k+1,\ k)\hat{\boldsymbol{X}}(k|k)$$
$$+\boldsymbol{K}(k+1)[\boldsymbol{Z}(k+1)-\boldsymbol{H}(k+1)\boldsymbol{\Phi}(k+1,\ k)\hat{\boldsymbol{X}}(k|k)] \tag{2-17}$$

误差协方差的后验估计：

$$\boldsymbol{P}(k+1|k+1)=[\boldsymbol{I}-\boldsymbol{K}(k+1)\boldsymbol{H}(k+1)]\boldsymbol{P}(k+1|k) \tag{2-18}$$

式中，$\boldsymbol{P}$——误差协方差矩阵；

$\boldsymbol{K}$——卡尔曼滤波方法增益矩阵；

$\boldsymbol{R}(k)$——$v(k)$ 的协方差矩阵；

$\boldsymbol{Q}(k)$——$w(k)$ 的协方差矩阵。

基于多变量相空间重构和卡尔曼滤波方法的西北村镇多元负荷预测方法如下：

首先，运用 Pearson 相关系数计算电气热分布式能源多能互补系统负荷与天气时间序列之间的相关性，选择相关性较强的变量构建分布式能源多能互补系统多元负荷预测的多变量时间序列；其次，基于相空间重构理论构建电、气、热分布式能源多能互补系统负荷预测相空间变量 $\boldsymbol{X}(t)$，其中 $\boldsymbol{X}(t)=[x_1^{\mathrm{T}}(t),\ x_2^{\mathrm{T}}(t),\ \cdots,\ x_M^{\mathrm{T}}(t)]^{\mathrm{T}}$；然后，将相空间变量 $\boldsymbol{X}(t)$ 作为状态变量，构建电、气、热分布式能源多能互补系统负荷预测的多维状态空间模型，并由已知的多组观测数据，运用最小二乘法估计分布式能源多能互补系统负荷状态空间模型的状态转移矩阵；最后，运用卡尔曼滤波方法预测分布式能源多能互补系统负荷。

分布式能源多能互补系统负荷预测的状态方程：

$$\boldsymbol{X}(t)=\begin{bmatrix} a_{11} & a_{12} & \cdots & a_{1d} \\ a_{21} & a_{22} & \cdots & a_{2d} \\ \vdots & \vdots & \ddots & \vdots \\ a_{d1} & a_{d2} & \cdots & a_{dd} \end{bmatrix}\boldsymbol{X}(t-1)+\boldsymbol{\Gamma}(t-1)w(t) \tag{2-19}$$

分布式能源多能互补系统负荷预测的输出方程：

$$\boldsymbol{Y}(t)=\begin{bmatrix} c_{11} & c_{12} & \cdots & c_{1d} \\ c_{21} & c_{22} & \cdots & c_{2d} \\ \vdots & \vdots & \ddots & \vdots \\ c_{d1} & c_{d2} & \cdots & c_{dd} \end{bmatrix}\boldsymbol{X}(t)+v(t) \tag{2-20}$$

基于多变量相空间重构和卡尔曼滤波方法的多元负荷预测步骤如图 2-2 所示，依次为：

（1）根据 C-C 算法求解 x_i 的延迟时间和嵌入维数，重构气、热、电负荷多变量相空间 $\boldsymbol{X}(t)$；

（2）以相空间 $\boldsymbol{X}(t)$ 的相点为状态变量建立系统的状态空间模型，由观测数据应用最小二乘法估计状态转移矩阵 $\boldsymbol{\Phi}(k+1\mid k)$，设模型噪声的分配阵 $\boldsymbol{\Gamma}$ 为单位阵；

（3）设定气、热、电分布式多能互补系统负荷预测的卡尔曼滤波方法预测的递推初始条件，状态 $\hat{\boldsymbol{X}}(0\mid 0)=\mu_x(0)$，均方误差阵，初始化设定迭代次数 $k=0$；

（4）系统状态的先验估计 $\hat{\boldsymbol{X}}(k+1\mid k)$；

（5）误差协方差的先验估计 $\boldsymbol{P}(k+1\mid k)$；

（6）计算卡尔曼滤波方法增益矩阵方程 $\boldsymbol{K}(k+1)$；

（7）系统状态的后验估计 $\hat{\boldsymbol{X}}(k+1\mid k+1)$；

（8）误差协方差的后验估计 $\boldsymbol{P}(k+1\mid k+1)$；

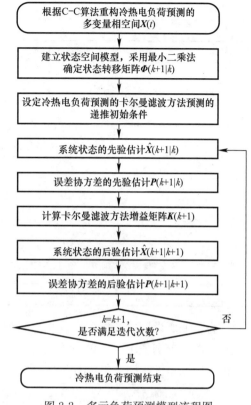

图 2-2　多元负荷预测模型流程图

（9）迭代次数 k 是否满足迭代次数，如未完成则返回步骤（4），否则多元负荷预测完成。

2.1.4　算例分析

基于上述多元负荷预测模型，对西北村镇的用能数据进行分析，以验证其有效性。基于能耗模拟软件 Energyplus 仿真结果，选用 12 月份（共 31 天）每天 24 点气、热、电负荷数据进行模拟和预测。为验证该方法的可行性，利用 12 月份前 20 天共 480 点数据建立预测模型和参数估计，而后 11 天的共 264 点数据用来测试所确定的预测模型。

为了有效选择负荷预测模型的输入变量和降低预测模型的维数，首先计算负荷、温度、湿度和风速的 Pearson 相关系数，如表 2-1 所示。根据气、热、电负荷的相关系数不为 0 的天气因素作为参与预测气热电负荷的变量，最终确定由气负荷 x_1、热负荷 x_2、电负荷 x_3、温度 x_4、湿度 x_5 和风速 x_6 组成 6 维多变量时间序列，采用 C-C 算法分别计算多变量时间序列的延迟时间 t_i 和嵌入维数 m_i，并重构多变量时间序列的相空间，如表 2-2 所示。由气热电和天气因素的多变量观测数据转移矩阵 $\boldsymbol{\Phi}(k+1,k)$，运用卡尔曼滤波方法预测气、热、电负荷。

多变量时间序列的相关系数　　　　　　　　　　　　　　　　　　表 2-1

变量	x_1	x_2	x_3	x_4	x_5	x_6
x_1	1.00	-0.3	0.55	0.85	-0.25	0.16
x_2	-0.45	1.00	-0.25	-0.2	0.21	-0.5

续表

变量	x_1	x_2	x_3	x_4	x_5	x_6
x_3	0.55	−0.4	1.00	0.60	−0.4	0.22
x_4	0.85	−0.4	0.60	1.00	−0.3	0.14
x_5	−0.8	0.21	−0.4	−0.7	1.00	−0.2
x_6	0.16	−0.2	0.22	0.14	−0.4	1.00

多变量的延迟时间和嵌入维数　　　　　　表 2-2

i	t_i	m_i
1	4	3
2	4	3
3	3	4
4	3	4
5	4	3
6	3	5

为验证所设计的基于多变量相空间重构和卡尔曼滤波方法的气、热、电负荷预测方法的有效性，分别采用多变量和单变量相空间重构和卡尔曼滤波负荷预测方法预测多元负荷并比较预测精度。图 2-3 与图 2-4 分别为两种方法预测气、热、电负荷的相对误差曲线图。

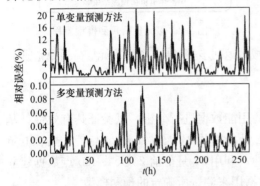

由图 2-3 可知单变量预测气负荷的相对误差在 [0, 20%]，其相对误差较大，而多变量预测气负荷的相对误差在 [0, 0.1%]，相对误差较小。由图 2-4 可知两种方法预测热负荷的相对误差都在 [0, 10%]，但多变量预测方法的平均相对误差较小。由图 2-5 可知单变量预测电负荷的相对误差在 [0, 20%]，其相对误差较大，而多变量预测方法预测电负荷的相对误差在 [0, 1%]，相对误差较小。

图 2-3　比较两种方法预测气负荷的相对误差曲线

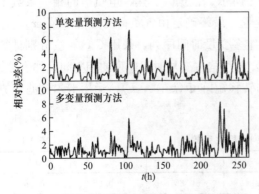

图 2-4　比较两种方法预测热负荷的相对误差曲线

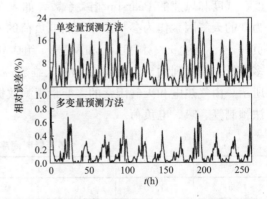

图 2-5　比较两种方法预测电负荷的相对误差曲线

表 2-3 和表 2-4 分别为多变量预测方法和单变量预测方法的平均相对误差和最大相对误差。通过对比可以看出，与单变量相空间重构和卡尔曼滤波方法的气、热、电负荷预测方法相比，采用多变量预测方法可以大幅降低气负荷和电负荷的预测平均相对误差和最大误差。气、电负荷预测平均相对误差分别为 0.0168% 和 0.1377%，最大相对误差分别为 0.0979% 和 0.8145%，基于多变量预测方法预测热负荷的平均相对误差和最大相对误差分别为 1.4543% 和 8.1168%，虽然与单变量预测方法相比预测模型精度有所提高，但同气、电负荷预测精度相比，预测的热负荷平均相对误差和最大相对误差减小幅度相对较小。因此采用本章提出的基于多变量相空间重构理论和卡尔曼滤波方法的多元负荷预测模型是可行高效的，可充分挖掘多元负荷和天气因素之间的耦合关系，能显著提高多元负荷的预测模型精度。

气、热、电负荷预测的平均相对误差　　　　　　　　　　　表 2-3

负荷	多变量预测方法（%）	单变量预测方法（%）
气	0.0168	4.3676
热	1.4543	1.5513
电	0.1377	6.3427

气、热、电负荷预测的最大相对误差　　　　　　　　　　　表 2-4

负荷	多变量预测方法（%）	单变量预测方法（%）
气	0.0979	21.8295
热	8.1168	9.3101
电	0.8145	27.3900

2.2　分布式能源多能互补系统协同规划技术

2.2.1　双层优化配置方法架构

根据西北村镇具体能源构成方式，合理采用风能、太阳能和生物质能等可再生能源，构成多种能源互补的分布式供能系统，实现电、热联供，既能充分利用资源，提高能源利用率，又能挖掘多能互补系统的潜力，减少单一能源供电的劣势，缓解能源消耗给环境造成的压力。西北村镇分布式能源多能互补系统优化配置的目的是根据规划期内的负荷需求、分布式能源情况，依据特定的优化目标和系统约束，确定系统最优配置（包括设备类型、设备容量），优化系统的经济性、环保性及提高能源利用效率等。在优化配置过程中，需要从设备全生命周期的经济性角度进行分析，这使得合理确定系统的调度策略成为系统设计的重要组成部分，调度策略将对最终的设计结果产生重要影响。新型城镇多能互补系统的调度设计一体化问题可用下面的模型进行一般性描述：

$$\min \boldsymbol{F}(\boldsymbol{X}, \boldsymbol{Z})$$
$$\text{s. t.}\quad \boldsymbol{X}, \boldsymbol{Z} \in \boldsymbol{\Omega}$$
$$\boldsymbol{G}(\boldsymbol{X}, \boldsymbol{Z}) = 0 \tag{2-21}$$
$$\boldsymbol{H}(\boldsymbol{X}, \boldsymbol{Z}) \leqslant 0$$

式中，F——优化配置模型的目标函数；

　　　　X——调度优化向量；

　　　　Z——优化配置向量，包括表示设备类型的离散向量和表示设备容量的连续向量；

　G、H——分别表示等式约束集、不等式约束集，根据设计优化问题的需要进行选择，考虑的主要约束可概括如下：

（1）西北村镇分布式能源多能互补系统功率平衡约束；

（2）设备运行约束：设备模型约束；

（3）监管约束：包括最小能源利用率约束、最大碳排放量限制等；

（4）资金约束：主要指总投资等年值的最大值约束、投资回收期约束等；

（5）可用资源约束：如光伏系统安装面积及容量约束、风电系统安装场地及容量约束、设备安全空间约束等。

　　其中，部分约束（如功率平衡约束、设备模型约束）要求在各个时刻都能满足，与调度优化模型中的约束相同，其他约束（如碳排放约束、供电可靠性约束）则是整个规划期内的一个统计结果。因此，可将调度优化问题作为设计优化问题的子问题，构造如下调度设计双层优化模型：

$$\min F_1(Z)$$
$$\text{s. t.}$$
$$\begin{cases} \min F_2(X) \\ \text{s. t.}\ X \in \Omega_2 \\ \quad G_2(X,\ Z)=0 \\ \quad H_2(X,\ Z)\leqslant 0 \end{cases}$$
$$Z \in \Omega_1$$
$$G_1(X,\ Z)=0$$
$$H_1(X,\ Z)\leqslant 0$$

（2-22）

式中，F_1——优化配置的目标函数集；

　　　　F_2——调度优化的目标函数集；

　G_1、H_1——统计型约束，即整个设计周期应满足的约束；

　G_2、H_2——各时刻及整个调度周期应满足的约束。

　　双层优化配置逻辑框图如图 2-6 所示。该框图由外层设计优化模块和内层调度优化模块组成。

（1）外层设计优化模块：按照给定的优化目标，根据系统和设备的技术及经济参数，以及内层优化模块输出的优化调度结果，寻找最优设备组合和设备容量。

（2）内层调度优化模块：按照给定的系统运行优化目标，根据外层优化模块给出的优化配置方案，确定系统典型日的运行调度策略，输出系统的优化调度结果，并将系统的运行优化目标值传递给外层设计优化模块。

　　外层设计优化模块的优化时间尺度为全生命周期；内层调度优化模块一般针对选取的典型日（以小时为单位）。内层调度优化模块假设优化调度方式更接近系统的真实运行情况，在此基础上由外层设计优化模块确定系统的设备类型和容量。

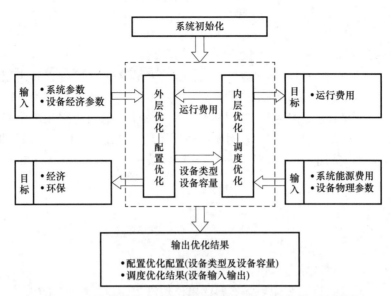

图 2-6　西北村镇分布式能源多能互补系统双层优化配置框图

2.2.2　分布式能源多能互补系统优化配置模型

1. 外层优化配置目标函数

西北村镇分布式能源多能互补系统的优化配置模型中同时考虑经济目标和环保目标，其中，经济目标是使整个规划期内系统的整体投资、运行费用和运维费用的等值年费用最小；环境成本是使整个规划期内与系统相关污染物排放水平最低。

（1）经济目标函数

经济目标函数可选择系统总投资的等年值费用，该费用由电网购电费用和新型城镇多能互补系统设备运行费用两部分构成：

$$f_c = C_{grid}^{ann} + C_{TEI}^{ann} \qquad (2\text{-}23)$$

式中，C_{grid}^{ann}——年购电费用；

C_{TEI}^{ann}——设备总等年值费用。

1）西北村镇分布式能源多能互补系统内设备投资及运行费用

西北村镇分布式能源多能互补系统内的设备总费用可折算为等年值，包括初始投资等年值费用、年运行维护费用以及年运行所需燃料费用，可表示为：

$$C_{TEI}^{ann} = C_C^{ann} + C_{ONM}^{ann} + C_{fuel}^{ann} \qquad (2\text{-}24)$$

式中，　　　C_{TEI}^{ann}——设备总等年值费用；

C_C^{ann}、C_{ONM}^{ann}、C_{fuel}^{ann}——设备初始投资等年值费用、年运行维护费用、年消耗燃料费用。

设备初始投资等年值费用数学表达式为：

$$C_C^{ann} = \sum_i C_{I,i} r_{CR,i} = \sum_i C_{I,i} \frac{r(1+r)^{l_i}}{(1+r)^{l_i} - 1} \qquad (2\text{-}25)$$

式中，$C_{I,i}$——第 i 个设备初始投资费用，一般与设备容量相关；

$r_{CR,i}$——资金收回系数；

r——贴现率；

l_i——第 i 个设备的运行寿命期望值（年）。

设备的年运行维护费用可表示为：

$$C_{\text{ONM}}^{\text{ann}} = \sum_i C_{\text{ONM},i}^{\text{ann}} \qquad (2\text{-}26)$$

式中，$C_{\text{ONM},i}^{\text{ann}}$——第 i 个设备的年运行维护费用，一些设备的运行维护费用依据情况的不同，可以表达为不同的形式。例如：对发电机可分解为固定运行维护费用和可变运行维护费用两部分；对光伏和风机可采用单位额定功率固定运行维护费用表示；对蓄电池可用单位额定容量固定运行维护费用表示。

设备年消耗燃料费用主要指 DGs 的年消耗燃料费用，与 DGs 年发电量成正比，其数学表达式如下：

$$C_{\text{fuel}}^{\text{ann}} = \sum_i C_{\text{fuel},i}^{\text{ann}} \qquad (2\text{-}27)$$

$$C_{\text{fuel},i}^{\text{ann}} = c_{\text{fuel},i} F_i^{\text{ann}} = c_{\text{fuel},i} \frac{W_{\text{E},i}^{\text{ann}}}{\eta_i} \qquad (2\text{-}28)$$

式中，$C_{\text{fuel},i}^{\text{ann}}$——第 i 个 DGs 的年发电消耗燃料费用；

$c_{\text{fuel},i}$——第 i 个 DGs 发电所需燃料的单位热值费用；

F_i^{ann}——第 i 个 DGs 年发电消耗的燃料热能（kWh），其大小等于第 i 个 DGs 年发电量 $W_{\text{E},i}^{\text{ann}}$ 与其发电效率 η_i 的比值。

2）西北村镇分布式能源多能互补系统购电费用

西北村镇分布式能源多能互补系统向电网的购电费用的构成和区域电价机制有关，一般可归纳为基本容量、功率、电度（电量）3 类费用：

$$C_{\text{grid}}^{\text{ann}} = C_{\text{f}}^{\text{ann}} + C_{\text{d}}^{\text{ann}} + C_{\text{e}}^{\text{ann}} \qquad (2\text{-}29)$$

式中，$C_{\text{grid}}^{\text{ann}}$、$C_{\text{f}}^{\text{ann}}$、$C_{\text{d}}^{\text{ann}}$、$C_{\text{e}}^{\text{ann}}$——分别为年总购电总费用、基本容量费用、功率费用和电度费用。

（2）能效最优/清洁性目标函数

能效最优/清洁性目标函数由电网购电等效的 CO_2 排放量和新型城镇多能互补系统发电产生的 CO_2 排放量两部分构成：

$$f_{\text{e}} = O_{CO_2,\text{grid}}^{\text{ann}} + O_{CO_2,\text{TEI}}^{\text{ann}} \qquad (2\text{-}30)$$

式中，$O_{CO_2,\text{grid}}^{\text{ann}}$、$O_{CO_2,\text{TEI}}^{\text{ann}}$——电网购电和西北村镇分布式能源多能互补系统发电对应的 CO_2 年排放量（kg）。

其中，电网购电对应的 CO_2 年排放量计算公式如下：

$$f_{\text{e}} = O_{CO_2,\text{grid}}^{\text{ann}} + O_{CO_2,\text{TEI}}^{\text{ann}} \qquad (2\text{-}31)$$

$$O_{CO_2,\text{grid}}^{\text{ann}} = \beta_{CO_2,\text{grid}} W_{\text{E},\text{grid}}^{\text{ann}} \qquad (2\text{-}32)$$

式中，$W_{\text{E},\text{grid}}^{\text{ann}}$——年购电量（kWh）；

$\beta_{CO_2,\text{grid}}$——电网购电的 CO_2 排放系数（kg/kWh）。

电网购电对应的 CO_2 年排放量计算公式如下：

$$O_{CO_2,\text{TEI}}^{\text{ann}} = \beta_{CO_2,\text{gen}} W_{\text{T},\text{gen}}^{\text{ann}} + \beta_{CO_2,\text{GB}} W_{\text{T},\text{GB}}^{\text{ann}} \qquad (2\text{-}33)$$

式中，$W_{\text{T},\text{gen}}^{\text{ann}}$、$W_{\text{T},\text{GB}}^{\text{ann}}$——发电机发电和锅炉制热年消耗沼气能量（kWh）；

$\beta_{CO_2,\text{gen}}$、$\beta_{CO_2,\text{GB}}$——燃气发电机发电和锅炉制热的 CO_2 排放系数（kg/kWh）。

2. 内层优化配置目标函数

作为调度设计双层优化模型的内层优化模型，可根据需要从上一节的调度优化模型之中选择。构建内层优化模型如下式所示。

$$\min\left[\sum_{n=1}^{H}\left(c_{\text{grid}}^{n}P_{\text{grid}}^{n}\Delta t\right)+c_{\text{fuel}}\sum_{n=1}^{H}\left(\frac{P_{\text{gen}}^{n}}{\eta_{\text{gen}}}+\frac{Q_{\text{GB,heat}}^{n}}{\eta_{\text{GB}}}\right)\Delta t\right]$$

s. t.

$$\begin{cases} P_{\text{grid}}^{n}-P_{\text{EC}}^{\text{in},n}=P_{\text{EL}}^{n}-P_{\text{PV}}^{n}-P_{\text{WT}}^{n}-P_{\text{gen}}^{n}+P_{\text{ES,C}}^{n}-P_{\text{ES,D}}^{n} \\ Q_{\text{AC,smoke}}^{\text{in},n}+Q_{\text{HR,smoke}}^{\text{in},n}=\alpha_{\text{gen}}P_{\text{gen}}^{n} \\ \eta_{\text{HR}}Q_{\text{HR,smoke}}^{\text{in},n}=Q_{\text{HL}}^{n}-Q_{\text{GB,heat}}^{n}+Q_{\text{HS,C}}^{n}-Q_{\text{HS,D}}^{n} \\ COP_{\text{EC}}P_{\text{EC}}^{\text{in},n}+COP_{\text{AC}}Q_{\text{AC,smoke}}^{\text{in},n}=Q_{\text{CL}}^{n}+Q_{\text{CS,C}}^{n}-Q_{\text{CS,D}}^{n} \end{cases}$$

$$\begin{cases} P_{\text{line}}^{\min}\leqslant P_{\text{grid}}^{n}\leqslant P_{\text{line}}^{\max} \\ 0\leqslant P_{\text{EC}}^{\text{in},n}\leqslant P_{\text{EC,R}} \\ 0\leqslant Q_{\text{AC,smoke}}^{\text{in},n}\leqslant Q_{\text{AC,R}} \\ 0\leqslant Q_{\text{HR,smoke}}^{\text{in},n}\leqslant Q_{\text{HR,R}} \\ u_{\text{gen}}^{n}P_{\text{gen}}^{\min}\leqslant P_{\text{gen}}^{n}\leqslant u_{\text{gen}}^{n}P_{\text{gen}}^{\max} \\ 0\leqslant Q_{\text{GB,heat}}^{n}\leqslant Q_{\text{GB,R}} \\ 0\leqslant P_{\text{ES,C}}^{n}\leqslant(1-u_{\text{ES}}^{n})P_{\text{ES,C}}^{\max} \\ 0\leqslant P_{\text{ES,D}}^{n}\leqslant u_{\text{ES}}^{n}P_{\text{ES,D}}^{\max} \\ 0\leqslant Q_{\text{HS,C}}^{n}\leqslant Q_{\text{HS,C}}^{\max} \\ 0\leqslant Q_{\text{HS,D}}^{n}\leqslant Q_{\text{HS,D}}^{\max} \\ 0\leqslant Q_{\text{CS,C}}^{n}\leqslant Q_{\text{CS,C}}^{\max} \\ 0\leqslant Q_{\text{CS,D}}^{n}\leqslant Q_{\text{CS,D}}^{\max} \\ W_{\text{ES}}^{\min}\leqslant W_{\text{ES}}^{n-1}(1-\sigma_{\text{ES}})+\left(P_{\text{ES,C}}^{n}\eta_{\text{ES,C}}-\frac{P_{\text{ES,D}}^{n}}{\eta_{\text{ES,D}}}\right)\Delta t\leqslant W_{\text{ES}}^{\max} \\ W_{\text{HS}}^{\min}\leqslant W_{\text{HS}}^{n-1}(1-\sigma_{\text{HS}})+\left(Q_{\text{HS,C}}^{n}\eta_{\text{HS,C}}-\frac{Q_{\text{HS,D}}^{n}}{\eta_{\text{HS,D}}}\right)\Delta t\leqslant W_{\text{HS}}^{\max} \\ W_{\text{CS}}^{\min}\leqslant W_{\text{CS}}^{n-1}(1-\sigma_{\text{CS}})+\left(Q_{\text{CS,C}}^{n}\eta_{\text{CS,C}}-\frac{Q_{\text{CS,D}}^{n}}{\eta_{\text{CS,D}}}\right)\Delta t\leqslant W_{\text{CS}}^{\max} \end{cases}$$

$$(2\text{-}34)$$

2.2.3　基于 NSGA-Ⅱ 的多目标遗传算法

由于外层设计优化模型的目标函数较为复杂，本书采用基于 NSGA-Ⅱ的多目标遗传算法进行求解，采用混合整数线性规划算法求解内层优化问题，其具体流程如图 2-7 所示。

（1）系统初始化。读取系统各设备、负荷、日照等参数。

（2）初始化种群 P，通过随机函数产生第一代种群的优化变量，调用调度优化模型，根据模型输出结果，计算初始种群个体适应度函数值，进行 Pareto 排序并计算聚集距离。

（3）从父代种群 P 中通过选择、交叉和变异操作得到子代种群 Q。选择算子选取 Pareto 排序层级高的个体，Pareto 顺序相同则选择聚集距离大的个体。其中选择算子采用锦标赛法，比赛规模为 2 个，比赛中优先选取 Pareto 分层排序较高的个体；交叉算子采用单点交叉方式；变异算子采用均匀变异方式。

（4）将子代种群所得容量优化结果传递至系统内层，调用调度优化模型，计算系统最小运行费用和系统每时段内各设备的输入和输出值，将系统输出结果传递至外层容量优化模型。

（5）根据内层输出结果，计算种群中各个体的目标函数值，并作为个体适应度函数的评价指标。

（6）将当前种群 P 与子代种群 Q 合并，根据适应度函数值，计算各个体的支配关系，对个体进行 Pareto 排序并计算聚集距离。

（7）根据排序结果，从父代种群和子代种群中选择最优的 N 个个体组成新的父代种群 P。

（8）判断终止条件，若满足，则输出系统的优化结果，否则返回（3）。

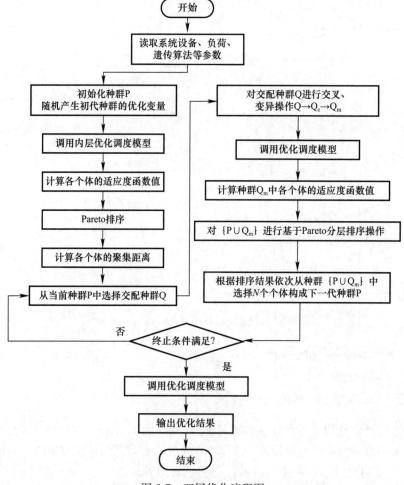

图 2-7　双层优化流程图

结合上述双层优化配置模型，西北村镇双层模型优化配置流程如下：

（1）结合西北村镇所在区域可用资源潜力，分析确定供能设备候选集；

（2）进行双层优化配置：

1）系统热电负荷预测；

2）建立分布式热电混合能源系统结构；

3）确定系统优化配置参数；

4）构建双层模型优化配置模型并进行求解，选取其中经济最优方案。

2.2.4　算例分析

1. 风光互补系统

西北某村镇共 100 户农户，具有电、热等多种类型的能源需求，每户电负荷需求峰值 2kW，村镇电负荷需求峰值 200kW。同时，该地区具有较为丰富的风能、光能等可再生资源。

算例设置电价如表 2-5 所示。

分时电价情况 表 2-5

时段	电价（元/kWh）
1：00～8：00 21：00～24：00	0.4
13：00～15：00	1
9：00～12：00 16：00～20：00	1.6

该村镇的典型日光照强度和风速数据如图 2-8 和图 2-9 所示。

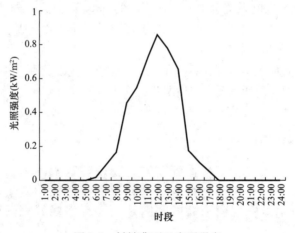

图 2-8　村镇典型日光照强度

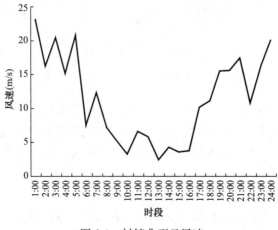

图 2-9　村镇典型日风速

村镇分布式能源多能互补系统主要设备参数表如表 2-6 所示：

主要设备参数表　　　　　　　　　　　　　　　　　　表 2-6

设备	参数	
光伏	投资成本：0.15 万元/kW；	维护成本：0.02 元/kWh
风机	投资成本：0.1 万元/kW； 切入风速：3m/s； 额定风速：13m/s	维护成本：0.02 元/kWh； 切出风速：25m/s
联络线	传输功率上限：2000kW； 传输线损耗率：0.05	电厂发电效率：0.4；

该典型系统的光伏和风机容量配置如表 2-7 所示。

设备容量配置　　　　　　　　　　　　　　　　　　表 2-7

设备名称	设备容量（kW）
光伏	71.61
风机	46.35

该村镇的风光互补发电系统全生命周期成本为 886.96 万元，外部电网年 CO_2 排放量为 0.04 万 t。其中全生命周期成本包括一次投资建设成本、设备维护成本以及购电成本。年 CO_2 排放通过对电能输入折算获得。

下面对村镇分布式能源多能互补系统典型日的电能消耗以及供应情况进行分析。图 2-10 分别为村镇典型日的电能消耗以及供应情况。

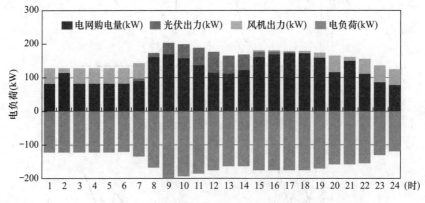

图 2-10　村镇典型日电能消耗、供应情况

由图 2-13 可知，村镇典型日的电负荷主要由光伏、风机、电网购电提供，风机主要在夜晚时间段供给电负荷，在白天时间段，由于光照强度较好，因此，光伏发电逐渐代替风机出力。风光配合发电可充分利用西北村镇地区的风光资源，且清洁无污染，经济效益好。

2. 光热-光伏互补系统

某西北村镇共 100 户农户，具有电、热等多种类型的能源需求，每户电负荷需求峰值 2kW，热负荷需求峰值 2.7kW；村镇电负荷需求峰值 200kW，热负荷需求峰值 207kW。

算例设置电价如表 2-8 所示。

分时电价情况　　　　　　　　　　　　　　　　表 2-8

时段	电价（元/kWh）
1:00～8:00 21:00～24:00	0.4
13:00～15:00	1
9:00～12:00 16:00～20:00	1.6

村镇的典型日光照强度数据如图 2-11 所示。

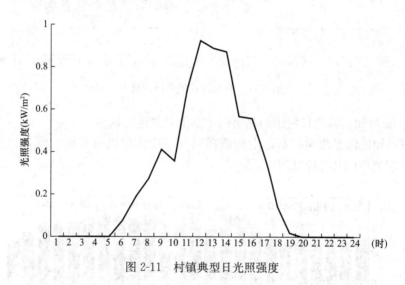

图 2-11　村镇典型日光照强度

村镇候选能源设备参数如表 2-9 所示。

村镇候选能源设备参数　　　　　　　　　　　　表 2-9

设备	参数	
光伏	投资成本：0.15 万元/kW；	维护成本：0.02 元/kWh
光热	投资成本：0.1 万元/kW； 效率：0.9	维护成本：0.01 元/kWh；
联络线	传输功率上限：2000kW； 传输线损耗率：0.05	电厂发电效率：0.4；

该典型系统的光伏和光热设备容量配置如表 2-10 所示。

设备容量配置　　　　　　　　　　　　　　　　表 2-10

设备名称	设备容量（kW）
光伏	79.25
光热	51.75

该村镇的光热-光伏互补系统全生命周期成本为 121.76 万元，年 CO_2 排放量为 0.06 万 t。

其中全生命周期成本包括一次投资建设成本、设备维护成本以及购电成本。年 CO_2 排放通过对电能输入折算获得。下面对该村镇能源系统的运行情况进行分析，通过运行优化得出结果，村镇热负荷供应情况如图 2-12 所示。

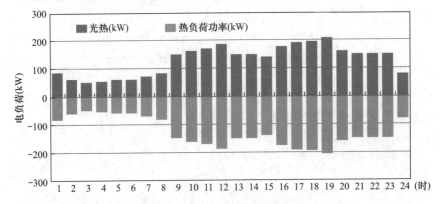

图 2-12　典型日热负荷供应情况

由图 2-12 可知，典型日村镇的热负荷全部由光热进行供应。

下面对村镇能源系统典型日的电能消耗以及供应情况进行分析。图 2-13 分别为村镇典型日的电能消耗以及供应情况。

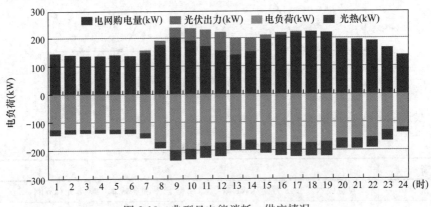

图 2-13　典型日电能消耗、供应情况

由图 2-13 可知，村镇典型日的电负荷主要由光伏和电网购电提供，在夜晚时段，由于光伏不发电，电负荷由外电网供电满足。在白天时段，由于光照强度不断上升，光伏出力不断增长，外电网供电逐渐减少。

2.3　分布式能源多能互补系统仿真模拟与规划设计软件

2.3.1　概述

本软件针对西北村镇分布式能源多能互补系统仿真模拟与规划设计的需求，设计并开发了软件的架构、设备模型、优化算法和数据库等，所依托算法和模型如前所述。

软件的架构主要包括应用展示层、业务逻辑层、数据处理层和数据持久层 4 层结构；设备模型部分主要对光伏、风机、发电机、燃气锅炉、热泵、电热锅炉、电储能、热储能等设备等进行稳态建模，模型数量≥10 种。在此基础上，根据多能源联合供给途径涉及的设备和能量转换关系，采用基于通用母线式结构的西北村镇分布式能源多能互补系统模型，其模型包含 6 种母线，分别是电母线、烟气母线、空气（热）母线、热水母线、蒸汽母线、冷母线。西北村镇分布式能源多能互补系统规划设计采用 2.4 节所述双层优化模型，外层设计优化模块按照给定的优化目标（如：经济性最佳、能源利用率最高、碳排放最小等，也可以是这些目标函数的组合），根据系统和设备的技术及经济参数，以及内层优化模块输出的优化调度结果，寻找最优设备组合和设备容量。

内层调度优化模块按照给定的系统运行优化目标，根据外层设计优化模块给出的优化配置方案，确定系统典型日的运行调度策略，输出系统的优化调度结果，并将系统的运行优化目标值传递给外层设计优化模块。外层设计优化模块的优化时间尺度为全生命周期；内层调度优化模块一般针对选取的典型日（以小时为单位）。内层调度优化模块假设优化调度方式更接近西北村镇分布式能源多能互补系统的真实运行情况，在此基础上由外层优化模块确定西北村镇分布式能源多能互补系统的设备类型和容量。算法方面采用 NSGA-Ⅱ 算法进行求解。

2.3.2　总体设计原则

（1）总体规划、分层开发原则：系统采用分层开发的方式，在适应系统需求的准则下，设计低耦合的分层结构，利于团队成员分工协作，提高开发效率，降低项目风险。

（2）先进性原则：基于业内通用开放性标准，采用先进且成熟的技术，同时适应未来一段时间业务需求及发展变化的需要。

（3）规范性原则：在业务能力视图、功能视图、系统数据视图、系统组件视图、系统集成视图、系统逻辑部署视图、系统物理部署视图、系统安全视图等各方面严格按照相关的设计规范进行设计。

（4）融合适应性原则：系统架构的设计必须遵循融合适应的原则，系统架构中各组件的部署与集成方案应充分考虑相关的技术政策与原则，保证软件能够平稳运行，并预留开发的接口，便于和其他系统融合。

（5）可扩展性原则：充分考虑未来对软件使用量需求及使用功能需求的增加，确保软件扩充的可行性。

（6）可靠性原则：采用可靠的技术，软件各环节具备故障分析与恢复和容错能力，并在安全体系建设、复杂环节解决方案等方面考虑周到、切实可行、安全可靠、稳定性强。

（7）安全保密性原则：软件设计把安全性放在首位，充分考虑信息的保护和隔离；设置了严格的操作体系，并充分利用日志系统、备份系统和恢复策略增强系统的安全性。

（8）易用性原则：设计成果能够切实简化用户的操作，增强系统的可操作性及实用性，能够让系统更加契合用户的使用需求。

2.3.3　软件系统架构

西北村镇分布式能源多能互补系统仿真模拟与规划软件整体架构主要分为应用展示

层、业务逻辑层、数据处理层和数据持久层 4 层结构，如图 2-14 所示。

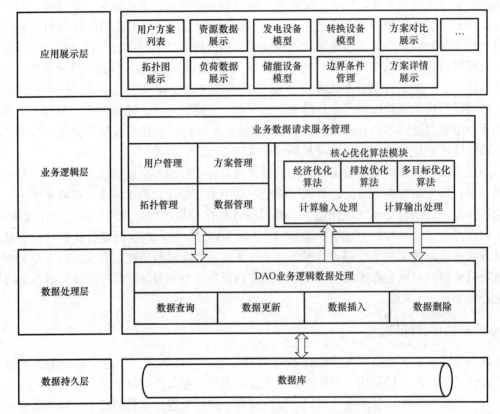

图 2-14　西北村镇分布式能源多能互补系统仿真模拟与规划软件架构图

应用展示层主要负责各种数据、计算结果的管理、综合展现及丰富科学的可视化表达，主要功能包括用户方案管理展示、西北村镇分布式能源多能互补系统优化拓扑图展示、资源（风、光照）数据展示、负荷（热、电、冷）数据展示、分布式能源多能互补系统设备模型管理、计算边界条件管理、计算结果方案对比展示及计算方案详情展示。

业务逻辑层主要完成展示层各个模块的业务数据组织及其业务功能与业务实现，模块功能包括基础业务数据处理模块和核心优化算法模块。基础业务数据处理模块包括：用户管理，如用户注册、用户登录管理；方案管理，如方案添加、删除等操作；分布式能源多能互补系统优化设计拓扑管理；优化方案数据管理，如风、光资源数据修改，负荷数据修改，设备模型数据修改等。核心优化算法模块包括经济优化方法、排放优化方法、多目标优化方法、计算方案数据读取与结果保存等。

数据处理层是数据库的主要操控系统，实现数据的增加、删除、修改、查询等操作，并将操作结果反馈到业务逻辑层。

数据持久层由后台数据库构成，主要用于统一存储、管理分布式能源多能互补系统优化设计所需的各种数据。

2.3.4　软件功能

西北村镇分布式能源多能互补系统仿真模拟与规划设计软件功能可将系统划分为模搭建与

结构设计、边界设定、优化规划及仿真评价、结果展现和项目管理五大部分，如图 2-15 所示。

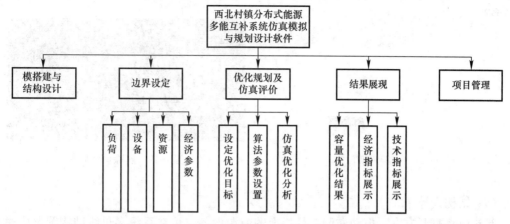

图 2-15　西北村镇分布式能源多能互补系统仿真模拟与规划设计软件功能图

（1）系统注册与登录（图 2-16）

（2）项目管理（图 2-17）

登录系统后，可以新建、删除或者编辑规划项目。

（3）新建项目（图 2-18）

登录系统后，点击窗口右侧"新建项目"项目，可以新建一个分布式能源系统方案，新建项目需要输入项目名称和项目描述。

（4）删除编辑项目

点击窗口内的项目列表框右上角图标"🗑"，可以将该项目删除，如图 2-19 所示。

点击窗口内的项目列表框右上角图标"✎"，对现有项目进行编辑修改，如图 2-20 所示。

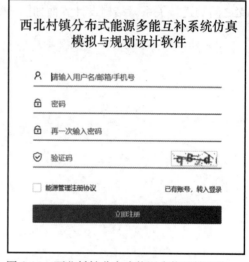

图 2-16　西北村镇分布式能源多能互补系统仿真模拟与规划设计软件注册

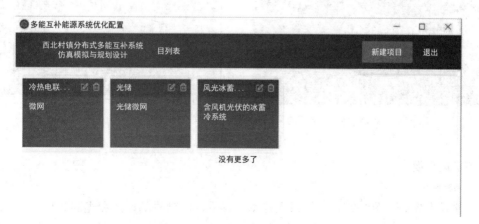

图 2-17　西北村镇分布式能源多能互补系统仿真模拟与规划设计管理界面

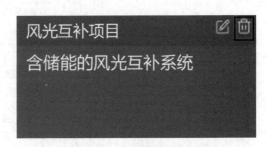

图 2-18　新建项目　　　　　　　　　　　　　图 2-19　删除项目界面

（5）结构设计

新建或者打开方案，拖动左侧工具栏上的能源设备，可在系统多母线结构图上构建系统设备组成，也可以将已有设备从系统图上拖走。系统图直观的展示综合能源系统源－荷－储之间的连接关系。结构设计界面如图 2-21 所示。

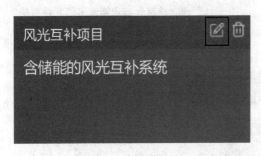

图 2-20　编辑项目界面

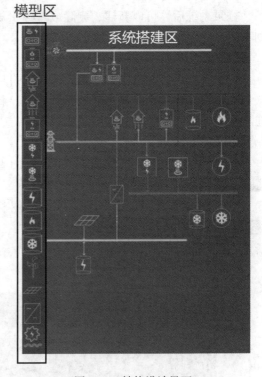

图 2-21　结构设计界面

（6）边界设定

1）资源录入

资源录入界面（图 2-22）支持录入夏季、冬季、春秋季的风速和光照数据。

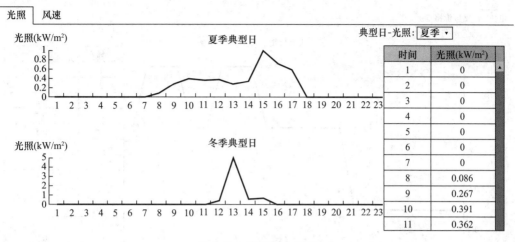

图 2-22　资源录入界面

2）负荷录入

负荷录入界面（图 2-23）支持录入夏季、冬季、春秋季的冷、热、电负荷数据。

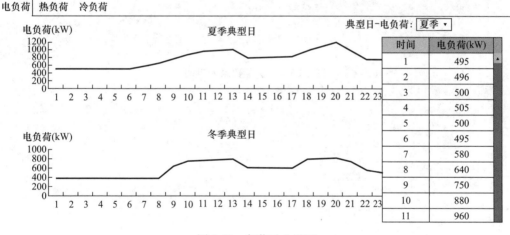

图 2-23　负荷录入界面

3）设备

软件支持风机、光伏、热泵、蓄电、蓄热、蓄冷等参数的录入，参数包括技术参数和经济参数。

4）经济参数

经济参数包括电价信息和燃料价格，录入界面如图 2-24 所示。

（7）优化规划及运行模拟

优化目标：可以选择经济、环保或者多目标进行优化。可设置规划及运行模拟算法的参数，录入界面如图 2-25 所示。

调用规划及运行模拟双层算法，对当前规划的方案进行模拟分析。软件可实时展示优化进度和当前达到的目标。

电价
燃料价格
买电价格
电价(元)
1.2
1
0.8
0.6
0.4
电价

时间	电价(元)
1	0.5
2	0.5
3	0.5
4	0.5
5	0.5
6	0.5
7	0.5
8	0.5
9	0.9
10	0.9
11	0.9
12	0.9

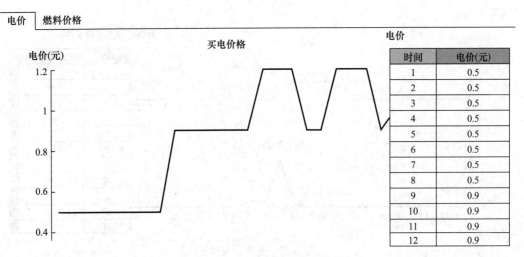

图 2-24　经济参数录入界面

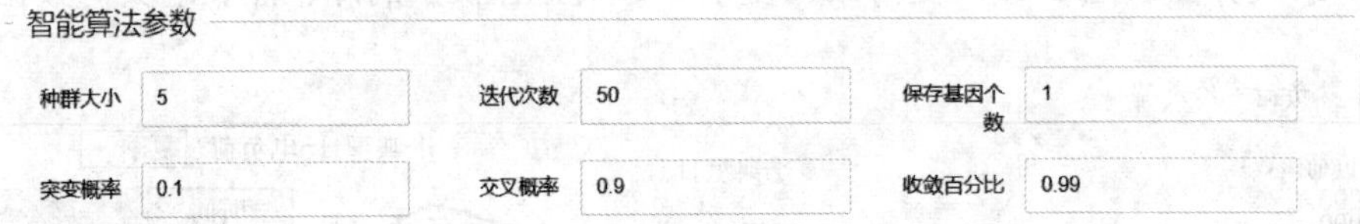

智能算法参数
种群大小
5
迭代次数
50
保存基因个数
1
突变概率
0.1
交叉概率
0.9
收敛百分比
0.99

图 2-25　算法参数录入界面

光伏光热一体化（PV/T）热电联供技术

3.1　光伏光热一体化技术特点

3.1.1　概述

太阳能是典型的清洁可再生能源，采用适宜的技术可以部分替代煤炭、石油、天然气等常规能源。现阶段常见的太阳能利用包括光热利用、光电利用、光化学和光生物利用等几个研究方向。其中光热利用是将太阳能吸收集中，转换成热能后直接加以应用；光电利用是通过半导体的光电转换效应，将太阳能直接转换成电能后加以应用；光化学利用是应用太阳能将水直接分解后得到氢的一种利用方式；光生物利用则是通过光合作用将太阳能以化学能的形式存储在生物质中的过程。

太阳能光伏发电技术是近几十年来的研究重点，利用太阳能光伏效应直接获得高品质电能是该技术的优点，在实际的太阳能光伏利用工程中的硅电池转换效率仅有14%～18%，投射到太阳能电池表面上的太阳辐射能中超过80%的辐射能被反射或转换成光热耗散掉，且这部分热量会导致光伏组件的温度大幅升高，进一步降低其光电转换的效率，进而降低整体太阳能利用率。这是因为在光照强度一定的条件下，太阳能的输出功率随着硅电池自身温度的升高而呈现下降的趋势，即光伏电池的温度每升高1℃，光伏电池的光电转换效率下降3‰～5‰[1]。为尽可能使电池效率保持在较高水平，需要将电池工作温度维持在一定水平，降低电池温度，提高发电效率。

针对太阳能光伏电池组件温度升高，其光电转换效率降低的问题，Kern 和 Russell[2]等人最早提出了太阳能光伏光热综合利用的思想，即太阳能光伏光热一体化（photovoltaic/solar thermal，PV/T）组件，如图 3-1 所示。在 PV 光伏组件背部设置流体通道，利用流体的导热和对流换热带走太阳能电池多余的热量并收集利用，同时降低光伏组件温度以提高其光伏发电效率，实现太阳能光伏光热综合利用。国际上也将太阳能光伏光热综合利用技术称为 PV/T 技术，该技术能够提高太阳能综合利用效率，同时能满足用户对高品质电能和低品位热能的需求。

太阳能光伏光热综合利用技术的提出为太阳能利用打开了新思路，成为国家实现"双碳"目标的重要发展方向。太阳能光伏光热利用中热利用有多种形式，根据组件的结构和工质种类的不同可以将 PV/T 组件分为空冷型、水冷型和热管型 3 类[4]。与单独的光伏发电系统或者太阳能集热系统相比，PV/T 组件的一体化结构具有经济性、节省空间等优势，在未来，应用市场广阔。然而目前 PV/T 组件研究并不充分，工程应用案例较少，对 PV/T 组件深入研究十分有必要。

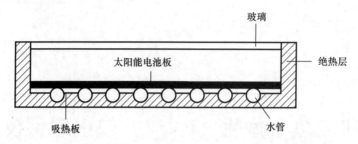

图 3-1　太阳能光伏光热（PV/T）一体化组件结构图[3]

3.1.2　光伏光热一体化组件综合性能提升

（1）光伏电池与集热板的可靠性联结，保证它们之间的高绝缘性和高导热性

太阳能光伏光热综合利用技术中，光伏电池与集热板之间需紧密结合，集热板一般采用金属材料，如铝、铜等，由于电池与金属热膨胀系数不同，热应力问题是影响 PV/T 组件可靠性的主要因素。另外，保证电池与集热板之间的绝缘性非常重要，需要寻找绝缘性良好的粘结材料，而绝缘性良好的材料通常导热性能较差，不能及时有效地将光伏电池没有转化成电能的太阳能传导出来，因此研发同时满足绝缘性和导热性要求的粘结材料是非常关键的。

（2）电池组件温度分布均匀性对 PV/T 组件的光电转换效率和光热转换效率的影响

与常规太阳能光伏组件相比，由于 PV/T 组件背部的流体通道存在，冷却介质的流动，太阳能光伏光热组件之间不可避免地存在着温度梯度，而不均匀的温度分布将导致电池内部的电压和电流差异以及电池之间的匹配失谐，造成一定的电能损失，同时，还会引起电池各部分热应力不均，导致材料层的最大应力提高或变形严重，对电池本身和系统的寿命及安全性造成威胁。因此对 PV/T 组件的散热模块结构进行优化设计是提升 PV/T 组件热电性能的关键。

此外，当系统足够大时，多个 PV/T 组件并联或串联后，不同组件之间存在的温度梯度对太阳能光伏光热利用系统性能的影响也很大，因此，如何选择正确的 PV/T 组件连接方式和系统运行方式是需要研究的问题。

（3）太阳辐照分布均匀性对 PV/T 组件光电转换效率和光热转换效率的影响

在常规太阳能光伏系统中，存在"热斑"效应，即被遮挡的太阳能电池或组件在阵列中是串联部分或者是串联组件中的一部分时，被遮挡的太阳能电池的输出电流（最小电流）将成为组件的输出电流，同时，被遮挡的太阳能电池将作为耗能件以发热的方式将串联回路上的其他太阳能电池产生的大部分电能消耗掉，长时间遮挡情况下，局部温度将会很高，甚至可能烧坏太阳能电池而使太阳能电池组件永久失效。在太阳能光伏光热系统中，"热斑"效应同样存在，特别是聚光太阳能光伏光热系统中，这个问题更为关键。有别于常规太阳能光伏系统，PV/T 组件中冷却介质的存在，可以提升组件对热斑效应的耐受力，但太阳辐照的分布不均匀使得各部分电池的光生电流产生差异，即所谓的"电流失配"，从而导致光电组件的短路电流大幅下降，填充因子也会受到影响，进而降低 PV/T

组件的光电转换效率。因此太阳辐照分布均匀性对太阳能光伏光热系统的光电转换效率和光热转换效率的影响是值得研究的问题。

（4）PV/T 组件的电池组件覆盖率和覆盖位置对系统的光电、光热转换效率的影响

太阳能光伏光热系统中，光电转换量和光热转换量是相互影响的，PV/T 组件上的电池组件覆盖率的变化将直接影响系统的光电转换量和光热转换量，而 PV/T 组件中一般存在着温度梯度，特别是自然循环模式下，处于较低温度场位置的组件的光电转换率和光电转换量将高于处于较高温度场位置的组件。另外，PV/T 组件的边框将产生一定的阴影覆盖面积，也将对系统的光电转换率和光电转换量产生影响。

（5）太阳能光伏光热系统的优化与评价方法

太阳能光伏光热综合利用技术多种多样，其系统优化和评价方法目前很难有一个统一的标准，光热转换与光电转换的能量品质是不一样的，不同的应用条件目的和背景，其评价方法也是不同的。

太阳辐射强度和电池组件温度是直接决定 PV/T 组件的光伏转换效果的因素，而太阳辐射强度和周围环境温度为外界条件，不能人为干涉来提高 PV/T 组件性能，因此只能通过优化组件结构参数和运行参数达到理想的降低 PV/T 组件温度的效果，以提高光伏电池光电转换效率，并达到较高的太阳能光热利用效率。可以从以下几个方面提升组件性能：首先是设计尽可能能降低光伏组件温度的散热结构；其次为优化组件的结构参数（包括玻璃盖板厚度及数量、集热板厚度、流体通道直径及间距、太阳能电池覆盖率等）；最后则是优化组件运行参数（包括质量流量、进水温度、安装角度等）。

3.1.3　光伏光热一体化组件性能评价方法

（1）发电效率

组件的光电转换效率随着光伏电池温度的升高而减小，发电的功率随着电压的升高先增大然后出现下降的趋势，在一定电压时，功率出现一个最大值。当功率在最大功率点时，光伏的发电效率最大。因此，需要进行最大功率跟踪，找到最大功率时所对应的电压和电流，分别记为最大功率点电压 V_{pv} 和最大功率点电流 I_{pv}，因此，光伏电池的发电功率 P_{pv} 可以由下式计算：

$$P_{pv}=V_{pv}I_{pv} \tag{3-1}$$

PV/T 系统光电效率定义为单位光伏组件面积输出的电量与入射太阳总辐射强度之比，可按下式计算得到：

$$\eta_e=\frac{P_{pv}}{A_{pv}I}=\frac{V_{pv}I_{pv}}{A_{pv}I} \tag{3-2}$$

在时间间隔 Δt 内的平均光电效率计算如下：

$$\eta_{e,ave}=\frac{\sum_{t=t_i}^{t=t_i+\Delta t}P_{pv}(t)}{A_{pv}\sum_{t=t_i}^{t=t_i+\Delta t}I(t)} \tag{3-3}$$

（2）集热效率

光伏光热一体化组件本质上也是一种很特别的热交换装置。其集热热功率，即系统的单位光伏/集热器面积下输出的有效利用能 Q_u，对于 PV/T 组件是通过直接测量水箱容量

以及水箱内的初始水温和最终水温计算得出：

$$Q_u = Q_w = M_w c_w (\bar{T}_{w,f} - \bar{T}_{w,i})/t \tag{3-4}$$

式中，$\bar{T}_{w,f}$、$\bar{T}_{w,i}$——系统储水箱内的最终水温和初始水温，K；

t——系统运行时间。

PV/T 系统光热效率定义为指单位光伏/集热器面积下输出的热量与入射太阳总辐射强度之比，可按下式计算得到：

$$\eta_{th} = \frac{Q_u}{A_p I} \tag{3-5}$$

在时间间隔 Δt 内的平均光热效率计算如下式所示：

$$\eta_{th,ave} = \frac{\sum_{t=t_i}^{t=t_i+\Delta t} Q_u(t)}{A_p \sum_{t=t_i}^{t=t_i+\Delta t} I(t)} \tag{3-6}$$

（3）综合热电利用效率评价方法

光伏光热一体化组件的性能好坏不仅取决于系统本身，而且还取决于不同的系统评价标准，这就需要由不同系统的特性决定采取什么样的评价标准。目前普遍采用的是光伏光热一体化组件的综合利用效率，它等于光伏光热一体化组件的电效率和热效率的和，表达式为：

$$E_f = \eta_e + \eta_{th} \tag{3-7}$$

式中，E_f——PV/T 系统的综合热电利用效率；

η_e——PV/T 系统的发电效率；

η_{th}——PV/T 系统的集热效率。

考虑到电能与热能品位的区别，Huang 等[5] 提出了一次能源节约率的评价 PV/T 系统的方法，该方法反映了因利用太阳能而节约一次能源的效率，其具体表达式如下：

$$E_f' = \eta_e / \eta_{power} + \eta_{th} \tag{3-8}$$

式中，E_f'——PV/T 系统的一次能源节约效率；

η_{power}——常规电厂的发电效率（Huang[5] 给出的值为 0.38）。

E_f'兼顾了电能和热能的数量以及品质，能够更好的反映系统将所吸收的太阳辐射能转化为电能和热能的能力。

同时，由于光伏电池板的面积一般会比太阳能集热器的面积要小，它们接收到太阳辐射能的面积不一定正好大小相等，因此，可以通过下式加以修正：

$$E_f^* = \varepsilon_{pv} \eta_e / \eta_{power} + \eta_{th} \tag{3-9}$$

$$\varepsilon_{pv} = A_{pv} / A_p \tag{3-10}$$

式中，ε_{pv}——光伏电池的覆盖率。

3.2 水冷式光伏光热一体化技术

3.2.1 技术简介

水冷型 PV/T 组件指在光伏电池组件的背部设置吸热板和流体通道，流体通道以并联或者串/并联方式连接，并利用强制流体循环，由液体工质与光伏电池组件间的对流换热和导热吸收带走电池多余热量，一方面降低了组件温度，提高其光电转换效率，另一方面也可以将回收的热量用以提供生活热水。常用的液体工质有水、盐水、乙二醇、制冷剂等。由于介质自身特点，不可避免的存在结冻、腐蚀、泄漏等隐患，但使用液体工质可以维持电池组件在一个较低的温度，也具有较高光热光电转换效率及系统经济性等优点，较空冷型 PV/T 组件，水冷型 PV/T 组件在性能上更具优势和应用前景[6]。

直接影响 PV/T 组件性能的因素为光伏电池的温度，而间接影响组件性能的关键因素包括太阳辐射强度、环境温度、单位面积质量流量、进水温度、玻璃盖板厚度、集热板厚度、流体通道直径及间距、玻璃盖板数量、太阳能电池覆盖率、环境风速、水箱容积等。

3.2.2　组件基本结构

传统管板式水冷型 PV/T 组件结构图如图 3-2 所示，图中组件的流体换热通道为圆形，与 PV 电池片的接触面积极小，换热通道与 PV 电池片之间的换热效果极差，且在 PV 电池片与流体换热通道未接触的部分的热量并不能很好的散去，传统管板式水冷型 PV/T 组件的整体换热效果相对较差。PV 电池片表面存在明显的温度梯度，导致 PV 电池片的电压存在一定电势差，造成不必要的电能损失，这也会影响 PV/T 组件的发电效率。

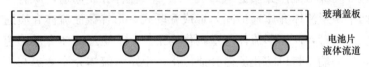

玻璃盖板

电池片
液体流道

图 3-2　水冷型 PV/T 组件结构图

针对目前传统管板式水冷型 PV/T 组件存在冷却通道与光伏电池接触面积小和光伏电池温度分布不均等问题，本章提出了如图 3-3 至图 3-5 所示并联式 S 形梯截面水冷式 PV/T 组件，以下简称新型水冷式 PV/T 组件。新型水冷式 PV/T 组件自上而下包括铝合金边框玻璃层、EVA 胶层、光伏电池层、梯形水流通道层、石墨层、绝热层和背封。

所述玻璃层覆盖住整个光伏组件层上表面，光伏电池层上下表面涂有黏结力强、韧性好的 EVA 胶层，EVA 胶层具有高强度、高透明的特点，起黏结保护作用。光伏组件层下设有耐腐蚀、耐紫外、力学性能好、热稳定的 TPT 膜。TPT 膜与梯形流体介质通道内嵌于石墨层的换热层相接触，由 S 形梯截面流体介质通道和石墨层组成的换热层下方设有保温隔热层，整个保温隔热层背部由封装层包裹。

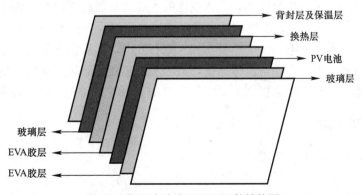

背封层及保温层

换热层

PV电池

玻璃层

玻璃层

EVA胶层

EVA胶层

图 3-3　新型水冷式 PV/T 组件结构图

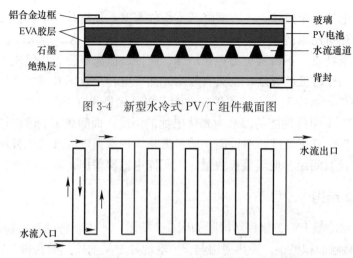

图 3-4　新型水冷式 PV/T 组件截面图

图 3-5　新型水冷式 PV/T 组件的流体通道结构图

所述的梯形流体介质通道，其特征在于：在每列光伏组件的光伏电池下设 3 列梯形流体介质通道，这 3 列梯形流体介质通道形成一个 S 形流体介质通道，所有 S 形流体介质通道并联于上下两个矩形流体介质通道间，形成并联式 S 形梯截面流体介质通道。每个 S 形流体介质通道作为支管，而矩形流体通道则作为干管，下矩形流体介质通道一端作为流体介质的流入口，另一端作封口防止流体介质流出。上矩形流体介质通道与下矩形流体介质通道入口相对的一端作为出口，另一端同样作封口防止流体介质流出，整个 S 形流体介质通道形成同程式的并联流体通道。

新型水冷式 PV/T 组件的流体通道采用并联式 S 形梯截面流体通道结构，相较于传统的圆管形流体通道，该结构使流体在组件背部流动更为充分，提高了组件与流体通道的换热效果，同时，这种使流体介质在组件背部迂回的流动的方式，极大地促使新型水冷式 PV/T 组件的光伏电池温度趋于一致，尽量避免 PV/T 组件因为光伏电池温度不同使其光伏输出电压不一致而导致无谓的电压损失。该并联式 S 形结构也尽可能降低了组件背部流体通道的流动阻力和每个 S 形流体通道的沿程阻力一致，避免水力失调现象。

另外，新型水冷式 PV/T 组件的传热层为梯形流体介质通道内嵌入石墨层所形成的，该传热层可以尽可能地吸收光伏组件层的余热。传统的管板式 PV/T 组件，光伏电池组件层与数量较少的铜管进行接触换热，光伏电池的大部分余热散不出去。而采用新型水冷式 PV/T 组件的传热层，利用石墨层填补光伏电池层与保温层间的空隙，在没有与流体散热通道接触的部分，光伏电池组件的热量先导入到石墨中，再从没有与光伏电池组件接触的梯形流体通道另外 3 个面传递给流体通道，石墨层也起到了储热的作用。这样不仅使光伏电池组件温度趋于一致，大大提高了 PV/T 组件的光热效率和光电转换效率。

3.2.3　组件结构优化

（1）梯形通道结构及间距优化

1）影响规律

PV/T 组件背部流体通道的结构对组件散热效果的影响极大，一方面光伏组件与导热材料接触越紧密,组件与背部流体通道结构换热效果越好,越有利于降低组件温度进而提高组件的光电转换效率;另一方面,由于组件背部流体通道的存在,可能会导致组件温度分布不均匀而造成不同区域输出电压不一致,进而影响组件的光电转换效率,因而高效的PV/T组件在保证较高光热转化效率的前提下,促使PV/T组件电池温度分布趋于一致。

2)模拟参数设置

为研究并联式S形梯截面的流体通道换热结构较普通全并联式流体通道换热的优势,并分析不同的流体通道间距对PV/T组件换热性能影响,针对新型水冷式PV/T组件和全并联式水冷式PV/T组件分别构建3种不同流体通道间距(28mm、42mm、56mm)的几何模型(图3-6、图3-7),通过模拟得出梯形通道结构及间距对PV/T组件换热性能影响的规律。6种PV/T组件的流体通道结构及简称如表3-1所示。

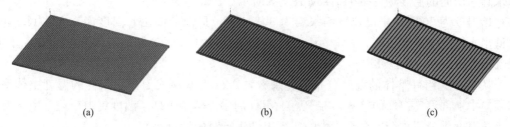

图 3-6 全并联式梯截面水冷式 PV/T 组件模型
(a) P-28;(b) P-42;(c) P-56

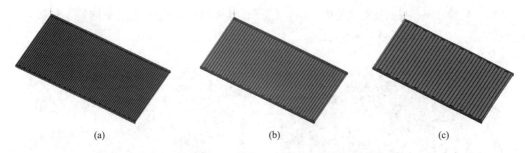

图 3-7 并联式 S 形梯截面水冷式 PV/T 组件模型
(a) S-28;(b) S-42;(c) S-56

梯形通道结构及间距参数表 表 3-1

组件种类	组件流体通道中心间距		
	28mm	42mm	56mm
并联式 S 形梯截面水冷式 PV/T 组件	S-28	S-42	S-56
全并联式水冷式 PV/T 组件	P-28	P-42	P-56

各项基本参数如表3-2所示,流体介质采用清水。

水冷型 PV/T 组件结构尺寸基本参数表 表 3-2

参数	数值及单位	参数	数值及单位
流体通道间距	28/42/56(mm)	流体通道形式	S形/全并联式
安装倾角	40°	流体流动方式	左下进右上出

续表

参数	数值及单位	参数	数值及单位
太阳辐射强度	1000W/m²	流体通道材质	304 不锈钢
梯形通道外尺寸	（12＋6）×6/2（mm）	流体通道密度	7930kg/m³
矩形通道外尺寸	15×20（mm）	石墨密度	2025kg/m³
流体通道厚度	1mm	流体密度	1000kg/m³
石墨厚度	10mm	水流初始温度	300K
环境温度	310K	水流速度	1m/s

3）全并联式梯形截面水冷式 PV/T 组件模拟结果（P-28）

全并联式梯形截面水冷式 PV/T 组件（P-28）的 PV 电池、水管表面、石墨表面、梯形水管平切面的温度场的模拟结果如图 3-8 所示。P-28 型水冷式 PV/T 组件的通道入口水流初始温度为 300K，出口处平均水温为 301.41K，局部最高出水温度为 301.67K，局部最低出水温度为 300.77K。PV 电池的平均温度为 301.32K，局部最高温度为 303.11K，局部最低温度为 300.70K。

从 PV/T 组件整体的温度分布情况来看，P-28 型水冷式 PV/T 组件的温度整体呈现四周向中上部温度递增的趋势，在 PV/T 组件的中上位置出现了温度集中现象，电池表面的整体温度十分不均衡，会严重影响实际组件运行时的发电效率。

对比 S-28 型水冷式 PV/T 组件的温度分布情况，使用并联式 S 梯形截面后，PV/T 组件的整体温度分布更加均匀，这是因为采用一个上下迂回的 S 形通道后水流通道间也存在换热，促使 PV/T 组件温度变化均匀，PV/T 组件的整体换热效果更均匀，也减少了因电池温度不均衡造成不必要的电能损失。

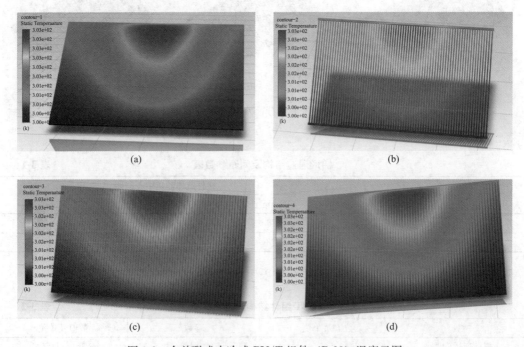

(a)　　　　　　　　　　　　　　(b)

(c)　　　　　　　　　　　　　　(d)

图 3-8　全并联式水冷式 PV/T 组件（P-28）温度云图

（a）PV 电池表面温度云图；（b）水管表面温度云图；（c）石墨表面温度云图；（d）梯形水管平切面温度云图

　　P-28 型水冷式 PV/T 组件的流体通道平切面速度云图及其局部速度分布云图如图 3-9 和图 3-10 所示。流体通道的入口和出口平均速度为 1m/s，入口局部最大流速为 1.20m/s，管内平均流速为 0.242m/s，最小流速接近 0m/s，这是由于贴近水管表面的流体因黏性力存在而导致的。从图 3-10 可以看出，在入口和出口处水流流速较大，较为湍急，但是在左上和右下水管封口的流速相对较小，甚至接近于 0m/s。

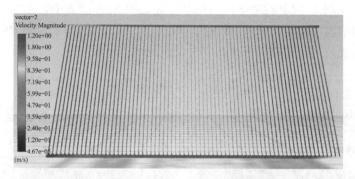

图 3-9　全并联式水冷式 PV/T 组件（P-28）流体通道平切面速度云图

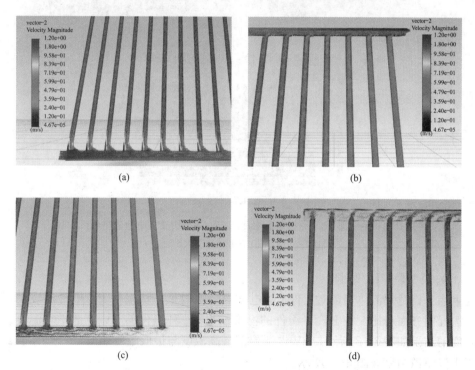

图 3-10　全并联式梯形截面水冷式 PV/T 组件流体通道平切面局部速度云图
（a）左下水管入口局部速度云图；（b）右上水管出口局部速度云图；
（c）左上水管封口局部速度云图；（d）右下水管封口局部速度云图

　　从图 3-9 可以看出，在中部的并联式流体通道中，两侧的流速明显高于中间，呈现两边向中间递减的趋势，这也说明 PV/T 组件中部的换热效果一般，直观的反映了组件中上部温度明显高于四周的原因。S-28 型水冷式 PV/T 组件流体通道内流体速度分布明显更加均匀，这也是 S-28 型水冷式 PV/T 组件整体换热效果更优的体现。

通过对比 S-28 型和 P-28 型水冷式 PV/T 组件的温度云图及速度云图，使用并联式 S 梯形截面通道的整体换热效果优于全并联式，电池温度分布情况也更加均匀，更有利于 PV 电池组件的发电。因此，并联式 S 梯形截面的流体通道结构更适合用于作为新型水冷式 PV/T 组件换热层的流体通道结构。

S-28 型、S-42 型及 S-56 型水冷式 PV/T 组件的 PV 电池温度分布云图如图 3-11 所示。相较于 S-28 型水冷式 PV/T 组件，S-42 型及 S-56 型水冷式 PV/T 组件的 PV 电池温度分布存在一定的温度梯度，影响 PV 电池的发电效率，S-28 型水冷式 PV/T 组件 PV 电池的温度分布更加均匀，更有利于提高 PV/T 组件的光电效率。

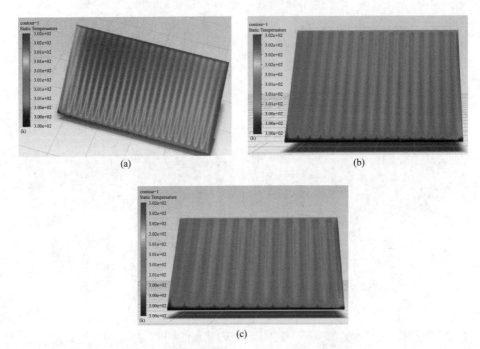

图 3-11　3 种并联式 S 形梯截面水冷式 PV/T 组件 PV 电池温度云图对比

（a）S-28 型；（b）S-42 型；（c）S-56 型

4）6 种模型模拟结果对比

为重点分析背部流体通道对组件 PV 电池的降温效果，从组件 PV 电池温度情况及出口水温情况两方面对比 6 种 PV/T 组件的模拟结果。6 种组件的 PV 电池平均温度及出水平均温度的结果如图 3-12 所示，PV 电池局部最高温度与最低温度如图 3-13 所示，组件出口最值水温模拟结果如图 3-14 所示。

从图 3-12 可知，随着流体通道间距的增加，并联式 S 梯形截面水冷式 PV/T 组件的平均组件温度呈上升趋势，而出口平均水温呈下降趋势，可见流体通道间距越小越有利于组件产热和发电。相较而言全并联式梯形截面水冷式 PV/T 组件的模拟结果却与之相反，这主要是因为流体通道间距过于接近，部分区域出现回流现象，影响了 PV 电池与流体通道的换热。从图 3-13 可知，并联式 S 梯形截面水冷式 PV/T 组件极值温差和最大温度相较于全并联式梯形截面水冷式 PV/T 组件更小，侧面反映并联式 S 形水流通道能使组件温度更加趋于一致。从图 3-14 可知，S-28 组件的出口水温更均匀，组件光热效率更佳。

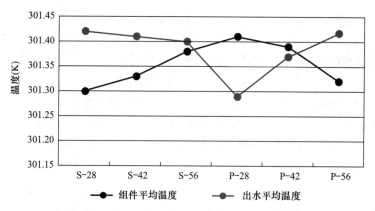

图 3-12 组件平均温度及出水平均温度模拟结果

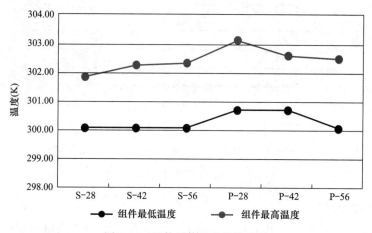

图 3-13 组件最值温度模拟结果

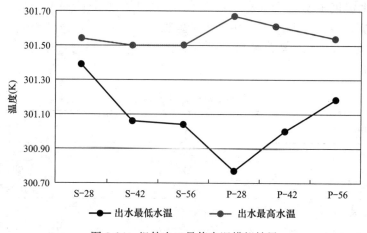

图 3-14 组件出口最值水温模拟结果

6 种 PV/T 组件发电效率、集热效率及综合效率的对比结果如图 3-15 所示，并联式 S 梯形截面水冷式 PV/T 组件（S-28）的综合效率最高，达到 84.83%。综上所述，并联式 S 梯形截面水冷式 PV/T 组件（S-28）的综合效果最佳。

（2）导热材质优化

1）影响规律

PV/T 组件背部流体通道的材质及辅助导热材料石墨对 PV/T 组件散热效果也有一定影响。流体通道的导热系数越大，将 PV 电池的余热传递给流体通道内流质的效果越好，可以提高组件的散热效果。而辅助导热材料石墨可以将 PV 电池与流体通道未接触部位的余热间接传递给流体通道的另外三侧，以辅助提高组件换热效果，另一方面，因为辅助导热材料石墨的存在也可以促使 PV/T 组件的 PV 电池分布趋于一致进而提高 PV/T 组件的光电转换效率。

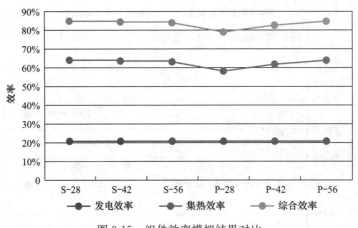

图 3-15　组件效率模拟结果对比

2）模拟参数设置

为了进一步优化新型水冷式 PV/T 组件设计，比较不同流体通道材质的并联式 S 梯形截面水冷式 PV/T 组件换热效果以及比较是否含辅助导热材料石墨的 PV/T 组件换热效果影响，设置了两组模拟实验，如表 3-3 所示，流体通道材质包括铜、铝、不锈钢三大类，辅助导热材质为石墨。流体通道结构采用 S-28 型的并联式 S 梯形截面流体通道，为能充分对比研究 6 种不同换热结构的换热效率，模型的其余参数设置均保持一致，具体参数设置如表 3-2 所示。

导热材质种类参数表　　　　　　　　　　　　　　　　表 3-3

流体通道材质	是否含石墨	
	是	否
铜	S-Cu-Y	S-Cu-N
铝	S-Al-Y	S-Al-N
不锈钢	S-St-Y	S-St-N

3）模拟结果

流体通道材质为不锈钢、铝合金、铜且不含石墨的并联式 S 梯形截面水冷式 PV/T 组件模拟结果如图 3-16 所示。

从图 3-16 可知，水冷型 PV/T 组件（S-St-N）的通道出口处平均水温为 301.42K，局部最高出水温度为 301.46K，局部最低出水温度为 301.37K；PV 电池组件的平均温度为 301.35K，局部最高温度为 302.40K，局部最低温度为 300.08K。水冷型 PV/T 组件

（S-Al-N）的通道出口处平均水温为 301.42K，局部最高出水温度为 301.46K，局部最低出水温度为 301.38K；PV 电池组件的平均温度为 301.29K，局部最高温度为 301.75K，局部最低温度为 300.03K。水冷型 PV/T 组件（S-Cu-N）的通道出口处平均水温为 301.42K，局部最高出水温度为 301.47K，局部最低出水温度为 301.38K；PV 电池组件的平均温度为 301.28K，局部最高温度为 301.74K，局部最低温度为 300.02K。

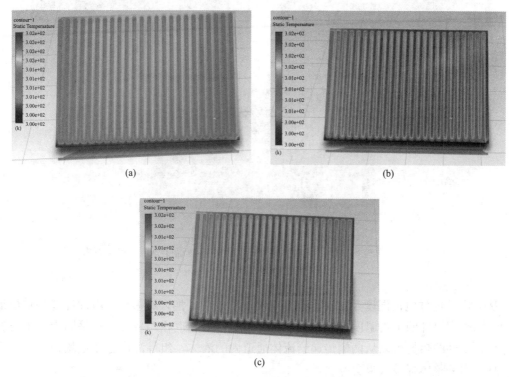

图 3-16　并联式 S 梯形截面水冷式 PV/T 组件电池温度分布图（不含石墨）
（a）S-St-N；（b）S-Al-N；（c）S-Cu-N

由于铜和铝的导热性能较好，组件吸收的热量很及时的被流体通道传给了水，因此在流体通道附近出现了较为明显的降温，但是从整个组件电池温度分布统计图上可知，以铜和铝为水流通道材料的组件温度分布更均匀、波动更小，且对组件整体降温效果更好。

流体通道材质为不锈钢、铝合金、铜且含石墨的并联式 S 形梯截面水冷式 PV/T 组件模拟结果如图 3-17 所示。

从图 3-17 可知，水冷型 PV/T 组件（S-St-Y）的通道出口处平均水温为 301.42K，局部最高出水温度为 301.54K，局部最低出水温度为 301.39K；PV 电池组件的平均温度为 301.30K，局部最高温度为 302.40K，局部最低温度为 300.08K。水冷型 PV/T 组件（S-Al-Y）的通道出口处平均水温为 301.42K，局部最高出水温度为 301.60K，局部最低出水温度为 301.40K；PV 电池组件的平均温度为 301.28K，局部最高温度为 301.76K，局部最低温度为 300.03K。水冷型 PV/T 组件（S-Cu-Y）的通道出口处平均水温为 301.42K，局部最高出水温度为 301.62K，局部最低出水温度为 301.40K；PV 电池组件的平均温度为 301.27K，局部最高温度为 301.76K，局部最低温度为 300.05K。

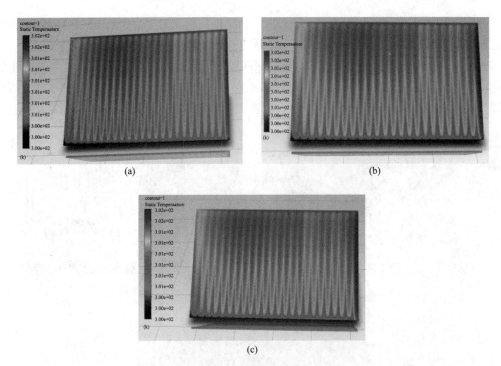

图 3-17　并联式 S 梯形截面水冷式 PV/T 组件电池温度分布图（含石墨）

（a）S-St-Y；（b）S-Al-Y；（c）S-Cu-Y

　　从 PV/T 组件电池温度及出口水温分段统计图来看，加入石墨后，组件温度分布更加均匀，同类型组件的平均温度也呈现下降趋势，出口水温也相对较高，这是因为由于石墨的存在，组件的热量可以从两侧传递给流体通道内的液体，组件温度分布更均匀、波动更小，且对组件整体降温效果更好。

　　为重点分析背部流体通道对组件 PV 电池的降温效果，从组件 PV 电池温度情况及出口水温情况两方面对比综合 6 种 PV/T 组件的模拟结果。6 种组件的 PV 电池平均温度及出水平均温度的结果如图 3-18 所示，PV 电池局部最高温度与最低温度如图 3-19 所示，组件出口最值水温模拟结果如图 3-20 所示。

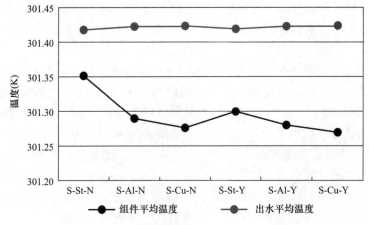

图 3-18　PV 电池平均温度及出水平均温度模拟结果

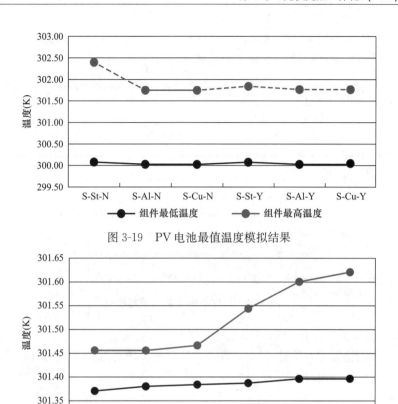

图 3-19　PV 电池最值温度模拟结果

图 3-20　组件出口最值水温模拟结果

从图 3-18 至图 3-20 可知，并联式 S 形梯截面水冷式 PV/T 组件（含石墨）的 PV 电池温度分布更为均匀，导热材质从不锈钢到铝再到铜的 PV/T 组件的平均 PV 电池温度有下降趋势，而出水平均温度有上升趋势，可见流体通道材质导热系数越大越有利于组件产热和发电。虽然 6 种组件的最低组件温度基本接近，但是 PV/T 组件（S-St-N）的最高温度要明显高于其他两类 PV/T 组件，但通过添加导热材料石墨后，三者的差距明显缩小。通过添加导热材料石墨后，组件的最低出水温度略有提高，而最高出水温度提高较为明显，通过分析出水温度分段统计图可知，添加导热材料后，出口水温分布也更为集中了，显然导热材料石墨起到了较好的传热效果。

6 种 PV/T 组件发电效率、集热效率及综合效率的对比结果如图 3-21 所示，并联式 S 梯形截面水冷式 PV/T 组件（S-Cu-Y）的综合效率最高，达到 85.13％，然而其他 5 种组件也均在 84.5％以上，PV/T 组件（S-St-Y）的综合效率也有 84.8％。综合考虑组件平均温度和出水平均温度情况，添加辅助导热材料石墨的效果要优于提高组件流体通道材料导热系数。

（3）背板流量优化

1）影响规律

PV/T 组件背部流体通道内流体的流速会直接影响流体通道与电池组件的热交换效果

和出水温度。流体通道内流体流速越大，流体通道与电池组件的热交换效果越好，组件散热效果越佳，但出水温度越低，不利于满足热水温度需求。

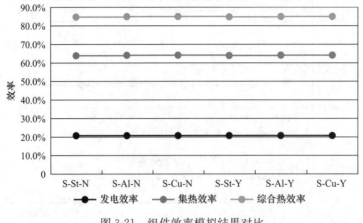

图 3-21　组件效率模拟结果对比

2）模拟参数设置

为了进一步优化新型水冷式 PV/T 组件设计，研究流体通道流量对并联式 S 梯形截面水冷式 PV/T 组件和全并联式梯形截面水冷式 PV/T 组件综合效果的影响，研究 8 种不同流体流速（0.25m/s、0.5m/s、0.75m/s、1m/s、1.25m/s、1.5m/s、1.75m/s、2m/s）下并联式 S 梯形截面水冷式 PV/T 组件和全并联式梯形截面水冷式 PV/T 组件对 PV/T 组件综合性能影响。基本参数设置如表 3-4 所示，通过模拟得出不同流速对组件综合性能影响的规律。

导热材质种类参数表　　　　　　　　表 3-4

组件类型	流速							
	0.25m/s	0.5m/s	0.75m/s	1m/s	1.25m/s	1.5m/s	1.75m/s	2m/s
并联式 S 梯形截面水冷式 PV/T 组件	S-0.25	S-0.5	S-0.75	S-1	S-1.25	S-1.5	S-1.75	S-2
全并联式梯形截面水冷式 PV/T 组件	P-0.25			P-1		P-1.5		P-2

3）模拟结果

不同流体流速并联式 S 梯形截面水冷式 PV/T 组件模拟结果如图 3-22 所示：

从图 3-22 的温度分布云图及分段统计图可知，随着流速的增加，并联式 S 梯形截面水冷式 PV/T 组件的最低温度基本都在 300.07K 左右，组件的平均温度从 0.25m/s（S-0.25）的 304.37K 下降到了 2m/s（S-2）的 300.71K，最高温度从 306.03K 降低到了 301.14K，降温效果较为明显，而且组件的温度分布也逐渐变得均匀。虽然不同流速下出口水温也较为均匀，但出口平均水温从 0.25m/s（S-0.25）的 305.43K 降低到了 2m/s（S-2）的 300.72K，出口的最高水温与最低水温温差在 0.45K 之内。随着流速的增加，组件的光伏发电效率呈递增趋势，而集热效率呈现下降趋势，组件的综合运行效率在流体流速为 0.75m/s 时最高。相关模拟结果及对比见图 3-23 至图 3-27。

图 3-22　并联式 S 梯形截面水冷式 PV/T 组件模拟结果

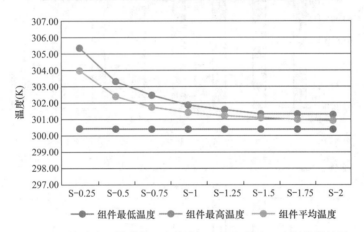

图 3-23　并联式 S 梯形截面水冷式 PV/T 组件出口水温模拟结果

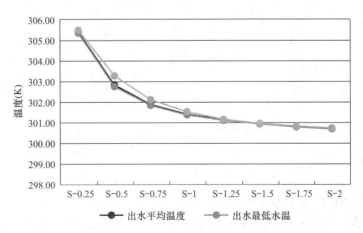

图 3-24　并联式 S 梯形截面水冷式 PV/T 组件电池温度模拟结果

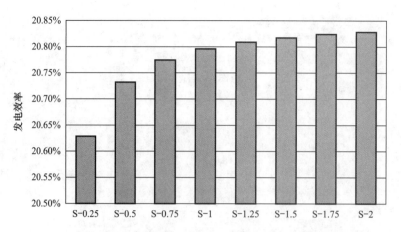

图 3-25　并联式 S 梯形截面水冷式 PV/T 组件发电效率模拟结果对比

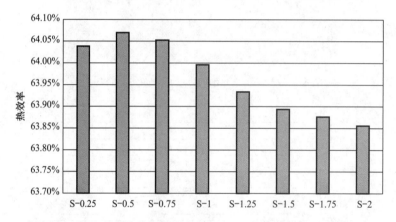

图 3-26　并联式 S 梯形截面水冷式 PV/T 组件热效率模拟结果对比

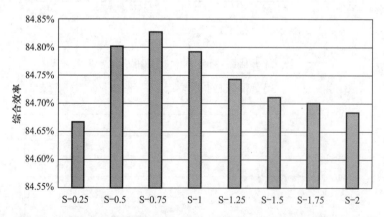

图 3-27　并联式 S 梯形截面水冷式 PV/T 组件综合效率模拟结果对比

（4）组件最佳结构

根据上述的模拟结果有如下推断：流体通道的结构采用并联式 S 梯形截面水冷式 PV/T 组件优于全并联式梯形截面水冷式 PV/T 组件，流体通道的间距越小，组件的实际运行效果越佳，而流体通道的材料虽然采用导热系数更小的铜或者铝综合效率更高，但采用石墨辅助导热材料后，导热材质的影响效果明显降低，又考虑到铜制流体通道造价过高、铝合金流体通道实际焊接加工过于困难以及防水防锈等因素，采用不锈钢作为流体通道的制作原料更佳。流体流速增加一方面可以大幅降低组件电池的温度，但另一方面又会降低组件的出口温度，从太阳能综合利用效率的角度考虑，流体流速在 0.75m/s 时整体效果最好。

3.2.4　组件制作与实验平台搭建

（1）并联式 S 梯形截面水冷型 PV/T 组件制作

新型水冷式 PV/T 组件基本结构参数表如表 3-5 所示，并以此制作新型水冷式 PV/T 组件。

新型水冷式 PV/T 组件基本结构参数　　　　　表 3-5

名称	参数	名称	参数
电池尺寸	2094×1038（mm）	梯形管外尺寸	(12+6)×6/2（mm）
异质结电池厚度	10mm	矩形管外尺寸	15×20（mm）
组件电池片数量及排列	144（6×24）	水流通道厚度	1mm
流体通道间距	28mm	石墨厚度	10mm

新型水冷式 PV/T 组件的制作分为四大部分：PV 电池部分、并联式 S 梯形截面流体通道部分、石墨辅助导热层、背部保温层及背封。

选择产业化水平最高、目前研究技术相对成熟、发电效率高、综合性能优的异质结 HJT 单晶硅电池作为新型水冷式 PV/T 组件的光伏电池部分，选择其型号为 JNHM144(166) 组件，量产输出功率 445～465W。

并联式 S 梯形截面流体通道采用 304 不锈钢材料制作，S 梯形截面的流体通道截面尺寸结构为上底 6mm、下底 12mm、高 6mm、厚 1mm，由 3 根长 1m 的梯形截面流体通道以上下迂回的方式形成一个 S 形结构，每个转接处采用满焊的方式进行黏合，保证流体通道不存在漏水现象。梯形截面流体通道的中心间距分为 28mm 及 42mm 两种，对于中心间距为 28mm 的梯形截面流体通道，制作 24 列梯形截面 S 形的流体通道后，并联焊接接入 2 根截面为 20mm×15mm×1mm 的矩形流体通道，形成整个并联式 S 梯形截面流体通道；而对中心间距为 42mm 的则采用 16 列梯形截面 S 形的流体通道后，并联接入 2 根截面为 20mm×15mm×1mm 的矩形流体通道，形成整个并联式 S 梯形截面流体通道。

石墨层则采用模块化定制的方式，在长 950mm、宽 84mm、高 10mm 的石墨块中，每隔 28mm 切出一条可以内切一条 S 梯形截面的流体通道截面尺寸的凹槽，如图 3-28 所示，由一块石墨模块和一条上下迂回的 S 形流体通道共同组成一个换热模块，且刚好可以覆盖一列光伏电池片。石墨模块共有 24 个，对应 24 列光伏电池片。

为了能够更好地制作新型水冷型 PV/T 组件，先在 PV 电池组件的背部粘贴厚度为 2mm 的大型导热铝片，再将制作的并联式 S 形流体通道直接与导热铝片相黏合，使用固化导热胶进行粘结固定，其固化导热胶导热系数为 2.1W/(m·K)，粘结后等待 15min 实现表干，24h 过后可完全实现固化。在矩形流体通道与 PV 电池组件边框交界处使用结构胶进行固定粘结，保证流体通道与 PV 电池间实现固定而不相对移动。每一个 S 形流体通道上覆盖一列石墨模块，并在两端使用固化导热胶进行固定，再外贴聚氨酯保温材料进行保温隔热，最后对整个 PV/T 组件进行外封包装定型。新型水冷式 PV/T 组件制作流程如图 3-29 所示，对不含石墨的两种 PV/T 组件则直接外贴聚氨酯保温材料并做外封定型。

图 3-28　石墨散热单元模块

图 3-29　新型水冷式 PV/T 组件制作流程

（2）PV/T 组件性能测试实验平台搭建

为了充分研究新型水冷式 PV/T 组件实际运行效果及太阳能综合利用效率，并研究新型水冷式 PV/T 组件较 PV 电池组件的光电性能提升效果和 PV 电池温度降低效果、较传统管板式 PV/T 组件综合热电效率提升效果和 PV 电池温度降低效果，需要对 PV/T 组件的逐时发电量、组件逐时温度、逐时进出水温度、循环介质流量、室外环境温湿度、太阳辐射强度等关键参数进行测试。太阳能光伏光热一体化组件性能测试系统图如图 3-30 所示。

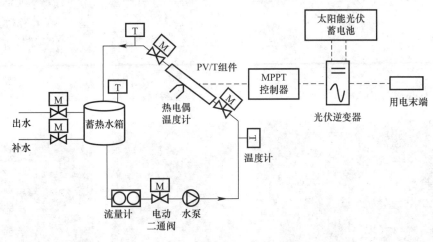

图 3-30　PV/T 组件性能测试系统图

PV/T 组件性能测试系统运行原理如下：太阳能辐射照到光伏电池表面时，一部分太阳能透射过光伏电池表面的玻璃层直接作用于电池片，在电池的"光生伏特"效应作用下将太阳辐射能转换持续为直流电能，直流电在 MPPT 控制器和光伏逆变器作用下转变为交流电供用电末端使用，但无用电末端或光伏发电过剩时，系统将光伏直流电直接储存在蓄电池中。另一部分太阳能被 PV/T 组件反射到外界环境中，还有一大部分太阳辐射能被 PV/T 组件吸收致使光伏电池温度升高，光伏电池在发电的时候也会使光伏电池温度升高，在两种热源的促使下，光伏电池的温度大幅升高，此时利用 PV/T 组件背部流体通道内流质循环流动带走光伏电池的热量，降低光伏电池的温度以提高其光伏发电效率，同时利用循环水泵将这部分回收的余热储存在蓄热水箱中实现太阳能光热的利用。

在 PV/T 组件性能测试系统中，热电偶温度计用于测量光伏组件背板温度，研究 PV/T 组件实际运行温度情况；PV/T 组件流体进出口各安装一个侵入式温度计，测量组件进出水温差，蓄热水箱中安装一个侵入式温度计，测量蓄热水箱温度变化情况，结合电磁流量计测量的流体通道内逐时水流量，得到 PV/T 板的热输出量；电动二通阀及流量控制阀，用于调节集热系统流量；水泵给系统提供动力；功率记录仪用于测量各组件逐时发电效率；光伏逆变器将直流电转变成交流电，给室内用电设备供电；太阳能光伏蓄电池将储存富余发电量；理想末端作为理想耗电设备，消耗光伏组件发的电；室外温度自记仪用于记录室外逐时温度；太阳辐射自记仪用于记录室外太阳辐射强度；另外需要组件支架支撑光伏组件和数据采集仪收集所有测量所得数据。

PV/T 组件性能测试系统实验台实物图如图 3-31 所示。PV/T 组件性能测试系统分光热测试系统和光伏测试系统，光热测试系统包括 PV/T 光伏组件、水泵、蓄热水箱、阀门、流量计、温度计等；光伏测试系统包括 PV/T 组件、控制器、逆变器、直流电表、蓄电池、负载等。

图 3-31　PV/T 组件性能测试系统实验台实物图

PV/T 组件性能测试系统实验台的主要实验仪器如下：

（1）光伏组件

本实验 PV/T 组件的光伏组件部分采用 JNHM144（166）异质结组件，量产输出功率 445～465W，其具体性能参数如表 3-6 所示。异质结电池具有转换效率高（最高已达 24.73％）、制造工艺简单（制绒清洗、非晶硅沉积、TCO 制备、丝网印刷）、温度系数低（传统电池的一半）、无光致衰减和电位衰减等一系列特性优势，可更好应对北方地区昼夜温差大、弱光时间较长等气候特征。

JNHM144（166）异质结 HJT 光伏电池结构及性能参数表　　表 3-6

名称	参数	名称	参数
电池种类	异质结单晶硅电池	组件尺寸（$L \times W \times H$）	2094×1038×30（mm）
最大功率 P_{mpp}	（455±5）W	电池片数量及排布	144（6×24）
最大功率电压 V_{mp}	45.14V	开路电压 V_{oc}	53.21V
最大功率电流 I_{mp}	10.08A	最大保护电流	20A
短路电流 I_{sc}	10.76A	额定工作温度	（43±2）℃
工作温度范围	−40～85℃	开路电压温度系数	−0.21％（℃）
短路电流温度系数	0.0015％（℃）	最大功率温度系数	−0.26％（℃）

（2）MPPT 控制器、光伏逆变一体机、蓄电池及末端用电设备

MPPT 控制器、光伏逆变一体机、蓄电池及末端用电设备的实物图如图 3-32 所示。为保证 PV 电池组件能够处于高效运行状态，需要安装 MPPT 控制器以实时监测 PV 电池

板的发电电压，同时追踪最高电压电流值使光伏发电系统以最大功率对光伏蓄电池进行充电。该 MPPT 控制器的型号为 ML100415，采用多相同步整流技术及先进的 MPPT 控制算法，可以保证在任何充电功率工况下都具有极高的转换效率，大幅提高光伏组件的能量利用率，其追踪效率不低于 99.5%，最大额定输入直流电流 100A，最大额定输入直流电压 150V，控制器的运行温度为 −25～60℃，逆变器输出交流电压 220V。

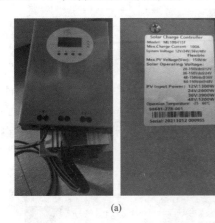  

(a)   (b)   (c)

图 3-32   光伏发电系统主要设备实物图

(a) MPPT 控制器；(b) 逆变器和蓄电池；(c) 暖风机

为了能够保证试验台电能的产出和消耗维持动态平衡，需要使用蓄电池和用电末端对生产的光伏电能进行储存和消耗，本系统的太阳能蓄电池为磷酸铁锂蓄电池，电池蓄电容量为 4.8kWh，用电末端为 2000W 的暖风机，逆变器功率 3000W，工作电压 24V。当 PV/T 系统运行时，PV/T 组件利用太阳能发电所产生的电能通过控制器后直接转换为 29.2V 的直流电储存在磷酸铁锂蓄电池中，当电能充足时，通过光伏逆变器转换为 220V 的交流电供给用电末端进行消耗，保证太阳能电量的正常消纳。

(3) 蓄热水箱

蓄热水箱是 PV/T 系统中的重要设备，蓄热水箱的实物图及结构图如图 3-33 所示，内部采用保温工艺处理，减少热量损失，箱体设有循环水开口和感温口，内置压力表和温度计等。实验时，循环水流经过 PV/T 组件，温度升高流入水箱中，换热水箱内底部冷水经循环水泵加压后流向 PV/T 组件。蓄热水箱容量为 40L，详细参数见表 3-7。

 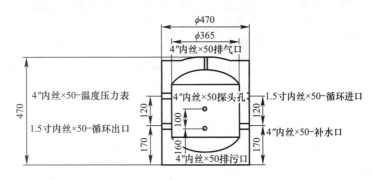

图 3-33   蓄热水箱实物图及结构图

蓄热水箱参数   表 3-7

项目	参数	项目	参数
直径	470mm	高度	470mm
运行压力	<0.8MPa	保温层厚度	50mm
容积	40L	最高使用温度	85℃

（4）其他辅助设备

在整个 PV/T 系统中，利用 PV/T 组件集热需要用到连接管道、阀门、循环水泵及保温层等辅助设备和材料，部分辅件实物图如图 3-34 所示。循环水泵型号为 ROS25-8，水泵扬程 8m，最大流量 30L/min，功率 160W。管道采用双层 PPR 热熔管，水管外用 2cm 保温材料包裹，管件阀门采用遥控电动球阀和普通阀门双重控制，热水系统最高水位处设置排气阀辅助排气。PV/T 组件支架使用角铝焊接定制而成。

图 3-34　辅助材料及循环水泵实物图

（5）温度测量

温度测量主要包括 PV 电池组件温度、蓄热水箱内部温度及其进出水温度、环境温度。PV 电池组件温度采用贴片式热电偶温度传感器，温度测点布置如图 3-35 所示，采用 3 点测温取平均值来确定组件的温度。

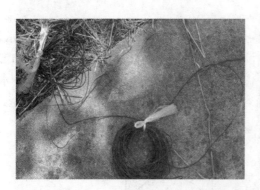

图 3-35　PV/T 组件的光伏电池温度测试布点图

蓄热水箱内水温及进出口水温采用便携式温度采集仪测量，蓄热水箱内水温采用测温盲管配合温度探头测量，水箱进出口温度则使用小段金属管件配合温度探头测量，如图 3-36 所示。

室外环境温湿度的测量如图 3-37 所示。

图 3-36　蓄热水箱水温测量实物图

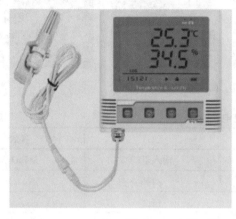

图 3-37　室外环境温湿度测量实物图

（6）流量测量

本实验系统采用电磁流量计，如图 3-38 所示。流量计安装在集热器入口管段，实验记录其实时流量变化时间 60s。主要参数如表 3-8 所示。

图 3-38　电磁流量计

电磁流量计主要参数表　　　　　　　　　　　　　　　　表 3-8

项目	参数	项目	参数
测量流量范围	$1 \sim 10\mathrm{m}^3/\mathrm{h}$	精度	0.5 级
公称压力	6.3MPa	公称通径	$DN20$
输出信号	RS485 通信	供电电压	DC24V

（7）电能测量

采用直流电表测试 PV/T 组件和 PV 组件的发电量，直流电表如图 3-39 所示，其具体参数如表 3-9 所示。

图 3-39 直流电表

直流电表参数 表 3-9

项目	参数	项目	参数
直流电压范围	0～500V	输入阻抗	≥6kΩ/V
直流电流范围	0～2500A	功耗	≤1mW
分流器	支持输出为 75mV	精度	0.5 级
输出信号	RS485 通信	过载	2 倍持续 1s

（8）太阳辐射照度测量

本实验台使用 RS-TBQ-N01-AL 型总辐射表（图 3-40），当辐射表接收到太阳能时，处于感应面的热接点与处于机体内的冷节点产生温差电势，基于热电效应原理，可以测量所接收到的太阳总辐射。太阳总辐射表参数见表 3-10。

图 3-40 太阳辐射照度实验台

太阳总辐射表参数 表 3-10

项目	参数	项目	参数
供电范围	DC10V～30V	功耗	0.2W
测量范围	0～2000W/m^2	精度	±3%
分辨率	1W/m^2	光谱范围	0.3～3μm

项目	参数	项目	参数
工作温度	$-40\sim60℃$	工作湿度	$0\sim95\%$RH 非结露
灵敏度	$7\sim14\mu V/(W/m^2)$	响应时间	$\leqslant30s$

（9）数据采集

PV/T 组件温度的数据采集使用数据采集仪进行收集，水箱温度及其进出口温度采用的是便携式温湿度仪，自带数据记录功能，而室外辐射照度及电表等数据采用 RS485 通信，利用 RS-4G-YM 网络变送器统一收集到线上平台后采集。如图 3-41 所示。

图 3-41　数据采集仪及网络变送器

3.2.5　组件性能实测

新型水冷式 PV/T 组件与传统管板式 PV/T 组件综合热电性能对比实测时间为 9 月 26 日至 9 月 27 日，实验时间为 9:30 至 17:30，组件的设置倾角为 40°，实验数据每隔 1min 记录一次。部分实测结果及分析如下：

（1）室外气象参数实测

室外环境温度和太阳辐射强度随时间变化如图 3-42 所示。

图 3-42 给出了 9 月 26 日及 27 日太阳辐射及环境温度的全天动态变化情况。在一天之中，太阳辐射强度先增加，并在 12:00 左右达到其峰值，然后开始下降，在 17:30 左右基本降为 0。环境温度也是随着时间的推移先增加，在 14:30 左右达到峰值，然后缓慢下降。9 月 26 日当天平均太阳辐射强度为 $469.57W/m^2$，最高太阳辐射强度为 $684W/m^2$，平均环境温度为 32.39℃，当日最高气温 37.6℃；9 月 27 日当天平均太阳辐射强度为 $448W/m^2$，最高太阳辐射强度为 $648W/m^2$，平均环境温度为 32.47℃，当日最高气温 36.8℃。

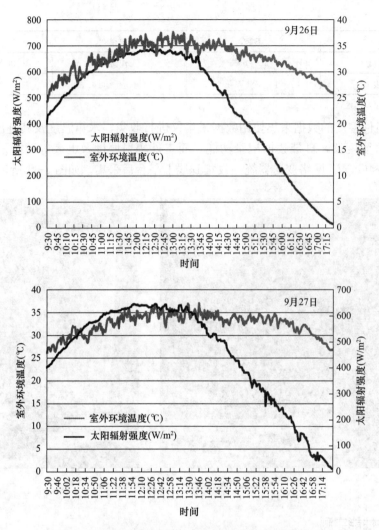

图 3-42　室外环境温度和太阳辐射强度随时间变化

（2）组件温度对比

9 月 26 日，3 种组件温度随时间变化情况如图 3-43 所示。3 种组件温度变化趋势均为随时间推移组件温度先升高后降低，在 12∶30～13∶30 期间达到最高值。6 号 PV 组件温度升高速率最快，在 12∶50 左右达到最高温度 69.2℃，后缓慢开始降低，组件全天平均温度为 56.11℃，相较于 5 号传统管板式 PV/T 组件和 2 号新型水冷式 PV/T 组件，其温度降低速率最快，这是因为其没有冷却换热通道，温度受太阳辐射强度及环境温度影响最显著。5 号传统管板式 PV/T 组件的温度升高速率略快于 2 号水冷式 PV/T 组件（两者初始温度不一致是因为两侧有树遮挡，到 9∶30 左右所有组件才均被太阳照射到，5 号组件和 6 号组件先被太阳照射导致先升温），其在 13∶00 左右达到最高温度 63.6℃，后开始缓慢降低，组件全天平均温度为 52.90℃。2 号新型水冷式 PV/T 组件的平均温度最低，为 49.77℃，组件的温升是最慢的，在 13∶15 左右达到组件最高温度 59.24℃，2 号新型水冷式 PV/T 组件达到最高温度后，温度降低也是最慢的，最终温度反而比 5 号传统管板式 PV/T 组件和 6 号 PV 组件更好，这是因为集热系统的存在，下午后半段时间水箱反向给组件进行加热的结果。

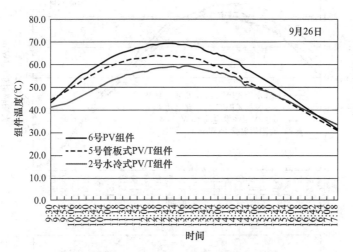

图 3-43　组件温度随时间变化情况

（3）组件发电功率及效率对比

图 3-44 为 9 月 26 日 3 种组件的平均发电功率及平均发电效率（10min 统计）对比图。2 号新型水冷式 PV/T 组件的发电效率是 3 种 PV/T 组件中整体发电功率最高的，2 号新型水冷式 PV/T 组件的全天发电功率为 1.569kWh，组件最高发电效率为 21.56%，平均发电效率为 19.25%。5 号管板式 PV/T 组件的发电功率及效率仅次于 2 号新型水冷式 PV/T 组件，组件最高发电效率为 21.52%，其全天的发电功率为 1.462kWh，平均发电效率为 17.94%。6 号 PV 组件的发电功率及效率最低，其全天的发电功率为 1.372kWh，组件最高发电效率为 21.94%，平均发电效率为 16.83%。3 种组件的发电效率随时间变化趋势相近，实验开始至 13:30 期间，组件发电效率整体呈现下降趋势，这是因为组件温度升高所导致的整体发电效率降低，13:30～17:30 期间，组件发电效率逐渐上升，这是因为组件温度已经开始下降，组件发电效率逐渐增加，但由于太阳辐射强度的大幅削弱，组件的实际发电功率也随之下降。

（4）组件集热效率对比研究

2 号新型水冷式 PV/T 系统及 5 号传统管板式 PV/T 系统蓄热水箱温度及逐时进出水温差随时间变化情况如图 3-45 所示，两个 PV/T 系统的蓄热水箱水温均呈现出先升温后下降都趋势，这是因为下午 3:00 左右，太阳辐射强度大幅下降，由于光伏发电导致组件温度升高的情况明显减弱，蓄热水箱内储水温度反而低于组件温度，集热系统运行反而是在向组件加热，蓄热水箱内水温呈下降趋势。

2 号新型水冷式 PV/T 系统蓄热水箱初始水温为 22.2℃，在 14:35 左右，蓄热水箱内水温达到峰值 56.0℃，随后开始出现降温情况，在实验结束时蓄热水箱最终温度为 46.5℃，组件的全天太阳能集热量为 1.69kWh，组件的全天集热效率为 20.78%。若按蓄热水箱最高温度计算，2 号新型水冷式 PV/T 组件的峰值太阳能集热量为 2.35kWh，最高集热效率 34.55%（太阳辐射量截至 14:35，此期间组件的光电转换效率为 19.42%）。

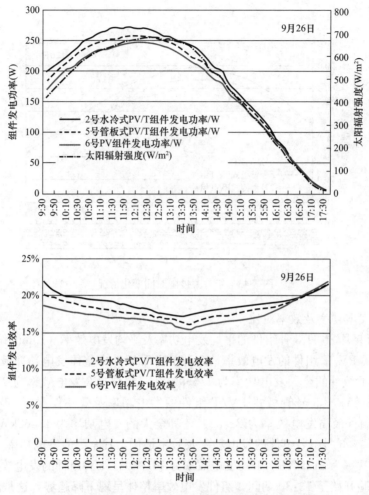

图 3-44　组件光伏发电功率及发电效率随时间变化情况

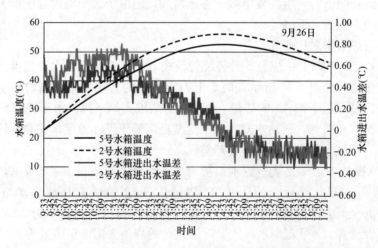

图 3-45　两 PV/T 系统蓄热水箱温度及逐时进出水温差随时间变化情况

5 号传统管板式 PV/T 系统蓄热水箱初始水温为 22.6℃，在 14：30 左右，蓄热水箱内水温达到峰值 52.5℃，随后开始出现降温情况，在实验结束时蓄热水箱最终温度为 44.2℃，组件的全天太阳能集热量为 1.51kWh，组件的全天集热效率为 18.53％。若按蓄热水箱最高温度计算，组件的峰值太阳能集热量为 2.02kWh，最高集热效率 31.45％（太阳辐射量截至 14：30，此期间组件的光电转换效率为 18.08％）。

由于 2 号水冷式 PV/T 组件前期对太阳能组件吸热效果较好，组件温度升高较快，但当 PV 组件温度低于蓄热水箱储水温度时，蓄热水箱反而对组件进行加热，由于其换热结构效果更好，蓄热水箱内水温下降更快。

（5）PV/T 组件综合热电性能对比

2 号水冷式 PV/T 组件太阳能直接利用率为 19.25％＋20.78％＝40.03％。

5 号传统管板式 PV/T 组件太阳能直接利用率为 17.94％＋18.53％＝36.47％。

考虑到电能与热能品位的区别，基于一次能源节约率评价方法修正后得到 PV/T 组件的综合热电性能评价方法，即 $E_f = \eta_e / \eta_{power} + \eta_{th}$。

2 号水冷式 PV/T 组件综合热电性能为 19.25％÷0.38＋20.78％＝71.44％。

5 号传统管板式 PV/T 组件综合热电性能为 17.94％÷0.38＋18.53％＝65.74％。

显然，只考虑 PV/T 系统最佳的运行时刻所得到的 PV/T 组件综合热电效率远高于全天的 PV/T 组件综合热电效率，这是因为下午太阳辐射强度降低及集热系统反向加热 PV 组件所导致的。对于实际运行的 PV/T 系统，全天的 PV/T 组件综合热电效率显然更加贴合，为了解决后半段时期集热系统反向加热 PV 组件的问题，可以通过优化太阳能热电联产联供 PV/T 系统结构，设置双水箱结构，通过切换到蓄热水箱达到持续收集 PV/T 系统的热量。

优化后的太阳能热电联产联供 PV/T 系统结构如图 3-46 所示。

在双水箱结构的太阳能热电联产联供 PV/T 系统中，利用两个蓄热水箱相互切换来控制 PV/T 组件的进水温度。实验开始时，使用蓄热水箱 1 收集 PV/T 系统的太阳能光热，当第一个蓄热水箱出水温度达到 50～55℃时，即可以满足基本的一般用户生活热水温度需求，通过切换阀门，利用贮水温度更低的蓄热水箱 2 对组件进行降温。

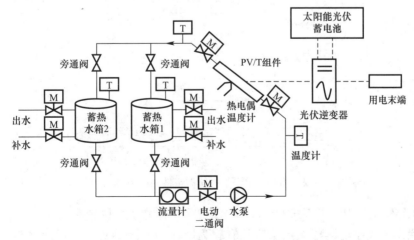

图 3-46　太阳能热电联产联供 PV/T 系统结构图

传统的单水箱结构持续收集 PV/T 组件的热量，水箱内水温升高后会影响 PV/T 组件内换热结构对 PV 电池的降温效果，下午某个时刻过后，组件温度降低到低于蓄热水箱的程度，水箱温度反而会反向加热 PV 组件，蓄热水箱散热不仅不利于组件发电，同时会降低 PV/T 系统的光热效果。另外，如果一味增大蓄热水箱容积来降低蓄热水箱内水温，以提高对 PV 组件的降温效果，最终将导致蓄热水箱内水温不足以满足实际生活热水需求，则此部分太阳能光热利用品位过低而无实际应用效果。优化后的 PV/T 系统的双水箱结构，可以较好地平衡用户热水需求和 PV/T 组件光热收集效率。

9 月 27 日对双水箱结构的 PV/T 系统进行实验，测试的组件为水冷型 PV/T 组件、传统管板式 PV/T 组件及普通 PV 组件，组件的安装倾角为 40°，水泵运行流量均为 0.210L/s，切换蓄热水箱的时间为 13:50 左右，此时 2 号组件 PV/T 集热系统蓄热水箱储水温度为 51.1℃，而 5 号组件 PV/T 集热系统蓄热水箱储水温度为 53℃。

（6）双水箱结构 PV/T 系统的组件温度对比

9 月 27 日，3 种组件温度随时间变化情况如图 3-47 所示。3 种组件温度变化趋势均为随时间推移先升高后降低，在 12:30～13:30 期间达到最高值。6 号 PV 组件温度升高速率最快，在 13:20 左右达到最高温度 62.63℃，后缓慢开始降低，组件全天平均温度为 53.33℃，相较于 5 号传统管板式 PV/T 组件和 2 号水冷式 PV/T 组件，其温度降低速率最快，这是因为其没有冷却换热通道，温度受太阳辐射强度及环境温度影响最显著。5 号传统管板式 PV/T 组件的温度升高速率略快于 2 号水冷式 PV/T 组件（两者初始温度不一致是因为两侧有树遮挡，到 9:30 左右所有组件才均被太阳照射到，5 号组件和 6 号组件先被太阳照射导致先升温），其在 13:00 左右达到最高温度 59.10℃，后缓慢开始降低，组件全天平均温度为 49.35℃。2 号水冷式 PV/T 组件的平均温度最低，为 46.77℃，组件的温升是最慢的，在 13:15 左右达到组件最高温度 57.13℃，2 号水冷式 PV/T 组件达到最高温度后，温度降低也是最慢的，最终温度反而比 5 号传统管板式 PV/T 组件和 6 号 PV 组件更好，这是因为集热系统的存在，下午后半段时间水箱反向给组件进行加热的结果。

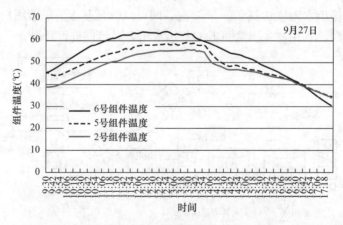

图 3-47　双水箱结构 PV/T 系统的组件温度随时间变化情况

与单水箱结构的 PV/T 系统对比，水冷型 PV/T 热电联产联供系统和传统管板式 PV/T 热电联产联供系统在切换蓄热水箱后均有较为明显的下降趋势，即切换水箱，用储水温度更低的蓄热水箱对 PV 组件进行散热，但是在 16:00 过后，PV 组件的温度还是降低得更快，蓄热水箱还是对组件进行反向加热，到试验结束时，6 号 PV 组件温度反而低于 2 号水冷式 PV/T 组件和 5 号传统管板式 PV/T 组件。

（7）双水箱结构 PV/T 系统的组件发电功率及效率对比

图 3-48 为 9 月 27 日 3 种组件的平均发电功率及平均发电效率（每 10min 统计一次）对比图。2 号水冷式 PV/T 组件的发电效率是 3 种 PV/T 组件中整体发电功率最高的，2 号水冷式 PV/T 组件的全天发电功率为 1.526kWh，组件最高发电效率为 21.55%，平均发电效率为 19.66%。5 号管板式 PV/T 组件的发电功率及效率仅次于 2 号水冷式 PV/T 组件，组件最高发电效率为 20.88%，其全天的发电功率为 1.430kWh，平均发电效率为 18.24%。6 号 PV 组件的发电功率及效率最低，其全天的发电功率为 1.282kWh，组件最高发电效率为 20.04%，平均发电效率为 16.51%。3 种组件的发电效率随时间变化趋势相近，整体均呈现先下降后上升的趋势。实验开始至 13:30 期间，组件发电效率整体呈现下降趋势，这是因为组件温度升高所导致的整体发电效率降低，13:30~17:30 期间，组件发电效率逐渐上升，这是因为组件温度已经开始下降，组件发电效率逐渐增加，但由于太阳辐射强度的大幅削弱，组件的实际发电功率也随之下降。相较于单水箱结构的 PV/T 系统，双水箱结构 PV/T 系统在切换水箱后组件的发电效率均有一定提升。

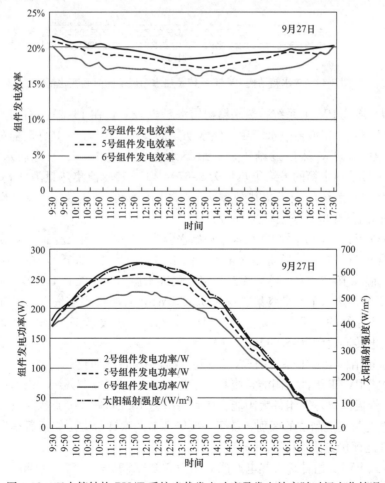

图 3-48　双水箱结构 PV/T 系统光伏发电功率及发电效率随时间变化情况

（8）双水箱结构 PV/T 系统的组件集热效率对比研究

2 号水冷式 PV/T 系统及 5 号传统管板式 PV/T 系统蓄热水箱温度随时间变化情况如图 3-49 所示，在切换蓄热水箱前，两个系统的原蓄热水箱内储水温度均逐渐上升，且上升趋势逐渐变慢，这是因为蓄热水箱内水温增加后，循环水与组件间的温差变小，换热效果下降。在原蓄热水箱内储水温度达到 50～55℃，即满足基本热水需求后，切换蓄热水箱，切换后两种 PV/T 系统的蓄热水箱水温均呈现出先升温后下降的趋势，但相较于单水箱结构的 PV/T 系统，蓄热水箱水温下降较少，更有利于提高整个系统的集热效率。

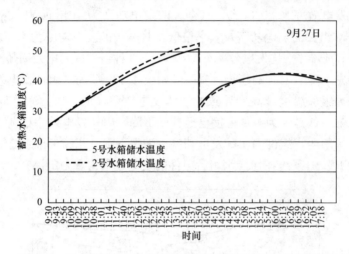

图 3-49　双水箱结构 PV/T 系统蓄热水箱温度随时间变化情况

2 号新型水冷式 PV/T 系统蓄热水箱初始水温 25.2℃，在 13:50 左右切换蓄热水箱时达到最高温度 53℃，切换蓄热水箱后，储水初始温度为 31℃，在 16:05 左右达到第二个蓄热水温峰值 42.8℃，然后逐渐下降，最终水温为 40.6℃。1 号蓄热水箱储热量为 1.936kWh，2 号蓄热水箱的最终集热量为 0.670kWh，其峰值集热量为 0.823kWh。2 号新型水冷式 PV/T 系统的全天集热效率为 33.57%，峰值集热效率 37.41%，时间截至 16:00，此期间组件光电转换效率为 19.71%。

5 号传统管板式 PV/T 系统蓄热水箱初始水温为 25.6℃，在 13:50 左右切换蓄热水箱时达到最高温度 51.1℃，切换蓄热水箱后，储水初始温度为 32.1℃，在 16:00 左右达到第二个蓄热水温峰值 42.5℃，然后逐渐下降，最终水温为 40.2℃。1 号蓄热水箱集热量为 1.779kWh，2 号蓄热水箱的最终集热量为 0.564kWh，其峰值集热量为 0.725kWh。5 号传统管板式 PV/T 系统的全天集热效率为 30.18%，峰值集热效率 33.96%，时间截至 16:00，此期间组件光电转换效率为 18.41%。

（9）双水箱结构 PV/T 系统的 PV/T 组件综合热电性能对比

2 号水冷式 PV/T 组件太阳能直接利用率为 19.66%＋33.57%＝53.23%。

5 号传统管板式 PV/T 组件太阳能直接利用率为 18.24%＋30.18%＝48.42%。

考虑到电能与热能品位的区别，基于一次能源节约率评价方法修正后得到 PV/T 组件的综合热电性能评价方法，即 $E_f = \eta_e / \eta_{power} + \eta_{th}$。

2 号水冷式 PV/T 组件综合热电性能为 19.66%÷0.38＋33.57%＝85.31%。

5 号传统管板式 PV/T 组件综合热电性能为 18.24%÷0.38＋30.18%＝78.18%。

（10）组件实测结果与分析

本次实验的实测时期为 8 月 30 日至 9 月 30 日，其中包含新型水冷式 PV/T 组件的测试时间有 8 月 30 日至 9 月 2 日、9 月 5 日至 9 月 7 日、9 月 17 日至 9 月 23 日及 9 月 25 日至 9 月 27 日等日期，每日实测时间为 9:30～17:30，组件的安装倾角为 40°，测试期间平均太阳辐射强度及室外环境温度如图 3-50 所示。

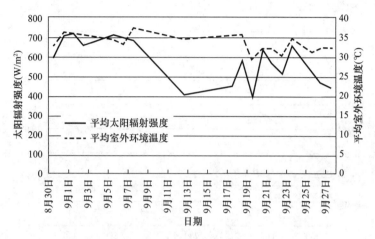

图 3-50　平均太阳辐射强度及室外环境温度图

1）太阳辐射强度对新型水冷式 PV/T 组件性能影响

不同太阳辐射照度下 PV/T 系统光电光热效率变化如图 3-51 所示，可以看出，随着太阳辐射强度的增加，PV/T 系统的发电效率呈下降趋势，这是因为随着太阳辐射强度的增加，组件因光伏发电所产生的热量也越多，组件温度也随之提高，组件光热效率略有下降，光电效率整体在 17.0%～20.0%范围内波动；PV/T 系统的发电效率呈先上升后下降趋势，这是因为随太阳辐射强度的增加，组件温度也随之提高，系统可以收集的热量也越多，系统的集热效率也增加，但当太阳辐射增到一定强度时，由于系统的集热能力有限，蓄热水箱不能收集更多的热量，组件光电效率反而呈现下降趋势，光热效率整体在 16.0%～23.0%。

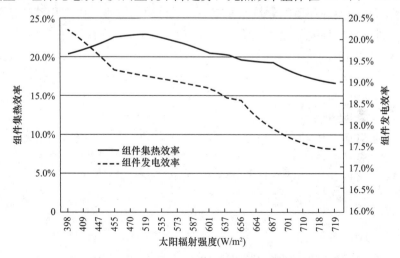

图 3-51　不同太阳辐射强度下 PV/T 系统光电光热效率变化图

2）水流量对新型水冷式 PV/T 组件性能影响

不同水流量下 PV/T 系统光电光热效率变化如图 3-52 所示，可以看出，随着流量的增加，PV/T 系统的光电效率呈现上升趋势，但上升幅度不大，在 18.8%～19.8%范围内波动。而当流量在 150～270L/h 时，PV/T 系统光热效率随着流量的增加而上升，且上升的速率较快，光热效率由 18.1%增加到 21.6%；当流量大于 270L/h 时，PV/T 系统光热效率变化较缓，稳定在 22.0%左右。

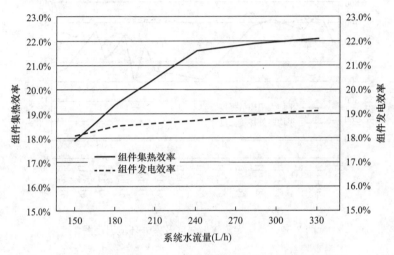

图 3-52　不同水流量下 PV/T 系统光电光热效率变化趋势

3）环境温度对新型水冷式 PV/T 组件性能影响

由于太阳辐射强度和环境温度都会影响组件温度进而影响其发电效率，为了控制变量，挑选相近太阳辐射强度时不同室外环境温度下组件发电效率进行比较，由于温度贴片测量蓄热水箱进出水温差存在一定滞后及精度稍微差一点，很难体现某时刻 PV/T 系统光热效率，此次主要分析 PV/T 系统的光电效率。

在太阳辐射强度为 750W/m² 时，不同环境温度下组件光电效率如图 3-53 所示。随着环境温度的提高，组件的光电效率明显下降，且下降趋势越来越大，这是因为环境温度越高，组件表面直接向室外环境的散热温差变小，组件散热越难，内部积蓄热量越多，组件温度就越高，进而使组件光电效率降低。

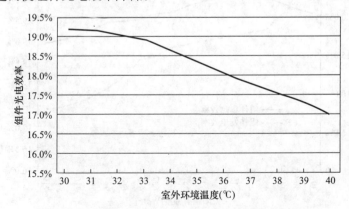

图 3-53　不同环境温度下 PV/T 系统光电效率变化趋势

4）全年运行性能分析

① 典型气象年参数

北京市典型气象年室外环境参数如图 3-54 所示。北京市太阳能资源丰富，太阳辐照量达 6685MJ/(m²·a)，太阳辐射强度随季节波动相对较小。室外环境温度整体呈现先增后减趋势，北京市气候特征为冬季寒冷干燥、夏季高温炎热。

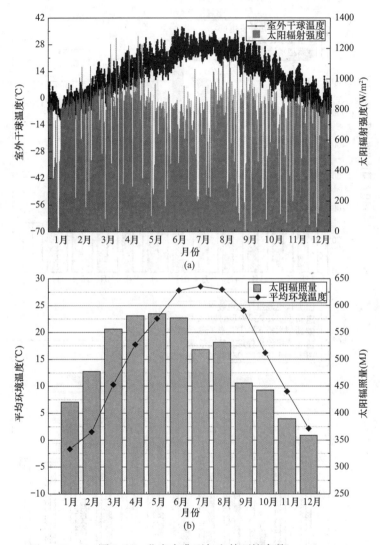

图 3-54　北京市典型年室外环境参数

(a) 室外温度及太阳辐射强度逐时气象数据；(b) 9:30-17:30 的月均温度及太阳辐照累积量

② 工况条件设置

考虑到北京冬季室外环境温度较低，集热系统存在结冻风险，为保证系统能够正常运行，系统运行期间室外气温不得低于 0℃ 且平均气温不得低于 5℃。从图 3-54（b）可知，仅集热系统运行时间设置为 3～10 月，其余时间 PV/T 系统仅运行光伏发电系统。

蓄热水箱初始温度是影响组件光热光电性能的重要参数，依据实际气象条件及自来水供水温度范围 14～20℃，春季 3～5 月及秋季 9～10 月 1 号蓄热水箱初始温度为 15℃；夏季 6～

8月1号蓄热水箱初始温度为20℃，2号蓄热水箱初始温度设定值比1号蓄热水箱高10℃。

③ 全年运行结果分析

基于6.1节研究所得拟合曲线对新型水冷式PV/T组件及PV电池组件的逐时发电量、集热量进行拟合预测研究，两种组件的发电量、集热量逐月累计结果如图3-55（a）所示，逐月发电、集热效率及热电综合效率如图3-55（b）所示。

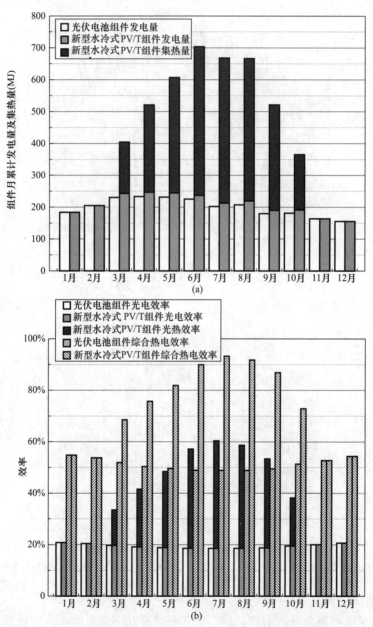

图 3-55　新型水冷式 PV/T 组件及 5 号 PV 电池组件的拟合预测结果

（a）1 号和 5 号组件逐月累计发电量及集热量；（b）实验期间月均温度及太阳辐照累积量

组件发电量的变化趋势与太阳辐射强度正相关，整体呈现先增后减的趋势；而组件的光电效率变换趋势与环境温度负相关，整体呈现先减后增的趋势。3～10月，新型水冷式

PV/T 组件处于热电综合利用模式，其 PV 电池温度较 PV 电池组件更低，平均光电效率提升 0.74%，提升比例为 3.95%。

PV/T 组件的集热量和光热效率受环境温度影响较大，在 3 月份，实验期间月累计太阳辐照量 556MJ，但因环境温度仅 10.28℃，新型水冷式 PV/T 组件的光热效率为 13.81%。夏季新型水冷式 PV/T 系统的光热效率有显著提升，7 月份实验期间月平均温度 28.78℃，平均光热效率达 41.85%，太阳能直接利用率为 61.40%，太阳能热电综合利用率达 93.28%，较 PV 电池组件的太阳能热电综合利用率提升 44.44%，新型水冷式 PV/T 组件综合热电性能提升显著。

PV 电池全年累计发电量 2398.27MJ，全年平均光电效率 18.75%，太阳能综合利用效率为 49.35%。新型水冷式 PV/T 组件全年累计发电量和集热量分别为 2492.33MJ 和 2671.99MJ，全年平均光电效率和光热效率分别为 19.49% 和 20.89%，太阳能综合利用效率为 72.18%，较 PV 电池组件提升 22.83%，提升比例达 46.26%，新型水冷式 PV/T 组件的全年运行性能表现优异，不仅可以满足用电和热水两种不同的用能需求，还能实现太阳能的高效利用。

3.3 热管式光伏光热一体化技术

3.3.1 技术简介

鉴于水冷式 PV/T 组件的防冻能力不足及空冷型 PV/T 组件的换热效率较低等问题，有研究学者将具有高导热能力和防冻性能的热管应用于 PV/T 组件[7]。热管原理图及热管型 PV/T 组件结构图如图 3-56 所示，典型的热管由管壳、吸液芯和端盖组成，热管内部分为蒸发段、绝热段和冷凝段 3 部分，在热管型 PV/T 组件中，PV 电池背部为热管吸热段，内部介质吸热蒸发，将热量带到上部的冷凝端，由经过的水流带走热量冷却变成液态回到下部，形成循环[8]。热管靠内部介质的气液两相变化传热，热阻小、换热效果好[9]，而且热管在传热方向温降很小，具有良好的等温性[10]，有利于 PV 组件温度趋于一致，减小因 PV 组件温度不均，影响电池输出电压不一致而造成不必要电能损失，提高组件太阳能综合利用率和使用寿命。

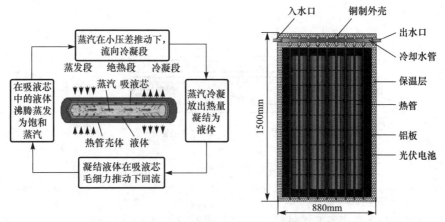

图 3-56 热管原理图及热管型 PV/T 组件结构图[6,10]

太阳辐射强度和电池组件温度为直接决定 PV/T 组件的光伏转换效果的因素，而太阳辐射强度和周围环境温度为外界条件，不能人为干涉来提高 PV/T 组件性能，因此只能通过优化组件结构参数和运行参数，以达到理想的降低 PV/T 组件温度的效果，提高光伏电池光电转换效率，并达到较高的太阳能光热利用效率。

3.3.2　组件基本结构

传统圆管型热管式 PV/T 组件的结构图如 3-57 所示，因热管具有高导热能力和防冻性能，且靠内部介质的气液两相变化传热，热阻小换热效果好，而且热管在传热方向温降很小，具有良好的等温性，热管可以提高 PV/T 组件的光热转换效率。但圆管型热管式 PV/T 组件的热管为圆形，与 PV 电池片的直接接触面积较小，PV 电池片与热管未接触的部分的热量并不能很好的散去，因 PV 电池的横向温度不均，导致电池输出电压不一致而造成不必要电能损失，需要进一步优化整体结构以提高综合换热效果。

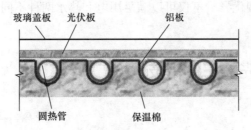

图 3-57　圆管型热管式 PV/T 组件结构图

针对目前热管冷却通道与光伏电池接触面积小，与热管未接触的光伏电池部分散热效果不佳的问题，作者使用平板微阵热管代替传统的圆管式热管，提出了如图 3-58 所示的新型微阵热管式 PV/T 组件。

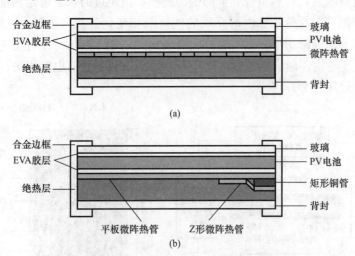

图 3-58　新型微阵热管式 PV/T 组件结构图
（a）新型微阵热管式 PV/T 组件横向截面图；（b）新型微阵热管式 PV/T 组件纵向截面图

其新型微阵热管式 PV/T 组件的几何模型图如图 3-59 所示。

图 3-59　新型微阵热管式 PV/T 组件几何模型图

该新型微阵热管式 PV/T 组件自上而下为：具有透光和保护功能的玻璃层，上下两层 EVA 胶层保护夹在中间的光伏电池组件，光伏电池组件下方的平板微阵热管作为组件主要的散热结构，平板微阵热管的一头为内通冷却水的铜管，铜管的下方为 Z 形微阵热管辅助换热，最后以绝热层和背封保护组件散热和防水防腐蚀。

新型平板微阵热管、Z 形微阵热管及内部截面如图 3-60 所示。

图 3-60　平板型微阵热管、Z 形微阵热管及内部截面图

以电池背部作为平板微阵热管的吸热段，内部介质通过吸收电池热量，蒸发成气体带到上部的冷凝段，铜管与平板微阵热管接触的部分为冷凝段，内部走水，平板微阵热管内部介质遇到铜管后降温变成液体回流至下部形成循环，铜管内水被吸收热量实现太阳能光热利用。考虑到矩形铜管与组件接触面积不够，在平板微阵热管下部设置 Z 形微阵热管，Z 形微阵热管蒸发段与平板型微阵热管冷凝段相连，冷凝端与铜管下表面相连，大大提高微阵热管与矩形铜管换热接触面积，利用 Z 形微阵热管辅助提升换热性能，提高组件光热效率。相较于传统的圆形热管式 PV/T 组件，该组件的微阵热管与 PV 电池接触更充分、结构更紧凑、换热效果更好，能够提高 PV/T 组件光热转换效率和光电转换效率。

3.3.3　组件制作与实验平台搭建

（1）组件制作

新型微阵热管式 PV/T 组件（1♯PV/T 组件）基本结构参数表如表 3-11 所示，根据图 3-57、图 3-58 所示的新型微阵热管式 PV/T 组件结构图及表 3-11 的基本结构参数进行新型微阵热管式 PV/T 组件制作。

新型微阵热管式 PV/T 组件基本结构参数表　　　　　　　　　　　表 3-11

名称	参数	名称	参数
电池尺寸	2094×1038（mm）	矩形铜管外尺寸	20×25（mm）
异质结电池厚度	10mm	矩形铜管厚度	2mm
组件电池片数量及排列	144（6×24）	平板型微阵热管尺寸	1000×8×3（mm）
Z 形微阵热管折叠角度	30°	Z 形微阵热管尺寸	25×8×3（mm）

新型微阵热管式 PV/T 组件的样本制作流程如图 3-61 所示，本实验定制了长 950mm、宽 80mm、厚 3mm 的微阵平板热管和长 200mm、宽 80mm、厚 3mm 的微阵 Z 形平板热管，新型微阵热管是将传热介质注入铝制平板状腔体后密封成型，形成的一种新型传热元件。热管内传热介质受热激发后沿腔壁将受热端热能传向冷凝端，之后可借助重力作用回流至蒸发端。该新型平板热管同之前传统的紫铜热管相比，在极大程度上扩大了热管与光伏板的直接接触面积，由传统的线状变为面状，作用于光伏板上能够起到更好的冷却效果以提高发电效率，并强化集热性能。

图 3-61　新型微阵热管式 PV/T 组件制作流程

在 PV 电池板的背部按照每列电池放置对应的新型平板微阵热管，热管蒸发端与 PV 板背板之间采用导热硅胶进行粘连，使得平板微阵热管同 PV 电池背板充分接触粘结，同时减小了热管同 PV 电池背板之间空气的对流换热，从而有利于 PV 板同热管直之间的传热。平板微阵热管的冷凝端则与截面宽 25mm、高 20mm、厚 2mm 的矩形紫铜管相黏合，再使用结构胶使平板微阵热管与导热铜管固定，在矩形紫铜管背部等距离放置 Z 形微阵热管，用导热硅脂填充间隙后采用结构胶固定，在热管的连接过程中需避免热管重力，以免压弯影响微阵热管内工作流体循环。然后采用聚氨酯保温板铺设覆盖整个光伏板背板以达到保温隔热的效果，最后对整个新型微阵热管式 PV/T 组件做外封定型。

太阳光首先照射到热管式 PV/T 组件的玻璃盖板，盖板会吸收一部分太阳能，在这一部分的热量交换包括玻璃盖板与周围环境空气发生对流换热、与周围环境发生辐射换热以及与光伏电池间的换热。太阳辐射通过玻璃层照到电池上，光伏电池吸收一些太阳能，转化为电能。其余辐射变为热能，一部分热量与玻璃盖板产生换热，另一部分热量与电池基板产生导热。热量被基板吸收后，产生了两部分的热量交换，分别是导热基板与光伏电池间的导热以及与热管蒸发段的导热。之后，由热管蒸发段吸收导热基板的热量，通过热管内部的毛细作用，将热量传递至冷凝段。热管冷凝段与矩形铜管以及 Z 形热管蒸发段相连，热管冷凝段向矩形铜管进行导热，铜管与管内的水进行对流换热；热管冷凝段与 Z 形热管蒸发段换热，通过 Z 形热管内部的毛细作用，将热量传递至 Z 形热管冷凝段，Z 形热管冷凝段与矩形铜管相连进行传热，矩形铜管内的水吸收了热管的热量后，流向蓄热水箱中，以此不断循环。

（2）PV/T 组件性能测试实验平台搭建

为了充分研究新型微阵热管式 PV/T 组件实际运行效果及太阳能综合利用效率，并研究新型微阵热管式 PV/T 组件较 PV 电池组件的光电性能提升效果和 PV 电池温度降低效果、较传统管板式 PV/T 组件综合热电效率提升效果和 PV 电池温度降低效果，需要对PV/T 组件的逐时发电量、组件逐时温度、逐时进出水温度、循环介质流量、室外环境温湿度、太阳辐射强度等关键参数进行测试，PV/T 组件性能测试系统图如图 3-62 所示。

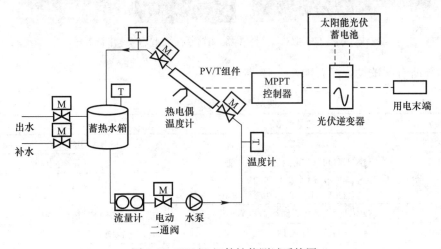

图 3-62　PV/T 组件性能测试系统图

PV/T 组件性能测试系统运行原理如下：太阳能辐射照到光伏电池表面时，一部分太阳能透射过光伏电池表面的玻璃层直接作用于电池片，在电池的"光生伏特"效应作用下将太阳辐射能转换持续为直流电能，直流电在 MPPT 控制器和光伏逆变器作用下转变为交流电供用电末端使用，但无用电末端或光伏发电过剩时，系统将光伏直流电直接储存在蓄电池中。另一部分太阳能被 PV/T 组件反射到外界环境中，还有一大部分太阳辐射能被PV/T 组件吸收致使光伏电池温度升高，光伏电池在发电的时候也会使光伏电池温度升高，在两种热源的促使下光伏电池的温度大幅升高，此时利用 PV/T 组件背部流体通道内流质循环流动带走光伏电池的热量，降低光伏电池的温度以提高其光伏发电效率，同时利用循环水泵将这部分回收的余热储存在蓄热水箱中，实现太阳能光热的利用。

PV/T 组件性能测试系统实验台实物图如图 3-63 所示，PV/T 组件性能测试系统分光热测试系统和光伏测试系统。光热测试系统包括 PV/T 光伏组件、水泵、蓄热水箱、阀门、流量计、温度计等；光伏测试系统包括 PV/T 组件、控制器、逆变器、直流电表、蓄电池、负载等。

图 3-63　PV/T 组件性能测试系统实验台实物图

本实验所有测试设备汇总如表 3-12 所示。

实验测试设备汇总表　　　　　　　　　　表 3-12

测试仪器名称	型号规格	功用
PV/T 组件	自制	利用太阳能发电产热
PV 组件	JNHM144（166）型异质结电池	利用太阳能发电
光伏逆变器	XBS-2500P，输入电压 29.2V，输出电压 220V，持续输出功率 3000W	直流转交流
光伏蓄电池	磷酸铁锂电池组，储存 4.8kWh 电	储存 PV 组件发电量
MPPT 控制器	ML100415F，输入 DC（12~48V）	控制 PV 组件高效运行
蓄热水箱	容积 40L，运行压力≤0.8MPa	储存太阳能光热产生的热水
水泵	ORS-25-8，功率 160W，扬程 8m	给予热水系统动力
PZ 直流电表	PZ72-DE/C，直流电压上限 220V，直流电流上限 20A，精度 0.5	实时测量直流电压、直流电流、功率、电量
浸入式温度传感器	量程为 −20~120℃，误差±0.2℃	管道系统供回水温度及蓄热水箱水温监测并远传
热电偶温度传感器	量程为 −120~150℃，误差±0.5℃	光伏电池温度测试
电磁流量计	量程为 1~10m³/h，精度 0.5	管道内水流量测试
流量控制阀	DN20	控制管道流量开关
旁通阀	DN20	控制管道流量开关
室外温湿度自记仪	−20~120℃，误差±0.2℃ 0~100%，误差±3%	测试室外环境温湿度
太阳总辐射传感器	RS-TBQ-AL，太阳辐射测量范围：0~2000W/m²，误差≤5%	测试室外太阳辐射强度
网络变送器	RS-4G-YM，RS485 通信	记录太阳辐射强度、水泵流量、组件发电量等参数
数据采集器	Aglent34972A	实时记录所有热电偶测试数据
暖风机	功率 2000W	耗电末端，消耗组件发电量

3.3.4　组件性能实测

（1）新型微阵热管式 PV/T 组件与传统管板式 PV/T 组件综合热电性能对比

新型微阵热管式 PV/T 组件与传统管板式 PV/T 组件综合热电性能对比实测时间为 9 月 10 日及 9 月 29 日，测试时间为 9：30 至 17：30，组件的设置倾角为 40°，实验数据每隔 1min 记录一次。部分实测结果及分析如下：

1）室外气象参数实测

9 月 10 日和 9 月 29 日分别为单水箱及双水箱结构的 PV/T 系统，室外环境温度和太阳辐射强度随时间变化如图 3-64 所示。

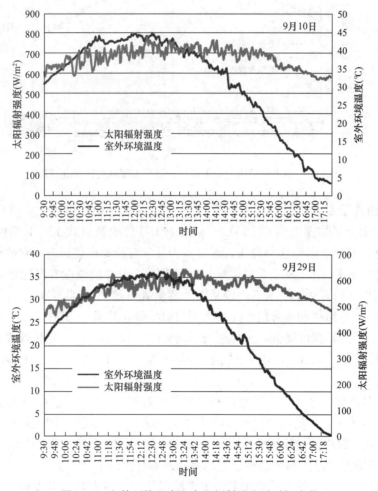

图 3-64　室外环境温度和太阳辐射强度随时间变化

图 3-64 给出了 9 月 10 日和 9 月 29 日太阳辐射及环境温度的全天动态变化情况。这两天的太阳辐射强度先增加，并在 12：00 左右达到其峰值，然后开始下降。环境温度也随着时间的推移整体呈现先增加后下降的趋势。9 月 10 日当天平均太阳辐射强度为 561.89W/m^2，最高太阳辐射强度为 799W/m^2，平均环境温度为 37.81℃，当日最高气温为 43.6℃；9 月 27 日当天平均太阳辐射强度为 420.66W/m^2，最高太阳辐射强度为 627W/m^2，平均环境

温度为 32.21℃，当日最高气温为 35.5℃。

2）单水箱结构 PV/T 系统组件温度对比

9 月 10 日，单水箱结构 PV/T 系统的组件温度随时间变化情况如图 3-65 所示。3 种组件温度变化趋势均为随时间推移，组件温度整体呈现先升高后降低趋势，在 12：30～13：30 期间达到最高值。5 号组件温度在运行初期有下降趋势，其原因是 9 月上旬，太阳先在 5 号和 6 号组件上照射了一段时间，组件初始温度较高。

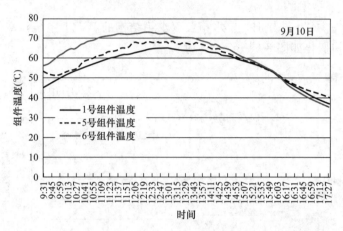

图 3-65　单水箱结构 PV/T 系统的组件温度随时间变化情况

6 号 PV 组件温度升高速率最快，在 12：30 左右达到最高温度 73.38℃，后开始缓慢降低，组件全天平均温度为 62.03℃，相较于 5 号传统管板式 PV/T 组件和 1 号热管式 PV/T 组件，其温度降低速率最快，这是因为其没有冷却换热通道，它的温度受太阳辐射强度及环境温度影响最显著。5 号传统管板式 PV/T 组件的温度升高速率略快于 1 号热管式 PV/T 组件（两者初始温度不一致是因为两侧有树遮挡，到 9：30 左右所有组件才均被太阳照射到，5 号组件和 6 号组件先被太阳照射导致先升温），其在 13：00 左右达到最高温度 68.40℃，后开始缓慢降低，组件全天平均温度为 58.56℃。1 号热管式 PV/T 组件的平均温度最低，为 56.23℃，组件的温升是最慢的，在 13：10 左右达到最高温度 65.45℃。

相较于 2 号新型水冷式 PV/T 组件和 5 号传统管板式 PV/T 组件，1 号热管式 PV/T 组件的降温相对较快，这是因为由于微阵热管的存在，1 号热管式 PV/T 组件很难直接反向加热 PV 电池，故组件的降温效果也是良好的，但还是略差于 6 号 PV 组件。

3）单水箱结构 PV/T 系统组件发电功率及效率对比

图 3-66 为 9 月 10 日单水箱结构 PV/T 系统组件光伏发电功率及发电效率（10min 统计）对比图。1 号热管式 PV/T 组件的发电效率是 3 种 PV/T 组件中整体发电功率最高的，1 号热管式 PV/T 组件的全天发电功率为 1.820kWh，组件最高发电效率为 20.93%，平均发电效率为 18.65%。5 号管板式 PV/T 组件的发电功率及效率仅次于 1 号热管式 PV/T 组件，组件最高发电效率为 19.18%，其全天的发电功率为 1.691kWh，平均发电效率为 17.33%。6 号 PV 组件的发电功率及效率最低，其全天的发电功率为 1.545kWh，组件最高发电效率为 18.44%，平均发电效率为 15.83%。3 种组件的发电效率随时间变化

趋势相近，整体呈现先下降后上升的趋势，而组件的实际发电功率则呈现先升高后降低的趋势。

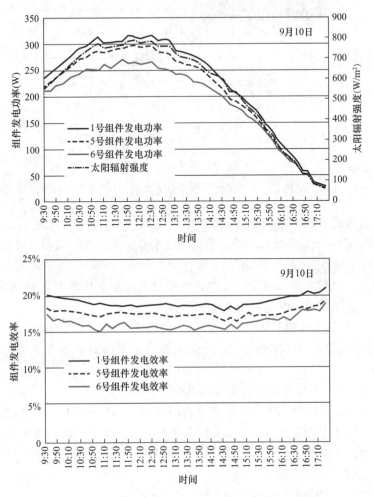

图 3-66　组件光伏发电功率及发电效率随时间变化情况

4）单水箱结构 PV/T 系统组件集热效率对比研究

1 号热管式 PV/T 系统及 5 号传统管板式蓄热水箱温度及逐时进出水温差随时间变化情况如图 3-67 所示，两个 PV/T 系统的蓄热水箱水温均呈现出先升高后下降的趋势，5 号传统管板式 PV/T 系统的蓄热水箱储水温度虽然上升的更快，但其下降趋势也"更胜一筹"，究其原因为 1 号热管式 PV/T 组件的微阵热管结构遏制集热系统反向加热 PV 电池组件。

1 号热管式 PV/T 系统蓄热水箱初始水温 25.4℃，在 15:00 左右，蓄热水箱内水温达到峰值 57.5℃，随后开始出现降温情况，在实验结束时蓄热水箱最终温度为 54.8℃，1 号热管式 PV/T 组件的全天太阳能集热量为 2.052kWh，组件的全天集热效率为 21.03%。若按蓄热水箱最高温度计算，组件的峰值太阳能集热量为 2.244kWh，最高集热效率 29.00%，此期间组件的光电转换效率为 18.65%。

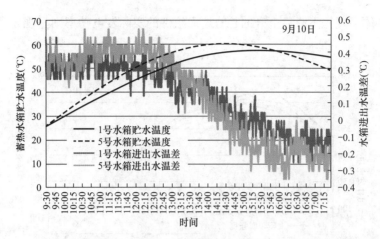

图 3-67　单水箱结构 PV/T 系统蓄热水箱温度及逐时进出水温差随时间变化情况

5 号传统管板式 PV/T 系统蓄热水箱初始水温 25.2℃，在 14:30 左右，蓄热水箱内水温达到峰值 60.4℃，随后开始出现降温情况，在实验结束时蓄热水箱最终温度为 49.3℃，组件的全天太阳能集热量为 1.682kWh，组件的全天集热效率为 17.24%。若按蓄热水箱最高温度计算，5 号传统管板式 PV/T 组件的峰值太阳能集热量为 2.456kWh，最高集热效率 31.75%，此期间组件的光电转换效率为 17.38%。

整体而言，前期 1 号热管式 PV/T 组件的集热效果略差于 5 号传统管板式 PV/T 组件，但是其优势在后半段时期降温慢，全天的集热效果反而高于 5 号传统管板式 PV/T 组件。

5）单水箱结构 PV/T 系统组件综合热电性能对比

1 号微阵热管式 PV/T 组件太阳能直接利用率为 18.65%＋21.03%＝39.68%。

5 号传统管板式 PV/T 组件太阳能直接利用率为 17.33%＋17.24%＝34.57%。

考虑到电能与热能品位的区别，基于一次能源节约率评价方法修正后得到 PV/T 组件的综合热电性能评价方法，即 $E_f = \eta_e / \eta_{power} + \eta_{th}$。

1 号微阵热管式 PV/T 组件综合热电性能为 18.65%÷0.38＋21.03%＝70.11%。

5 号传统管板式 PV/T 组件综合热电性能为 17.33%÷0.38＋17.24%＝62.24%。

显然，只考虑 PV/T 系统最佳的运行时刻所得到的 PV/T 组件综合热电效率远高于全天的 PV/T 组件综合热电效率，这是因为下午太阳辐射强度降低及集热系统反向加热 PV 组件所导致的。对于实际运行的 PV/T 系统，全天的 PV/T 组件综合热电效率显然更加贴合，为了解决后半段时期组件反向加热 PV 组件的问题，可以通过优化太阳能热电联产联供 PV/T 系统结构，设置双水箱结构，通过切换到蓄热水箱达到持续收集 PV/T 系统的热量的目的。

优化后的太阳能热电联产联供 PV/T 系统结构如图 3-68 所示。

在双水箱结构的太阳能热电联产联供 PV/T 系统中，利用两个蓄热水箱相互切换来控制 PV/T 组件的进水温度。实验开始时，使用蓄热水箱 1 收集 PV/T 系统的太阳能光热，当第一个蓄热水箱出水温度达到 50～55℃时，即可以满足基本的一般用户生活热水温度需求，通过切换阀门，利用贮水温度更低的蓄热水箱 2 对组件进行降温。

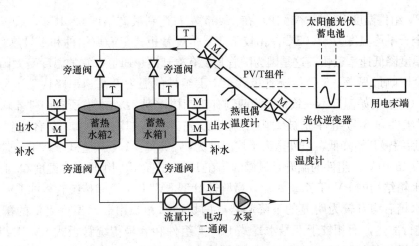

图 3-68　太阳能热电联产联供 PV/T 系统结构图

传统的单水箱结构持续收集 PV/T 组件的热量，水箱内水温升高后会影响 PV/T 组件内换热结构对 PV 电池的降温效果，下午某个时刻过后，组件温度降低到低于蓄热水箱的温度，水箱温度反而会反向加热 PV 组件，蓄热水箱散热不仅不利于组件发电，同时会降低 PV/T 系统的光热效果。另外，如果一味增大蓄热水箱容积来降低蓄热水箱内的水温以提高对 PV 组件的降温效果，最终导致蓄热水箱内水温不足以满足实际生活热水需求，则此部分太阳能光热利用品位过低而无实际应用效果。优化后的 PV/T 系统的双水箱结构可以较好地平衡用户热水需求和 PV/T 组件光热收集效率。

6）双水箱结构 PV/T 系统的组件温度对比

9 月 29 日，3 种组件温度随时间变化情况如图 3-69 所示。3 种组件温度变化趋势均为随时间推移组件温度整体呈现先升高后降低趋势，在 12:30～13:30 期间达到最高值。5 号组件温度在运行初期有下降趋势，其原因是 9 月上旬，太阳先在 5 号和 6 号组件上照射了一段时间，组件初始温度较高。

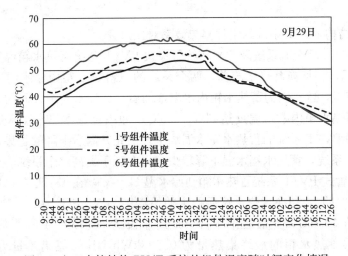

图 3-69　双水箱结构 PV/T 系统的组件温度随时间变化情况

6 号 PV 组件温度升高速率最快，在 12:45 左右达到最高温度 62.45℃，后缓慢开始降低，组件全天平均温度为 51.05℃，相较于 5 号传统管板式 PV/T 组件和 1 号热管式 PV/T 组件，其温度降低速率最快，这是因为随着其没有冷却换热通道，它的温度受太阳辐射强度及环境温度影响最显著。5 号传统管板式 PV/T 组件的温度升高速率略快于 1 号热管式 PV/T 组件（两者初始温度不一致是因为两侧有树遮挡，到 9:30 左右所有组件才均被太阳照射到，5 号组件和 6 号组件先被太阳照射导致先升温），其在 13:00 左右达到最高温度 56.96℃，后缓慢开始降低，组件全天平均温度为 47.35℃。1 号热管式 PV/T 组件的平均温度最低，为 45.01℃，组件的温升是最慢的，在 13:10 左右达到组件最高温度 53.45℃。

与单水箱结构的 PV/T 系统对比，微阵热管型 PV/T 系统和传统管板式 PV/T 系统在切换蓄热水箱后均有较为明显的下降趋势，即切换水箱，用贮水温度更低的蓄热水箱对 PV 组件进行散热，而相较于 2 号水冷式 PV/T 组件和 5 号传统管板式 PV/T 组件，1 号热管式 PV/T 组件的降温相对较快，这是因为由于微阵热管的存在，1 号热管式 PV/T 组件很难直接反向加热 PV 电池，故组件的降温效果虽也是良好的，但还是略差于 6 号 PV 组件。

7）双水箱结构 PV/T 系统的组件发电功率及效率对比

图 3-70 为 9 月 29 日 3 种组件的平均发电功率及平均发电效率（每 10min 统计一次）对比图。1 号微阵热管式 PV/T 组件是 3 种 PV/T 组件中整体发电功率最高的，其全天发电功率为 1.405kWh，组件最高发电效率为 20.46%，平均发电效率为 19.07%。5 号管板式 PV/T 组件的发电功率及效率仅次于 1 号微阵热管式 PV/T 组件，组件最高发电效率为 19.32%，其全天的发电功率为 1.297kWh，平均发电效率为 17.61%。6 号 PV 组件的发电功率及效率最低，其全天的发电功率为 1.185kWh，组件最高发电效率为 19.59%，平均发电效率为 16.08%。3 种组件的发电效率随时间变化趋势相近，整体均呈现先下降后上升的趋势。实验开始至 13:30 期间，组件发电效率整体呈现先降低后增加的趋势，这与组件实际发电功率相反，主要是因为太阳辐射强度也呈现先增加后降低的趋势。相较于单水箱结构的 PV/T 系统，双水箱结构的 PV/T 系统在切换水箱后组件的发电效率均有一定提升。

8）双水箱结构 PV/T 系统的组件集热效率对比研究

1 号微阵热管式 PV/T 系统及 5 号传统管板式 PV/T 系统蓄热水箱温度随时间变化情况如图 3-71 所示，在切换蓄热水箱前，两个系统的原蓄热水箱内储水温度均逐渐上升且上升趋势逐渐变慢，这是因为蓄热水箱内水温增加后，循环水与组件间的温差变小换热效果下降。在原蓄热水箱内贮水温度达到 50～55℃，即满足基本热水需求后，切换蓄热水箱，切换后两种 PV/T 系统的蓄热水箱水温均呈现出先升温后下降的趋势，但相较于单水箱结构的 PV/T 系统，蓄热水箱水温下降较少，更有利于提高整个系统的集热效率。

1 号微阵热管式 PV/T 系统蓄热水箱初始水温 22.5℃，在 13:50 左右切换蓄热水箱时达到最高温度 50.8℃，切换蓄热水箱后贮水初始温度为 30.1℃，在 16:30 左右达到第二个蓄热水温峰值 39.0℃，然后逐渐下降，最终水温为 38.7℃。1 号蓄热水箱储热量为 1.974kWh，2 号蓄热水箱的最终集热量为 0.598kWh，其峰值集热量为 0.622kWh。1 号微阵热管式 PV/T 系统的全天集热效率为 34.90%，峰值集热效率 36.84%，时间截至 16:30，此期间组件的光电转换效率为 19.06%。

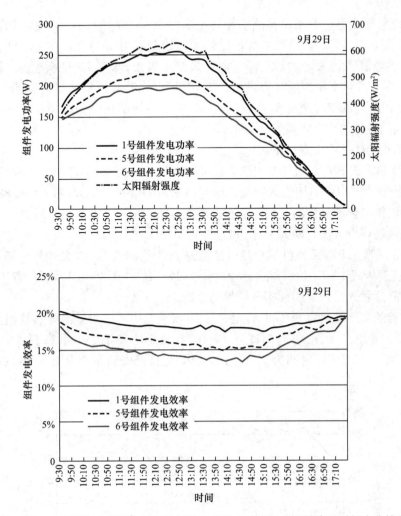

图 3-70　双水箱结构 PV/T 系统的组件光伏发电功率及发电效率随时间变化情况

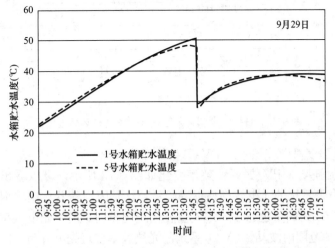

图 3-71　双水箱结构 PV/T 系统蓄热水箱温度随时间变化情况

5 号传统管板式 PV/T 系统蓄热水箱初始水温 22.8℃，在 13：50 左右切换蓄热水箱时达到最高温度 48.4℃，切换蓄热水箱后贮水初始温度为 29.1℃，在 16：00 左右达到第二个蓄热水温峰值 38.6℃，然后逐渐下降，最终水温为 36.5℃。1 号蓄热水箱储热量为 1.782kWh，2 号蓄热水箱的最终集热量为 0.518kWh，其峰值集热量为 0.667kWh。5 号传统管板式 PV/T 系统的全天集热效率为 31.21%，峰值集热效率 34.75%，时间截至 16：00，此期间组件的光电转换效率为 17.59%。

9）双水箱结构 PV/T 系统的 PV/T 组件综合热电性能对比

1 号微阵热管式 PV/T 组件太阳能直接利用率为 19.07%＋34.90%＝53.97%。

5 号传统管板式 PV/T 组件太阳能直接利用率为 17.61%＋31.21%＝48.82%。

考虑到电能与热能品位的区别，基于一次能源节约率评价方法修正后得到 PV/T 组件的综合热电性能评价方法，即 $E_f = \eta_e / \eta_{power} + \eta_{th}$。

1 号微阵热管式 PV/T 组件综合热电性能为 19.06%÷0.38＋34.90%＝85.06%。

5 号传统管板式 PV/T 组件综合热电性能为 17.61%÷0.38＋31.21%＝77.55%。

（2）微阵热管式 PV/T 组件实测结果与分析

本次实验的实测时期为 8 月 30 日至 9 月 30 日，其中包含 1 号微阵热管组件的测试时间有 8 月 30 日至 9 月 2 日、9 月 8 日至 9 月 11 日及 9 月 23 日、9 月 25 日、9 月 28 日、9 月 29 日等日期，每日实测时间为 9：30 至 17：30，组件的安装倾角为 40°，测试期间太阳辐射强度及室外环境温度如图 3-72 所示。

图 3-72　日平均太阳辐射强度及平均室外环境温度图

1）太阳辐射强度对微阵热管式 PV/T 组件性能影响

不同太阳辐射强度下 PV/T 系统效率变化如图 3-73 所示，可以看出，随着太阳辐射强度的增加，PV/T 系统的光电效率呈下降趋势，这是因为随着太阳辐射强度的增加，组件因光伏发电所产生的热量也越多，组件温度也随之提高，组件光电效率略有下降，整体在 18.0%～20.0% 范围内波动。PV/T 系统的光热效率呈现先上升后下降趋势，这是因为随太阳辐射强度增加，组件温度也随之增加，系统可以收集的热量也越多，系统的集热效率也提高，但当太阳辐射增加到一定强度时，由于系统的集热能力有限，蓄热水箱不能收集更多的热量，组件光热效率反而呈现下降趋势，整体在 17.0%～23.0%。

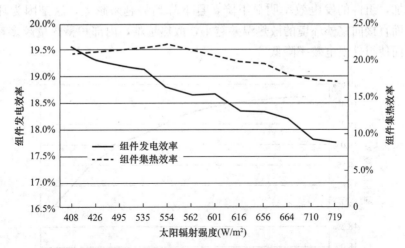

图 3-73　不同太阳辐射强度下 PV/T 系统发电与集热效率变化图

2）水流量对微阵热管式 PV/T 组件性能影响

不同水流量下 PV/T 系统光电光热效率变化如图 3-74 所示，可以看出，随着流量的增加，PV/T 系统的光电效率呈现上升趋势，但上升幅度不大，在 18.8%～19.8% 范围内波动；而当流量在 150～270L/h 时，PV/T 系统光热效率随着流量的增加而上升，且上升的速率较快，由 17.6% 增加到 21.4%；当流量大于 270L/h 时，PV/T 系统光热效率变化较缓，稳定在 21.8% 左右。

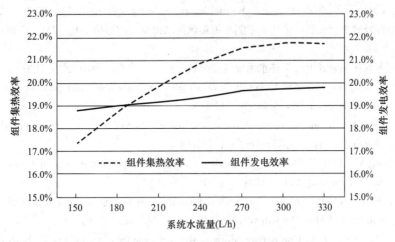

图 3-74　不同流量下 PV/T 系统光电光热效率变化趋势

3）环境温度对微阵热管式 PV/T 组件性能影响

由于太阳辐射强度和环境温度都会影响组件温度进而影响其发电效率，为了控制变量，挑选相近太阳辐射强度时不同室外环境温度下组件发电效率进行比较，由于温度贴片测量蓄热水箱进出水温差存在一定滞后及精度稍微差一点，很难体现某时刻下 PV/T 系统光热效率，此次主要分析 PV/T 的光电效率。

在太阳辐射强度 750W/m^2 下，不同环境温度下组件发电效率如图 3-75 所示。随着环境温度的增加，组件的发电效率明显下降，且下降趋势越来越大，这是因为环境温度越高，组件表面直接向室外环境的散热温差越小，散热越难，内部积蓄热量越多，组件温度就越高，进而使组件发电效率降低。

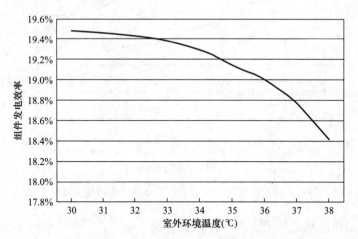

图 3-75　不同环境温度下 PV/T 系统发电效率变化趋势

参考文献

［1］Raghuraman P. Analytical predictions of liquid and air photovoltaic/thermal，flat-plate collector performance ［J］. Journal of Solar Energy Engineering，1981.

［2］Kern E C. Combined photovoltaic and thermal hybrid collector systems ［C］. 1978.

［3］王帅. 自然循环式光伏光热一体化太阳能平板集热器结构设计与数值分析 ［D］. 广州：华南理工大学，2012.

［4］张曼. 不同气候区热管式 PV/T 热水系统性能分析 ［D］. 秦皇岛. 燕山大学，2021.

［5］Huang B J，Lin T H，Hung W C，et al. Performance evaluation of solar photovoltaic/thermal systems ［J］. Solar Energy，2001，5 (70)：443-448.

［6］Rejeb O，Dhaou H，Jemni A，et al. A numerical investigation of a photovoltaic thermal (PV/T) collector ［J］. Applied Energy，2015，18 (3)：124-134.

［7］Zhou J，Zhong W，Dan W U，et al. A Review on the heat pipe photovoltaic/thermal (PV/T) system ［J］. Energy Procedia，2017，122：931-936.

［8］Babin B R，Peterson G P，Wu D. Steady-state modeling and testing of a micro heat pipe ［J］. Asme Transactions Journal of Heat Transfer，1990，112 (3)：595-601.

［9］Yuan W，Ji J，Li Z，et al. Comparison study of the performance of two kinds of photovoltaic/thermal (PV/T) systems and a PV module at high ambient temperature ［J］. Energy，2018，148 (APR. 1)：1153-1161.

［10］Hu M，Zheng R，Pei G，et al. Experimental study of the effect of inclination angle on the thermal performance of heat pipe photovoltaic/thermal (PV/T) systems with wickless heat pipe and wire-meshed heat pipe ［J］. Applied Thermal Engineering，2016，106：651-660.

第4章

分布式风光互补发电技术

4.1　风光互补发电系统组成

　　风力发电和太阳能发电是目前西北地区两种主要的可再生能源发电技术。因风能和太阳能是随机变化的，单一的风力发电或太阳能发电具有输出不稳定、效率不理想等缺陷。风光互补发电技术综合考虑了风力发电和太阳能发电的特性，并充分发挥了风能和太阳能所具有的天然互补性。

　　风光资源的联合利用能够充分考虑各自的自然特性，建立的能源供给系统较为可靠且经济合理。风光互补发电系统主要由风力发电机组、太阳能光伏电池组、控制器、蓄电池、逆变器、交流直流负载等部分组成，系统结构图如图 4-1 所示。该系统是集风力发电、光伏发电与蓄电池等能源发电技术及系统智能控制技术为一体的可再生能源复合发电系统。

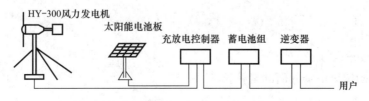

图 4-1　风光互补发电系统结构图

　　风光互补发电较单一风力发电或光伏发电有以下优点：利用风能、太阳能的互补性，可以获得比较稳定的输出，系统有较高的稳定性和可靠性；在保证同样供电的情况下，可大大减少储能蓄电池的容量；通过合理的设计与匹配，基本上可以由风光互补发电系统供电，很少或基本不用启动备用电源如柴油发电机组等，可获得较好的社会效益和经济效益。

4.2　中小型风电机组叶片优化设计

4.2.1　叶片设计流程

　　叶片气动外形直接影响中小型风力发电机组风能利用效率。叶片的优化设计包括翼型的选型、风力机叶片构造、叶片设计基础理论、气动外形的优化、风轮功率分析等。

1. 叶片初始设计参数

叶片初始设计流程如下：

运用式（4-1）计算第 i 个截面周速比 λ_i：

$$\lambda_0 = \frac{\omega R}{v}$$

$$\lambda_i = \lambda_0 \times \frac{r_i}{R} \tag{4-1}$$

式中，λ_0——叶尖速比；

ω——叶轮的角速度（rad/s）；

r_i——第 i 个截面半径长度（m）；

R——风轮半径（m）。

满足式（4-2）、式（4-3）的条件下对第 i 个截面叶素 a_i、b_i 进行极值求解：

$$\text{max：} \frac{\mathrm{d}C_{pi}}{\mathrm{d}\lambda_i} = \frac{8}{\lambda_0^2} b_i (1 - a_i) F_i \lambda_i^3 \tag{4-2}$$

$$\text{s. t. } a_i (1 - a_i F_i) = b_i (1 + b_i) \lambda_i \tag{4-3}$$

式中，a_i——轴向诱导因子；

b_i——切向诱导因子；

C_{pi}——第 i 个截面叶素的风能利用系数；

F_i——第 i 个截面叶素总损失系数。

第 i 个截面叶素选取合适攻角 α_i；

第 i 个截面叶素选取翼型合适升力系数 C_{Li}；

第 i 个截面叶素计算安装角 β_i：

$$\beta_i = \varphi_i - \alpha_i \tag{4-4}$$

式中，φ_i——倾角（°）；

α_i——攻角（°）。

式（4-5）确定第 i 个截面叶素弦长 c_i：

$$c_i = \frac{(1 - a_i F_i) a_i F_i}{(1 - a_i)^2} \cdot \frac{8\pi r_i}{B C_{Li}} \cdot \frac{\sin^2 \varphi_i}{\cos \varphi_i} \tag{4-5}$$

式中，B——风轮叶片数。

2. 叶片设计优化过程

叶片作为风轮的核心部件，其设计好坏直接决定风电机组的风能转换效率，通过传统方法设计后，因气动性能所需，往往需要对叶片的外形进行优化，一般包括叶片翼型优化和叶片设计参数优化。常用的叶片优化算法包括群体智能优化算法和进化算法等。下面以进化算法中的遗传算法为例进行说明。

遗传算法（Genetic Algorithms，GA）是一种基于自然遗传机制和自然选择原理的寻优算法，通过群体寻优技术，获得准最优解或最优解。

相较于其他算法，遗传算法的优点在于：①遗传算法作用在解的某种编码上，并不直接影响解；②遗传算法的初始解是一个群体，因此找到全局最优解的可能性更大；③遗传算法利用的是适应度信息，因此对搜索空间无特殊要求；④遗传算法采用的是随机转移规则。

经典的遗传算法，一般适用于对单个目标情况下的问题求解，因此拟采用以遗传算法为基础的多目标遗传算法，对低风速风电机组叶片进行优化设计，如图 4-2 所示。

可通过不同的优化条件对风轮进行优化设计，以优化启动力矩以及最大风能利用系数为例，基于叶素-动量理论，采用多目标遗传算法对风轮的叶片弦长、安装角进行优化。

（1）启动力矩

启动力矩的计算如下所示：

$$M_0 = B \frac{1}{2} \int_{r_{hub}}^{R} \rho v^2 c C_L r dr \qquad (4-6)$$

式中，B——风轮叶片数；

　　R——风轮半径（m）；

　　r_{hub}——轮毂半径（m）；

　　v——来流风速（m/s）；

　　c——叶片几何弦长；

　　C_L——升力系数；

　　r——圆环半径。

（2）风能利用系数

根据动量理论，风轮产生的功率为：

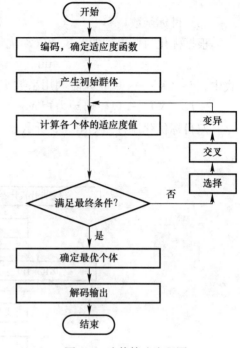

图 4-2　遗传算法流程图

$$dP = \omega dM = 4\pi \rho v \omega^2 Fb(1-a)r^3 dr = \frac{1}{2} \rho A v^3 \frac{8}{\lambda_0^2} Fb(1-a)\lambda_i^3 d\lambda_i$$

$$C_p = \frac{8}{\lambda_0^2} \int_{\lambda_{hub}}^{\lambda_0} Fb(1-a)\lambda_i^3 d\lambda_i \qquad (4-7)$$

式中，λ_{r_i}——r_i 截面处的周速比，定义为 $\lambda_{r_i} = \dfrac{\Omega r_i}{v_\infty}$；

　　dM——作用在圆环上的转矩；

　　F——气流所受的作用力（N）；

　　Ω——叶轮的角速度（rad/s）；

　　a——轴向诱导因子；

　　A——横截面积（m²）；

　　ρ——空气密度（kg/m³）；

　　v——流体速度（m/s）；

　　b——切向诱导因子；

　　r——圆环半径。

风能利用系数 C_p 可表示为：

$$C_{\mathrm{p}}=\frac{8}{\lambda^2}\int_{\lambda_{\mathrm{hub}}}^{\lambda}Fb(1-a)\lambda_{\mathrm{r}}^3\mathrm{d}\lambda_{\mathrm{r}} \tag{4-8}$$

（3）目标函数

根据优化目标得到的低风速气动优化设计目标函数如下：

$$\min[-f_{C_{\mathrm{p}}}(X),\ -f_{M_0}(X)] \tag{4-9}$$

式中，$f_{C_{\mathrm{p}}}(X)$——风轮风能利用系数 C_{p}；

$f_{M_0}(X)$——风轮启动力矩 M_0。

双目标优化流程图如图 4-3 所示。

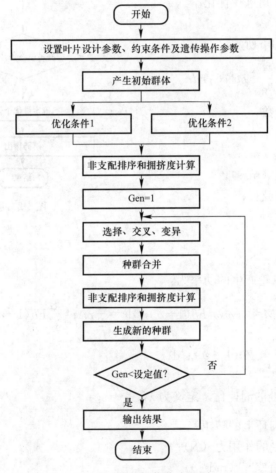

图 4-3　双目标优化流程图

4.2.2　风轮气动性能数值分析

风力发电技术是利用风轮将机械能转化为电能，风力发电机的输出功率主要受风轮外形影响，风轮是能量转化的核心部件。而风轮的获能效率取决于叶片外形的气动性能，因此叶片外形的气动性能研究具有重要意义。

1. 叶片三维建模与网格划分

对风轮进行仿真分析的总体思路是通过 Profili 提取翼型数据，在 SolidWorks 中建立模型，包括叶片、轮毂、内流域和外流域，在 ICEM 中进行网格划分，导入 Fluent 中进行计算分析。

（1）叶片三维建模

风力发电机叶片截面形状复杂，不同叶片截面叶素不同，不同位置处截面与投影面夹角也不同，因此有必要对叶片进行三维实体建模，以便给设计人员提供更直观、更详细的设计资料。通过参考相关计算机绘图方法，基于坐标变换的方法，对叶片进行三维建模，提高了叶片外形模型的输出质量。

① 叶片外形绘制

翼型叶片剖面坐标文件由 Profili 软件计算得出，并保存为 txt 格式导入 SolidWorks进行叶片绘制。软件中的曲线造型菜单可直接通过 txt 文本文件生成相应的平面曲线或空间曲线，因此可把通过计算获得的三维坐标存为文本文件，使用"插入"菜单里的"曲线"菜单，再选择"通 XYZ 过点的曲线"即可绘出叶素轮廓图，如图 4-4、图 4-5 所示。

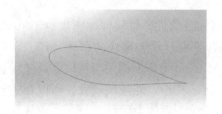

图 4-4　r_3 截面处叶素轮廓曲线

图 4-5　叶片各截面轮廓图

由叶素平面的轴向视图可以看出扭角沿展向的变化关系，如图 4-6 所示。

再使用"插入"菜单里曲面选项的"平面区域"命令，生成叶素平面，其次再应用特征指令里的放样凸台命令，在叶片截面轮廓之间添加材质来生成实体特征。最后结合叶柄数据，可生成叶片三维实体图，图 4-7 所示。

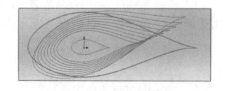

图 4-6　叶片轴向截面叶素图

图 4-7　叶片三维实体图

② 流场几何建模

风力发电机叶片流体分析需要在固体结构有限元模型和流场计算模型的基础上，通过 ANSYS Workbench 平台的模块组装功能，将设计好的叶片仿真模型导入 ICEM 中完成几何外形的修整，接着对风轮进行流场创建，设置好计算边界名称，运用 ICEM 中网格划分功能对风轮进行流场域的网格划分，在 Workbench 平台添加 Fluent 模块，这样风轮流场的计算模型就能以网格数据的形式直接传递到 Fluent 中。选择在 ICEM 模块中调整两个计算域模型的几何形状及位置，使得旋转域内流场网格能够与风场静止域网格在 ICEM 中吻合到一起，这样在 Fluent 模块中，不需要对网格模型再次进行调整修改。

为得到风电机组叶片流场内速度与压力分布，需要建立正确的风轮流场模型。风轮流场设计包括风轮在内的内部旋转域以及风轮外部的静止域流场。模拟风电机组叶片的实际工作状况，将风轮处理为运动中的几何体，在外部流场的建模过程中，将旋转区域和静止区域分开处理。首先，建立一个旋转区域，此旋转区域需包含所有的叶片部分和轮毂；然后做布尔运算切出叶片，内部旋转域流场建立完成；旋转域建立完成后，需建立圆柱形外部流场，为消除尺寸对分析结果的影响，外部流场需要足够大，再次做布尔计算，切除掉旋转域以及风轮模型，得到风轮静止的外部流场。至此，风轮内部旋转域流场与外部静止域流场建立完毕。

风轮整体计算域如图 4-8 所示，内部旋转域的半径为风轮直径的 1.1 倍，外部静止域半径为风轮直径的 1.5 倍。选取距离风电机组 3 倍风轮直径距离处为外流场的入口面 wai-in，选取距离风电机组背面 8 倍风轮直径距离处为风电机组外部流场的出风口 wai-out，设置 wall-wai 为外流域外壁，blades 为叶片，hub 为轮毂，这些设置在后面的分析计算中不会由于导入 Fluent 系统中就发生改变。

（2）流场网格划分

应用 ICEM CFD 软件作为流场数值分析的网格划分软件，该软件操作集中于 ANSYS Workbench 平台，方便后续在 Fluent 气动分析仿真研究过程中模块的串联使用。在三维流场计算分析中，当网格数量在百万以下时，ICEM CFD 生产网格的质量较好，速度也较快。在风电机组叶片流场网格划分中，由于内部旋转域较小，外流域较大，所以在进行内流域网格划分时，需注意加密叶片周边网格。相对于单一固体力学结构分析，流体计算只需要设置网格类型，而省去了繁琐的结构单元设置过程；相对于有限元分析，流体计算可对网格质量进行精确的控制，以达到准确的收敛解。因为风电机组叶片模型与外流场域尺寸相差较大，为了在保证准确性的前提下加快收敛速度，因此只在叶片模型附近进行网格细化加密处理，在外流域以及其他与叶片距离较远的区域采用原始网格设置。在 ICEM CFD 中设置好总体网格参数，首先对风电机组旋转域处进行网格划分，然后进行面网格参数设置，选择 wall-wai、blades、nei-in、nei-out 4 个面，设置最小边界长度为 0.1，最大边界长度为 0.15，之后选择 Body Spacing，设置最大面网格（Maximum Spacing［m］）为 3。由于风电机组叶片形状较为复杂，采取非结构化网格进行计算，可以保证其精度较高，生成的旋转域流场网格如图 4-9 所示。

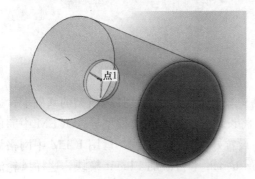 

图 4-8　风轮整体计算域示意图　　　　图 4-9　风轮旋转域网格图

在图 4-9 中可以看出旋转域与叶片旋转平面相交处的网格较为密集，叶片附近的单元节点最为密集，由内向外逐渐变得稀疏，本次划分的旋转域网格数量为 130 万。旋转域流场叶片表面的网格满足计算要求。

上述对叶片模型流场的网格划分中，由于内部旋转域较小，所以直接使用非结构化网格进行划分，计算机可以较快完成；但是在进行外流域网格划分时，由于外流域较大，所以计算机计算较慢，而且生成的网格质量并不好，所以在划分网格的时候先将其划分为结构化网格，然后通过 ICEM 中的网格转置功能将其转化为非结构化网格，将以上两步骤分别进行保存，然后依次导入进行网格合并。在 ICEM 中采用四面体网格生成网格，图 4-10 为流场网格整体划分图，网格数量为 161 万。

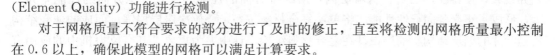

图 4-10　流场网格整体划分图

2. 边界条件设置

全部网格划分完毕后，为满足计算要求，需要对网格进行质量检测。以 ANSYS2022 软件中边界条件设置为例，对网格质量通过单元质量（Element Quality）功能进行检测。

对于网格质量不符合要求的部分进行了及时的修正，直至将检测的网格质量最小控制在 0.6 以上，确保此模型的网格可以满足计算要求。

风轮仿真黏性模型在这里选择 k-epsilon 模型，一般采用 RNG 模式。流体材料设置为空气，其中密度为 $1.225\mathrm{kg/m^3}$，黏度设置为 $1.7894\times10^{-5}\mathrm{kg/ms}$。有特殊空气参数需单独设置。以内流域为例，旋转速度以 rad/s 为标准单位，根据仿真结果自行设置，旋转轴方向根据建模方向设置。

依据来流速度和入口尺寸确定来流的湍流强度特性，流场的湍流强度和湍流长度（Intensity and Length Scale）分别设置为系统默认值 5% 和 0.25（m），内流场中的 interface 面发生数据传递，旋转域采用 Rotating Motion 设置，参考压力不会影响到流体计算的结果。

设置流体材料为 25℃ 空气，内流场运动模式设置为 Rotating，旋转轴设置为 Y 轴，设置完毕后对其进行计算。应用 Fluent 求解问题，首先应明确计算的目的，对于本次分析的风电叶片，主要分析风轮旋转域中流场速度与压力在叶片上的分布状况，如转矩、功率等参数可在仿真报告中查找。

流体分析属于非线性问题，为了计算的精确性，对叶片进行气动分析时选择二阶迎风格式，设置迭代步数一般为 1000 步左右，当残差值小于 0.05，计算结果收敛。

图 4-11　压力云图处理结果

3. 气动性能分析

将材料、入口方向、入口设置、黏性模型、求解方法等设定好后进行计算，之后会产出数据结果，根据不同所需进行结果的后处理。如需要对风力发电机叶片的表面进行压力分析，在选项卡中选择压力选项，在下面选出需要得出结论的壁面，如图 4-11 所示。

除了进行云图分析，还可以进行矢量分

析，矢量分析的速度结果如图 4-12 所示。

还可进行流场域中的迹线分析，其结果如图 4-13 所示。

图 4-12　矢量分析结果图

图 4-13　迹线分析结果

4.2.3　叶片结构铺层

目前，风力发电机叶片普遍采用纤维增强聚合物基复合材料。由于纤维和基体的性能差异较大，使得在单层复合材料层内，沿纤维方向的性能和垂直纤维方向的性能差异很大，形成了正交各向异性性能。将单层复合材料按一定叠放次序层层铺设而成的薄壳结构就是叶片的铺层结构。铺层设计在复合材料结构设计中尤为重要，其在风力机中的应用有效改善了叶片的强度和刚度。

1. 叶片铺层设计目标

铺层设计的理论基础是经典层压板理论，依据层压板所承受载荷来确定，一般包括总体铺层设计和局部细节铺层设计，前者要满足总体静、动强度和气动弹性要求，后者则应满足局部强度、刚度和其他功能要求。

在材料确定的前提下，叶片铺层设计的目标是综合考虑强度、刚度、稳定性等方面要求，确定层压板的铺层要素，即各铺层的铺设角、铺设顺序和各种铺设角铺层的层数或铺层数相对于层压板总层数的百分比（层数比）。

2. 叶片铺层设计流程

对叶片模型检测，保证压力面与吸力面曲面的曲率连续，以便正确计算两个曲面间各铺层的边界；输入所使用预浸料单层固化厚度参数，对风轮叶片进行体积填充铺层设计，得到两曲面之间铺贴层数、每层的三维形状等铺层信息；根据复合材料铺层设计的相关准则，确定铺层的纤维方向，对所有铺层进行分组并合理排序；检查评估铺层结构，将铺层的顺序与纤维方向调整至满足设计要求，最后对所有铺层进行可制造性检查及改进，确保该设计的可制造性，铺层流程图如图 4-14 所示。

复合材料的单层为正交各向异性材料，其应力-应变关系可表示为层压板设计方法，主要

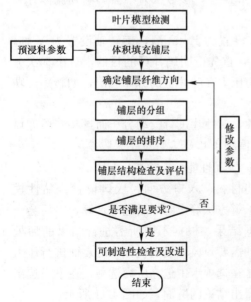

图 4-14　铺层流程图

是指当层压板中的铺设角组合已大致选定后，确定各铺设角铺层的层数比和层数的方法。

纤维增强复合材料在弹性常数、材料强度等方面具有明显的各向异性性质，并以其优异的性能和良好的可设计性，广泛应用于各个工程领域。由于风电机组叶片受力复杂、结构特殊、有精度要求等特点，采用合理的铺层设计，可使结构设计更为合理，并且可通过优化设计明显减轻重量且更好地发挥结构的效能。复合材料叶片铺层可以满足某种约束条件下使层压板的某个参数达到最优。

风电机组叶片属于薄壳结构，且外形较复杂，很难采用解析方法计算出叶片结构抗风沙性能，一般选用壳单元进行建模。在 ANSYS 软件中，适用于复合材料建模的壳单元类型包括很多，玻璃纤维是用于复合材料层合板结构分析比较好的单元之一，该单元具有包含大应变的完全非线性性能。建模过程中，定义好叶片各面铺层之后，需要确定网格大小或者网格数，对叶片进行网格划分，得到完整的有限元模型。

3. 叶片材料选取

（1）木芯

木材具有质轻、可循环利用和易于回收降解等其他材料无法比拟的优势。近年来随着木质材料制造技术的改良以及风能产业的迅速发展，其在风电叶片上的应用潜力和发展前景良好。

对于风力发电机组叶片材料的选取需要同时考虑设计的成本、性能、工艺性和使用的环境等。选择合适的材料，可以有效的提高风力发电机叶片结构的性能并降低制作成本。中小型风力发电机采用的木质叶片可根据木质纤维方向加强转动方向的强度，提高抗弯强度，保证叶片结构性能，如图 4-15 所示。

图 4-15　木质叶片夹芯结构

常见的几种木材层积物理力学性能比较如表 4-1 所示。其中樟松木的力学强度远高于其他木材，完全满足风电机组叶片用材的要求。同时，对樟松木的成本分析，仅为花旗松制备成本的 1/10。

常见木材层积物理力学性能比较　　　　表 4-1

品种	密度 (g/cm³)	顺纹拉伸强度（MPa）	顺纹压缩强度（MPa）	顺纹弹性模量（GPa）	顺纹拉伸强度/密度	顺纹压缩强度/密度	顺纹弹性模量/密度
桃花芯木	0.55	82	50	10	149	91	18
白桦	0.67	117	81	15	175	121	22
花旗松	0.58	100	61	15	172	105	26
樟松木	0.48	112.8	76	9.7	235	158	20

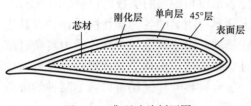

图 4-16 典型叶片剖面图

小型风力发电机叶片结构主要采用空心薄壁复合构造，如图 4-16 所示。叶片蒙皮可选用双轴向玻纤织物，主梁可选用单轴向玻纤织物，为防止此结构受载时可能产生的局部失稳和过大变形，需在叶片空腔内采用夹芯结构，填充芯材，以提高叶片整体刚度以及前、后缘空腹结构的抗屈曲失稳能力。

（2）玻璃钢

为了在降低成本与重量的同时又保证叶片具有足够的强度和刚度，复合材料成为叶片的首选材料。在风力发电机叶片所用的复合材料体系中，基体材料、增强材料以及夹芯材料的选择是十分重要的。目前用于复合材料叶片的基体材料以不饱和聚酯树脂、环氧树脂和乙烯基脂树脂等热固性树脂为主。玻璃纤维复合材料是树脂基复合材料中用量最大、使用面最广的高性能复合材料，如图 4-17 所示。为了更好地发挥 E-玻璃纤维的性能，使其与树脂进行良好匹配，目前已经开发了多轴向编织布，以满足不同的需要。

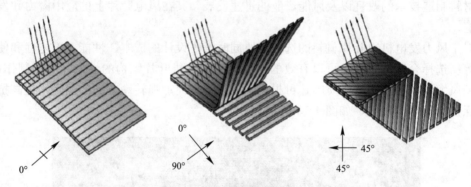

图 4-17 单层玻璃纤维

复合材料层合板所采用的玻璃纤维根据纤维方向主要分为 3 种，包括 [0°/90°] 双轴向玻璃纤维经编织物（EBLT1200）、±45°双轴向玻璃纤维经编织物（EBX800）、单向 0°玻璃纤维织物复合毡（EUL400C225）。此 3 种材料在风力机叶片上应用广泛。基体材料为乙烯基酯树脂，固化性能优良、成型周期短、生产效率高。为了方便操作、较快速地成型，并且考虑叶片形状等因素，采用手糊成型工艺进行试件的加工制备。其性能见表 4-2。

复合材料拉伸性能参数　　　　　　　　　　　　　　　　　　　　　表 4-2

铺层方向	层数	破坏载荷（N）	拉伸强度（MPa）	模量（GPa）
[0°/90°]	3	3071	92.50	8373
±45°	3	875	38.04	5456
单向 0°	3	4884	212.35	8333

为了保证叶片铺层结构性能满足各方面要求，需要对铺层结构进行设计。铺层结构是通过改变铺层要素来满足使用性能要求，其中铺层要素包含铺层的铺设角度、顺序和层数。

叶片铺层流程首先对叶片模具进行制作，将制作好的磨具进行清洁处理，自然风干后，用封孔剂均匀擦拭模具表面及分模面，一共擦拭 3 次，每次间隔 5min，每次控制温度为 15～40℃，随后固化 60min。对固化后的模具涂 9 次脱模剂，每次间隔 20min，温度控制为 15～40℃，使脱模剂涂到模具型腔表面、分模面、金属法兰、小孔内侧等所有可能接触到树脂的模具表面，然后固化 120min，随后在模具内表面与分模面相接触处打蜡。叶片铺层首先对整体进行铺层，随后在叶根处进行加固铺层，铺层过程中应保证玻璃布的搭接部分宽度 50～70mm，同一区域的搭接不能大于 2 层，铺层要求平整，无杂物混入，没有凸起、皱褶、容易滑落部分可以用喷胶粘结，每层要紧贴前一层，并紧贴模具，不能有悬空分层。

4.3　中小型高效永磁发电机设计

4.3.1　永磁发电机设计流程

目前，中小型风力发电机组多采用永磁发电机，具有运行效率高、重量轻、噪声低等优点。永磁同步发电机的主要技术指标一般根据功率需求和最佳尖速比以及风电机组总体要求确定，包括额定功率、额定转速、额定电压、相数和功率因数等，从而在此基础上设计发电机。

发电机的设计一般是任务书给出设计技术指标和具体设计要求，根据任务书确定初始设计方案。发电机初始设计方案的确定一般包括发电机结构的选取、各部分材料的选取、永磁体及发电机定子与转子尺寸的确定、绕组的设计等。发电机基本设计流程如图 4-18 所示。

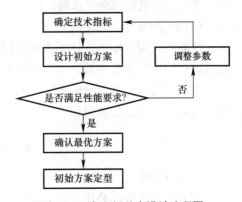

图 4-18　发电机基本设计流程图

4.3.2　永磁发电机基本结构设计

根据发电机设计要求，分析永磁发电机的特点，进行永磁发电机初始设计和研究。对发电机主要尺寸、定子结构设计、极槽配合选取、气隙长度、转子结构设计、永磁体材料选择与尺寸设计进行分析，并确定发电机的主要设计参数。

1. 发电机主要尺寸的确定

（1）电磁负荷

发电机的电磁负荷包括电负荷 A 和磁负荷 B，电负荷计算公式为：

$$A = \frac{2mNI}{\pi D} = \frac{ZNI}{\pi D\alpha} \tag{4-10}$$

式中，m——电枢绕组相数；

$\quad I$——电枢绕组相电流（A）；

$\quad D$——定子内径；

$\quad Z$——定子槽数；

$\quad N$——每槽导体数；

$\quad \alpha$——绕组并联支路数。

通常小功率永磁发电机的电压较低、电流较大，因此，小功率的风力发电机电负荷不宜过低，永磁发电机气隙磁密可以选择 $0.6\sim0.9\mathrm{T}$。

（2）发电机主要尺寸

发电机的主要尺寸指定子内径 D 和电枢铁心长度 L_{ef}，当确定这两者数值后，发电机的其他尺寸就相应确定了，其计算公式如下：

$$\frac{D^2 L_{\mathrm{ef}} n}{P'} = \frac{6.1}{\alpha'_{\mathrm{p}} K_{\mathrm{Nm}} K_{\mathrm{dp}} A B_\delta} \tag{4-11}$$

式中，D——定子内径；

$\quad L_{\mathrm{ef}}$——铁芯有效长度；

$\quad n$——额定转速；

$\quad P'$——计算功率；

$\quad \alpha'_{\mathrm{p}}$——计算极弧系数；

$\quad K_{\mathrm{Nm}}$——气隙磁场的波形系数；

$\quad K_{\mathrm{dp}}$——电枢的绕组系数。

（3）气隙长度

气隙长度指发电机定转子之间空隙的长度，其设计值对发电机性能的影响非常大，是发电机设计中的重要参数，需要考虑众多因素。若气隙长度取值较小，对生产工艺方面要求较高；若气隙长度取值较大，磁路磁阻较大，气隙磁密下降，导致发电机的功率密度变小。气隙长度经验公式为：

$$\delta = 0.2 + 0.003\sqrt{\frac{DL_{\mathrm{ef}}}{2}} \tag{4-12}$$

2. 定子结构设计

定子铁芯由冲片叠压而成，端部包绝缘，以确保可靠性，结构工艺简单。

（1）极槽配合与分数槽绕组

发电机转子磁极对数确定，定子槽数的选取较为灵活，在不同的槽极配合下，发电机会表现出不同的电气和机械特性。转子磁极对数 p 的选择范围，主要由发电机的转速和电子驱动器的最高工作频率决定。为了减小发电机定子轭部尺寸，磁极对数取较大值，但相应的会提高电机工作的电频率，从而铁芯损耗增大，发电机使用寿命会缩短。发电机的绕组可以分为整数槽绕组和分数槽绕组，分数槽绕组通常情况下可分为单层绕组和双层绕组，双层绕组采用居多，集中式绕组就是绕组跨距取值为 1 的情况。分数槽绕组下，每相绕组在每一磁极下所占有的槽数 q 为：

$$q = \frac{Q}{2pm} = b + \frac{c}{d} \tag{4-13}$$

式中，Q——定子槽数；

$\quad p$——磁极对数；

$\quad m$——定子绕组相数；

$\quad \dfrac{c}{d}$——不可约分的真分式。

在整数槽绕组和分数槽绕组下 q 的取值不同，绕组分布系数也不同，分数槽绕组下的分布系数为：

$$K_d = \frac{\sin\left(q\,\dfrac{\alpha'}{2}\right)}{q\sin\dfrac{\alpha'}{2}} \tag{4-14}$$

式中，定子槽尺寸 $\alpha' = \dfrac{60°}{q}$。

整数槽绕组下的分布系数为：

$$K_d = \frac{\sin\left(\dfrac{\pi}{2m}\right)}{q\sin\left(\dfrac{\pi}{2mq}\right)} \tag{4-15}$$

若永磁发电机的每极每相槽数为整数，则每个镶嵌在转子上的永磁体磁极都会一一对应吸引其相对应的定子齿；如果永磁发电机极数少，则启动十分困难，极数过多，同样启动困难。

（2）定子冲片设计

定子冲片在满足齿部、轭部磁通密度及定子铁芯冲片机械强度等条件下，尽量加大齿槽面积，增加绕组线径，减小铜耗，提高效率。定子部分重要参数包括定子内径、定子外径、定子铁芯长度、每极每相槽数、定子槽数和绕组节距等。

永磁发电机槽型一般选为梨形槽或平底槽，且电机磁通情况受定子槽型的直接影响。因为这两种定子槽的定子齿是等宽齿，所以漏磁小、谐波分量小。设计电机齿槽结构时，在满足齿部、轭部磁通密度及定子铁芯冲片机械强度等条件下，尽量使槽面积大些，增加其对绕组的容纳能力。通常定子冲片和槽型图如图 4-19 所示。

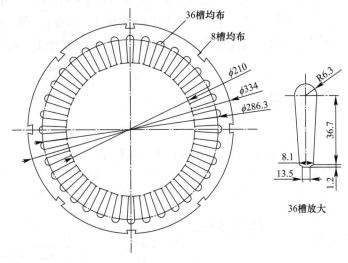

图 4-19　定子冲片和槽形图

3. 转子结构设计

（1）永磁体参数尺寸及结构设计

为了保证永磁发电机的电磁特性，永磁体的设计包括选择合适的材料和合理的尺寸设计。目前在设计永磁同步风力发电机时多选择钕铁硼永磁材料，永磁体的尺寸主要包括永磁体的轴向长度、厚度和宽度。永磁体尺寸可由下式计算：

$$h_m = \frac{\mu_r}{\dfrac{B_r}{B_\delta} - 1} \delta \tag{4-16}$$

$$b_m = \alpha_p \tau_2 \tag{4-17}$$

式中，μ_r——永磁材料的相对回复磁导率；

$\dfrac{B_r}{B_\delta}$——永磁体剩磁密度与发电机气隙磁密的比值，取值在 $1.1 \sim 1.35$ 之间；

δ——发电机气隙长度；

α_p——发电机极弧系数；

τ_2——发电机转子极距。

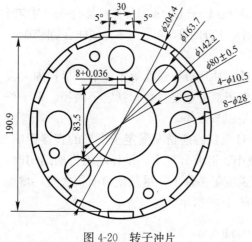

图 4-20　转子冲片

（2）转子参数及结构设计

永磁发电机永磁体和转子的部分结构参数包括永磁体磁化方向长度、永磁体宽度、永磁体轴向长度、极对数、气隙长度、转子外径、转子内径和转子铁芯长度等，转子冲片例如图 4-20 所示。

4. 发电机电磁参数

根据发电机技术指标，通过磁路法对发电机电磁负荷、主要尺寸、气隙长度等进行多次计算和校验调整，使转矩、功率、效率、转速等达到设计要求，最终确定永磁发电机的主要设计参数包括额定功率、额定转速、定子内外径、转子内外径、气隙长度、永磁体厚度、永磁体宽度、极数、定子槽数和每极每相槽数等。

4.3.3　中小型高效永磁发电机测试

1. 发电机测试方案

根据《小型风力发电机组用发电机 第 2 部分：试验方法》GB/T 10760.2—2017 中的规定，发电机分别在 0、20%、40%、60%、80%、100% 额定转速下进行测试，用直接负荷法测量发电机的输出功率和实测效率，发电机效率测试组成图如图 4-21 所示。

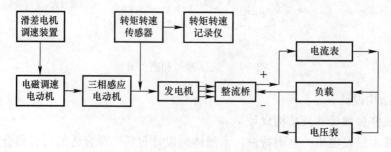

图 4-21　发电机效率测试组成图

2. 发电机实验结果分析

根据《小型风力发电机组用发电机 第 2 部分：试验方法》GB/T 10760.2—2017 中的规定，选定测点转速为 0、20r/min、40r/min、60r/min、80r/min、100r/min。使用转矩转速传感器测出发电机的输入端转矩和转速，计算出发电机的输入功率；使用电流表和电压表测量发电机输出端的电流和电压，计算出发电机的输出功率，进而确定发电机的效率。最后得到转速与电压、转速与功率、转速与效率和转速与输入扭矩等关系。

4.4　小型风力发电机组性能分析与测试

4.4.1　性能分析

机组性能分析主要是对风力发电机组整机进行切入风速、机组功率特性、振动、机组效率、绝缘电阻、噪声、短路保护等项目进行检测，判断是否满足产品性能指标要求。

小型风力发电机组的性能要求参考《小型风力发电机组 第 1 部分：技术条件》GB/T 19068.1—2017。主要包括以下几个方面：

（1）机组的切入风速不大于 4.0m/s，额定风速不大于 11.0m/s。

（2）机组在额定工况下，输出功率应不小于额定功率。

（3）机组的切出风速应不小于 17m/s。

（4）机组的停机风速应不小于 18m/s。

（5）机组的安全风速应不小于 50m/s。

（6）机组的最大工作转速应满足以下要求：额定功率小于 2kW，应不大于额定转速的 150%；额定功率 2kW 及以上且小于 20kW（含 20kW），应不大于额定转速的 125%；额定功率大于 20kW，应不大于额定转速的 110%。

（7）机组在所允许工作转速范围内，最大输出功率应不大于额定功率的 1.5 倍。

（8）机组风轮的静平衡精度应不小于 G16，叶尖轴向跳动量应不大于 0.0033 倍风轮直径。

（9）机组在额定工况下，风轮的风能利用系数应不小于 0.36。

（10）机组在额定工况下，整机效率应不小于 0.28。

（11）机组的噪声水平应不大于 70dB（A）。

（12）机组在其工作风速范围内不应产生共振。

（13）机组的平均首次故障前时间应不小于 1500h。

（14）机组应通过功率特性试验，测定机组功率特性曲线和年容量曲线。

（15）如果不必要或没有对机组的主要部件进行结构安全测试或评估，则应按照《小型风力发电机组》GB/T 17646—2017 的要求对机组进行至少 6 个月且满足不同风速运行时间要求的耐久性试验。

4.4.2　功率控制

1. 机械偏尾限速装置

机械偏尾限速装置分为侧翼式风轮侧偏及偏心式风轮侧偏，国内主要使用的大部为偏

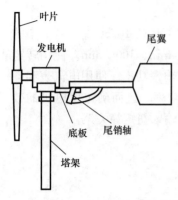

图 4-22　偏尾限速装置

心式风轮侧偏。偏心式风轮侧偏将风力机风轮偏置安装，即风轮回转中心与尾翼安装位置有一偏心距。如图 4-22 所示，在风速增大时，作用在风轮旋转平面上的气动力由于偏心距的存在会对风轮产生一个沿风向偏转的力矩。该方法具有结构简单、易于维修等特点。

在风力发电机的构件中，风轮是重要的组成部分。如在未达到额定风速前，风力机的参数之间存在着一定的关系，风轮转速与发电机的输出功率存在正比关系，即风电机组的输出功率与风轮的扫掠面积 A、风能利用系数 C_p 成正比。

机械侧偏限速机构的工作原理为：通过减小风轮的扫掠面积 A，进而调节风电机组的输出功率，当风速稳定且未达额定风速时，风轮受风面积最大迎风工作，可以最大程度吸收风能；当风速增大至超过额定风速时，空气动力作用于风轮上，使得风轮相对于偏转轴产生力矩，进而使风轮偏转，减小受风面积，避免了风轮在高风速区超速工作。

在图 4-23 中，风轮回转轴到偏转轴的垂直距离为偏心距 ε，风轮旋转平面到偏转轴的垂直距离为前伸距 f。当有来流风速时，作用在风轮上会产生气动力 P_z；若来流风速超过额定风速时，由于偏心距及前伸距的存在，使气动力 P_z 对偏转轴形成侧偏力矩 M_c。因此，风轮侧偏装置能够有效地减小风轮的迎风面积并降低风轮转速，控制其输出功率，达到了偏尾限速的目的。

风轮在工作时由于气动力会产生侧偏力矩，为了风轮能更好的吸收风能，小型风电机组采用尾翼机构调整风轮的迎风方向，即在气动力尾翼机构处会产生尾翼的气动力矩。

如图 4-24 所示，通过风轮的风速会在尾翼的尾翼板上产生气动力 F_v，气动力 F_v 带动尾翼绕尾销轴转动，从而使得风轮的方向与风向保持一致。由于在尾翼附近存在气流，α 为气流中尾翼相对于风速的攻角，又称轴向诱导因子。因此假定在尾翼上的风速为 $(1-\alpha)v$。

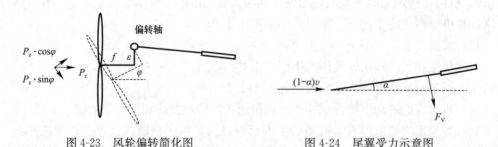

图 4-23　风轮偏转简化图　　　　　图 4-24　尾翼受力示意图

当尾翼受到气动力矩偏转后，此时重力势能增加，尾翼自身的重力会产生一个重力回位力矩。在风电机组的侧偏过程中，尾翼重力提供的重力回位力矩能与风轮产生的侧偏力矩相平衡。因此在风速超过额定风速时，尾翼绕着尾销轴偏转，使重心上移，直至能与气动力在风轮上产生的侧偏力矩重新达到平衡状态。其原理图如图 4-25 所示。图中 L_g 为尾翼重心到尾销轴中心距离，β' 为尾翼尾销轴后倾角，β'' 为尾翼尾销轴侧倾角。

综上所述，机械偏尾限速装置通过调节风轮侧偏力矩、尾翼启动力矩、重力回位力矩使三者达到平衡状态。风力发电机没有达到额定风速时，风轮转速持续提高，尾翼平衡叶轮朝向始终向前；处于额定风速时，风轮、尾翼全部进行偏转，使功率稳定在额定功率。

2. 刹车系统

小型风力发电机组刹车系统一般为电磁盘式刹车系统和机械盘式刹车系统。

(1) 电磁盘式刹车系统

电磁盘式刹车装置是一种非接触可调的、非摩擦式的刹车装置，刹车力矩大小与刹车转速近似成正比例关系，在紧急刹车情况下，还能提供较好的响应速度。电磁盘式刹车的主要原理图如图 4-26 所示。

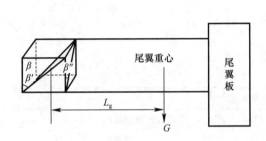

图 4-25　机械片尾限装置受力图

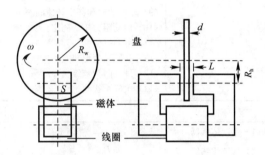

图 4-26　电磁盘式刹车原理图

根据安培定律和楞次定律，当转盘发生旋转，转盘内产生电涡流，电涡流产生的磁场与电磁铁产生的磁场分别对转盘产生相反的制动力矩。相反的制动力矩作用在转盘上，会对转盘的转动产生影响，电磁铁的电流强弱决定了磁场强弱，若电流增大则制动力矩增大，反之减小。当电磁铁电流一定时，转盘的转速越高则制动力矩越大。

(2) 机械盘式刹车系统

机械盘式制动器由制动盘和制动钳组成。结构上与电磁盘式刹车类似，制动盘随轮轴转动。制动钳固定在机舱上，它由内外两部分组成，制动盘伸入制动钳内的两个制动片之间，制动片通过两个导向销悬装在钳体上，在内外钳体上各有一个制动活塞。制动时，活塞在液压作用下，压紧制动盘。

机械盘式刹车系统与电磁盘式刹车系统外形结构相似，最大的区别在于不需要外部电源的再次激励，完全依靠制动钳与制动盘两者间的摩擦力进行制动，结构简单，故障率低，并且在刹车运行的时候附带的振动较低，可以作为风电机组中的独立系统进行操作。缺点也相对较为明显，如刹车效果较电磁盘式刹车略低，需经常对刹车盘、刹车钳进行检查，确保其没有被锈蚀。

4.4.3　机组测试

机组的现场测试参考《小型风力发电机组第 2 部分：测试方法》GB/T 19068.2—2017，分为小型风力发电机组用发电机测试和试验样机测试。

1. 小型风力发电机组用发电机测试

本测试方案适用于 0.1～20kW 离网型风力发电机组用发电机，测试产品及检测项目如表 4-3 所示。

小型风力发电机组用发电机测试方案 表 4-3

产品/类别	检测项目/参数	检测标准名称及编号
小型风力发电机组用发电机 （0.1~20kW）	（1）绕组对机壳绝缘电阻的测定 （2）耐压试验 （3）不同工作转速下发电机空载电压的测定过负载试验 （4）超速试验 （5）温升试验及热态绝缘电阻的测定 （6）轴承温度的测试 （7）效率测试 （8）负载特性曲线的测定 （9）输出功率和额定转速的测定 （10）启动阻力矩的测定 （11）低温试验 （12）40℃交变湿热实验 （13）外壳防护等级实验 （14）电磁干扰测定	《离网型风力发电机组用发电机 第1部分：技术条件》 GB/T 10760.1—2017 《离网型风力发电机组用发电机 第2部分：测试方法》 GB/T 10760.2—2017

所需试验仪器及装置		
（1）温度传感器（大气温度计）	测量范围：−50~50℃	准确度：±1℃
（2）转速传感器	测量范围：大于两倍发电机额定转速	准确度：±2%
（3）电流电压电功率传感器	测量范围：大于两倍发电机额定值	准确度：>0.5级
（4）兆欧表	规格：大于500V	
（5）力矩传感器		
（6）场强仪器		
（7）可变速原动机等		

备注：所有仪器、仪表均应在计量部门检验合格的有效期内，允许有一个二次校验源（仪器制造厂或标准实验室）进行校验

2. 试验样机测试

试验时，机组应按照使用说明书进行规范安装。机组轮毂安装在 10m 高度处，为了使风速计、风向仪及其支撑构件对风轮的尾流影响最小，这些部件应安装在距风轮至少 3m 的位置。此外，风速计的安装应使其在轮毂高度下方 1.5 倍风轮直径水平高度之上的截面积最小。气温和压力传感器应安装在轮毂下方至少 1.5 倍风轮直径处，尽管这样安装的结果会使它们距地面不足 10m。

（1）测试前操作规程

1）机位的安装要求

风速条件：试验场地应平坦开阔，场地平均风速应大于 5m/s，最高风速应小于 20m/s，主要风向有一定的持续性。相邻两风机主塔座中心距应大于或等于 10 倍的风轮直径。

2）测风塔的安装规程

测风塔应安装在距风力发电机组 2~4 倍的风轮直径的位置，推荐为 2.5 倍位置处；风向仪安装在测风塔的横杆上。

3）叶片静平衡与叶尖轴向跳动量试验与评估

叶片静平衡与叶尖轴向跳动量应依照《机械振动 恒态（刚性）转子平衡品质要求 第

1 部分：规范与平衡允差的检验》GB/T 9239.1—2006 的要求，通过必要的试验进行评估。

4）调向性能测量

在风速小于启动风速时，（取）测量机组开始调向时的最小风速，最少测量 3 次，取算术平均值，此值为迎风风速。采用气动、电动、液压迎风机构时，测取调向时机组风轮轴线偏离风向的角度。

5）机组切入风速测量

使机组与负载连接、迎风，测量机组在额定电压下有功率输出时的最小风速，测量 6 次取算术平均值。

6）风轮空气动力特性测量

试验时，使风轮经历空载、制动、迎风 3 个过程，在 $4\sim6m/s$ 任意风速时，松开制动，自风轮启动到同步转速的全过程，连续采样，每 1s 同步测取风速、风轮转速，计算最高叶尖速比下的 C_m、λ、C，试验时风速变化幅度应小于 $0.5m/s$。

（2）测试系统的安装规程

1）测试系统的连接操作

测试系统通过温度和气压传感器对温度、气压进行采集，确定温度和气压数据线接入系统且显示正确；测试系统中风速仪可以采集风速，确定风速仪数据线路接入系统且显示正确；采集发电机组整流后的直流电压、电流，将整流后的直流电压和电流线接入系统；对于离网型风力发电机组，确保有足够的负载可以消耗发电机所发的电量；对于并网型风力发电机组，确保有并网点，接入市电。

2）测试系统的数据采集及处理

数据采集：机组正常工作时，从切入风速到切出风速的整个范围内，由计算机同步采集风速，输出电功率，采样率不小于 1 次/s，平均周期不小于 30s、不大于 60s。每小时记录一次大气压和气温。

比恩法处理：将平均风速、平均功率作为一个数据点，分别划入比恩区间内储存起来，并记录每一个比恩区间存入的数据点数。

3）重要数据的确定

风力发电机正常工作时，观察，测试系统中风速、电压、电流等重要数据是否合理。确定数据保存到测试系统中。可以采用如下的方法对测试系统进行数据分析：

① 机组性能试验。

机组功率特性试验应依据《风力发电机组　功率特性测试》GB/T 18451.2—2021 中的比恩（Bin）区间法进行，测试结果应至少包括以下重要功率特性项目：

（a）功率特性曲线；

（b）年发电量（AEP）；

（c）功率系数；

（d）额定输出功率。

② 功率特性曲线

机组功率特性试验应依据《风力发电机组　功率特性测试》GB/T 18451.2—2021 进行测量，以及进行数据标准化，进而确定测量功率特性曲线。机组输出功率应在负荷连接点测量，也应测量负荷连接点电压。预处理数据长度采用 1min。测试机组功率特性时按照《风力发电机组 功率特性测试》GB/T 18451.2—2021 进行数据标准化，进而确定测量功率特性曲线。所有后续 10min 数据组都适用于 1min 数据组。当满足以下条件时可认为测试数据是完整的：

(a) 从低于切入风速 1～14m/s 的每个风速区间至少包括 10min 采样数据；

(b) 整个数据库包含机组风速范围内至少 60h 的数据；

(c) 对于侧偏限速的机组，数据库应包括侧偏限速时机组特性的完整风速区间。

对于功率被动控制的机组，例如侧偏限速或叶片震颤，应根据《风力发电机组 功率特性测试》GB/T 18451.2—2021 或其他方法对风速进行标准化。如果使用了其他方法，应详细记录。

推荐采集附加特性数据以量化蓄电池组电压变化对机组特性的影响。这些附加功率曲线可以通过设置蓄电池组的电压为表 4-27 中的值及采集至少 30h 的 1min 平均数据来得到。给出这些功率曲线时，应用图或表详细列出电压设置。推荐用单独的图表示功率随风速和蓄电池组电压变化的曲线。功率特性应进行不确定度分析，具体参考《风力发电机组 功率特性测试》GB/T 18451.2—2021 的要求进行。

③ 年发电量（AEP）

年发电量是对不同参考风速的频率分布应用测量功率曲线进行估计得到的。AEP 应通过两种方法计算，一种称为"AEP 测量值"，另一种称为"AEP 外推值"。如果测量功率曲线不包含一直到切出风速的数据，功率曲线应从最高测量风速外推到切出风速。《风力发电机组 功率特性测试》GB/T 18451.2—2021 对于高风速时不停机的机组，AEP 测量值与 AEP 外推值应采用满风速区间和 25m/s 之间的较大值作为最大切出风速进行计算。

④ 功率系数

测试结果中应将机组功率系数 C_p 记录到试验报告中。C_p 由测量功率曲线确定。

⑤ 安全及其功能试验

应按照《小型风力发电机组》GB/T 17646—2017 进行试验。

⑥ 机组的制动和保护功能

(a) 制动试验：在安全风速以内手动制动（或自动制动），记录机组制动效果；

(b) 大风保护：风速超过停车风速后，记录停车风速和机组反应时间；

(c) 超速保护：机组转速超过最高工作转速时，记录保护动作时的转速。

4.5 风光互补发电系统容量配置优化

4.5.1 容量配置优化流程

针对西北村镇风光互补发电系统进行容量配置优化的一般思路是：以当地的风速、辐照度、负荷数据为基础，选定风力发电机、光伏、储能的类型，确定系统的拓扑结构，在此基础上建立优化指标和工程性及技术性约束条件的数学模型，并设计优化算法，然后通过分析优化计算结果，得到相应的容量配置方案。

1. 拓扑结构及工作原理

拓扑结构关系到风光互补发电系统的能量传输方式、交直流变换过程、分布式电源和储能的工作状态，进而影响风光互补发电系统容量配置优化模型中的优化变量、目标函数及约束条件。目前风光互补发电系统的拓扑结构主要有交流、直流和交直流 3 种方式，其中交流风光互补发电系统是主要的组网架构方式。

交流风光互补发电系统优化设计的拓扑结构如图 4-27 所示。系统由风电、光伏、储能及相应的电力电子变换器构成。风电和光伏是主要的分布式电源，负责将可再生能源转化为电能；储能通过充电和放电过程实现能量的时移，将可再生能源充裕时段的能量转移到不足时段，储能的能量时移功能是解决电能生产和电能消耗之间时间尺度不匹配问题的主要手段。

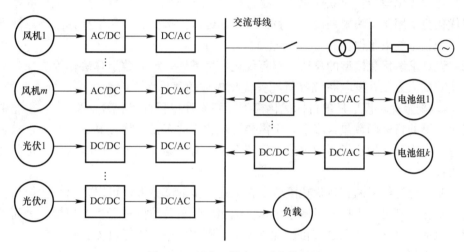

图 4-27　风光互补发电系统结构图

在进行风光互补发电系统容量配置优化中，通常将变流器与相应的分布式电源或者储能当作一个整体考虑，分布式电源的类型通常通过定性分析确定，因此分布式电源的配置数量就是优化变量。

图 4-27 为典型的交流型风光互补发电系统，系统集成了分布式电源、储能及负荷，通过源、荷、储的协调运行，合理利用新能源给负荷供电，最终实现系统经济、可靠、环保运行。风电和光伏的能量来源受到气象因素的影响，属于相对不可控分布式电源。考虑环保性，从容量优化配置的角度看，构建风光互补发电系统，最大限度利用可再生能源供电，但风电和光伏输出的功率与负荷需要的功率不可能完全匹配，因此需要通过储能进行能量时移。当可再生能源充沛、风电和光伏输出的功率之和大于负荷需求时，多余能量存入储能；当可再生能源匮乏、风电和光伏输出的功率之和小于负荷需求时，储能释放能量补充缺额功率。

2. 容量配置优化步骤

进行村镇风光互补发电系统容量配置优化的思路，可以表示为图 4-28。

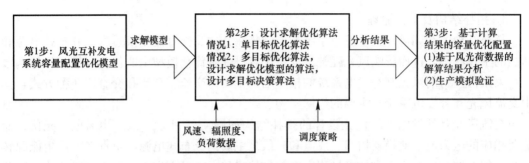

图 4-28　风光互补发电系统容量配置优化步骤

具体步骤如下：

（1）建立优化模型。建立优化模型是进行风光互补发电系统容量配置优化的基础。容量配置优化模型用于反映规划设计的目标，比如经济性指标、可靠性指标、环保性指标以及各种工程技术约束条件。

（2）设计求解优化模型的算法。解算优化模型需要一定的数学算法作为支撑。根据第（1）步建立的风光互补发电系统容量配置优化模型的目标函数个数，可以分为两种情况：① 如果容量配置优化模型是单目标优化模型，则设计单目标优化算法即可；② 如果容量配置优化模型的目标函数包含多个，则需要设计相应的多目标优化算法。另外，求解优化模型的过程，需要以构建场所的风速、辐照度及负荷数据为基础，同时需要一定的调度策略予以支撑。

（3）基于计算结果的容量优化配置。在上述两步的基础上，可以得出最优解集。如果是单目标优化，则可以直接通过基于风速、辐照度、负荷数据进行生产模拟，进而验证分析所得结果的合理性。如果是多目标优化模型，则需要进一步通过多目标决策方法，从最优解集中筛选优化计算结果，而后通过模拟分析验证所得结果的合理性。

4.5.2　容量配置优化数学模型

针对西北地区，在对具体某个村镇进行资源、负荷需求分析之后，可以建立风光互补发电系统容量配置的优化数学模型。由于西北地区地缘辽阔，使得所建风光互补发电系统使用场所广泛，因此可以从不同的角度选择指标体系，进而构成多种形式的优化模型。结合国家产业政策的指导，可以从经济性、环保性、可靠性 3 个方面选择优化目标，约束条件包括技术条件、工程条件等多个方面。

下面给出一种典型的西北村镇风光互补发电系统容量配置的多目标优化模型。该模型考虑了经济性、可靠性和环保性 3 个方面。经济性指标考虑了初始安装费用和后期的运行维护费用，由于处于不同年份的经济指标不能用绝对数值直接比较，因此将初始安装费用通过年现金系数折算为系统运行年限内一年的费用。负荷的满足程度是一种直接反映可靠性的方式，因此用失负荷率来表示可靠性指标，同时设定了失负荷率的上限作为约束条件。环保性指标的表示形式有多种，比如污染气体排放量、可再生能源渗透率等。鉴于污染气体排放是风光互补发电系统影响环境的直接因素，同时考虑 CO_2 在污染气体的排放中占比很高，因此用年 CO_2 排放量作为环保性指标，而将可再生能源渗透率转化为等效的可再生能源丢弃率作为约束条件。为了后续设计优化算法方便，3 个优化目标函数统一为求最小值。约束条件还

包括实时功率平衡、分布式电源出力范围限制、分布式电源装机数量限制、储能 SOC 运行
范围限制、储能每个采样周期能量变化最大值限制、可控分布式电源最大供电比例限制等条
件。具体的风光互补发电系统的多目标容量优化配置模型可以表述为：

$$
\begin{cases}
\min\ \{C_{\text{EAC}},\ R_{\text{LPSP}},\ E_{\text{CO}_2}\} \\
\text{s. t.}
\begin{cases}
P_{\text{L}}(t)-P_{\text{DL}}(t)=P_{\text{WT}}(t)+P_{\text{PV}}(t)+\eta P_{\text{BES}}(t)-P_{\text{DisRE}}(t) \\
\eta=\begin{cases}\eta_{\text{Discharge}},\ if\ P_{\text{BES}}(t)>0 \\ \dfrac{1}{\eta_{\text{Charge}}},\ if\ P_{\text{BES}}(t)\leqslant0\end{cases} \\
P_{\text{DGMin},i}(t)\leqslant P_{\text{DG},i}(t)\leqslant P_{\text{DGMax},i}(t),\ i\in\text{DG}=\{\text{WT, PV, DE, BES}\} \\
N_{\text{DGMin},i}\leqslant N_{\text{DG},i}\leqslant N_{\text{DGMax},i} \\
S_{\text{Min}}\leqslant S_{\text{OC}}\leqslant S_{\text{Max}} \\
\dfrac{|\Delta E_{\text{BES}}|}{T_{\text{s}}}\leqslant r_{\text{EVC}}E_{\text{BES}} \\
R_{\text{LPSP}}\leqslant R_{\text{LPSPMax}} \\
R_{\text{DisRE}}\leqslant R_{\text{DisREMax}}
\end{cases}
\end{cases}
\tag{4-18}
$$

$$
R_{\text{LPSP}}=\frac{\sum_{t=1}^{L_{\text{T}}}[P_{\text{DL}}(t)\times T_{\text{s}}]}{\sum_{t=1}^{L_{\text{T}}}[P_{\text{L}}(t)\times T_{\text{s}}]}=\frac{\sum_{t=1}^{L_{\text{T}}}P_{\text{DL}}(t)}{\sum_{t=1}^{L_{\text{T}}}P_{\text{L}}(t)}
\tag{4-19}
$$

$$
\begin{cases}
R_{\text{DisRE}}=1-R_{\text{RE}} \\
R_{\text{RE}}=\dfrac{\sum_{t=1}^{L_{\text{T}}}[P_{\text{WT}}(t)+P_{\text{PV}}(t)]\times T_{\text{s}}}{\sum_{t=1}^{L_{\text{T}}}[P_{\text{WTMPPT}}(t)+P_{\text{PVMPPT}}(t)]\times T_{\text{s}}}=\dfrac{\sum_{t=1}^{L_{\text{T}}}[P_{\text{WT}}(t)+P_{\text{PV}}(t)]}{\sum_{t=1}^{L_{\text{T}}}[P_{\text{WTMPPT}}(t)+P_{\text{PVMPPT}}(t)]}
\end{cases}
\tag{4-20}
$$

$$
\begin{cases}
C_{\text{EAC}}=C_{\text{Init}}+C_{\text{OM}} \\
C_{\text{Init}}=\sum_{i\in\text{DG}}(N_{\text{DG},i}\times P_{\text{R},i}\times C_{\text{RP},i})\times\dfrac{r(1+r)^l}{(1+r)^l-1} \\
C_{\text{OM}}=C_{\text{OMFix}}+C_{\text{OMVar}}+C_{\text{Fuel}}+C_{\text{Gas}}+C_{\text{Replace}} \\
C_{\text{OMFix}}=\sum_{i\in\text{DG}}(N_{\text{DG},i}\times P_{\text{R},i}\times C_{\text{OMP},i}) \\
C_{\text{Replace}}=\dfrac{E_{\text{CTEBE}}}{E_{\text{Throughput}}}(N_{\text{BES}}\times U_{\text{BES}})
\end{cases}
\tag{4-21}
$$

以上各式中，C_{EAC} 为等年值费用（元）；R_{LPSP} 为失负荷率；t 为调度周期；P_{L} 为负
荷功率（kW）；P_{DL} 为未满足负荷的功率（kW）；P_{DisRE} 为丢弃的可再生能源功率（kW）；
η 为储能充放电效率；i 用于表示分布式电源的索引；DG 表示分布式电源；WT 表示风力
发电机；PV 表示光伏发电系统；BES 表示储能系统；$P_{\text{DG},i}$ 表示第 i 类分布式电源的功率
（kW），限定的最小运行功率为 $P_{\text{DGMin},i}$，最大运行功率为 $P_{\text{DGMax},i}$；$N_{\text{DG},i}$ 为第 i 类分布式
电源的装机数量，限定的最小装机数量为 $N_{\text{DGMin},i}$，最大装机数量为 $N_{\text{DGMax},i}$；储能荷电状
态 S_{OC} 限定的最小值为 S_{Min}，最大值为 S_{Max}；T_{s} 为采样周期（h）；r_{EVC} 为储能在每个采
样周期的能量变化量系数；R_{LPSPMax} 为设定的 R_{LPSP} 的最大值；R_{DisRE} 为可再生能源丢弃
率，设定的上限为 R_{DisREMax}；C_{Init} 为等年值初始投资（元）；C_{OM} 为一年期的运行维护费

用，（元）；$P_{R,i}$ 为第 i 种分布式电源的额定功率（kW）；$C_{RP,i}$ 为第 i 种分布式电源的单位功率费用（元/kW）；r 为折现率；l 为设计期限（a）；C_{OMFix} 为固定运行维护费用（元）；C_{OMVar} 为可变运行维护费用（元）；$C_{Replace}$ 为储能的置换费用（元）；$C_{OMP,i}$ 为第 i 种分布式电源的单位功率运行维护费用（元/kW）；L_T 为容量配置考虑的时间长度（h）；E_{CTBES} 为储能 1 年吞吐电量（kWh）；E_{BES} 为储能总容量（kWh）；U_{BES} 为单组储能的价格（元）；R_{RE} 为可再生能利用率。

从上述数学表达式可以看出，风光互补发电系统的容量配置优化模型非常复杂：含有多个优化目标和多个约束条件；约束条件既有等式约束又有不等式约束；目标函数和部分约束条件的计算过程与系统的运行过程参数相关，运行过程参数的取值情况由系统的运行策略决定，并且与源、荷数据相关，源、荷数据又具有随机性。因此，求解多目标容量优化配置模型具有相当的难度，需要考虑源、荷数据的随机性、制定分布式电源和储能的运行策略，并设计相应的优化算法。

4.5.3　容量配置优化算法

为了获取上述风光互补发电系统容量配置优化模型的最优解集，需要设计一种优化算法对优化模型予以求解。由于风光互补发电系统容量配置优化模型形式多样，数学表达式复杂，因此其求解算法亦多种多样。无论哪种优化算法，追求的目标都是收敛性强、运算速度快。下面给出一种典型多目标优化问题的求解算法，SPEA2 优化算法，而后对 SPEA2 算法予以改进并提出 SARAP 算法，最后给出一种典型的多目标决策算法 Topsis 法。

1. SPEA2 算法的基本原理及特点分析

SPEA2 算法属于智能算法，是遗传算法类中的一种经典多目标优化算法。该算法有良好的收敛性和分布性。SPEA2 算法的计算过程简述如下。

设进化种群为 Pop，对应个体的数量为 N_{Pop}，存档种群为 $EPop$，对应个体的数量为 N_{EPop}，最终的非支配解集为 $NDSet_{SPEA2}$，最大进化代数为 T，t 表示当前进行的进化代。

第 1 步：初始化：随机产生初始种群 $Pop(0)$，置归档种群为空集，置 $t=0$。

第 2 步：计算适应度：计算 $Pop(t)$ 和 $EPop(t)$ 中所有个体的适应度。

第 3 步：环境选择：选出 $Pop(t)$ 和 $EPop(t)$ 中的所有非支配个体存入 $EPop(t+1)$ 中。如果 $N_{EPop(t+1)} > N_{EPop}$，则通过距离最近原则修剪 $EPop(t+1)$ 中的个体；如果 $N_{EPop(t+1)} < N_{EPop}$，则从 $Pop(t)$ 和 $EPop(t)$ 中按照适应度优先级选择支配解并入 $EPop(t+1)$ 中。

第 4 步：结束条件：判定是否满足 $t \geqslant T$ 或者其他进化结束条件。如果满足，选出 $EPop(t+1)$ 中的非支配解，存入 $NDSet_{SPEA2}$，结束；如果不满足，转第 5 步。

第 5 步：配对选择：用锦标赛选择法，从 $EPop(t+1)$ 中选择个体，进而构成一个配对池。

第 6 步：进化计算：通过选择、交叉、变异等遗传算子进化种群，将进化结果种群作为 $Pop(t+1)$，$t=t+1$，转第 2 步。

上述 SPEA2 算法中，计算个体 i 的适应度 $F(i)$ 的表达式为：

$$
\begin{cases}
F(i) = R(i) + D(i) \\
R(i) = \sum\limits_{j \in Pop(t) + EPop(t), j > i} S(j) \\
s(i) = |\ \{j \mid j \in Pop(t) + EPop(t) \wedge i > j\}\ | \\
D(i) = \dfrac{1}{\sigma_i^k + 2} \\
k = \sqrt{N_{Pop} + N_{EPop}}
\end{cases}
\tag{4-22}
$$

式中，σ_i^k——个体 i 到个体 k 之间的距离；

$|\cdot|$——计算元素个数。

从式（4-22）可以看出个体 i 的适应度 $F(i)$ 由 $R(i)$ 和 $D(i)$ 两部分之和表示，其中 $R(i)$ 描述了 i 在进化过程中的被支配情况，当 i 是非支配解时，$R(i)=0$，当 i 是支配解时，$R(i)$ 等于支配 i 的非支配个体所支配的个体的数量。$D(i)$ 是用于描述个体 i 与其他个体之间的距离，距离越小 $D(i)$ 越大。显然 $D(i)$ 是用于表征最优解集分布性的。分析 $F(i)$ 的两部分可知，$F(i)$ 越小表示个体的适应性越强。

SPEA2 算法的特点分析：

① SPEA2 算法最优解集中元素个数由遗传算法所设定的种群规模所决定，但是 Pareto 最优解集中元素的个数难以预先确定。

② 从目标函数空间看，通常 SPEA2 算法最优解集与 Pareto 最优解集对应的目标函数的图形趋势一致。

③ SPEA2 算法在进化前期收敛速度快，交叉、变异算子都能够产生优良个体，但在进化后期收敛速度变慢，且优良个体主要由变异算子产生。

④ 基于结论③ 应该提高变异率，但随变异率的升高，遗传算法逐渐趋于完全的随机搜索算法，并不能提升收敛速度。

⑤ 进化后期收敛速度慢的原因是交叉和变异算子都难以找到更优搜索方向。

从以上 SPEA2 算法的特点分析中可以得到以下两点启发：

① 借鉴插值的数据思想，以 SPEA2 最优解集为基础，在 SPEA2 最优解集的每两组解之间寻找更多的非支配集，进而实现找到完整 Pareto 最优解集。

② SPEA2 最优解集中的每一组解都已经接近 Pareto 最优解集中的某组解，因此可以在 SPEA2 的每一组解附近通过新的寻优机制搜索支配性更强的解。

2. SARAP 多目标优化算法的原理

针对上述 SPEA2 算法的特点分析，可以对其进行改进，提出 SARAP 算法。SARAP 算法的基本思想可以分为两步：第一步通过 SPEA2 算法快速定出多目标优化问题全局最优解的轮廓，这必将缩小寻优范围；第二步丢弃交叉、变异等遗传算子，以 SPEA2 最优解集为基础，借用插值的数学思想，通过 SPEA2 最优解集的邻近点构造小的搜索空间，并利用枚举法全方向搜索的方式进行寻优，来实现找出真实的完整 Pareto 最优解集。

具体的 SARAP 算法流程如图 4-29 所示。首先执行 SPEA2 算法，并令 SARAP 算法的初始最优解集 $NDSet_{SARAP}$ 为 SPEA2 算法的最优解集 $NDSet_{SPEA2}$；而后开始执行 SP 过程：让搜索间距 D_S 从 1 到设定的最大值 D_{SMax} 循环变化；在此循环体内，从 SPEA2 最优解集中依次取出间隔为设定搜索间距 D_S 的所有个体对；依据这一对个体的差异在其对应的编码空间中构造出所有编码不同的新个体（对应小空间全方向搜索），计算新个体对应的适应度；新个体与一对参考个体一起构成一个小的搜索种群 *SearchPop*；依据偏序支配关系找出 *Search-Pop* 和 *NDSet*$_\text{SARAP}$ 共同的非支配解，这些非支配解构成了新的 *NDSet*$_\text{SARAP}$。

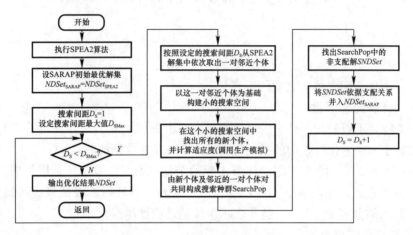

图 4-29　SARAP 算法流程图

3. TOPSIS 多目标决策算法

多目标优化算法给出的最优解集中包含多组风光互补发电系统容量优化配置方案。在风光互补发电系统规划设计中只能最终选择一组方案，因此需要进一步通过多目标决策算法筛选方案。由偏序支配关系可知，最优解集中的非支配解之间不存在支配关系，多个优化目标之间是矛盾制约关系，即任意两组非支配解进行比较，它们对应的多个目标函数只能是各自存在优势，比如第一组解对应的经济性目标函数优于第二组解，那么第二组解在环保性目标函数或者可靠性目标函数必然优于第一组解。多目标决策解决的问题就是根据决策者对不同目标的偏好程度最终选出一组非支配解。

TOPSIS 多目标决策的基本原理：在归一化的目标函数空间中找出各个优化目标的理想解，而后通过判定优化配置方案与理想解的相对贴近程度来判定方案的优越性。

下面以成本类指标为例，给出 TOPSIS 多目标决策算法的具体计算步骤。

设目标函数矩阵为 $F_\text{Obj}=(f_{ij})_{m\times n}$，$i=1$：$m$，$j=1$：$n$，$m$ 表示最优解集的元素个数，n 表示目标函数的个数。

第一步：为了便于比较不同量纲的目标函数，通过线性变换将目标函数 F_Obj 化为无量纲标准决策矩阵 $\boldsymbol{R}=(r_{ij})_{m\times n}$。

$$r_{ij}=\frac{f_j^{\max}-f_{ij}}{f_j^{\max}-f_j^{\min}} \tag{4-23}$$

式中，$f_j^{\max}$ 为所有配置方案中第 j 个目标函数的最大值，$f_j^{\min}$ 为最小值。

第二步：构建加权决策矩阵 $\boldsymbol{V}=(v_{ij})_{m\times n}$

$$v_{ij}=w_j\times r_{ij} \tag{4-24}$$

式中，权向量 $\boldsymbol{W}=[w_1,\ \cdots,\ w_n]$ 表示决策者对各个目标函数的偏好程度，且有 $\sum w_j=1$。

第三步：确定正理想解 V^+ 和负理想解 V^-

$$V^+=[v_1^+,\ v_2^+,\ \cdots,\ v_n^+]=[v_1^{\max},\ v_2^{\max},\ \cdots,\ v_n^{\max}] \tag{4-25}$$

$$V^- = [v_1^-,\ v_2^-,\ \cdots,\ v_n^-] = [v_1^{min},\ v_2^{min},\ \cdots,\ v_n^{min}] \tag{4-26}$$

式中，$v_j^{max} = \max_i\{v_{ij}\}$ 表示加权决策矩阵 $\boldsymbol{V}$ 中第 j 列的最大值，$v_j^{min} = \min_i\{v_{ij}\}$ 表示 $\boldsymbol{V}$ 中第 j 列的最小值。

第四步：计算每一方案与正理想解 V^+ 和负理想解 V^- 的欧式距离

$$d_i^+ = \sqrt{\sum_{j=1}^n (v_{ij} - v_j^+)^2} \tag{4-27}$$

$$d_i^- = \sqrt{\sum_{j=1}^n (v_{ij} - v_j^-)^2} \tag{4-28}$$

第五步：计算每一方案与理想解的相对贴近度

$$c_i = \frac{d_i^-}{d_i^+ + d_i^-} \tag{4-29}$$

相对贴近度越大，方案性能越好。

第六步：找出相对贴近度的最大值，对应的方案即为最优方案。

4.5.4　容量配置软件

针对风光互补发电系统的容量优化配置模型，经过优化算法计算及多目标决策算法决策之后，即可得到一组容量优化配置方案。为了工程设计方便，可以将上述过程开发成软件系统。下面结合软件的使用，同时对基于解算结果的容量配置过程予以说明。风光互补发电系统容量优化配置软件的主界面如图 4-30 所示。

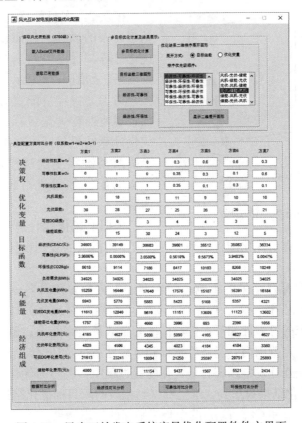

图 4-30　风光互补发电系统容量优化配置软件主界面

软件主要分为 3 个模块：

模块 1：读取风速、辐照度、负荷数据。软件可以提供两种读取数据的方式。首次使用软件，可以将采集到的风光荷数据首先存储到 Excel 表格，直接通过软件读取数据。图 4-31 给出了一组风光荷数据的图形。

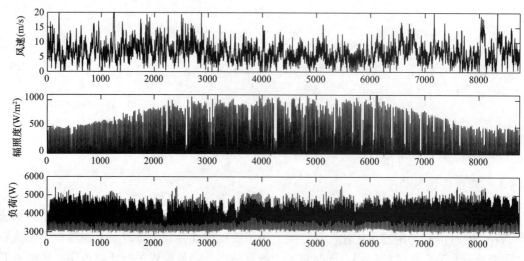

图 4-31　风速、辐照度、负荷数据

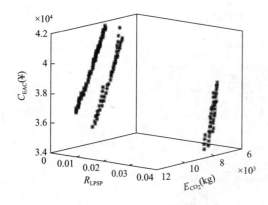

图 4-32　目标函数三维图形

模块 2：多目标优化计算及其结果显示。基于导入的风速、辐照度、负荷数据，进行优化计算，可以得到 3 个目标函数构成的三维图形，如图 4-32 所示。

为了寻找容量配置方案的变化规律，更加直观地查看优化目标的变化趋势，可以将优化计算结果展开为二维图形，图 4-33 给出了按照关键字主次顺序依次取储能、风电、光伏的配置数量进行排序得到的二维展开图形。

依据上述优化计算结果的三维图形和二维展开图形可以分析容量优化配置结果，为后续不同需求的规划设计奠定基础。下面是示例数据的分析结论。

储能对容量优化配置结果的影响：随着储能配置数量增加，C_{EAC} 增大、E_{CO_2} 减小、R_{LPSP} 小幅减小，即经济性变差、环保性变好、可靠性略有改善。对于建设独立运行风光互补发电系统，系统的可靠性和环保性与储能配置数量紧密相关；影响系统经济性指标的因素较为复杂，在一定范围内，经济性指标和可靠性指标及环保性指标相矛盾。

如果在进行风光互补发电系统容量优化配置过程中，关心的优化目标是 3 个指标中的 2 个，可将 3 目标优化结果投影到二维坐标得到相应的双目标优化结果。图 4-34 是三目标优化结果在 C_{EAC}-R_{LPSP} 和 C_{EAC}-E_{CO_2} 两个坐标平面的投影结果。

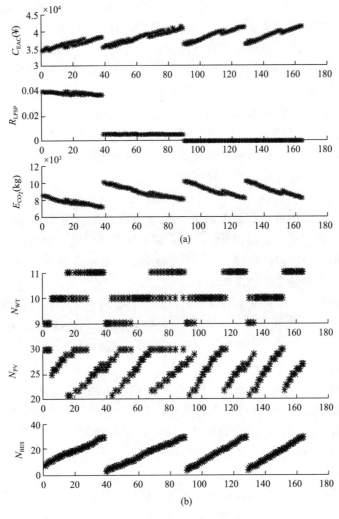

图 4-33　优化结果二维展开图

（a）目标函数；（b）优化变量

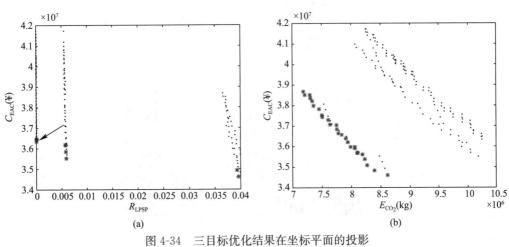

图 4-34　三目标优化结果在坐标平面的投影

（a）C_{EAC}-R_{LPSP}；（b）C_{EAC}-E_{CO_2}

分析图 4-34 可得结论：三目标最优解集必定包含其对应双目标最优解集，图 4-34 中用不同形状标注了投影后的非支配解。对于非支配解而言，两组优化目标呈现矛盾制约关系，但从可行解的角度看，并非优化目标随优化配置方案的改变而相互矛盾制约改变，如图 4-34（a）中箭头标注，随优化配置方案的改变，两个优化目标同时得以改善。忽略环保性，考虑经济性和可靠性的 C_{EAC}-R_{LPSP} 双目标优化最优解集仅保留了不同失负荷率指标下的经济性指标较优良的部分解。忽略可靠性，考虑经济性和环保性的 C_{EAC}-E_{CO_2} 双目标优化最优解集仅保留了可控分布式电源配置数量最少的非支配解。即去掉一个优化目标，非支配解的数量明显减少，且从所有非支配解对应目标函数平均值角度看，双目标优化结果的性能明显优于三目标优化结果的性能。

模块 3：典型配置方案对比分析。模块 3 的主要作用是从最优解集中筛选典型配置方案进行对比分析。本模块可以提供 7 种不同权重下典型配置方案的对比分析。使用软件时，输入 7 组权系数则可以从数据、经济性、可靠性和环保性 4 个方面对决策方案进行对比分析。对比分析的内容包括优化变量、目标函数、分布式电源年发电量及经济性组成等方面。具体模块功能及注意事项说明如下：

（1）决策权系数反映了风光互补发电系统规划设计者对 3 个目标函数的喜好程度。要求权系数 w_1、w_2、w_3 之和为 1，其中 w_1 为经济性权重，w_2 为可靠性权重，w_3 为环保性权重。权系数越大，表示对该指标重视程度越高。从适用场所看，如果负荷对供电可靠性要求较高，如数据中心等，则 w_2 的取值应该偏大，如示例中的方案 7；如果需要注重环保性，期望提高可再生能源利用率，则 w_3 的取值应该调大；如果需要凸显经济性指标，则应该使 w_1 的取值更大一些。需要强调的是，3 个指标之间具有矛盾制约关系，通常经济性指标应该取较大的值，一般建议大于 0.5，可靠性指标与环保性指标总和小于 0.5，具体取值需根据资源特性、应用场合及不同利益主体之间磋商决定。

（2）经济性对比分析

经济性对比分析主要是分析各种分布式电源对经济性指标的影响。将经济性指标 C_{EAC} 分别表示为风电、光伏、可控分布式电源和储能的费用。作为示例，上述 7 种典型配置的经济性指标组成柱状图如图 4-35 所示，为了分析方便，按照总费用递增的顺序进行了排序。分布式电源的度电成本比较如图 4-36 所示。

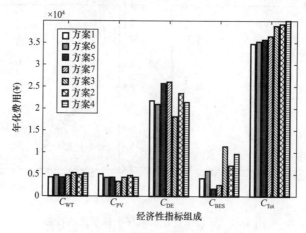

图 4-35　典型配置方案经济性分析

对比图 4-30 所示的数值结果和图 4-35 所示的经济性组成及图 4-36 所示的度电成本，可以得出以下结论：

① 风电、光伏发电成本比较。风电的度电成本低于光伏的度电成本，导致这种现象主要有两个原因：其一，比较算例的经济性参数，风电比光伏更具有优势；其二，太阳辐照度的强弱存在昼夜交替问题，光伏发电必然需要更多的储能设备来实现能量的时移，而储能的价格高昂。因此光伏装机容量小于风电装机容量。

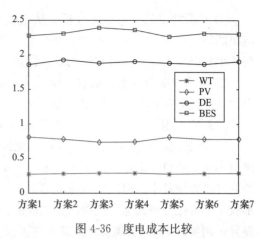

图 4-36　度电成本比较

② 从经济性角度分析储能、可控分布式电源的作用。储能与可控分布式电源的变化趋势大致相反。由于储能和可控分布式电源的费用都与自身输出功率直接相关，因此这种变化趋势从经济性角度反映出储能与可控分布式电源在系统中具有相近作用，一定程度可以相互替代，比如当风电、光伏输出功率小于负荷需求时，可控分布式电源和储能都可起到补充可再生能源功率不足的作用。

③ 极点对应方案比较分析。对比 3 个极点对应的方案，即方案 1、方案 2 和方案 3。从权系数看，这 3 个方案都仅考虑了经济性、可靠性、环保性 3 个优化目标之一，而忽略了另外其他两个优化目标，因此 3 个方案分别对应了所有配置方案中经济性、可靠性、环保性的极小值。进一步通过图 4-30 中的具体数值进行定量分析可知，对比方案 1 和方案 3，C_{EAC} 增加 10.54%，E_{CO_2} 排放量减少 19.88%；对比方案 1 和方案 2，R_{LPSP} 从 3.96% 降为 0，C_{EAC} 增加 13.13%。这些数量关系对决策具有一定的参考意义。

（3）可靠性对比分析

风光互补发电系统多目标容量优化配置软件中可靠性指标通过失负荷率来度量。下面从分布式电源的装机容量角度分析系统的可靠性。7 种典型容量配置方案的装机容量如图 4-37 所示。为分析方便，按照失负荷率递减顺序进行了排序。结合图 4-37 和图 4-30 给出的具体数值可以得出以下结论：

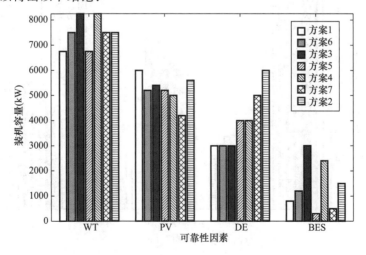

图 4-37　典型配置方案可靠性分析

① 负荷能量的主要来源分析。从装机容量和年发电量看，可再生能源比可控分布式电源的数量更大。因此，在这 7 种典型容量优化配置方案中，可再生能源为负荷提供了主要功率和能量支撑，是可靠性的基本保障。

② 可靠性综合分析。随着负荷率递减，可控分布式电源装机容量递增，即系统的可靠性与可控分布式电源的装机容量正相关。但从图 4-30 中的具体数值可以看到，可控分布式电源的累积年发电量 E_{DE} 与失负荷率 R_{LPSP} 不存在单调变化关系。方案 2 失负荷率为 0，可靠性最高，对应的可控分布式电源的装机容量最大，年发电量也较大但并非最大，风电和光伏的总发电量也较大。方案 1 失负荷率最大，可靠性最差，对应的可控分布式电源的装机容量最小，但年发电量并非最小，风电和光伏的装机容量之和以及年发电量之和都较小。可控分布式电源配置数量相同的方案对应的可控分布式电源的年发电量存在明显差异，例如方案 1、方案 3、方案 6 中可控分布式电源配置数量都是 3 台，但对应可控分布式电源年发电量分别是 11613kWh、9619kWh 和 11123kWh。甚至方案 1 和方案 4 存在可控分布式电源配置数量多的方案对应的 E_{DE} 反而少的情况。由此可知，风光互补发电系统的可靠性与可控分布式电源的最大输出功率的相关性比与年发电量的相关性更强。可控分布式电源在风光互补发电系统的主要作用是调峰，由于负荷与资源必然存在错峰特性，因此可控分布式电源的额定功率越大，调峰能力越强，风光互补发电系统的可靠性越高。

（4）环保性对比分析

风光互补发电系统多目标容量优化配置软件中环保性指标通过年 CO_2 排放量来度量。年 CO_2 排放量主要由可控分布式电源的额定功率和实际运行功率共同决定，而可控分布式电源的年发电量与运行功率呈线性关系，因此可以通过可控分布式电源的年发电量来近似分析年 CO_2 排放量，进而分析风光互补发电系统的环保性。由于可控分布式电源的年发电量与其他分布式电源的发电量密切相关，图 4-38 给出了 7 种典型容量配置方案对应的分布式电源的年发电量。图中同时给出了年 CO_2 排放量，并根据年 CO_2 排放量进行了升序排列。

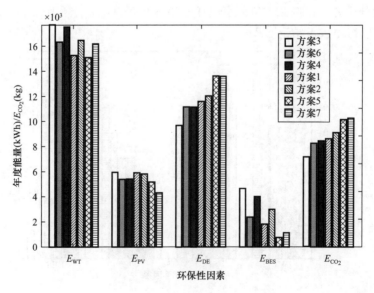

图 4-38　典型配置方案环保性分析

结合图 4-38 和图 4-30 的具体数值可以得出以下结论：

① 总体趋势是年 CO_2 排放量与可控分布式电源的年发电量正相关，与风电、光伏的年发电量及储能的年吞吐电量大致负相关，可控分布式电源的发电量与可再生能源的发电量大致呈互补特性。结合优化模型中年 CO_2 排放量的计算表达式可知，提高风光互补发电系统环保性的方法就是尽可能地限制可控分布式电源运行，但是上面的经济性、可靠性分析表明，可控分布式电源在资源负荷错峰特性明显时，既具有经济性优势，又是系统可靠性的保证，因此设定合理的运行策略使可控分布式电源以合适的功率追踪净负荷是提高风光互补发电系统环保性并兼顾经济性和可靠性的重要方法。

② 总体看，在 7 种优化配置方案中，为负荷提供能量由高到低的顺序是：风电、可控分布式电源、光伏、储能。由此可知，风光互补发电系统的主要能量来源是可再生能源，这保证了风光互补发电系统能源的基本清洁性。

③ 比较图 4-30 所示的年 CO_2 排放量最小的方案 3 和年 CO_2 排放量最大的方案 7。以方案 3 为基准，E_{CO_2} 增加 42.57%，C_{EAC} 减小 6.07%，R_{LPSP} 从 3.6580% 变为 0.0047%，这些量化指标之间的明显差异对于决策分析具有一定的参考意义。

4.6　风光互补发电系统并/离网高效控制技术及装置

4.6.1　风光分布式电源及负荷控制技术

1. 风力发电子系统侧变换器控制策略

风力发电前级变换器控制目标是：①将风力发电机产出频率和幅值变化的交流电整流成直流电；②控制发电机转速，实现最大功率或限功率运行。变换器控制采用基于转子磁链定向的矢量控制策略，即将发电机的 d 轴电流控制为零，此时电磁转矩仅与 q 轴电流成正比，转速又与电磁转矩相关，所以可以通过控制转速获得 q 轴电流的参考值。机侧变换器采用转速外环、电流内环的双闭环控制方式，其控制策略如图 4-39 所示。

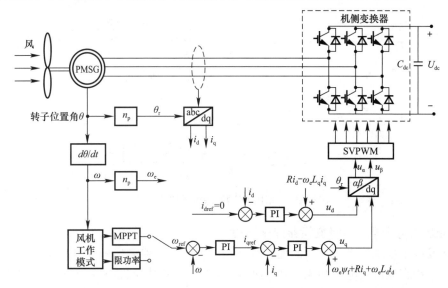

图 4-39　风力机机侧变换器控制策略

2. 风力发电子系统后级变换器控制策略

维持直流侧电压恒定能够实现前后级功率相等。所以，后级变换器采用 U_{dc}/Q 控制来实现直流侧电压恒定和无功功率给定控制。后级 DC/AC 变换器控制策略如图 4-40 所示。

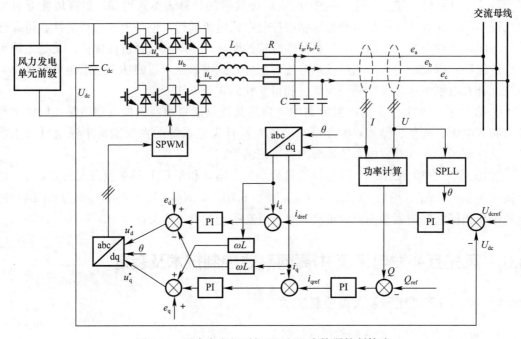

图 4-40 风力发电机后级 DC/AC 变换器控制策略

3. 光伏系统前级变换器控制策略

光伏阵列的输出端电压比较低，所以光伏系统前级 DC/DC 变换器选用 Boost 电路完成升压功能，通过控制 Boost 电路使光伏系统工作在最大功率跟踪模式。其光伏 DC/DC 变换器控制策略如图 4-41 所示。

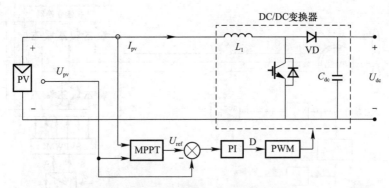

图 4-41 光伏 DC/DC 变换器控制策略

4. 光伏发电子系统后级变换器控制策略

光伏发电子系统后级变换器的控制目标是：后级变换器输出前级变换器指定的相应功率。同样采用直流母线电压和无功功率外环，电流内环的控制策略，与前述风力发电系统后级变换器的控制策略相同。

5. 储能前级 DC/DC 变换器控制策略

储能前级 DC/DC 变换器需要具有充放电功能来实现系统内能量的供需平衡，双级式储能系统前级选择双向 DC/DC 变换器。因为储能作为主源，后级变换器需要建立交流电压参考，所以储能前级变换器的控制目标是确保直流侧电压稳定，提供充放电功能，保证系统内电能的供需平衡。根据控制目标，为了保证良好的动态性能和合理工况，采用直流母线电压外环、蓄电池充放电电流内环的双闭环控制结构，如图 4-42 所示。

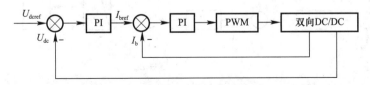

图 4-42　双向 DC/DC 变换器控制框图

6. 储能单元后级 DC/AC 逆变器控制策略

风光互补系统离网运行时，采用主从控制方式，储能单元后级 DC/AC 逆变器采取定电压和定频率控制（简称 V/f 控制），储能装置作为主源为风电系统、光伏系统和负荷提供母线电压的幅值和频率支撑。V/f 控制结构如图 4-43 所示。

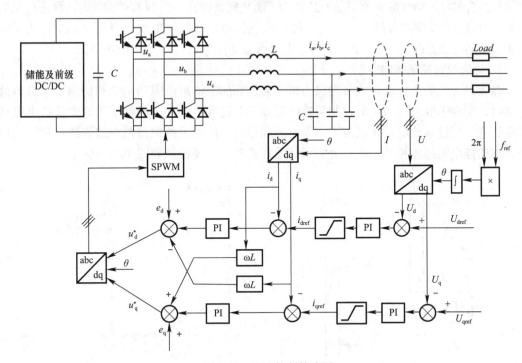

图 4-43　V/f 控制策略图

风光互补系统并网运行时，配电网提供电压和频率支撑，储能单元采用 PQ 控制策略。控制目标是让储能单元充电至预设能量，作为系统离网时备用，同时还需对储能单元进行保护，所以基于储能单元 SOC 需设置功率给定值控制环节，系统内部满足负荷需求外，输出多余的功率馈送到电网，不足的功率从电网获取。储能单元后级 DC/AC 变换器

PQ 控制策略如图 4-44 所示，采用功率外环、电流内环的控制方法。

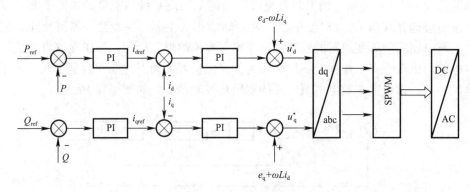

图 4-44　PQ 控制策略

储能单元根据功率参考值输出相应功率，要留有足够的备用能量，而且要对其进行保护，所以，储能单元考虑要有一定的备用能量以及 SOC 状态保护等因素，其功率控制的功率给定值 P_{bref} 的控制结构如图 4-45 所示。并网运行时，储能单元 SOC 充到预设值 SOC_{max}（90%）作为离网运行时备用能量，当 $SOC \geqslant SOC_{max}$ 时，储能装置只能处于涓流状态，维持储能的能量损耗，功率参考值 $P_{bref} = P_j$；为了防止频繁切换，当 $SOC < 80\%$ 时，再进行充电补充备用能量，功率参考值 $P_{bref} = P_c + P_j$，P_c 为充电功率值；在 SOC 达到 95% 时，为了进一步保护储能装置过充，则放掉一部分能量至预设备用能量，P_f 为放电功率。

7. 负荷投切控制策略

在无风无光的条件下，或者当风力机、光伏和储能输出极限功率之和仍然小于总负荷功率时，需要采取相应的负荷控制策略，切除非关键性负荷，进而保证关键性负荷供电和避免储能装置过度放电，使系统更加安全可靠运行。同时为避免控制方式导致负荷频繁切换，在储能电池过放控制切换点处需设计滞环控制。滞环控制如图 4-46 所示。

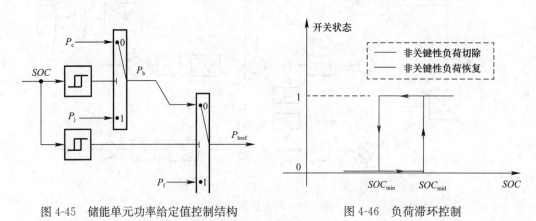

图 4-45　储能单元功率给定值控制结构　　　图 4-46　负荷滞环控制

4.6.2　风光互补能量管理协调控制技术

1. 能量流动关系

根据系统微源出力的个数以及能量流动的方向，风光互补发电系统内部能量流动关系如图 4-47 所示，可以归纳为独立双供、独立单供、联合双供、联合单供和联合供电五大类共 14 种能量流动关系。

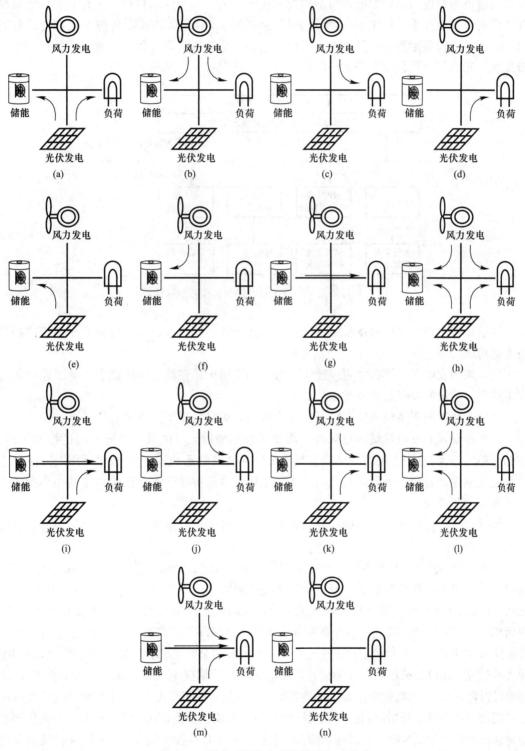

图 4-47　风光互补发电系统能量流动关系

2. 总体协调控制策略方案

依据控制目标：形成以年发电量为最优目标，同时兼顾储能电池 SOC、充放电功率、终端分散负荷特性的高效发电及自适应控制技术。为实现此控制目标，风光互补发电系统并离网高效发电技术采用图 4-48 所示分层控制结构，分为微源级设备控制层和能量管理协调控制层。设备控制层在第 4.6.1 节以论述各子系统的实现过程，能量管理协调控制层根据风、光、储和负荷的设备运行参数，给出设备层各子系统的运行模式。

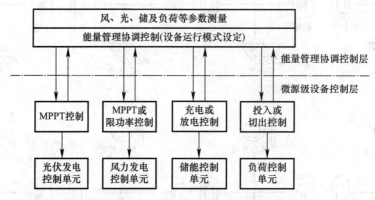

图 4-48　风光互补发电系统能量协调控制结构图

能量管理协调控制层根据设定的子系统工作模式，要求风、光和储能各子系统需要具备下列功能。

（1）风力发电子系统在额定风速以下最大功率输出，在额定风速以上，为了保护风力发电机组，需限制在额定功率输出。

（2）光伏发电子系统始终保持最大功率输出，满足风光年发电量最优目标。

（3）保证风光发电量最优目标时，需要考虑储能单元不能被过度充放电的控制策略。在储能单元 SOC 达到上限时，启动供热负荷，在储能单元 SOC 达到放电下限时，按用电负荷优先顺序切除相应负荷，实现与终端动态用电负荷特性匹配、高效可靠的中小型风光互补发电控制单元。

依据控制目标和各系统功能，并结合风光子系统的控制策略，整个系统的协调控制策略如图 4-49 所示。

从图中可以看出，该控制策略包括 4 部分：协调策略、光伏子系统控制单元、风电子系统控制单元和储能单元 SOC 保护及负荷自适应控制单元。其中，协调策略根据风电子系统、光伏子系统、储能 SOC 以及负荷等相关参数，判断能量供需关系，确定各部分工作模式，得到相应的控制信号。风电子系统有两种工作模式（MPPT 和限功率）；光伏子系统一种工作模式（MPPT）；供热负荷有两种工作模式，在能量多余的情况下，切入热负荷，保护储能单元的过充。用电负荷投切有 3 种模式，在能量不足的情况下（无风无光或者电池 SOC 达到预设低限时），首先切除全部非关键性负荷，对应负荷投切模式 1；如果切除非关键性负荷后，能量仍然不足，则切除划分的次关键性负荷，对应负荷投切模式 2；在无风无光且储能达到预设放电极限的情况下，只能切除全部负荷，对应负荷投切模式 3。SOC 保护及负荷自适应控制部分是防止储能的过充和过放，设置了储能 SOC 的高低限和滞环区间，通过控制风电和光伏的运行状态以及投切负荷来保证储能装置 SOC 运行在安全范围内。

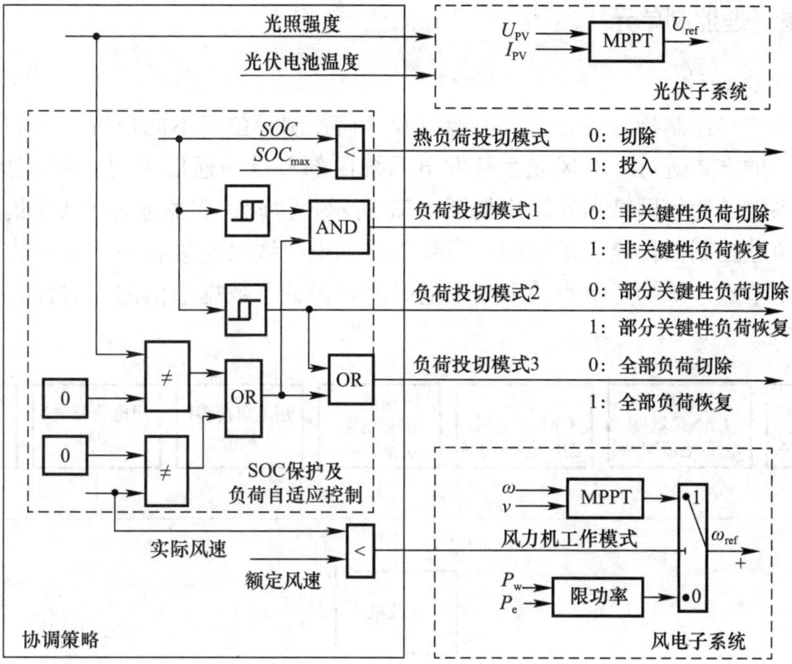

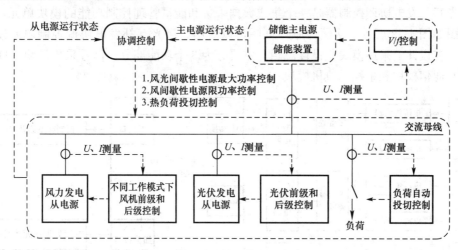

图 4-49 协调控制策略

在上述协调控制策略框架下，具体协调控制方案如图 4-50 所示。

图 4-50 协调控制方案

系统在离网运行时，储能装置采取定电压和定频率控制（简称 V/f 控制），作为主源为系统中的风光电源和负荷提供电压和频率支撑，同时根据系统内部风光出力和负荷变化，通过存储或释放能量来调节系统的功率平衡；而风光电源作为从源可以采用 PQ 控制，即所谓的主从控制模式。因为储能装置存储能量有限，不可能长时间处于充电状态，所以协调控制单元根据主源和从源的运行状态，协调风力发电和光伏发电工作在最大功率跟踪或限功率状态，同时还要进行热负荷以及用电负荷的投切控制。并网运行时，风、光和储能各个单元都采用功率控制策略。

4.6.3 能量管理控制单元

1. 通信方案设计

协调控制中心控制器与各分布式电源以及负荷控制等位于不同位置，它们之间的联系通过信号通信的方式进行，本风光互补发电系统内部节点的通信采用 CAN 总线技术。风光互补发电系统的通信网络拓扑结构如图 4-51 所示，协调控制器通过 CAN 集线器与分布式电源以及负载控制器构成星形结构，每个单根的电缆线只连接有一个分布式电源以及负载控制器两个节点，减少了节点被动侦听的时间，保证了数据通信的实时性，这种网络结构也易于扩展。

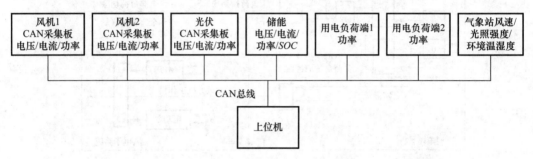

图 4-51 基于 CAN 总线网络的风光互补发电系统通信结构框图

2. 能量管理控制器硬件方案设计

风光互补发电协调控制器是一个集成数据采集和能量管理控制功能的模块单元，硬件原理框图如图 4-52 所示。从硬件原理框图可以看出，风光互补发电协调控制单元硬件结构简单，在设计上采用模块化设计思想，主要分为 3 个功能部分：信号采集模块、DSP 信号处理及通信模块和主控上位机模块。

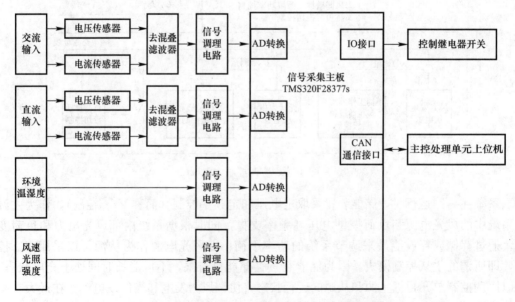

图 4-52 风光互补发电协调控制单元硬件原理框图

3. CAN 总线数据通信协议规约

本设计根据风光互补发电系统的数据传输特点，提出基于风光互补发电系统节点通信的 CAN 总线应用层规约，采用 CAN 总线扩展帧的 29 位标识符，将这 29 位标识符进行相关定义并建立网络通信规约，使其满足风光互补发电系统的通信的要求。扩展帧标识符的功能定义如表 4-4 所示。

扩展帧标识符功能定义　　　　表 4-4

帧标	ID28～ID27	ID26～ID19	ID18～ID11	ID10	ID9～ID6	ID5～ID3	ID2～ID0
识符	传输优先级别	源节点地址	目标节点地址	ACK	功能码	数据分类	数据长度

本协议将标识符的 ID28～ID27 定义为发送和接收的优先级设置，0x00 为最高优先级，0x10 为普通优先级，0x11 为最低优先级。风光互补发电系统通信时，正常条件下数据通信设置为最低优先级，报文按邮箱序号传送数据。节点地址是 CAN 总线网络的唯一标识，分配为 8 位，ID26～ID19 定义为发送节点地址，称源节点地址，ID18～ID11 为接收节点地址，称目标节点地址，地址范围为 0x00～0xFE，最多可支持 255 个节点。0xFF 作为特殊用途，当源节点地址为 0xFF 时表示当前发送的是特殊类型帧，用于建立通信联系；而当目标节点地址为 0xFF 时表示当前发送为广播帧。ID10 为 ACK 表示响应标志位，当命令帧发送时，若 ACK＝0 时表示本帧需要应答，ACK＝1 表示本帧不需要应答，响应帧发送时 ACK 置 1。ID9～ID6 为功能码，分配为 4 位，功能码用于指示报文的功能。

ID5～ID3 为数据分类，分配为 3 位，在风光互补发电系统通信中，中心控制器与各分布式电源以及负载控制器交换的数据很多，如电源电压、电流、有功功率、无功功率、运行状态、特定信号标志以及负载开关闭合状态等，此外还有逆变电源所处位置的环境参数，如温度、湿度以及太阳照度等，数据分类如表 4-5 所示。ID2～ID0 为传输的数据长度，最大传输数据为 8 个字节。

数据分类定义表　　　　表 4-5

功能码	功能	具体描述
0x00	电压	用于传送该节点连续的电压值
0x01	电流	用于传送该节点连续的电流值
0x02	综合电参数	用于传送电源输出参数，其后续的数据分别为该节点的电压、电流、有功功率和无功功率
0x03	电源运行状态	用于传送电源当前所处的状态信息
0x04	负载开关状态	用于传送当前各种负载开关的闭合信息
0x05	环境参数	用于传送当前节点的环境参数，其后续数据分别为温度、湿度和照度
0x06	信号标志	用于时间参考
0x07	保留	—

4. 协调控制中心 HMI 监控系统

本设计的 HMI 监控系统是基于 QT 设计的。硬件上采用工控机，在 Windows 环境下运行。在系统界面上主要分为 4 部分：光伏子系统控制单元状态监测、风电子系统控制单元状态监测、储能单元 SOC 保护状态监测以及负荷自适应控制单元状态监测。在风电子系统控制单元包括一些风力发电机的基本参数，如风力发电机状态、输出功率、输出电压和输出电流等，操作人员通过该界面可以对风力发电机的运行状态有一个直观的了解。该光伏子系统控制单元包括一些光伏的基本参数，如光照强度、输出功率、输出电压和输出电流等，操作人员通过该界面可以对光伏单元的运行状态有一个直观的了解。储能单元 *SOC* 保护状态监测及负荷自适应控制单元状态监测与以上类似。协调控制中心 HMI 监控系统的主要界面见图 4-53。

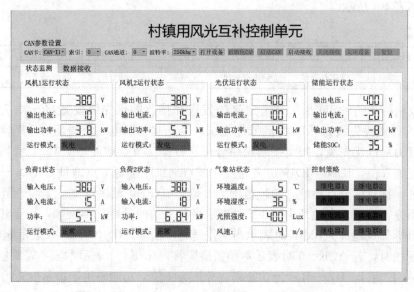

图 4-53　协调控制中心 HMI 监控系统主要界面

参考文献

[1] 杨洪兴，吕琳，马涛. 太阳能-风能互补发电技术及应用［M］. 北京：中国建筑工业出版社，2015.

[2] 宋洪磊，吴俊勇，冀鲁豫，等. 风光互补独立供电系统的多目标优化设计［J］. 电工技术学报，2011，26（7）：104-111.

[3] 邓英. 风力发电机组设计与技术［M］. 北京：化学工业出版社，2011.

[4] 姚兴佳. 风力发电机组设计与制造［M］. 北京：机械工业出版社，2012.

[5] 徐宝清. 水平轴风力发电机组风轮叶片优化设计研究［D］. 呼和浩特：内蒙古农业大学，2010.

[6] 郭珊珊，韩巧丽，王一博，等. 实度对低风速风电机组风轮气动性能影响研究［J］. 太阳能学报，2022，43（8）：373-381.

[7] Deb K，Pratap A，Agarwal S，et al. A fast and elitist multiobjective genetic algorithm：NSGA-II ［J］. IEEE Transactions on Evolutionary Computation，2002，6（2）：182-197.

[8] 张志涌. 精通 MATLAB R2011a［M］. 北京：北京航空航天大学出版社，2011.

[9] 单丽君. 风力机设计与仿真实例［M］. 北京：科学出版社，2017.

[10] 胡仁喜，刘昌丽. SOLIDWORKS2018 中文版机械设计从入门到精通［M］. 北京：机械工业出版社，2019.

[11] 蔡新. 风力发电机叶片［M］. 北京：中国水利水电出版社，2014.

[12] 王强. 大型风力机叶片结构分析及铺层设计研究［D］. 兰州：兰州理工大学，2017.

[13] 韩巧丽，李汪灏，邢为特，等. E-玻璃纤维/乙烯基酯树脂复合材料拉伸与模态特性分析［J］. 太阳能学报，2020，41（1）：210-216

[14] 唐任远. 现代永磁电机理论与设计［M］. 北京：机械工业出版社，1997.

[15] 王秀和. 永磁电机 [M]. 北京：中国电力出版社，2011.

[16] 苏绍禹，高红霞. 永磁发电机机理、设计及应用 [M]. 2 版. 北京：机械工业出版社，2015.

[17] 刘豪，牛姿懿，宋亚凯. 永磁/笼障混合转子双定子风力发电机电磁设计与性能分析 [J]. 太阳能学报，2023，44（5）：432-441.

[18] 陈世坤. 电机设计 [M]. 2 版. 北京：机械工业出版社，1982.

[19] 朱博文. 10MW 永磁半直驱中速风力发电机优化设计 [D]. 沈阳：沈阳工业大学，2022.

[20] 马成虎. 兆瓦级高速永磁同步发电机的电磁设计与优化 [D]. 上海：上海电机学院，2023.

[21] 魏嘉麟，王又珑，温旭辉，等. 300 kW 航空高速永磁发电机分析与设计 [J]. 电机与控制学报，2023，27（9）：63-72.

[22] 何勇. 低短路电流双三相永磁同步发电机的设计与分析 [D]. 镇江：江苏大学，2022.

[23] 王益全，张炳义. 电机测试技术 [M]. 北京：科学出版社，2004.

[24] 萧占俊. 小型风力发电机组风轮侧偏调速的原理新解 [D].《中小型风能设备与应用》编辑部，2013.

[25] 阮志坤，周敏，王五一，等. 小型水平轴风车侧偏限速机构的设计计算 [J]. 太阳能学报，1988，（4）：352-357.

[26] 孙丰，汪建文，刘雄飞. 风力机侧偏限速机构的机理分析及倾角优化 [J]. 排灌机械工程学报，2017，35（2）：152-157.

[27] 徐建江. 电磁涡流刹车作为风力发电机组辅助刹车的研究 [D]. 兰州：兰州理工大学，2008.

[28] 王成山，焦冰琦，郭力，等. 微电网规划设计方法综述 [J]. 电力建设，2015，36（1）：38-45.

[29] 李康平，张展耀，王飞，等. 基于 GAN 场景模拟与条件风险价值的独立型微网容量随机优化配置模型 [J]. 电网技术，2019，43（5）：1717-1725.

[30] Ramli M A M, Bouchekara H R E H, Alghamdi A S. Optimal sizing of PV/wind/diesel hybrid microgrid system using multi-objective self-adaptive differential evolution algorithm [J]. Renewable Energy, 2018，121：400-411.

[31] Jamshidi M, Askarzadeh A. Techno-economic analysis and size optimization of an off-grid hybrid photovoltaic, fuel cell and diesel generator system [J]. Sustainable Cities and Society, 2019，44：310-320.

[32] 赵波. 微电网优化配置关键技术及应用 [M]. 北京：科学出版社，2015.

[33] Movahediyan Z, Askarzadeh A. Multi-objective optimization framework of a photovoltaic-diesel generator hybrid energy system considering operating reserve [J]. Sustainable Cities and Society, 2018，41：1-12.

[34] 张哲原，魏繁荣，随权，等. 计及经济增长与电力供应交互影响的偏远社区独立微网多阶段电源规划方法 [J]. 中国电机工程学报，2018，38（21）：6264-6275.

[35] Wang S, Luo F, Dong Z Y, et al. Joint planning of active distribution networks considering renewable power uncertainty [J]. International Journal of Electrical Power & Energy Systems, 2019，110：696-704.

[36] 江岳春，邢方方，庞振国，等. 基于机会约束规划的微网运行备用优化配置 [J]. 电力系统保护与控制，2016，44（14）：100-106.

[37] Zitzler E, Laumanns M, Thiele L. SPEA2：Improving the strength pareto evolutionary algorithm [J]. Technical Report Gloriastrasse, 2001.

[38] 王生铁，刘广忱，田桂珍. 结合 MRAC 和 PLL 的半直驱型风力发电系统的无速度传感器控制 [J]. 高电压技术，2013，39（11）：2603-2608.

[39] 张计科，王生铁. 独立运行风光互补发电系统能量优化管理协调控制策略 [J]. 太阳能学报，2017，38（10）：2894-2903.

[40] 刘育权，宋禹飞，梁锦照，等. 电力设备数字化标准一体化支撑智能制造 [J]. 南方电网技术，2022，16（12）：46-53.

第5章

太阳能耦合低温空气源热泵供暖技术

5.1 西北地区低温空气源热泵应用适宜性

5.1.1 空气源热泵供暖系统特点

我国西北地区东西跨度较大，不同地域气候差异大，按照《民用建筑热工设计规范》GB 50176—2016 中建筑热工设计分区的规定，除了陕西省和甘肃省南部少部分区域外，其他区域均属于严寒和寒冷地区，冬季寒冷、夏季高温、年降水量少、蒸发量大、风力强劲。但与恶劣自然条件对应的是，西北地区太阳能资源丰富，根据太阳能资源分区和建筑气候情况，可将西北分为 7 类地区，分别为太阳能 Ⅰ 类严寒地区、太阳能 Ⅰ 类寒冷地区、太阳能 Ⅱ 类严寒地区、太阳能 Ⅱ 类寒冷地区、太阳能 Ⅲ 类严寒地区、太阳能 Ⅲ 类寒冷地区、太阳能 Ⅳ 类寒冷地区。由于在我国西北地区太阳能资源丰富，化石能源缺乏，同时村镇用能分散，供热能源单一，区域性差异大，在该地区发展太阳能、空气源热泵等分布式可再生能源对改善西北村镇民居生活，助力"碳达峰、碳中和"显得尤为重要。

目前，空气源热泵作为一种高效节能、绿色环保的可再生能源技术，被广泛应用于我国夏热冬冷（暖）地区，成为长江流域重要的建筑供暖与制冷方式，并在西北地区的清洁供暖工作中得到了青睐，已成为该地区替代燃煤的主要技术。低温空气源热泵作为高效的可再生能源利用技术，在我国西北地区具有广阔的应用前景。

低温空气源热泵主要特点是：①以环境空气为热源，在空间上，处处存在；在时间上，时时可得；在数量上，随需而取。②将不能直接应用的低品位热能转化成可直接应用的高品位热能，以供空调与生活热水使用。③回收了一部分通过建筑物围护结构散失到大气的热量，实现了能量的循环利用。西北地区太阳能资源丰富，极其适宜使用太阳能作为驱动能源，驱动低温空气源热泵解决长期供暖需求，因此，太阳能驱动低温空气源热泵在西北地区具有广阔的应用前景。

我国西北地区自东向西供暖季平均室外温度呈现出逐渐降低的趋势，尤其是内蒙古北部和新疆北部温度偏低，在冬季低温条件下，低温空气源热泵蒸发温度（压力）随室外温度降低而下降，导致压缩机吸气比容增大，吸气量减少，制热量下降，甚至使系统无法正常工作[1,2]。另一方面，我国西北地区供暖季平均室外湿度从中心区域向南、东北和西北方向呈现出增加趋势，尤其是陕西南部、新疆南部、内蒙古东部的相对湿度较高，较高的相对湿度会加剧低温空气源热泵的结霜现象[3-5]。研究表明，结霜会使低温空气源热泵机组 *COP* 降低 35%～60%，供热能力降低 30%～57%[6-12]，严重时会造成机组的停机保护，甚至物理性损坏。可见，在西北地区"低温"和"结霜"是制约空气源热泵高效运行和稳定供热的关键因素。因此，为了保障低温空气源热泵在西北地区的高效适用和良性发展，应因地制宜的提升空气源热泵机组的低温适应性，并采取有效的抑霜技术。

目前，针对低温空气源热泵的低温问题，主要采用喷气增焓、复叠循环等技术。一方面喷气增焓技术以其优良的综合性能，成为实际应用中提升低温适应性的主要技术，但该领域的研究多注重压缩机性能的提升，忽略了低温空气源热泵整体配置对低温适应性的影响。另一方面，现有低温空气源热泵抑霜技术主要围绕着室外换热器本构特性及其内外部运行条件，进行局部优化的措施，以缓解结霜影响。而已有研究表明，低温空气源热泵整体配置关系优化也能达到较为显著的抑霜效果，但应用推广方面还有待进一步加强。

因此，本章以太阳能为驱动能源，着眼于低温空气源热泵在西北地区的长效运行，从低温空气源热泵机组整体配置优化层面，以提升低温适应性和抑霜能力为目标，合理优化室外换热器、压缩机、风机等关键部件本构配置关系，全面提升低温空气源热泵低温适应性和抑霜能力，实现低温空气源热泵技术在西北地区的高效应用，助力"碳达标、碳中和"。

5.1.2　西北地区低温空气源热泵适宜范围分析

我国西北地区位于极寒地区，按照低温空气源热泵相关国家标准《低环境温度空气源热泵（冷水）机组 第 1 部分：工业或商业用及类似用途的热泵（冷水）机组》GB/T 25127.1—2020 和《低环境温度空气源热泵（冷水）机组 第 2 部分：户用及类似用途的热泵（冷水）机组》GB/T 25127.2—2020，以−25℃作为判定低温空气源热泵技术可行性的室外环境温度基准，针对我国冬季空调室外计算温度高于−25℃的地区进行低温空气源热泵适宜性分析。根据《民用建筑供暖通风与空气调节设计规范》GB 50736—2012，确定新疆、青海、甘肃、宁夏、陕西、山西及内蒙古 7 个地区（含 73 个城市）的冬季空调室外计算温度。

以冬季空调室外计算温度高于−25℃为划分界限，去除呼伦贝尔、锡林郭勒盟、阿勒泰等 7 个城市，最终确定 66 个城市为低温空气源热泵技术适宜地域。

5.1.3　西北地区低温空气源热泵运行性能分析

低温空气源热泵冬季运行性能主要受室外环境温度与相对湿度的影响，结合各地域供暖季气象数据，分析不同地域环境工况对低温空气源热泵的性能影响，以此获取低温空气源热泵在不同地域应用的运行性能特点。

西北地区供暖季平均温度由北到南基本呈递增的趋势，其中内蒙古西部、甘肃南部、新疆中部地区供暖季平均温度相对较低，因此低温空气源热泵在这些地域应用时由低环境温度造成的机组性能损失较大。

根据西北地区供暖季的平均室外温度，将整个西北地区分成 6 个区域，其中从Ⅰ区到Ⅵ区平均室外温度逐渐降低。然后对每个区域的城市数量和占比进行了详细统计，如表 5-1 所示。可以看到，Ⅲ区城市数量最多，达 41 个，占比高达 54.7%。

西北地区不同地域供暖季的平均室外温度统计表　　　　　表 5-1

分区区域	城市数量（个）	占比（%）
Ⅰ区	0	0
Ⅱ区	16	21.3
Ⅲ区	41	54.7
Ⅳ区	17	22.7
Ⅴ区	0	0
Ⅵ区	1	1.3

　　西北不同地域供暖季平均相对湿度总体呈从中心到外围逐渐增大的规律。由于外围地区冬季气候普遍比较潮湿，导致低温空气源热泵机组在这些地区应用时结霜较严重，其中陕西南部、新疆南部、内蒙古东部的相对湿度较大。可见低温空气源热泵在这些地区应用时结霜严重，由结除霜造成的性能衰减较大。

　　根据朱佳鹤等[13] 提出的低温空气源热泵分区域结霜图谱，分析了西北地区不同地域供暖季的低温空气源热泵结霜频率，结果表明低温空气源热泵结霜频率的分布规律与室外湿度分布规律基本一致。可见，低温空气源热泵在我国的西北地区也将面临较为严重的结霜问题。

　　根据西北地区供暖季的低温空气源热泵结霜频率，将整个西北地区分成 3 个区域，其中从Ⅰ区到Ⅲ区结霜频率逐渐升高。然后对每个区的城市数量和占比进行了详细统计，如表 5-2 所示。可以看到，Ⅱ区城市数量最多，达 43 个，占比高达 57.3%。

西北地区不同地域空气源热泵机组结霜频率分区统计表　　　　　表 5-2

分区区域	城市数量（个）	占比（%）
Ⅰ区	12	16.0
Ⅱ区	43	57.3
Ⅲ区	20	26.7

5.2　抗低温及抑霜空气源热泵供暖技术

5.2.1　低温空气源热泵理论基础与选型方法

1. 蒸汽压缩式低温空气源热泵理论循环

　　在实际应用中，低温空气源热泵遵循蒸汽压缩式热泵理论循环，如图 5-1 所示为蒸汽压缩式低温空气源热泵的系统图，它是由压缩机、冷凝器、节流膨胀阀和蒸发器组成，热泵工质在系统内不断地循环流动，整个运行过程是由 2 个等压过程、1 个绝热压缩过程和1 个绝热节流过程组成，理论循环图如图 5-2 所示。

　　根据所确定的蒸发温度、冷凝温度、压缩机吸气温度等参数，进行制冷剂循环的热力计算，可以得到蒸汽压缩式低温空气源热泵循环在各个状态点的状态参数，进而得到单位质量工质蒸发换热量、冷凝换热量以及压缩机功耗。

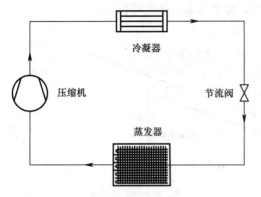

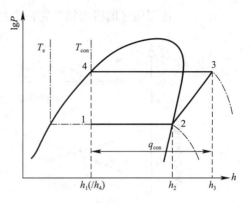

图 5-1　蒸汽压缩式低温空气源热泵系统图　　　　图 5-2　蒸汽压缩式热泵理论循环图

（1）单位质量蒸发换热量

每千克工质在蒸发器中从低温热源吸收的热量称为单位质量蒸发换热量，单位 kJ/kg。可由图 5-2 中的点 2 和 1 之间的焓差表示，即：

$$q_e = h_2 - h_1 \tag{5-1}$$

（2）单位质量冷凝换热量

压缩机输送每千克工质在冷凝器中放出的热量称为单位质量冷凝换热量，单位 kJ/kg。可由图 5-2 中的点 3 和 4 之间的焓差表示，即：

$$q_{con} = h_3 - h_4 \tag{5-2}$$

（3）单位质量压缩功

压缩机输送每千克工质所消耗的功称为单位质量压缩功，单位 kJ/kg。它可由图 5-2 中的点 3 和 2 之间的焓差表示，即：

$$w = h_3 - h_2 \tag{5-3}$$

根据上述理论计算，低温空气源热泵制热系数 COP 可表达为：

$$COP = \frac{q_{con}}{w} \tag{5-4}$$

2. 低温空气源热泵选型方法

（1）机组名义制热量计算

空气源热泵制热机组是指以制热为主或仅具有制热功能的机组。机组容量选型应根据建筑热负荷与机组制热量的变化曲线按图 5-3 进行确定。厂家应提供机组在不同冬季室外干球温度下的制热量变化曲线或数据图表，以便于机组容量选型。

制热机组容量应根据建筑设计热负荷和冬季供暖室外计算干球温度修正系数进行确定，并应考虑机组结除霜过程引起的制热量损失，按下式计算机组名义制热量：

$$Q_h = \frac{Q_w}{K_1 K_2} \tag{5-5}$$

式中，Q_h——机组名义制热量（kW）；

　　　Q_w——建筑设计热负荷（kW）；

　　　K_1——使用地区的冬季供暖室外计算干球温度修正系数，应根据厂家提供的机组制热量变化曲线或数据图表确定；

K_2——使用地区的机组结除霜损失系数，可参考表 5-3 推荐值选取。

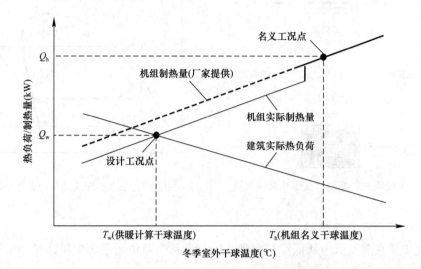

图 5-3　建筑热负荷与机组制热量的变化曲线

不同使用地区的机组结除霜损失系数推荐值 K_2　　　　表 5-3

使用地区	累年最冷月平均温度（℃）	累年最冷月平均相对湿度（%）	K_2
严寒/寒冷地区	<-5	<50	0.95
		$\geqslant 50$	0.93
	$-5\sim 0$	<50	0.91
		$\geqslant 50$	0.88
夏热冬冷地区	<5	<80	0.79
		$\geqslant 80$	0.75
	$5\sim 10$	<80	0.86
		$\geqslant 80$	0.81
夏热冬暖地区	$\geqslant 10$	<75	0.92
		$\geqslant 75$	0.89
温和地区	<5	—	0.70
	$\geqslant 5$	—	0.80

注：结除霜损失系数根据机组结除霜引起的制热量损失百分比和不同使用地区机组的结除霜频率计算得出。

（2）辅助热源制热量计算

制热机组选型时应考虑低温下机组制热量和建筑热负荷需求关系（图 5-4），可增设辅助热源，以保证建筑在低温下的高热负荷需求。建筑应始终以机组供热为主，当室外干球温度低于冬季室外计算干球温度时，辅助热源才可启动运行。

辅助热源制热量应根据低温时的建筑热负荷和机组制热量，按下式计算：

$$Q_f = Q_{fw} - Q_{fh} \tag{5-6}$$

$$Q_{fh} = K_1 K_2 Q_h \tag{5-7}$$

式中，Q_f——辅助热源制热量（kW）；

Q_{fw}——建筑冬季空调热负荷（kW）；

Q_h——机组名义制热量（kW）；

Q_{fh}——机组在冬季空调室外计算干球温度下的制热量（kW）；

K_1——使用地区的冬季空调室外计算干球温度修正系数，应根据厂家提供的机组的制热量变化曲线或数据图表确定；

K_2——使用地区的机组结除霜损失系数，可参考表 5-3 推荐值选取。

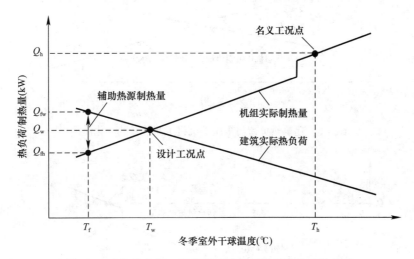

图 5-4　建筑热负荷、机组及辅助热源制热量的变化曲线

（3）机组推荐型式选择

如图 5-5～图 5-7 所示，制热机组选型时应考虑建筑实际热负荷的变化情况，宜选择制热量可调节的变频机组、多压缩机机组或多台机组，以适应建筑部分热负荷需求，达到高效利用的目的。

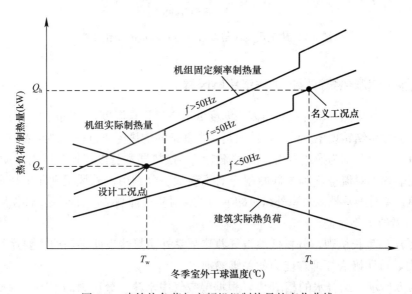

图 5-5　建筑热负荷与变频机组制热量的变化曲线

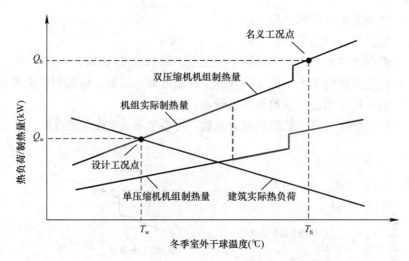

图 5-6　建筑热负荷与多压缩机机组制热量的变化曲线

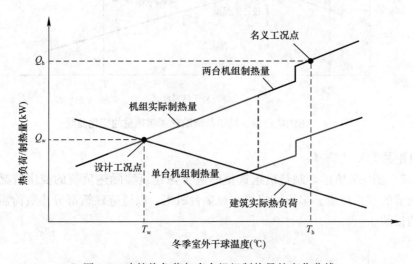

图 5-7　建筑热负荷与多台机组制热量的变化曲线

5.2.2　低温空气源热泵抑霜能力关键影响因素

一旦低温空气源热泵室外换热器表面温度低于空气露点温度，并同时低于冰点温度，换热器表面就会发生结霜现象。然而，结霜是一个复杂的传热传质过程，决定着室外换热器表面结霜的直接对象分别为换热器表面的对流空气、换热器本身以及换热器内流动的制冷剂，其中换热器表面的对流空气和内部的制冷剂流动状态分别由室外风机和压缩机所决定。因此，压缩机、室外换热器以及室外风机的本构配置对实现抑制结霜有着决定性作用。

（1）结霜的主要途径

围绕霜层的生长机理，分析低温空气源热泵室外换热器表面结霜的主要途径以及其相变的驱动力，以明确表征抑霜能力的关键参数。

如图 5-8 所示，结合水的相图[14]，根据湿空气中水蒸气分压力的不同，低温空气源热泵室外换热器表面初始霜晶的形成主要可分为 2 种途径：

1) 汽相生长

汽相生长即汽相降温，凝华结霜的过程。如图 5-8 过程 Ⅰ 所示，当湿空气水蒸气分压力低于三相点平衡压力（610Pa），即位于图中 EOC 区域时，湿空气压力不变，随着湿空气温度不断的降低，会首先到达汽-固饱和线，继续降温过冷之后，水蒸气会凝结为固态的霜。

2) 液相生长

液相生长即汽相降温，液化再凝固的过程。如图 5-8 过程 Ⅱ 所示，当湿空气水蒸气分压力高于三相点平衡压力，即位于图中 EOA 区域时，湿空气压力不变，经过降温后，会首先到达汽-液饱和线，水蒸气液化为饱和液体，液化的饱和液体进一步降温到达液-固饱和线，继续过冷液体会变为固态的霜。

低温空气源热泵室外换热器在实际运行中所处的 T_a 范围一般为 $-60℃\sim30℃$，RH 一般为 $30\%\sim100\%$。因此，当室外空气 T_a 和 RH 较低时，湿空气中水蒸气分压力相对较低，结霜主要以汽相生长为主；反之，则主要以液相生长为主。

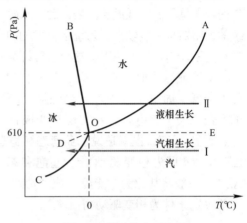

图 5-8　结霜的主要途径

此外，如图 5-9 所示，结合王伟团队[13,15] 的分区域结霜图谱，将图谱中的结霜区按照结霜途径的不同，进行了进一步的划分。可以看到，整个结霜区被划分成了液相生长区和汽相生长区两个区域，并且可以发现汽相生长区所占的区域面积比较大，而液相生长区的区域面积相对较小。

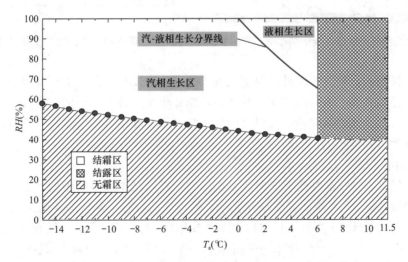

图 5-9　基于分区域结霜图谱的汽-液相生长区划分[15,16]

可见，由于西北地区"低温""高湿"的气候特点，机组在实际运行中，室外换热器表面的结霜方式将以汽相生长占主导地位。

无论是汽相生长还是液相生长，都是一种相变过程。在单元复相系中，相平衡的条件是系统中各相吉布斯自由能相等。因此，无论哪一种相变方式，都需要克服吉布斯自由能势垒，最终达到平衡。

（2）结霜相变驱动力

物质发生相变的过程，主要是由于亚稳态相和稳态相之间存在着吉布斯自由能差。湿空气的相变是其流经低温的冷表面后，水蒸气会成为过饱和蒸汽，这种状态为亚稳态，此时系统的吉布斯自由能较高，系统会自发的向吉布斯自由能降低的趋势发展，以达到稳态，这就是相变驱动力存在的原因。这个过程即为水蒸气凝华结冰的过程，如图5-10所示。

液滴或冰核形成的实质是相界面向汽相推进的过程，界面移动的驱动力来自体系自由能的降低。如图5-11所示，当湿空气经过冷却，界面能降低到Z'并达到过饱和态，此时的水蒸气处于亚稳态，要实现相变成核，其具备的界面势能需能够克服能量障碍ΔZ^*，并达到稳态Z''。也就是说，亚稳态和稳态界面势能差的绝对值要大于势垒，即$|\Delta Z| > \Delta Z^*$，ΔZ即为相变驱动力，过饱和态水蒸气与成核后的稳态之间存在着的能量障碍ΔZ^*，一般将其称为"能障"或"势垒"。因此，根据相变理论分析可知，湿空气结霜的主要决定条件为相变驱动力ΔZ。

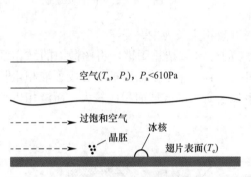

图5-10 湿空气中水蒸气凝华结冰的过程示意图

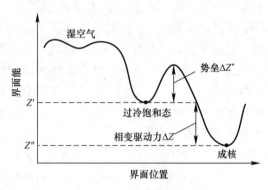

图5-11 界面能的变化过程

前面已描述到，湿空气经过低温空气源热泵室外换热器表面发生相变成霜主要表现为两种生长途径。然而，不同的相变生长途径，相变驱动力会有所不同。下面从吉布斯自由能变化出发，根据热力学理论，针对这两种生长过程，分别推导水蒸气在翅片表面结霜的汽相生长驱动力和液相生长驱动力。

1）汽相生长驱动力

当湿空气水蒸气分压力低于三相点平衡压力，霜则是由湿空气中的水蒸气直接凝华而成，是典型的汽相生长系统。如图5-12所示，湿空气从状态$1'$到状态4即是汽相生长过程，因为吉布斯自由能是状态参数，只与初、终状态有关，与过程无关，为了便于推导，构造了过程$1'—2'—4$。首先湿空气温度降至过饱和状态$2'$（$T_{2'}$，$P_{2'}$），然后在状态4，换热器表面温度下的状态点（T_4，P_4）平衡，不考虑换热器表面特性的影响，结霜的发生主要是$2'—4$过程自由能的驱动。因此，可计算湿空气从过饱和状态至结霜的自由能变化。

热力系统的吉布斯自由能：

$$Z = U - TS + PV = H - TS \tag{5-8}$$

$$dZ = -SdT + VdP \tag{5-9}$$

水蒸气结霜过程的自由能差（相变驱动力）为：

$$\Delta Z_{\mathrm{g\_s}}=Z_{2'}-Z_4=\int_4^{2'}\mathrm{d}Z=\int_4^{2'}(-S\mathrm{d}T+V\mathrm{d}P)=\int_4^{2'}V\mathrm{d}P \tag{5-10}$$

假设水蒸气为理想气体，

$$V=\frac{RT}{P} \tag{5-11}$$

可以得到：

$$\Delta Z_{\mathrm{g\_s}}=RT_4\ln\frac{P_{2'}}{P_4} \tag{5-12}$$

定义 $\alpha=\dfrac{P_{2'}}{P_4}$ 为饱和比，则：

$$\Delta Z_{\mathrm{g\_s}}=RT_4\ln\alpha \tag{5-13}$$

根据公式（5-13）可知，当环境条件一定时，在汽相生长下，换热器表面结霜的相变驱动力主要受蒸发温度和饱和比 α 的影响。

2）液相生长驱动力

当湿空气水蒸气分压力高于三相点平衡压力时，霜则是由液滴凝固而成，其过程主要是液相生长的过程。如图 5-12 所示，湿空气从状态 1 到状态 4，构造过程 1—2—3—4，首先湿空气液化并降温至状态 2（T_2，P_2），此时的 $T_2=273.16\mathrm{K}$，温度继续降低，水滴就会出现过冷状态，到达状态 3 后等温降压至状态 4（T_4，P_4）。结霜的发生主要是 2—4 过程自由能的驱动，因此计算水滴从过冷到结霜的自由能变化（相变驱动力）为：

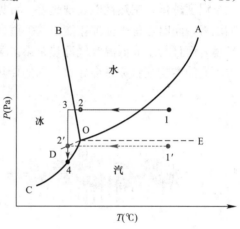

图 5-12　湿空气成霜过程

$$\Delta Z_{\mathrm{l\_s}}=Z_2-Z_4=\int_4^2\mathrm{d}Z=\int_4^2(-S\mathrm{d}T+V\mathrm{d}P)=-\int_3^2S\mathrm{d}T+\int_4^3V\mathrm{d}P \tag{5-14}$$

通常液-固相变过程，体积的变化非常微小，因此压力的变化对总体吉布斯自由能的影响很小，则：

$$\Delta Z_{\mathrm{l\_s}}=-\int_3^2S\mathrm{d}T \tag{5-15}$$

定义过冷度 $\Delta T'=T_2-T_3$，且

$$\Delta S=-\frac{\gamma}{T_2} \tag{5-16}$$

式中，γ——相变潜热（kJ/kg）；

　　T_2——水的冰点温度（K）。

则有

$$\Delta Z_{\mathrm{l\_s}}=\frac{\Delta T'\gamma}{T_2} \tag{5-17}$$

又 $T_2=273.16\mathrm{K}$，$T_3=T_4$，则

$$\Delta Z_{1\_s} = \frac{(273.16 - T_4)\gamma}{273.16} \tag{5-18}$$

根据公式（5-18），在液相生长下的相变驱动力大小与相变潜热、空气温度和换热温差有关。当空气温度一定时，相变驱动力主要受蒸发温度和水的相变潜热 γ 影响。

综上分析，相变驱动力是霜层生长的决定条件，无论是汽相生长还是液相生长，霜层生长的驱动力均受蒸发温度的影响。可见，蒸发温度是影响结霜的关键因素。因此，抑制霜层生长的关键是降低相变驱动力，而蒸发温度作为相变驱动力的关键影响因素，改变蒸发温度是实现抑制结霜的关键手段。

5.2.3　空气源热泵本构特性对低温适应性和抑霜能力影响机理

"低温"环境是制约低温空气源热泵高效运行的关键因素之一，环境温度越低，机组蒸发温度越低，制热性能表现越差。可见，蒸发温度不仅是表征机组低温适用性的关键影响因素，同时也是表征抑霜能力的关键影响因素。实际运行中，蒸发温度不仅取决于工作环境，而且与组成低温空气源热泵系统关键部件的本构特性及配置关系密切相关，关键部件不同的本构配置关系会导致不同的传热特性，进而会影响蒸发温度。

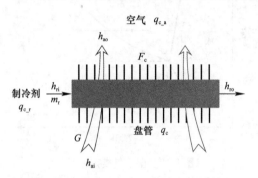

图 5-13　室外换热器的传热示意图

图 5-13 为室外换热器的传热示意图，发生在室外换热器的传热过程为：室外的湿/干空气经过对流换热将热量传递至换热器外表面，换热器再以导热的形式传递给换热器的内表面，然后再通过对流换热的方式与换热器内的制冷剂进行换热，最终将热量通过制冷剂传递给冷凝器侧的循环热水或空气，实现热量的传递。可见，在热量传递过程中，蒸发温度主要受室外空气对流换热、室外换热器内制冷剂的沸腾换热以及室外换热器的换热影响，而影响这些传热过程的关键部件主要有室外风机、室外换热器以及决定着换热器内制冷剂流动的压缩机。本节将依据发生在室外换热器的传热过程，分析室外换热器、风机及压缩机本构特性对蒸发温度的影响机理。

1. 室外换热器本构特性对蒸发温度的影响机理

室外换热器作为低温空气源热泵从空气提取热量的部件，其与运行环境直接接触，直接影响着蒸发温度 T_c。室外换热器在与室外对流的湿空气进行换热时，其表面会存在着显热交换和潜热交换。

室外换热器与对流湿空气换热量可按照下式计算：

$$q_c = K_c F_c \frac{LMTD_c}{SHR} \tag{5-19}$$

式中，K_c——室外换热器传热系数 [W/(m²·℃)]；

$\quad F_c$——室外换热器换热面积（m²）；

$LMTD_c$——室外换热器的对数换热温差（℃）；

$\quad SHR$——对流湿空气的显热比。

其中 SHR 和 $LMTD_c$ 表达式分别如下：

$$SHR = \frac{c_p(T_{ai} - T_{ao})}{h_{ai} - h_{ao}} \tag{5-20}$$

$$LMTD_c = \frac{T_{ai} - T_{ao}}{\ln \dfrac{T_{ai} - T_c}{T_{ao} - T_c}} \tag{5-21}$$

式中，c_p——空气比热 [J/(kg·℃)]；

h_{ai}、h_{ao}——室外换热器进、出风焓值 (kJ/kg)；

T_{ai}、T_{ao}——室外换热器进、出风温度 (℃)。

对于固定结构的室外换热器，空气侧风速不变时，可近似认为传热系数不变。根据公式 (5-19) 可知，当室外换热器换热量一定且出风温度不变时，增大 F_c，会使得 T_c 升高，反之亦然。因此，F_c 作为反映室外换热器本构特性的一个关键参数，对改变 T_c、改善低温适用性和实现抑制结霜具有重要的作用。

2. 室外风机本构特性对蒸发温度的影响机理分析

风机作为室外换热器侧空气流动动力部件，决定着空气流量。根据空气侧流量计算室外换热器换热量时，同样存在潜热交换和显热交换。

对于湿空气的换热量可按照下式计算：

$$q_{c\_a} = \rho_a G(h_{ai} - h_{ao}) \tag{5-22}$$

式中，ρ_a——空气密度 (kg/m³)；

G——室外风机的风量 (m³/s)。

对于干空气，则有：

$$q_{c\_a} = \rho_a c_p G(T_{ai} - T_{ao}) \tag{5-23}$$

此外，通常情况下室外换热器盘管温度与冷却空气出口温度存在一定差值 ΔT_0，一般取 6~8℃，则有：

$$\Delta T_o = T_{ao} - T_c \tag{5-24}$$

将公式 (5-24) 带入公式 (5-23)，可得：

$$q_{c\_a} = \rho_a c_p G(T_{ai} - T_c - \Delta T_o) \tag{5-25}$$

在稳定的低温空气源热泵运行环境下，可认为空气密度和比热是不变的。当室外空气对流换热量一定且出风温度不变时，即 ΔT_0 不变，随着 G 的增大，T_c 会降低，反之亦然。当存在潜热交换时，该换热规律依旧存在。然而，对于室外风机而言，风量的大小对风机的结构有着重要的影响。因此，G 也是反应风机本构特性的一个关键参数，对改变 T_c、改善低温适用性和实现抑制结霜具有重要的作用。

3. 压缩机本构特性对蒸发温度的影响机理分析

压缩机作为低温空气源热泵系统制冷剂循环的动力部件，决定着进入换热器内的制冷剂流量，进而影响着换热器内制冷剂的对流换热，具体计算公式如下：

$$q_{c\_r} = m_r(h_{ro} - h_{ri}) \tag{5-26}$$

式中，m_r——制冷剂质量流量 (kg/s)；

h_{ri}——室外换热器入口制冷剂的比焓 (kJ/kg)；

h_{ro}——室外换热器出口制冷剂的比焓 (kJ/kg)。

根据公式（5-26）可知，当室外换热器换热能力保持不变时，随着制冷剂流量的降低，室外换热器制冷剂进出口焓差会升高。如果机组制热能力和冷凝温度保持不变，室外换热器入口制冷剂比焓保持不变，则压缩机只会影响室外换热器出口制冷剂的比焓。

根据丁国良[16]提出的制冷剂热力性质简化计算模型，可以得到室外换热器出口制冷剂饱和蒸发温度和比焓的关系：

$$h_{ro} = a_0 + a_1 \cdot T_e + a_2 \cdot T_e^2 + a_3 \cdot T_e^3 \tag{5-27}$$

式中，$a_0 \sim a_3$——计算系数，当制冷剂为 R22 时，$a_0 \sim a_3$ 取值分别为：250027、367.27、1.84、-11.45。

根据公式（5-27），可以发现，室外换热器出口比焓和蒸发温度存在函数关系。因此，可以通过压缩机改变制冷剂流量，调整室外换热器出口比焓，以改变蒸发温度。

制冷剂质量流量 m_r 可以按下式计算：

$$m_r = n \rho_r \eta_v V_0 \tag{5-28}$$

式中，ρ_r——压缩机吸入口制冷密度（kg/m³）；

η_v——涡旋压缩机的容积效率；

n——压缩机转速（rps）；

V_0——压缩机行程容积（m³/rev），一般可以通过压缩机样本查得。

其中，涡旋压缩机的容积效率 η_v 与温度、压力、泄漏量等因素有关，其经验计算公式为：

$$\eta_v = 0.966 - 0.089 \left[(P_2 - P_1)^{\frac{1}{k}} - 1 \right] \tag{5-29}$$

式中，P_1、P_2——涡旋压缩机吸气、排气压力（MPa）；

k——工质绝热指数（对 R22 取 1.18）。

公式（5-29）中，η_v 根据压缩机类型一般可取常数。可见，压缩机的 n 和 V_0 作为反映压缩机本构特性的重要参数，是决定制冷剂流量的关键。因此，改变压缩机 n 和 V_0 是提高 T_c 的关键。

综上所述，T_c 是影响低温空气源热泵低温适用性和抑霜能力的关键因素，而 F_c、G、n 以及 V_0 作为各室外换热器、室外风机、压缩机等部件的本构参数是影响 T_c 的关键。从单一部件的本构特性层面，增大 F_c、G，降低 n、V_0，有利于提升 T_c，改善低温实用性和实现抑制结霜。

5.2.4 基于低温空气源热泵本构配置关系的抑霜计算模型

为了能够表征低温空气源热泵室外换热器、室外风机以及压缩机之间的本构配置关系，通过构建热量守恒方程，如式（5-30）所示，求解得到 ΔT 与 F_c、G、n 以及 V_0 等本构参数之间的关系，如式（5-31）所示，进而提出了低温空气源热泵抑霜特征参数 $CICO$，如式（5-32）所示，并通过实验的研究方法建立了 ΔT 与 $CICO$ 之间的函数关系，如式（5-33）所示。

$$\left[n \rho_r \eta_v V_0 (h_{ro} - h_{ri}) \right]^2 = \rho_a G (h_{ai} - h_{ao}) \times K_c F_c \frac{T_{ai} - T_{ao}}{SHR \ln \dfrac{T_{ai} - T_c}{T_{ao} - T_c}} \tag{5-30}$$

$$\Delta T = \Delta T_0 \, e^{\dfrac{K_c (h_{ai} - h_{ao})^2 \rho_a G F_c}{c_p [n V_0 \rho_r \eta_v (h_{ro} - h_{ri})]^2}} \tag{5-31}$$

$$CICO = \frac{CF_c}{(nV_0)^2} \tag{5-32}$$

$$\Delta T = 1.7 \times 10^3 CICO^{-0.36} \tag{5-33}$$

$$\Delta T = T_a - T_c \tag{5-34}$$

根据公式（5-34）可知，换热温差 ΔT 综合考虑了环境的影响（T_a）和机组本构配置的影响（T_c）。通过前述分析可知，T_c 更能够直接反映机组关键部件之间的本构配置关系对低温适应性和抑霜能力的影响，因此以 T_c 作为抑霜目标正公式（5-33）中的抑霜计算模型。

如图 5-14 所示，为修正后不同 $CICO$ 下测试的 T_c 值变化规律。可以看到，结果呈现出 T_c 随着 $CICO$ 的增加而升高。该结果表明，对于低温空气源热泵机组，其 $CICO$ 越大，T_c 就越大，机组的抑霜能力就越强。将图中所有的测试点进行非线性拟合，T_c 与 $CICO$ 之间的拟合公式如下：

$$T_c = (-19.3) \times CICO^{-0.80} \tag{5-35}$$

公式（5-35）的拟合度较高，R^2 达到了 0.95，说明 $CICO$ 对 T_c 的影响规律的高度一致性。

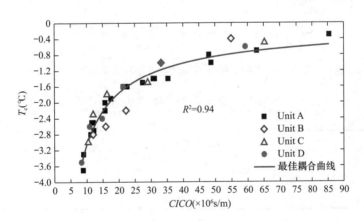

图 5-14　不同 $CICO$ 下测试的 T_c 值变化规律

根据结霜速率 v 和 $CICO$ 之间的关系（如式（5-36）所示），可以得到 T_c 与 v 之间的对应关系，如图 5-15 所示。结合分区域结霜图谱结霜区两条等结霜速率线，即 $v = 1.4 \times 10^{-4}$ mm/s 和 $v = 3.6 \times 10^{-4}$ mm/s，可将图 3-8 中的 v 和 ΔT 的拟合关系线划分成 3 段：轻霜、一般结霜和重霜。

$$v = -3 \times 10^{-4} \ln (CICO) + 5.4 \times 10^{-3} \tag{5-36}$$

此外，根据公式（5-35）可以分别计算出 a、b、c 3 点对应的 $CICO$ 值，分别为 18×10^6 s/m、39×10^6 s/m 和 61×10^6 s/m，进而 T_c 与 $CICO$ 的关系可以被划分成 4 段，如图 5-16 所示，对应的结霜程度分别为无霜、轻霜、一般结霜和重霜，相应的，将 4 种结霜程度下对应的抑霜水平分别定义为：优、良、中和差，详细的划分数值及水平如表 5-4 所示。

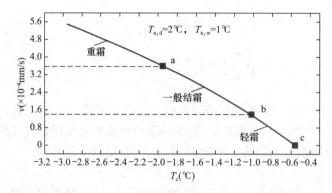

图 5-15　不同 T_c 对应的 v 值以及结霜程划分

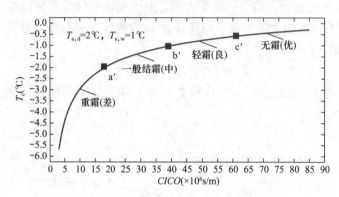

图 5-16　不同 $CICO$ 下的结霜程度和抑霜水平划分

结霜程度和抑霜水平的详细划分　　　　　　表 5-4

结霜程度	$CICO$（$\times 10^6$ s/m）	抑霜水平
无霜	>61	优
轻霜	>39，$\leqslant 61$	良
一般结霜	>18，$\leqslant 39$	中
重霜	$\leqslant 18$	差

5.3　新型双高效低温空气源热泵机组研发及应用

结合西北地区冬季空调设计温度和典型年气象参数，分析西北地区低温空气源热泵适宜范围及运行性能表现，明确西北地区低温空气源热泵开发理念，开发低温工况、结霜工况双高效的新型低温空气源热泵机组，提高低温空气源热泵在西北地区的适用性。

5.3.1　新型双高效低温空气源热泵机组设计

从低温空气源热泵整体配置层面，通过低温空气源热泵本构配置关系的合理优化，提出"兼顾低温和抑霜"的低温空气源热泵设计开发理念，开发低温工况、结霜工况双高效的新型低温空气源热泵机组，全面提升低温空气源热泵西北地区适用性。

1. 设计开发理念

低温和结霜是制约低温空气源热泵在西北地区高效运行和稳定供热的关键因素，而提升机组蒸发温度是改善其低温适用性和抑霜能力的有效途径。目前，低温空气源热泵的设计是以满足制热为目标的设计方法，为了节约成本，在额定设计工况（−12℃/−13.5℃）下，往往尽可能的降低机组关键部件（室外换热器、风机等）配置，即降低蒸发温度，通过大温差换热，以获得需要的制热能力。当机组面临低温或严重结霜工况时，低温和结霜问题将导致机组制热能力严重恶化。因此，低温空气源热泵机组设计时，针对低温和结霜的气候区域，在设计阶段应因地制宜的提高机组设计蒸发温度，以提升低温空气源热泵机组的低温适用性和抑霜能力，改善机组在实际运行中的制热性能。

　　作者着眼于低温空气源热泵长效运行，从低温空气源热泵整体配置层面，通过低温空气源热泵本构配置关系的合理优化，可同时提升低温适用性和抑霜能力。因此，作者提出了"兼顾低温和抑霜"的低温空气源热泵设计开发理念，该理念的主体思想是：在进行低温空气源热泵设计时，以提升低温适用性和抑霜能力为设计目标，结合西北地区的气候特点，优化低温空气源热泵室外换热器、风机、压缩机等关键部件本构配置关系，保障低温空气源热泵在西北地区的高效适用。

　　2. 产品设计开发方法

　　本节以"兼顾低温和抑霜"的设计开发理念为导向，从低温空气源热泵整体配置优化角度出发，创新性的提出了低温工况高效、结霜工况高效的新型双高效低温空气源热泵机组设计开发方法。该方法在设计开发时以超低温制热和抑霜能力为设计目标，既能满足低温空气源热泵设计所需要的超低温制热性能，同时在结霜条件下使低温空气源热泵机组能达到理想的抑霜能力，具体流程图如图 5-17 所示。

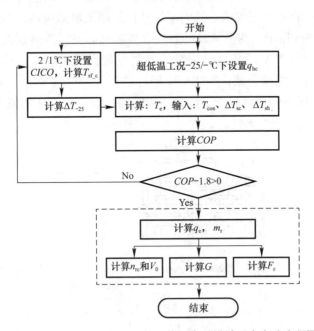

图 5-17　新型双高效低温空气源热泵产品设计开发方法流程图

　　从图 5-17 中可以看到，该新方法中包括了低温制热性能和抑霜两个设计目标：

　　（1）低温制热性能目标——超低温额定制热工况（−25℃）下需要达到的制热能力 q_{hc}，同时 COP 不低于 1.8。

（2）抑霜目标——为标准结霜工况（2/1℃）下所需抑霜水平相对应的 $CICO$ 值。根据该目标值，可以直接确定该工况下相应的蒸发温度，进而按照公式（5-37）中环境温度和蒸发温度的关系，确定超低温工况下的蒸发温度。

$$T_c = 0.83T_a - 10.26 \tag{5-37}$$

在该新设计开发方法中，首先，应该假定一些状态参数，比如额定工况下的蒸发温度（T_e）、冷凝温度（T_{con}）、过热度（ΔT_{sh}）以及过冷度（ΔT_{sc}）等。其次，基于这些状态参数，可分别在 -25℃额定工况下，进行蒸汽压缩制冷的理论循环计算。根据该工况下的热力计算结果以及 COP，若 $COP - 1.8 > 0$，计算 q_{hc} 制热能力下的室外换热器换热量 q_e 以及制冷剂流量 m_r；反之则需要重新设置抑霜目标 $CICO$。

根据 m_r，根据公式（5-38）可以分别确定压缩机额定工况下的 V_0 和 n_{rc}。同时根据 q_e、ΔT_{-25} 以及发生在室外换热器上的传热过程，可以分别计算出室外风机的风量 G 和室外换热器的换热面积 F_e。对于冷凝器以及膨胀阀的设计，则按照低温空气源热泵机组传统设计开发方法进行设计。

$$m_r = n\rho_r \eta_v V_0 \tag{5-38}$$

其他部件的设计可参考常规设计方法，按照该设计开发方法，可以结合西北地区不同地域气候条件下的抑霜和低温性能需求，设计开发所需要的新型双高效低温空气源热泵机组。

5.3.2　新型双高效低温空气源热泵机组研发

如图 5-18 所示，为所开发的新型双高效低温空气源热泵机组的配置原理图。可以看到，该机组配置了一台变速压缩机，其为了提升机组的低温适应性，采用了带经济器的补气增焓系统。如表 5-5 所示，为所研发的新型双高效低温空气源热泵机组设计目标和能效限值。可以看到，在 -25℃的超低温工况下的制热能力被设定为 7kW，并且其 COP 不低于 1.8。与此同时，根据公式（2-28）中修订的低温空气源热泵抑霜设计模型，设定 2/1℃的标准结霜工况下的结霜程度定位为一般结霜，设定 $CICO$ 的值为 $20 \times 10^6 \text{s/m}$，可以计算出对应的 T_{sf_c} 为 -5.8℃。

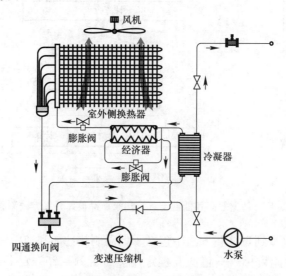

图 5-18　新型双高效低温空气源热泵热水机原理图

新型双高效低温空气源热泵热水机设计目标和能效限值　　　　　　表 5-5

参数	单位	设计目标值和能效值
超低温工况	℃（DB/WB）	−25℃
超低温制热能力	—	7
COP	—	≥1.8
标准结霜工况	℃（DB/WB）	2/1
$CICO$	s/m	2×10^7
$T_{\mathrm{sf\_c}}$	℃	−5.8

如表 5-6 所示，为新型双高效低温空气源热泵热水机初始设定参数。根据计算的 ΔT_{sf} 值，按照 T_{c} 与 T_{a} 之间的关系，确定 −25℃ 工况下的 T_{e} 为 −26℃，进而可计算 ΔT_{-25} 为 1℃，且根据标准《低环境温度空气源热泵（冷水）机组　第 2 部分：户用及类似用途的热泵（冷水）机组》GB/T 25127.2—2020 的规定，机组的供水温度 T_{ws} 设定为 41℃。此外，根据相关的设计经验，其他的初始参数，包括 T_{con}、ΔT_{sc}、ΔT_{sh} 以及 ΔT_{w}，可分别被设定为 46℃、5K、5K 和 5℃。

新型双高效低温空气源热泵热水机初始设定参数　　　　　　表 5-6

参数	单位	数值
T_{con}	℃	46
ΔT_{sc}	K	5
ΔT_{sh}	K	5
T_{ws}	℃	41
ΔT_{w}	℃	5

对流换热系数 h_{c} 的取值为 $25\mathrm{W/(m^2\cdot ℃)}$，然后根据表 5-6 中的假定值以及计算值，按照前述计算流程，压缩机、室外换热器以及室外风机的本构设计参数 V_0、F_{c}、n_{rc} 和 G 可以分别被计算，详细的计算数值如表 5-7 所示。

新型双高效低温空气源热泵热水机额定条件下的本构设计参数　　　　　　表 5-7

参数	单位	值
n_{rc}	r/s	70
V_0	$\mathrm{m^3/rev}$	4.24×10^{-5}
F_{c}	$\mathrm{m^2}$	65
G	$\mathrm{m^3/s}$	2.5

如图 5-19 所示，为新型双高效低温空气源热泵热水机实物图。所设计的新型双高效低温空气源热泵热水机关键部件的详细规格如下：

（1）变速压缩机详细规格

根据表 5-7 中计算的压缩机本构设计参数 V_0 和 n_{rc}，最终确定了 1 台转子式变速压缩机，其转速范围为 30～90r/s，采用的制冷剂为 R410A。

图 5-19　新型双高效低温空气源热泵热水机实物图

（2）室外换热器详细规格

为了能满足额定条件下设计的室外换热面积，并兼顾室外换热器结构尺寸的合理性以及降低化霜水残留的影响，选用平翅片的翅片换热器，其中，翅片间距为 0.18mm，翅片厚度为 0.1mm，管排数为 4 排，且管径和间距分别为 7mm、25mm，最终确定的室外换热器尺寸（宽×高×厚）为 1550mm×750mm×80mm。

（3）室外侧风机详细规格

所设计的新型双高效低温空气源热泵机组关键部件配置信息如表 5-8 所示。

新型双高效低温空气源热泵机组关键部件配置信息　　　　　表 5-8

关键部件	参数或类型	单位	数值或详情
压缩机	数量	个	1
	类型	—	转子
	额定转速	r/s	70
	行程容积	m^3/rev	4.24×10^{-5}
	制冷剂	—	R410A
室外换热器	数量	个	1
	翅片类型	—	亲水波纹翅片
	尺寸（宽×高×厚）	mm	$1550\times750\times80$
	翅片厚度	mm	0.1
	翅片间距	mm	1.8
	管径	mm	7
	管距	mm	25
	排数	排	3
	换热面积	m^2	65
室外风机	数量	个	2
	类型	—	无刷直流
	风量范围	m^3/s	0～2.5
	额定风量	m^3/s	2.5

5.3.3　新型双高效复叠式低温空气源热泵机组研发

如图 5-20 所示，为所开发的新型双高效复叠式低温空气源热泵机组的配置原理图。可以看到，该机组低温级压缩机为变频压缩机，高温级压缩机为定频压缩机。如表 5-9 所示，为所研发的新型双高效复叠式低温空气源热泵机组设计目标。可以看到，在 $-25℃$ 的超低温工况下的制热能力被设定为 50kW，并且其 COP 不低于 1.8。

可以分别计算出压缩机、室外换热器以及室外风机的本构设计参数 V_0、F_c、n_{rc} 和 G，如表 5-10 所示。

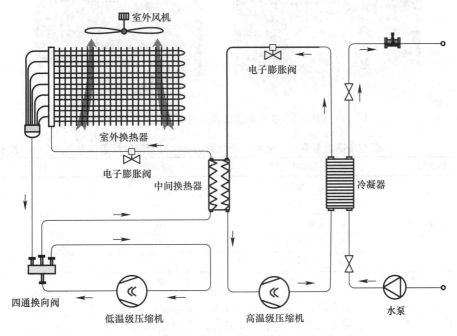

图 5-20　新型双高效复叠式低温空气源热泵原理图

新型双高效复叠式低温空气源热泵热水机设计目标和能效限值　　表 5-9

参数	单位	设计目标值和能效限值
超低温工况	℃（DB/WB）	$-25℃$
超低温制热能力	—	50
COP	—	≥1.8
标准结霜工况	℃（DB/WB）	2/1
$CICO$（低温级）	s/m	$2×10^7$
T_{sf_c}（低温级）	℃	-5.8

新型双高效复叠式低温空气源热泵热水机额定条件下的本构设计参数　　表 5-10

参数	单位	数值
n_{rc}	r/s	50
V_0	m³/rev	$1.3×10^{-4}$
F_c	m²	130
G	m³/s	6.6

如图 5-21 所示，为新型双高效复叠式低温空气源热泵机组实物图。如表 5-11 所示，为所设计的新型双高效复叠式低温空气源热泵机组关键部件配置信息。

图 5-21　新型双高效复叠式低温空气源热泵热水机实物图

新型双高效复叠式低温空气源热泵热水机关键部件配置信息　　　表 5-11

关键部件	参数或类型	单位	数值或详情
低温级压缩机	数量	个	2
	类型	—	涡旋
	额定转速	rps	50
	行程容积	m^3/rev	65
	制冷剂	—	R410A
高温级压缩机	数量	个	2
	类型	—	涡旋
	额定转速	rps	50
	行程容积	m^3/rev	143.1
	制冷剂	—	R134A
室外换热器	数量	个	2
	翅片类型	—	亲水波纹翅片
	尺寸（宽×高×厚）	mm	1800×1000×60
	翅片厚度	mm	0.115
	翅片间距	mm	2.0
	片宽	mm	19.05
	管径	mm	7.94
	管距	mm	22
	排数	排	3
	换热面积	m^2	130
室外风机	数量	个	2
	类型	—	定频
	风量范围	m^3/h	11000～12000
	额定风量	m^3/h	12000

5.3.4　新型双高效及复叠式低温空气源热泵机组实验室测试

在低温空气源热泵标准人工环境室，对新型双高效低温空气源热泵和复叠式低温空气源热泵机组进行实验室测试，确定机组的制热能力和能效。

1. 实验测试平台

实验测试平台的原理图如图 5-22 中所示。该 1、2 环境室具有独立的环境控制系统，包括加热器、加湿器以及冷盘管，可以提供测试所需的稳定温湿度条件，并建立了比较完善的全自动监控系统，分别在机组的室外空气侧、制冷剂侧及水侧等方面布置了传感器，以监测该系统各参数的变化情况，并以 6s 的时间间隔进行数据采集和实时记录，具体的传感器规格及详细信息如下：

（1）室外空气侧

室外空气侧测试主要是利用温度传感器（1 个；测量精度：±0.15℃；测试量程：−20～70℃）采集室外空气温度，利用湿度传感器（1 个，测量精度：±5％，测试量程：0～100％）获取室外空气的相对湿度。

（2）制冷剂侧

将温度传感器（3 个；测量精度：±0.15℃；测试量程：−40～140℃）分别布置于机组室外换热器盘管表面以及压缩机的吸、排气管路表面，并作保温处理，用于记录室外换热器盘管温度、压缩机吸气温度以及压缩机排气温度。将压力传感器［2 个；测量精度：±0.4％；测试量程：0～40bar，0～25bar（1bar＝0.1MPa）］布置于压缩机吸、排气管路上，用于记录压缩机吸、排气压力的变化情况。

（3）热水侧

将管道式温度传感器（2 个；测量精度：±0.15℃；测试量程：−40～140℃）嵌入至机组的供、回水管内，分别用于记录系统的供、回水温度的变化情况。电磁流量计（1 个；测量精度：±0.5％；测试量程：0.5～10m³/h）安装于机组的供水管路上，用于监测循环水流量。

2. 实验方法与条件

为了充分验证新型双高效低温空气源热泵机组和复叠式低温空气源热泵机组在−25℃设计工况下的制热能力和能效，在标准人工环境室进行了测试，并针对新型双高效低温空气源热泵进行了两个标准人工环境室（标准人工环境室 A 和标准人工环境室 B）测试，如图 5-23 所示。

由于现有标准规范未明确低温空气源热泵在−25℃低温工况下的能效指标及出水温度，参考标准《低环境温度空气源热泵（冷水）机组　第 2 部分：户用及类似用途的热泵》GB/T 25127.2—2020 中−20℃/工况的出水温度设定值 41℃，将−25℃的低温工况下的出水温度设定为 41℃，作为新型双高效低温空气源热泵机组测试设定条件进行实验测试。此外，将−25℃的低温工况下的出水温度设定为 80℃，作为新型双高效复叠式低温空气源热泵机组测试设定条件进行实验测试。

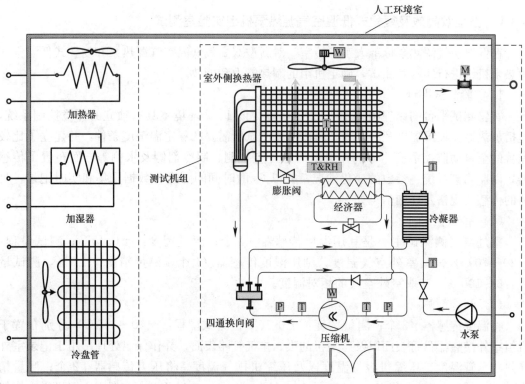

T：温度　M：流量　RH：相对湿度　W：功率　P：压力　ΔP：风压差

(a)

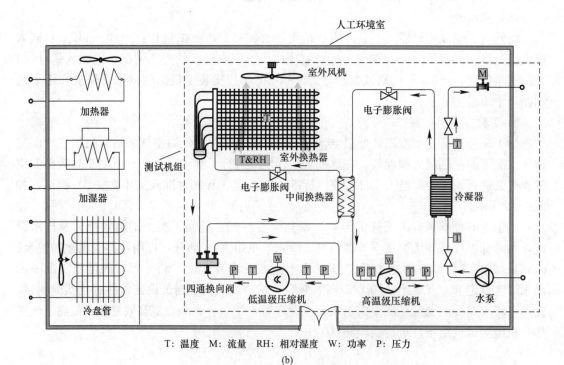

T：温度　M：流量　RH：相对湿度　W：功率　P：压力

(b)

图 5-22　测试平台原理图

（a）新型双高效低温空气源热泵机组；（b）新型双高效复叠式低温空气源热泵机组

(a)

(b)

图 5-23　人工实验室测试过程

（a）标准人工环境室 A；（b）标准人工环境室 B

3. 实验结果

（1）新型双高效低温空气源热泵机组实验结果

如表 5-12 所示，为新型双高效低温空气源热泵机组在人工环境室 A 中低温工况下制热性能测试结果。测试的结果表明，该新型双高效低温空气源热泵机组在其超低温工况下制热能力为 7.5kW，比设计值 7kW 高了约 7%；同时测试的机组 COP 达到了 1.83。

新型双高效低温空气源热泵机组在人工环境室 A 中低温工况下制热性能测试结果　　表 5-12

参数	单位	设计目标和能效限值	测试值
干球温度/湿球温度	℃	−25℃	−25℃
制热能力	kW	7	7.48
COP	—	>1.8	1.83

注：测试原始数据见附表 8。

此外，如表 5-13 所示，为新型双高效低温空气源热泵机组在人工环境室 B 中低温工况下制热性能测试结果。测试的结果表明，该研发的新型双高效低温空气源热泵机组在其超低温工况下制热能力为 7.5kW，比设计值 7kW 高了约 7%；同时测试的机组 COP 达到了 1.81。

新型双高效低温空气源热泵机组在人工环境室 B 中低温工况下制热性能测试结果　　表 5-13

参数	单位	设计目标和能效限值	测试值
干球温度/湿球温度	℃	−25℃	−25℃
制热能力	kW	7	7.5
COP	—	>1.8	1.81

从两次的实验室测试结果可以看到，新型双高效低温空气源热泵热水机在 −25℃ 低温工况下的制热能力以及能效均达到了设计要求。

（2）新型双高效复叠式低温空气源热泵机组实验结果

如表 5-14 所示，为新型复叠式低温空气源热泵机组制热性能测试结果。测试的结果表明，该研发的新型双高效复叠式低温空气源热泵热水机在其超低温工况下制热能力为 53kW，比设计值 50kW 高了约 6%；同时测试的机组 COP 达到了 1.83。

新型双高效复叠式低温空气源热泵机组低温工况下制热性能测试结果　　表 5-14

参数	单位	设计目标和能效限值	测试值
干球温度/湿球温度	℃	−25℃	−25℃
制热能力	kW	29	53
COP	—	>1.8	1.83

5.3.5　新型双高效低温空气源热泵机组在西北地区的适应性分析

通过低温空气源热泵机组关键部件配置优化，提升机组室外换热器蒸发温度，意味着在相同的制热能力输出情况下，较常规机组，优化后的低温空气源热泵机组可以适应更低的环境温度。常规低温空气源热泵机组 −25℃ 工况下的设计换热温差约为 6℃，新型双高效低温空气源热泵蒸发温度提升了约 5℃，其低温适应环境温度较常规机组的 −25℃，可降低至 −30℃，扩大了其在西北地区的适用范围。

根据西北地区新型双高效低温空气源热泵等效平均室外温度，将整个西北地区分成 6 个区域，其中从Ⅰ区到Ⅵ区平均室外温度逐渐降低。然后对每个区的城市数量和占比进行了详细统计，如表 5-15 所示。可以看到，Ⅱ区城市数量最多，达 45 个，占比高达 54.2%。

西北地区新型双高效低温空气源热泵等效平均室外温度分区统计表　　　表 5-15

分区区域	城市数量（个）	占比（%）
Ⅰ区	16	19.3
Ⅱ区	45	54.2
Ⅲ区	21	25.3
Ⅳ区	0	0
Ⅴ区	1	1.2
Ⅵ区	0	0

此外，由于新型双高效低温空气源热泵机组室外换热器蒸发温度的升高，机组的抑霜能力也得到了改善。

根据西北地区新型双高效低温空气源热泵结霜频率分区，将整个西北地区分成 3 个区域，其中从Ⅰ区到Ⅲ区结霜频率逐渐升高。然后对每个区的城市数量和占比进行了详细统计，如表 5-16 所示。可以看到，Ⅰ区城市数量最多，达 40 个，占比高达 48.2%，较常规机组结霜频率明显得到改善。

西北地区新型双高效低温空气源热泵结霜频率分区统计表　　　表 5-16

分区区域	城市数量（个）	占比（%）
Ⅰ区	40	48.2
Ⅱ区	26	31.3
Ⅲ区	17	20.5

5.4　太阳能耦合低温空气源热泵供暖技术

目前的光伏驱动低温空气源热泵研究多为依靠蓄电池或电网系统来维持光伏驱动式热泵系统的运行稳定性，通过光伏系统理论分析，构建光、电、热综合利用的光伏直驱低温空气源热泵系统，以保证系统高效、稳定运行。

5.4.1　光伏系统选型理论基础

1. 光伏组件选型

光伏发电板在整套系统中起到的作用是通过"光生伏特"效应，将太阳能转换成高品位的电能，为空调供电，其工作原理为：太阳辐射能以光的形式照射到电池板，位于电池板外面掺杂磷后易捕捉电子的 N 型半导体及位于电池背面掺杂硼后易失去电子的 P 型半导体所组成的 P-N 结在太阳辐射的作用下会产生电势差，在电池板内形成电子运动并通过回路而产生电流，再通过与电池板组成的连接回路将产生的电能加以利用。

图 5-24 为太阳能电池等效电路图理想模型和实际模型，将其表示为理想模型以便于对其发电原理进行探究，理想模型可以看作是一个二极管和电源并联组成。图中 I_{ph} 为太阳光照射电池表面后在电池内部形成的电流，I_d 为与电源并联的二极管电流，I_L 为电路中流经后端负载的电流，R_s 表示等效串联电阻，R_{sh} 表示等效并联电阻。

其中，后端负载中的电流 I_L 可表示为式（5-39）：

$$I_L = I_{ph} + I_d \tag{5-39}$$

太阳能电池板的输出电流为：

$$I_L = I_{ph} - I_o \left[\exp\left(\frac{V + R_s I}{A_{dio} K T_p / q}\right) - 1 \right] - \frac{V + R_s I}{R_{sh}} \tag{5-40}$$

式中，I_o——二极管内电流（A）；

$\quad V$——电池输出电压（V）；

$\quad A_{dio}$——二极管理想因子；

$\quad K$——玻尔兹曼常数，取值为 $1.38 \times 10\text{-}22 \text{J} \cdot \text{K}^{-1}$；

$\quad T_p$——光伏电池背板温度（℃）；

$\quad q$——电荷电量，取值为 $1.60 \times 10^{-19} \text{C}$。

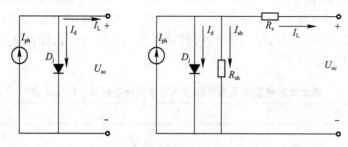

图 5-24　太阳能电池等效电路图

式（5-40）中的 I_o 可由式（5-41）计算得出：

$$I_o = \frac{I_{ph}}{\exp\left(\dfrac{qV}{A_{dio} K T_p}\right) - 1} \tag{5-41}$$

光伏阵列的输出电流可表示为式（5-42）：

$$I = m I_{ph} - m I_o \left[\exp\left(\frac{V/n + R_s I/m}{A_{dio} K T_p / q}\right) - 1 \right] - \frac{mV + n R_s I}{n R_{sh}} \tag{5-42}$$

式中，m——光伏组件电池串联数量；

$\quad n$——光伏组件电池并联数量。

光伏阵列中主要影响其特性的参数包含最大功率点电压 V_m、最大功率点电流 I_m、电池开路电压 V_{oc}、电池短路电流 I_{sc}、填充因子 FF 和转换率 η。

其中填充因子 FF 的定义式为：

$$FF = \frac{V_m + I_m}{V_{oc} \cdot I_{sc}} \tag{5-43}$$

光伏阵列的光电转换效率 η_{pv} 可表示为：

$$\eta_{pv} = \frac{V + I}{\tau G S_c} \tag{5-44}$$

而其中：

$$G = G_d \cos\alpha \tag{5-45}$$

式中，τ——光伏电池表面玻璃透射率与其表面上的吸收率之积；

S_c——光伏阵列整体接受太阳光面积（m^2）；

G——光伏组件表面太阳辐射能（W/m^2）；

G_b——到达地球大气层顶部的太阳辐射量（W/m^2）；

α——光伏电池摆放方向与水平面夹角（°）。

光伏阵列的能量平衡方程可表示为：

$$P_{pv,in}=P_{pv,elect}+P_{pv,loss} \tag{5-46}$$

式中，$P_{pv,in}$——太阳能照射在光伏电池表面的功率（W）；

$P_{pv,loose}$——损失的太阳能功率（W）；

$P_{pv,elect}$——光伏组件将太阳能转化为电能的功率（W）。

光伏电池表面接收到的太阳辐射为：

$$P_{pv,in}=\tau GS \tag{5-47}$$

光伏阵列的辐射热损失为：

$$P_{pv,rad}=P_{pv,rad-g}+P_{pv,rad-sky} \tag{5-48}$$

$$P_{pv,rad-g}=S_pF\sigma\ (\varepsilon_pT_p^4-\varepsilon_gT_g^4) \tag{5-49}$$

$$P_{pv,rad-sky}=S_pF_{ps}\sigma\ (\varepsilon_pT_p^4-\varepsilon_sT_s^4) \tag{5-50}$$

式中，$P_{pv,rad-g}$——光伏组件对水平地面的辐射热损（W）；

$P_{pv,rad-sky}$——光伏组件对天空的辐射热损（W）（由于光伏组件安装在空旷位置，因此可忽略不计）；

F_{pg}——光伏组件对地透明因子；

F_{ps}——光伏组件对外界透明因子，取值为 1；

ε_p——光伏组件平均发射率，取值为 0.88；

ε_g——地面平均发射率；

ε_s——天空平均发射率；

T_s——外界环境温度（℃）（外界环境温度一般为表面环境温度的 0.914 倍）。

光伏阵列的表面热损为：

$$P_{pv,conv}=S_pH\ (T_p-T_a) \tag{5-51}$$

式中，H——光伏组件预期表面流动气体间对流换热系数 [$W/(m^2\cdot℃)$]。

$$H=1.2475[\Delta T\cos\alpha]^{\frac{1}{3}}+2.686v \tag{5-52}$$

式中，ΔT——光伏组件所处位置环境温度与当地气象数据温度差值（℃）；

v——光伏组件所处位置风速（m/s）。

光伏组件发电功率由式（5-53）可计算：

$$P_{pv,elect}=\eta_{pv}\tau GS_c \tag{5-53}$$

式中，η_{pv}——光伏组件转换电能的效率；

S_c——光伏组件接收太阳能的面积（m^2）。

光伏电池的光与电转化效率的计算方法为：

$$\eta_{pv}=\eta_{pv,0}[1-\gamma(T_p-T_r)] \tag{5-54}$$

式中，$\eta_{pv,0}$——光伏电池在标准辐照条件下的光电转换效率（由生产厂家提供）；

γ——光伏电池温度变动因子（由生产厂家提供）；

T_r——与标准辐照度工况下对应的组件工作温度（℃）。

因此，光伏阵列的整体能量转化效率计算为：

$$\eta_{pv} = \frac{P_{pv,elect}}{P_{pv,in}} \times 100\% \qquad (5\text{-}55)$$

影响光伏的因素有很多，主要分为以下几种：

（1）辐照度

辐照度对光伏发电板的影响是最大的。光伏输出功率的大小，很大程度上取决于太阳辐射强度的大小。当辐射强度提高时，发电板的短路电流的上升幅度较大，开路电压上升幅度较小，从而使得光伏发电板效率提升。

（2）电池板温度

光伏发电板对温度较为敏感。光伏发电板在能量转化过程中，只有不到20％能量转换成了所需要的高品位电能，其他大部分能量使电池板温度上升。而在日常使用过程中，光伏发电板的温度经常处于50℃以上，甚至有时会达到80℃，严重影响发电板的光电转换效率。国内也有学者针对这一问题进行了研究，设计了一种多级自动降温系统，使发电效率提高了50％。

（3）安装方位角和倾角

而对于倾角来说，则要根据当地的经纬度来考虑，尽量选择冬季和夏季发电量差距较小的方位角。

综上，在光伏组件选型时应综合考虑系统的初投资以及后续使用。

2. 逆变控制器选型

系统中光伏逆变控制一体机分别由控制器、变频器和外围部件组成。其中，变频器的主要作用为将接收到的不稳定的光伏直流电整合变换为稳定且可控的交流电。对于离网式光伏系统来说，逆变器在其中的作用除了将直流电转换成交流电外，还起到以下几点作用：

（1）提供可靠的启动保护。在电感性负载启动时，会产生较大的瞬时功率，逆变器在启动阶段持续提供稳定的输出以保护系统的正常运行。

（2）稳定输出电压。在系统中，蓄电池在提供电能时，产生的电压起伏可达标准电压的30％左右，逆变器会通过稳压技术来保证家用负载的正常使用。

逆变器的选择要综合考虑负载的功率、逆变器的效率等条件。光伏阵列理论最大功率输出等效阻抗和负载等效阻抗变换模型为：

$$R_{eq} = \frac{V_s^2}{f \times cons \times I_L \times \cos\theta} \qquad (5\text{-}56)$$

$$R_{pa} = \frac{N_s V_{mp} \ln[e + K_0(G - G_{STC})][1 - K_1(T - T_{STC})]}{N_p V_{pv} - N_p I_D \left[\exp\left(\frac{I_{pv} V_{pv}}{V_D N_s}\right) - 1\right]} \qquad (5\text{-}57)$$

式中，R_{eq}——负载等效阻抗（Ω）；

V_s——电源输出电压（V）；

f——压缩机频率（Hz）；

$cons$——逆变输出三相功率因数；

I_L——压缩机运行电流（A）；

N_s——光伏阵列中组件串联数量；

V_{mp}——光伏阵列最大功率点输出电压（V）；

K_0、K_1——量纲系数；

G——太阳能瞬时辐照度（W/m²）；

G_{STC}——标准测试条件下的瞬时辐照度（W/m²）；

T——环境温度（℃）；

T_{STC}——标准测试条件下的环境温度（℃）；

N_p——光伏组件并联路数；

I_{pv}——光伏组件输出电流（A）；

I_D——二极管饱和电流（A）；

V_{pv}——光伏组件输出电压（V）；

V_D——二极管热电压（V）。

式（5-56）、式（5-57）为光伏逆控一体机的调控策略公式，可根据太阳辐照资源波动工况下光伏组件的发电性能变化跟踪其最大功率点，并以后端压缩机的工作频率为反馈信号对最大功率点进行矫正。

5.4.2　光电热综合利用的光伏驱动低温空气源热泵系统构建

该系统摒弃了传统光伏驱动式热泵中用来维持系统稳定性的蓄电池，使用光伏组件将太阳能转化为直流电，逆变为交流电后直接驱动热泵变频压缩机运行，夜间不足时通过电网补充，同时通过热管技术回收光伏组件余热，并以贮热方式存储热能，提高发电效率，实现光电热的综合利用，保证系统高效、稳定运行。

如图 5-25 所示，为构建的光电热综合利用的光伏驱动低温空气源热泵系统。该系统包括光伏驱动低温空气源热泵制热部分和光伏组件余热热管回收部分。其中，光伏驱动制热部分分别包括光伏组件、光伏逆变控制一体机、低温空气源热泵机组（室外换热器、室外风机、套管式换热冷凝器、电子膨胀阀、变频压缩机等）、热循环水泵。光伏组件余热热管回收部分包括光伏组件、微通道热管、蓄热水箱、循环水泵等。

光伏驱动低温空气源热泵系统工作原理如下：

光伏阵列将接收到的太阳能通过光生伏打效应转换为直流电后，被输送至光伏逆变控制一体中，光伏逆变控制一体机将接收到的直流电逆变为频率和幅值可调的交流电，直接驱动热泵系统中交流变频压缩机（其中，光伏逆变控制一体机的输入信号为直流电压、电流，并以交流变频压缩机的频率为反馈信号，实现 MPPT 控制器和变频器的功能）。

热泵机组制热循环是将电能转化为热能的动态循环过程，由逆变后的交流电直接驱动变频交流压缩机，将输入的电能转化为机械能，低温低压的气态制冷剂经过压缩机的压缩成为高温高压的气态制冷剂；后流经套管式换热冷凝器将自身携带的热量传递给流经套管式换热器中的水，高温高压的气态制冷剂变为中温中压的液态制冷剂，经过电子膨胀阀的节流，进入室外换翅片热器，通过室外风扇带动气流的流动，由空气与翅片式蒸发器中低温制冷剂进行热交换，制冷剂蒸发释放潜热，汽化为低温低压的气态制冷剂，气态制冷剂再次进入交流压缩机进行压缩，开始下一工质循环过程。

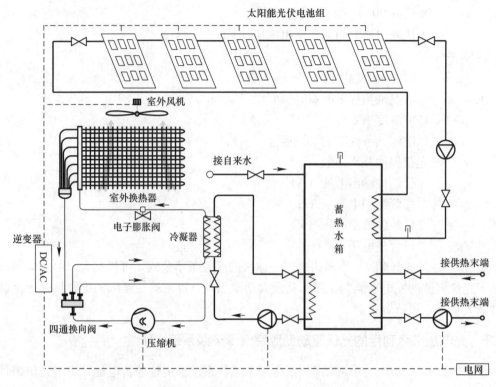

图 5-25　光电热综合利用的光伏驱动低温空气源热泵系统

　　光伏组件余热回收是通过在光伏板背面安装微通道热管，通过循环水降低光伏组件温度提高发电效率，同时通过循环水将热量带到蓄热水箱进行储存。

参考文献

[1] 马龙. 喷气增焓双级耦合热泵系统设计与性能分析 [D]. 衡阳：南华大学，2016.

[2] 陈骏骥，杨昌仪，蔡佰明. 低温强热型空气源热泵热水器试验研究 [J]. 流体机械，2010，38 (1)：72-74.

[3] Dong J，Deng S，Jiang Y，et al. An experimental study on defrosting heat supplies and energy consumptions during a reverse cycle defrost operation for an air source heat pump [J]. APPL THERM ENG，2012，37：380-387.

[4] Liu J，Sun Y，Wang W，et al. Performance evaluation of air source heat pump under unnecessary defrosting phenomena for nine typical cities in China [J]. International Journal of Refrigeration，2016，74：385-398.

[5] Qu M，Xia L，Deng S，et al. An experimental investigation on reverse-cycle defrosting performance for an air source heat pump using an electronic expansion valve [J]. APPL ENERG. 2012，97：327-333.

[6] 崔一鸣. 空气源热泵地域适宜性评价体系研究 [D]. 北京：北京工业大学，2019.

[7] Wang W，Guo Q C，Feng Y C，et al. Theoretical study on the critical heat and mass transfer characteristics of a frosting tube [J]. Applied Thermal Engineering，2013，54 (1)：160.

[8] Brian P T，Reid R C，Shah Y T. Frost deposition on cold surfaces [J]. Industrial & Engineering Chemistry Fundamentals，1970，9 (3)：375-380.

［9］ Wang W，Feng Y C，Zhu J H，et al. Performances of air source heat pump system for a kind of mal-defrost phenomenon appearing in moderate climate conditions ［J］Applied Energy，2013，112：1138-1145.

［10］ Sanders C T. Testing of air coolers operating under frosting conditions in heat and mass transfer in refrigeration systems and in air-conditioning ［J］. International Institute of Refrigeration，1972，383-396.

［11］ Guo X，Chen Y，Wang W，et al. Experimental study on frost growth and dynamic performance of air source heat pump system ［J］. Applied Thermal Engineering，2008，28 (17)：2267-2278.

［12］ Wang W，Xiao J，Guo Q C，et al. Field test investigation of the characteristics for the air source heat pump under two typical mal-defrost phenomena ［J］. Applied Energy，2011，88 (12)：4470-4480.

［13］ 朱佳鹤. 基于分区域结霜图谱的新型 THT 除霜控制方法的研究与开发 ［D］. 北京：北京工业大学，2015.

［14］ 梁敬魁. 相图与相结构 ［M］. 北京：科学出版社，1993.

［15］ Zhu J H，Sun Y Y，Wang W，et al. Developing a new frosting map to guide defrosting control for air-source heat pump units ［J］. Applied Thermal Engineering，2015，90：782-791.

［16］ 丁国良. 制冷空调新工质热物理性质的计算方法与实用图表 ［M］. 上海：上海交通大学出版社，2003.

第 6 章

生物质沼气耦合太阳能高效联供技术

6.1 西北地区农牧废弃物产甲烷潜力分析

6.1.1 典型农牧废弃物产甲烷潜力测试

以实地取得的西北地区典型农牧废弃物为原料，进行产甲烷潜力（biochemical methane potential，BMP）测试，各底物的累计产甲烷量和单位 VS 产甲烷量如图 6-1 所示。

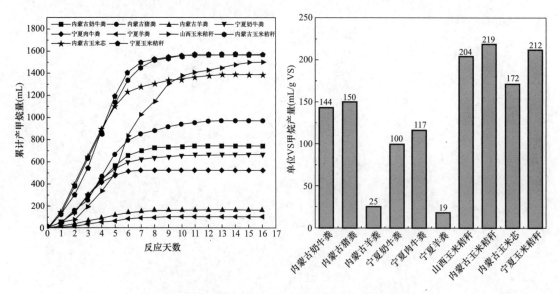

图 6-1 不同原料的累计产甲烷量和单位 VS 产甲烷量

玉米秸秆和玉米芯的累计产甲烷量和单位 VS 产甲烷量均高于粪便类原料。其中，取自内蒙古、宁夏和山西的玉米秸秆的累计甲烷产量分别为 1570mL、1568mL 和 1502mL，无显著差异，对应的单位 VS 甲烷产量分别 219mL/g-VS、212mL/g-VS 和 204mL/g-VS。内蒙古玉米芯的产甲烷能力略低于玉米秸秆，单位 VS 甲烷产量为 172mL/g-VS。

粪便类废弃物的产甲烷能力存在较大差异，其中内蒙古猪粪的累计产甲烷量最高，达到 977mL，对应的单位 VS 产甲烷量也最高，为 150mL/g-VS。奶牛粪的产甲烷能力较猪粪略低，平均为 122mL/g-VS。羊粪的产甲烷能力最低，仅为 22mL/g-VS，这可能与羊粪在发酵过程中不易下沉、水解受限有关。

6.1.2　农牧废弃物潜在产甲烷量估算

根据西北地区可能源化利用的农作物秸秆资源量、畜禽粪便可利用资源量和不同农牧废弃物 BMP 测试结果，可以计算得到西北地区的潜在产甲烷量，结果如表 6-1 所示。部分种类的秸秆和粪便无法取样，未进行 BMP 测试，因此其理化性质及单位 VS 甲烷产量参考其他文献资料。

西北地区农牧废弃物潜在甲烷产量　　　　　　　　　　　表 6-1

废弃物种类	年产量（万 t）	VS 含量（%）	单位 VS 甲烷产量（mL/gVS）	潜在甲烷产量（万 m³）
稻草	35.20	85.57	351.60	10589.19
小麦秸秆	251.70	91.74	390.00	90056.35
玉米秸秆	1365.12	81.73	212.00	236531.68
豆类秸秆	57.69	52.42	17.93	542.21
薯类秸秆	33.33	60.30	187.54	3769.05
棉花秸秆	492.74	91.95	161.00	72944.79
油料秸秆	130.79	92.98	475.00	57764.34
甜菜秸秆	13.64	89.30	219.60	2674.33
蔬菜剩余物	47.57	81.45	1007.00	39017.27
奶牛粪	2225.05	13.33	122.00	36185.06
其他牛粪	5285.31	16.94	117.00	104753.70
羊粪	9191.28	41.41	22.00	83734.38
猪粪	905.55	21.86	150.00	29693.13
马粪	586.69	49.00	339.00	97454.72
驴/骡粪	346.09	14.42	285.30	14238.42
禽粪	407.42	21.00	90.30	7725.93
合计				887674.57

由上表可知，若将西北地区可能源化利用的农作物秸秆和畜禽粪便全部用于产甲烷，其潜在甲烷年产量可达 88.8 亿 m³。其中，玉米秸秆和其他牛粪的甲烷产量可达 23.7 亿 m³ 和 10.5 亿 m³，分别占潜在甲烷总产量的 26.6% 和 11.8%，远高于其他秸秆和粪便。

6.2　基于微好氧和多种生物质协同的沼气高效制备技术

6.2.1　农牧废弃物的微好氧消化技术

微好氧消化是向厌氧反应器中注入一定量的空气或氧气，使反应器内达到微氧状态的一种厌氧消化方式。微好氧消化已被证明在提高微生物多样性、加速复杂有机物水解、减少硫化氢生成、提高甲烷产量等方面具有独特的优势，是近几年厌氧消化研究的新方向。

西北地区厌氧消化工程在实际应用中很难达到完全厌氧条件，其调节池多为开放式结构，原料搅拌过程中会溶入空气，消化罐进补料过程中也不可避免会有空气进入，因此为实施微好氧消化创造了条件。以猪粪为原料，以厌氧消化污泥为接种物进行序批式微好氧消化实验，比较了不同溶解氧（DO）浓度对产气效果和消化液性质的影响。

（1）不同溶解氧条件下的产气效果

微好氧消化实验在1000mL加塞蓝盖瓶中进行，消化底物与接种物的比例为1∶3，总体积650mL，向消化瓶内通入空气达到设定的DO浓度后密封，在37℃、120rpm的摇床中进行反应。

不同DO条件下产气情况如图6-2所示，在反应第13天左右各组别达到产气高峰，DO=1.4mg/L组的最高日产气量达到940mL，与对照组（630mL）相比提高了49.2%。从累计产气情况来看，所有微好氧组别的产气情况均优于对照组，且DO=1.4mg/L组累计产气量最高，达到8030mL，与对照组相比提高了60.8%，说明微好氧条件显著提高了猪粪的产气效果。

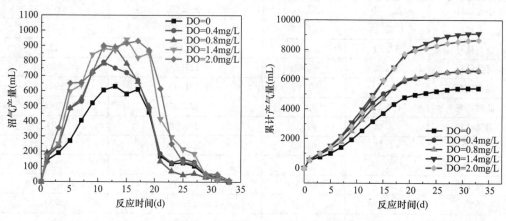

图6-2　不同溶解氧条件下的每日产气量和累计产气量

产甲烷量是根据沼气产量乘以相应的甲烷浓度计算所得，结果如图6-3所示。累计产甲烷量随着DO浓度的升高逐渐增加，当DO=1.4mg/L时累计产甲烷量最高，达到4486.9mL，与对照组相比提高了53.1%。进一步增加DO浓度，累计产甲烷量稍有下降，可能是因为DO浓度过高将影响专性厌氧的产甲烷菌的活性。因此，作者获得的序批式消化的最佳DO浓度为1.4mg/L。

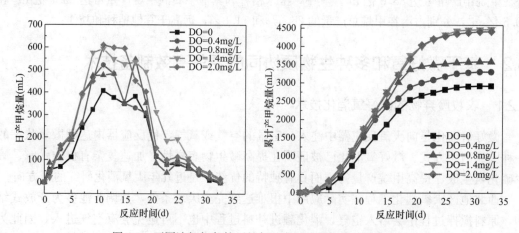

图6-3　不同溶解氧条件下的每日产甲烷量和累计产甲烷量

（2）不同溶解氧条件下的消化液性质

每隔3～4天取5mL消化液测量其pH，结果如图6-4所示。消化反应的前3天由于产甲烷菌的数量较低，对产酸菌水解生成的发挥性有机酸（VFAs）利用有限，导致酸的积累，使得反应系统的pH降低，在第4天DO=2.0mg/L组pH最低降到7.41。由于消化液具有一定的碱度，能够起到一定的缓冲作用，且猪粪的含氮量较高，水解形成的游离氨可以一定程度上中和所产生的酸，所以在反应初期pH下降幅度不致使产甲烷菌的生长受到抑制。此后随着产甲烷菌增加，其利用VFAs生成甲烷的速率提高，每日产甲烷量迅速上升，因此pH也迅速回升，从反应第11天左右直至反应结束消化液的pH均稳定在7.90左右，未发生消化液酸化现象。

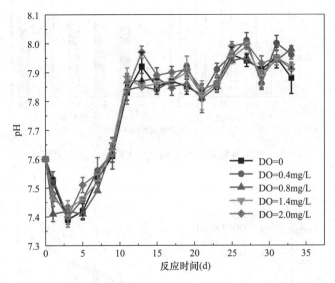

图6-4　不同溶解氧条件下消化液pH的变化情况

VFAs是厌氧消化过程中的重要中间产物，直接影响消化液pH的波动，不同DO条件下消化液VFAs含量变化如图6-5所示。各组别初始消化液的VFAs含量为6655mg/L（其中乙酸4366mg/L，丙酸847mg/L），反应第4天VFAs均有大幅增加，VFAs在10834～11563mg/L之间，其中乙酸的浓度在7000mg/L以上，占VFAs的64.5%以上，其次为丙酸，浓度在1800mg/L左右。VFAs的大幅增加会使得消化液pH下降，这与图6-4中所观察到的现象一致。随着消化反应的进行，VFAs逐渐被产甲烷菌消耗用于产甲烷，其浓度逐渐下降，到第26天，各组别VFAs的含量下降至4000mg/L左右，且其主要成分为丙酸，占总VFAs的72.6%～77.1%，这是因为相比于其他中间产物（如丁酸、乙酸等），丙酸向甲烷转化的速率是最慢的，因此容易造成丙酸的积累。从图6-5可以看出，不同溶解氧条件下各组别在第4天和第26天的VFAs总浓度和组成无明显差异。

发酵底物中粗蛋白等有机氮经氨化作用会形成氨氮，氨氮与VFAs一样会对消化液的pH产生直接影响。低水平的氨氮浓度有助于维持系统的pH稳定，防止系统酸化，但研究表明，当氨氮浓度超过4000mg/L时，将影响厌氧细菌的活性，产生氨抑制现象。不同溶解氧条件下消化液氨氮浓度的变化情况如图6-6所示，各组的初始氨氮浓度无明显差异，随着反应的进行，氨氮浓度均有一定程度的上升，其中DO=2.0mg/L组在第32天氨氮浓度高达 5867.14mg/L，而对照组的氨氮浓度最低，为 5224.29mg/L，均达到了氨抑制的浓度水平，因此对应的产气量都有明显下降。

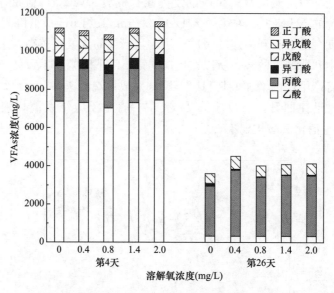

图 6-5　不同溶解氧条件下消化液 VFAs 含量变化情况

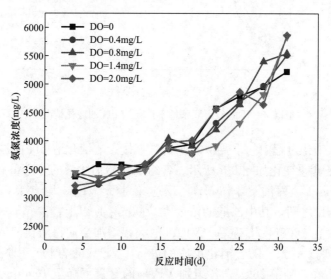

图 6-6　不同溶解氧条件下消化液氨氮浓度变化情况

　　TS 和 VS 的去除率是衡量消化原料降解程度和产气效果的重要指标。不同溶解氧条件下 TS 和 VS 的去除率如图 6-7 所示，与对照组相比，微好氧组的 TS 和 VS 去除率均有提高，其中当 DO=1.4mg/L 时 TS 去除率最高（35.56%），较对照组提升了 11.19 个百分点，对应的 VS 去除率比对照组提升了 8.14 个百分点，表明微好氧处理可以促进有机物的降解，进而提高产气效率。

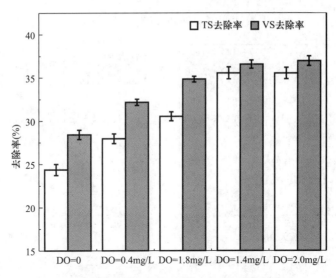

图 6-7　不同溶解氧条件对 TS、VS 去除率的影响

6.2.2　基于碳氮平衡调控的多种生物质协同厌氧消化技术

单一消化底物往往难以满足厌氧消化最佳 C/N 的要求，因此国内外众多试验研究和工程实例采取混合底物共消化技术，将不同 C/N 的两种或多种底物以某种比例混合以满足厌氧消化需要，从而提高产气效率与消化稳定性。

将西北地区典型农牧废弃物与污泥混合后进行干式厌氧消化，比较了不同原料配比下的产气量、产甲烷量、消化液性质和底物去除率等指标，分析其最优的混合比，以期运用到实际生产中，为西北地区农牧废弃物资源和污泥提供新的资源化途径，从而降低农牧废弃物和污泥对环境的污染，同时减轻能源负担带来经济效益。

厌氧消化试验在自行设计的总容积为 3L 的电动搅拌水热循环厌氧消化罐中进行，消化液有效体积 1800mL，消化温度为 37℃，消化过程中控制电机每隔 45min 搅拌 15min，搅拌速度为 120r/min，各组别的原料配比如表 6-2 所示。

干式厌氧消化试验原料配比方案　　　　　　　　　　表 6-2

组别	污泥（g）	牛粪（g）	玉米秸秆（g）	接种物（g）	水（g）	C/N
空白对照组	0	0	0	1200.0	600.0	—
①污泥组	600.0	0	0	1200.0	0	6.60
②牛粪组	0	205.7	0	1200.0	394.3	20.02
③玉米秸秆组	0	0	43.1	1200.0	556.9	35.76
④污泥＋玉米秸秆组	246.3	0	25.4	1200.0	328.3	14.00
⑤污泥＋玉米秸秆组	104.8	0	35.6	1200.0	459.6	22.00
⑥污泥＋玉米秸秆组	33.1	0	40.7	1200.0	526.2	30.00
⑦污泥＋牛粪＋玉米秸秆组	268.1	7.4	22.3	1200.0	302.2	13.00
⑧污泥＋牛粪＋玉米秸秆组	138.7	10.3	31.0	1200.0	420.0	19.00
⑨污泥＋牛粪＋玉米秸秆组	66.4	11.9	35.8	1200.0	485.9	25.00

（1）多种生物质协同厌氧消化下的产气效果

将玉米秸秆、牛粪与污泥 3 种底物按表 6-2 的比例进行单底物、双底物和三底物的厌氧消化实验，其每日产气量和累计产气量情况如图 6-8 所示。

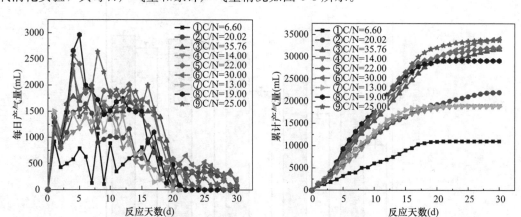

图 6-8　不同原料配比下的每日产气和累计产气情况

对于单一底物的厌氧消化，污泥的产气能力明显低于玉米秸秆和牛粪，在整个消化过程中产气量波动较大，无明显的产气高峰，且在第 22 天后反应停滞，不再产气，这可能是因为单一污泥的 C/N 仅为 6.6，远低于目前公认的厌氧消化的最适 C/N 范围（20～30），碳源不足从而影响了产气效果。玉米秸秆和牛粪均在第 6 天达到产气高峰，产气量分别为 1970mL 和 1640mL，其 C/N 满足或接近最适 C/N 范围，因此产气效果较好。对于玉米秸秆与污泥混合的厌氧消化，随着混合原料 C/N 的提高，产气量也有所增加，当 C/N 为 30 时，累计产气量达到 34040mL，与 C/N 为 16 时相比提高了 79.4%，进一步说明了原料 C/N 对厌氧消化产气效果的影响。三底物厌氧消化的结果与双底物相似，在 C/N=25 时累计产气量明显高于 C/N=19 和 C/N 13 时。

表 6-3 中预计产气量是根据单位质量的底物单独消化的产气量乘以混合厌氧消化时各底物的添加量相加得到的沼气产量。第 4 组和第 7 组混合消化时，实际产气量低于预计产气量，这可能是因为两组的 C/N 比分别为 14 和 13，均远低于理论上的最适 C/N 范围（20～30），从而导致营养物质不平衡。第 5、6、8、9 组的实际产气量比预计产气量分别提高了 14.1%、11.6%、10.1%和 17.2%，表明当混合发酵原料的 C/N 接近或满足最适 C/N 范围时，混合发酵对沼气的生产具有促进作用。

不同原料配比下的产气情况

表 6-3

组别	C/N	预计产气量（mL）	实际产气量（mL）	产气量提升百分比（%）
①污泥	6.60	—	11030	—
②牛粪	20.02	—	21990	—
③玉米秸秆	35.76	—	31660	—
④污泥＋玉米秸秆	14.00	23185.9	18970	−18.2
⑤污泥＋玉米秸秆	22.00	28077.3	32030	14.1
⑥污泥＋玉米秸秆	30.00	30505.5	34040	11.6
⑦污泥＋牛粪＋玉米秸秆	13.00	21958.6	18890	−14.0
⑧污泥＋牛粪＋玉米秸秆	19.00	26422.6	29100	10.1
⑨污泥＋牛粪＋玉米秸秆	25.00	28790.4	33730	17.2

不同原料配比下的每日甲烷浓度和累计产甲烷量如图 6-9 所示。污泥、牛粪和玉米秸秆单独厌氧消化时的累计产甲烷量分别为 4754mL、10200mL 和 14408mL，玉米秸秆的产甲烷能力明显高于牛粪和污泥，这可能是因为玉米秸秆的含碳量较高，为厌氧消化提供了足够的碳源，为生成甲烷所需的 VFAs 提供了条件。混合消化条件下产甲烷情况与产气情况类似，尤其是在三底物混合发酵且 C/N 为 25 时，累计甲烷产量达到 16216mL，明显高于其他组，说明在合适的 C/N 条件下，混合消化与单一原料消化具有明显的协同效应。

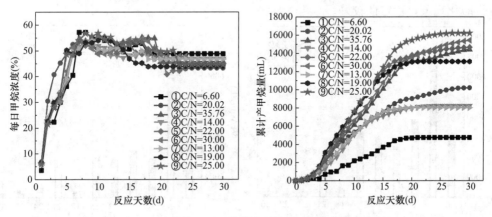

图 6-9　不同原料配比下的每日甲烷浓度和累计甲烷产量

（2）多种生物质协同厌氧消化下的消化液性质

不同原料配比下的消化液 pH 的变化情况如图 6-10 所示。各组别初始 pH 无明显差别，均在 7.8～7.9 之间，在反应第 3 天，pH 均出现一定的下降，主要是因为反应初期原料中较易降解的糖类物质和蛋白质类在水解发酵菌的作用下生成 VFAs 使 pH 下降。此后，随着产甲烷菌浓度升高，VFAs 逐渐被消耗，因此 pH 有所回升。在整个反应过程中，消化液的 pH 呈现出一定的波动，主要是因为污泥、玉米秸秆和牛粪等原料的组成较复杂，其中蛋白质、糖类、纤维素、半纤维素等成分的水解速率不一致，使得系统 VFAs 的生成速率和产甲烷菌对 VFAs 的消耗速率不一致，从而使 pH 出现波动。尽管消化液的 pH 存在波动，但均在 7.0 以上，未发生酸化现象，对系统产气能力的影响较小。

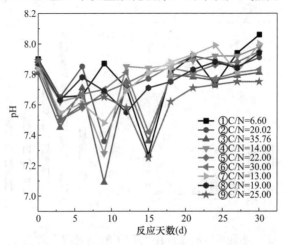

图 6-10　不同原料配比下消化液 pH 的变化情况

不同原料配比下消化液 VFAs 的变化情况如图 6-11 所示。各组消化液的初始 VFAs 浓度在 2887～3443mg/L 之间，其组成相差不大。VFAs 浓度均在第 3 天达到高峰，这与消化液的 pH 在第 3 天发生下降是一致的。此后，随着产甲烷菌消耗 VFAs 的速率不断增加，VFAs 的浓度逐渐下降。在第 3～12 天，乙酸和丁酸的浓度迅速降低，丙酸浓度保持稳定甚至有所增加，该阶段以乙酸型发酵为主，此后，丙酸浓度逐渐降低，以丙酸型发酵为主。到消化结束时，各组消化液的 VFAs 浓度均在 650mg/L 以下，表明厌氧消化系统未发生酸化现象，稳定性较好。

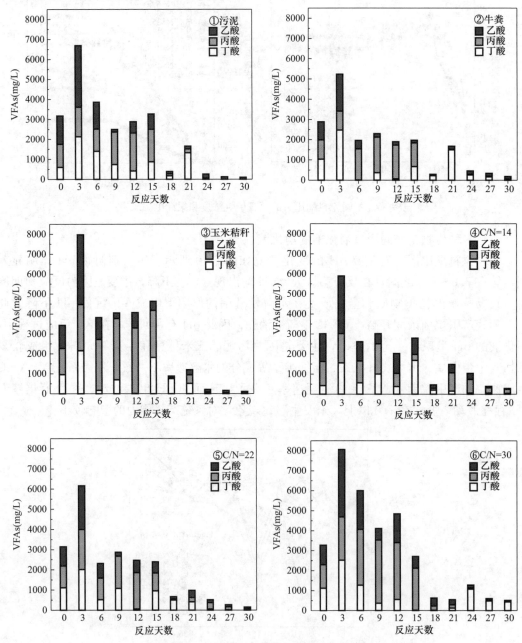

图 6-11　不同原料配比下消化液 VFAs 含量的变化情况（一）

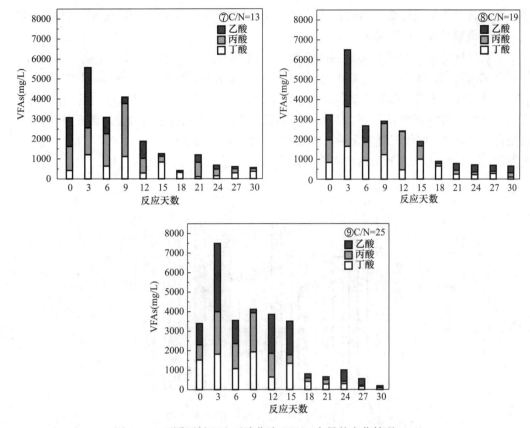

图 6-11　不同原料配比下消化液 VFAs 含量的变化情况（二）

　　不同原料配比下消化液氨氮的变化情况如图 6-12 所示。在消化前 18 天，消化液中氨氮浓度虽有所升高但增长缓慢，可能是因为反应前期系统中的产酸菌和产甲烷菌等会吸收一部分含氮物质用于自身生长繁殖，而反应后期微生物的数量基本保持稳定，此时氨氮的浓度迅速升高。此外，消化液最终的氨氮浓度随着原料 C/N 的降低而升高，尤其是污泥单独厌氧消化（C/N＝6.6）时，氨氮浓度达到 4799.1mg/L，对系统内微生物产生氨抑

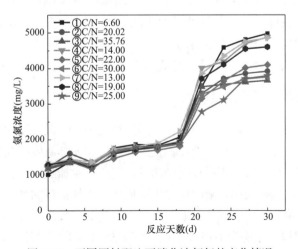

图 6-12　不同原料配比下消化液氨氮的变化情况

制，因此其产气量也最低。因此，适当提高消化原料的 C/N 有利于降低消化液中氨氮浓度，从而缓解对体系的氨抑制。

不同原料配比下 TS 和 VS 的去除率如图 6-13 所示。玉米秸秆的 TS 和 VS 去除率最低，分别为 33.59％和 38.66％，这是因为玉米秸秆的主要成分为纤维素、半纤维素和木质素，其水解均较缓慢，尤其是木质素很难被微生物降解。在污泥与玉米秸秆双底物的厌氧消化中，TS 和 VS 的去除率随着 C/N 的增加而降低，这可能与玉米秸秆的添加量随着 C/N 的增加而增加有关。但在三底物厌氧消化时，各组的 TS 去除率相差不大，且高于单底物和双底物厌氧消化（除牛粪组），表明采用多底物混合消化更有利于消化底物的减量化。

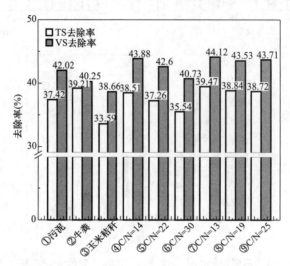

图 6-13　不同原料配比下 TS 和 VS 去除率情况

6.3　生物质沼气与太阳能多级耦合供能系统

发酵温度过低或者温度波动过快，生物质厌氧发酵的产气活性以及所产沼气中甲烷含量都会降低。西北地区冬季寒冷漫长，若不采取增温保温措施，发酵料液温度大多低于 10℃，沼气发酵菌活性降低，厌氧发酵过程不能顺利进行，产气率低甚至不产气。而在冬季若采用沼气进行供暖，对沼气的需求量大，与冬季的低产气率相矛盾，严重影响了沼气在西北地区的推广使用，因此选择经济高效的沼气池升温保温措施非常有必要。

6.3.1　太阳能辅助发酵环境增温技术

沼气池增温技术是对发酵罐、进料池及其周围环境加热以提升发酵料液温度的技术。目前沼气工程常用的加热方式主要有 3 种：①直接加热，在发酵罐体内或发酵罐外侧壁设置加热盘管；②间接加热，在发酵反应器外间接加热，即通过水加热发酵料液，补偿发酵反应器热损失；③辐射加热，直接利用太阳能辐射进行加热。沼气工程的增温热源可为煤炭、电等常规能源，也可为生物质、自产沼气、地源热泵、沼气发电余热、太阳能等可再生能源。

目前的沼气池增温措施主要有电加热法、煤炭热水锅炉加热法、燃池增温技术、生物质锅炉加热法、"猪—沼—炕"增温技术、被动式太阳能温室增温技术、沼气发电余热技术、地源热泵技术、主动式太阳能增温技术、混合式太阳能增温技术及联合增温技术等。其中电加热法需消耗高品位的一次能源电能，其节能性与经济性不好。煤炭热水锅炉加热法热能转化率低，容易污染大气。燃池增温技术、生物质锅炉加热法和"猪—沼—炕"增温技术，热利用率低，容易污染环境，同时仅适用于户用沼气。沼气发电余热技术利用沼气发动机冷却系统产生的热量及排气热量对沼气池进行增温，可提高沼气池产气率 4 倍左右，因此余热回收系统的优化设计是大型沼气发电工程的重点之一。其技术依赖于沼气发电工程，不具有普遍适用性。地源热泵增温由土壤提供较为稳定的但温度较低的低品位热源，适用于中温发酵，具有高效、节能、环保等优点；缺点是需要打地埋井及铺设地埋管，成本和技术要求比较高，且不适用于全年都需要加热的高温发酵系统，在不同地区会受地质、水质局限等问题影响，另外冬季为了沼气池增温在土壤中取热，夏季没有向土壤排热，存在冬夏土体取（排）热不平衡，影响地源热泵系统长期稳定运行。联合增温技术即联合各种增温方式，例如太阳能联合燃煤锅炉模式、太阳能联合沼气锅炉模式、发电余热联合沼气锅炉模式、太阳能联合地源热泵模式等。

其中利用太阳能辅助沼气保温增温的技术主要是被动式太阳能温室增温技术、主动式太阳能增温技术和混合式太阳能增温技术。

（1）太阳能集热器增温技术

太阳能集热器增温技术是利用太阳能集热系统对热进行采集和传输，由太阳能热水通过热管对沼气池进行加热。该系统节能环保，但易受外部环境的影响。太阳能集热器可分为平板式、真空管式等。

真空管太阳能集热器目前在生活中运用较为广泛，其利用玻璃真空管让传热介质获得太阳能。常见的太阳能增温系统原理如图 6-14 所示，该系统由全玻璃真空太阳能集热器、换热器、厌氧发酵装置组成，同时加热进料和沼气池，将发酵温度从 20℃升高到 35℃，可以显著提高粪便发酵和粪便与食物垃圾共同发酵的沼气产量。

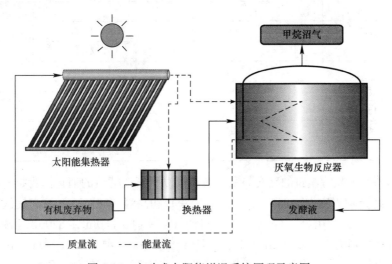

图 6-14　主动式太阳能增温系统原理示意图

混合式太阳能增温技术即主动式、被动式两种方式都有，在温室加热不足时，用主动式装置收集太阳能辅助加热，以确保较为稳定的发酵温度。随着西北地区农牧业的发展，农牧废弃物的产量也随之增大，利用厌氧消化产沼气可以使这些农牧废弃物得到有效的资源化利用。但由于西北地区冬季气温极低，若不采取增温保温措施将无法维持正常产气。西北地区日照强度高，太阳能总辐射量可达 $4860 \sim 6931MJ/m^2$，因此利用太阳能调控温度增强厌氧消化产气在西北地区是可行的，并且能够减少碳排放，节约化石能源。

以项目所在地宁夏吴忠市盐池县为例，根据其气候特征及太阳能辐射情况，分析利用太阳能集热器对沼气池增温保温的可行性。沼气池的参数参照盐池县某沼气站单个沼气池的参数，计算在盐池县 2021 年太阳辐射强度下沼气池的增温情况。该沼气池为圆柱形钢筋混凝土地下沼气池，尺寸如表 6-4 所示。

沼气池几何尺寸 表 6-4

总容积（m^3）	直径（m）	底、顶部面积（m^2）	高度（m）	发酵池壁厚度（m）	保温层厚度（m）
150	7.5	44.2	3.4	0.25	0.05

当太阳能集热器采光面积设定为 $50m^2$ 时，在盐池县 2021 年太阳辐射强度下，沼气池所能达到的温度如表 6-5 所示。沼气池全年温度均可保持在 25℃以上，能够维持沼气池正常产气。由于通常沼气池温度常设置在常温（25℃）、中温（35℃）和高温（55℃）条件下，因此，将盐池县沼气池 10 月至次年 4 月的池温设置在 25℃，5 月至 9 月池温设置在35℃，以尽可能地提高沼气产气效果。

盐池县太阳能集热器增温保温效果 表 6-5

月份	土壤温度（℃）	太阳能辐射强度 [$MJ/(m^2 \cdot d)$]	沼气池温度（℃）	设定池温（℃）
1	7.4	12.5	25.1	25
2	4.9	14.4	25.6	25
3	7.8	17.0	29.4	25
4	12.4	18.6	33.1	25
5	15.5	25.1	40.4	35
6	18.5	23.7	40.6	35
7	21.5	24.7	43.0	35
8	23.5	20.3	40.0	35
9	21.1	16.0	35.0	35
10	18.3	12.0	30.0	25
11	14.7	11.5	27.8	25
12	10.3	9.9	25.2	25

以呼和浩特市土默特左旗的猪粪为发酵底物，以厌氧发酵后的消化液为接种物，探究了在厌氧消化温度分别为室温（25℃）、中温（35℃）和高温（55℃）下的产气效果，结果如图 6-15 所示。在室温、中温和高温条件下，日产气量平均在 560mL、820mL 和 900mL 左右，平均容积产气率分别为 $0.28m^3/(m^3 \cdot d)$、$0.41m^3/(m^3 \cdot d)$ 和 $0.45m^3/(m^3 \cdot d)$，说明温度高的环境下可以促进厌氧消化，有利于产甲烷菌分解有机物，产气效果更好。

根据表 6-7 所确定的不同月份沼气池温度及不同温度对应下的沼气产量，以盐池县某沼气站的运行数据为基准，可以计算出到该沼气站单个沼气池（容积为 $150m^3$）的年沼气产量，结果如图 6-16 所示，据此可得出全年的沼气产量是 18313.5m^3。

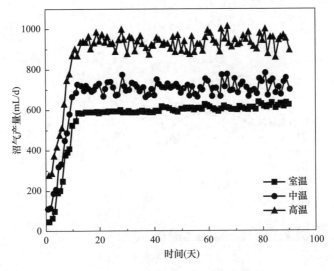

图 6-15　温度对沼气产量的影响

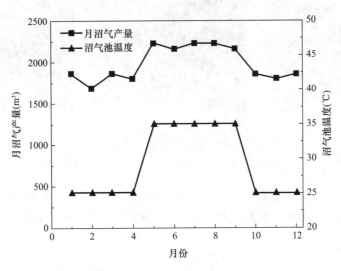

图 6-16　单个沼气池每月产气量

（2）被动式太阳能增温技术

被动式太阳能增温技术即利用日光温室对沼气池进行整体加热，沼气发酵是厌氧的，容器是密闭的，则散热很小，温室建造容易，费用较低。利用太阳能温室可以有效提升沼气池发酵温度，但增温效果受气候条件影响较大，需要在构建发酵物料、沼气池、保温装置与土壤以及室外传热模型的基础上，量化发酵环境温度的主要影响因素并进行预测，进而为发酵系统增温保温措施提供理论支撑。

日光温室沼气发酵系统的传热原理如图 6-17 所示。传热包括以下过程：①在天气晴朗的白天，太阳辐射通过采光膜和围护结构进入温室并在室内表面之间传递热量；②温室内的空气通过围护结构、土壤和薄膜与周围环境进行热交换；③发酵料液通过发酵罐与空气和土壤进行交换热量。值得一提的是，在夜间或阴雨天，温室的采光膜覆盖着保温被，如图 6-18 所示，传热过程会发生变化。

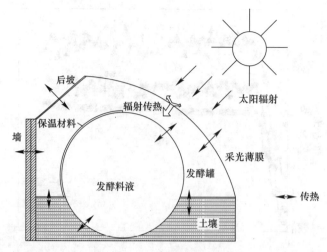

图 6-17　日光温室传热原理图

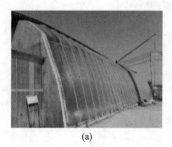 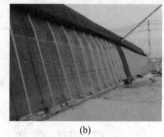 

(a)　　　　　　　　　　(b)　　　　　　　　　　(c)

图 6-18　温室保温被的 3 种状态

（a）保温被升起；（b）保温被升降过程；（c）保温被降下

　　由于温室土壤的传热过程不同，通过对温室内不同区域的土壤温度监测发现，面向太阳的土壤表面温度明显高于其他部分土壤温度，如图 6-19 所示。同时，面向太阳的土壤表面温度会随太阳辐射波动。

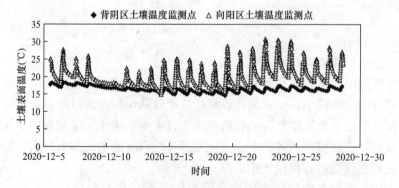

图 6-19　温室内不同区域土壤表面温度的比较

　　因此，可以通过将土壤分成不同区域来分析土壤的传热。根据不同区域的传热特点将土壤分为 3 个区域，如图 6-20 所示。

　　结合热平衡理论分析，可以建立室外、被动式太阳能温室、沼气池、厌氧发酵、地下之间的传热模型，量化基于室外气温、太阳辐射等气象参数的发酵温度动态特征。在传热模型中，考虑了土壤传热、进料过程和不同的保温形式（即温室保温被的覆盖和揭开）。图 6-21 给出了寒冷地区某地太阳能温室辅助发酵环境增温效果。温室内的平均空气温度比室外空气温度高约 17.3℃，温室具有较好的增温保温效果。在寒冷的 12 月，发酵料液平均温度为 24.0℃。由于发酵罐本身具有较好的吸收辐射作用，发酵料液温度比室内空气温度高 3.4℃。发酵料液比热容大，受外界环境影响较小，而温度变化小有利于产气。

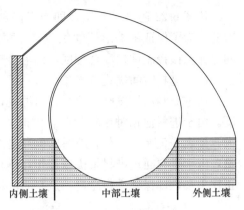

图 6-20　土壤区域划分情况

　　在得到冬季发酵温度的基础上，沼气池容产气率可以通过沼气产气动力学模型计算得到，如图 6-22 所示，在 12 月 10 日至 12 月 22 日期间，需要使用储气，以保证沼气的正常供应。测量期间平均产气量为 0.63m³/(m³·d)，可以保证产气供气平衡，进一步验证了动态产气模型的可靠性。

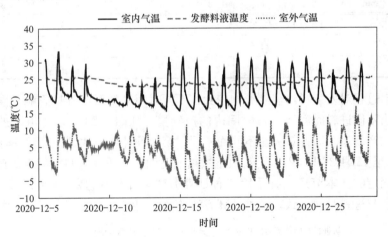

图 6-21　寒冷地区某地太阳能温室辅助发酵环境增温效果

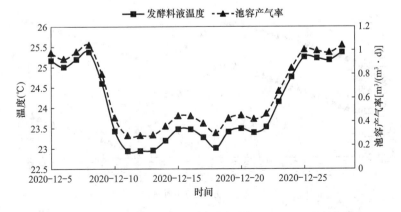

图 6-22　寒冷地区某地太阳能沼气池发酵料液温度及池容产气率

从图 6-22 还可以看出，即使发酵料液温度变化较小，对池容产气率的影响也很大。因此，为了保证冬季沼气的供应，需要通过优化策略提高发酵料液温度，如调整进料时间、保温被控制优化和合理回收沼液余热。

（1）进料时间优化技术

通过监测沼气发酵罐原料入口温度，可得到用于优化的日总进料时间和平均日进料温度。由于进料池相对比较封闭，同时不会受到太阳辐射影响，假设一天进料时间变化不大，如表 6-6 所示。本节进料时间优化仅调整进料时间，总进料时间和进料温度不作调整，由于进料通过进料泵机械操作，进料速率基本设定不变，进料总量与总的进料时间呈正比关系，即保证进料总量与进料时环境参数不变。

测量期间的进料温度和总进料时间　　　表 6-6

日期	12.5	12.6	12.7	12.8	12.9	12.10	12.11	12.12
进料温度（℃）	11.8	12.0	—	11.9	10.3	11.1	10.4	11.6
总进料时间（min）	85	85	—	85	85	85	85	85
日期	12.13	12.14	12.15	12.16	12.17	12.18	12.19	12.20
进料温度（℃）	10.0	9.4	9.4	8.5	8.3	8.5	9.3	10.7
总进料时间（min）	85	85	85	120	130	70	85	120
日期	12.21	12.22	12.23	12.24	12.25	12.26	12.27	12.28
进料温度（℃）	11.1	11.6	11.9	—	11.3	11.0	10.4	11.8
总进料时间（min）	180	50	50	—	60	85	50	70

由于进料过程对发酵料液温度影响较大，不同时间进料对产气量影响不同。根据实测数据，计算出不同进料时间下一段时间内的产气量，如图 6-23 所示。由于进料时间的变化，计算出的产气量会因计算方法不同而不同。第一种计算方法是计算同一时间段（即 12 月 6 日 0：00 至 12 月 28 日 12：00，有测量数据的时间段）不同进料时间下的产气量，开始计算时间为固定的。本节还选择了第二种计算方法，计算从进料开始 21.5 天的产气量，开始计算时间与进料时间一致。两种计算方法的总时间差为一天。由于第二种计算方法是

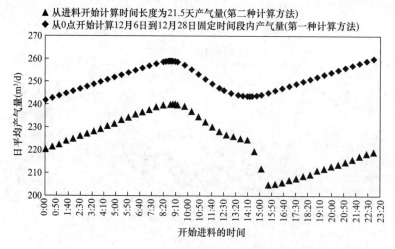

图 6-23　不同进料时间下一段时间内的产气量

从进料开始计算产气量，进料时间的变化会导致部分数据无法使用。为了比较不同进料时间下的不同产气量，第二种方法的总计算时间比有测量数据的总时间少 1 天。

下午 2:00 的原始进料情况下，白天的发酵温度变化如图 6-24 所示。

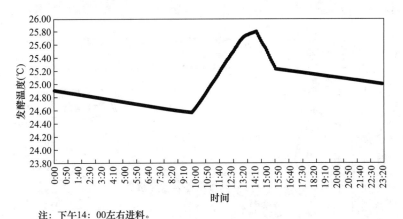

注: 下午14: 00左右进料。

图 6-24　一天中发酵料液温度变化

由图 6-23 和图 6-24 可以看出，在一天中发酵温度最低的时间进行进料会提高产气量。在图 6-23 所示的第一种计算方法中，当开始进料时间较晚时，在计算的整个时间段内受进料影响的总时间较短，产气量增加。这是造成两次计算结果趋势不同的原因，是由于计算方法造成的误差。当总计算时间较长时，该误差会减小。第二种计算方法中，选择计算的初始发酵料液温度是根据原始进料情况（即由于在下午 14:00 进料而发酵温度降低，如图 6-24 所示）下的发酵料液温度数据，导致下午 14:00 左右进料方案的总产气量变化趋势存在差异。总之，在一天中发酵温度最低的时间进料，得到的产气量最高。沼气发酵罐在夜间散热，当早晨散热和吸热平衡时，发酵温度最低。

在常规研究的温度范围内，产气率与发酵温度呈递增函数关系。产气率随着发酵温度的升高而增加。进料过程会导致发酵料液温度下降，进而导致产气率降低。由于产气率与发酵温度呈指数关系，发酵温度的微小变化对产气率的影响很大，同样的温度下降，在温度较高时比温度较低时影响更大。因此，在总进料时间相同的情况下，在发酵温度最低的时间段进料对整体产气率的影响最小。对于进料池本身受室外环境影响较大的情况，应考虑一天中进料温度可能会随着室外温度与太阳辐射变化，可以在一天中进料温度最高的时候进料，利用外部环境对进料进行增温。

最低发酵温度在早上 9:00 左右。以每天早上 9:00 开始进料为例，优化进料时间，结果如图 6-25 所示。可以得到，优化进料时间后，发酵液温度和产气率都有所提高，平均沼气池容产气率增加到 $0.73m^3/(m^3 \cdot d)$，与 $0.63m^3/(m^3 \cdot d)$ 相比增加了约 16%。

（2）保温被控制优化技术

保温被的覆盖和揭开控制完全靠经验，存在未利用的太阳辐射。保温被的覆盖和揭开过程完全机械化，可实现智能化控制，增加光敏控制元件后可提高发酵温度。

为了控制保温被的覆盖和揭开，需要得到一个总太阳辐射的控制值。当实时总太阳辐射超过此控制值时，应揭开保温被。采用传热模型计算不同太阳总辐射控制值下的总沼气产量，当总产气量最大时，得到最佳值，如图 6-26 所示。当控制值在 20～30W/m² 之间时，可以获得更高的总产气量，最佳控制值为 28W/m²，即当总实时太阳辐射量大于 28W/m² 时，保温被揭开，以获得最大产气量。该控制值与沼气站物理模型有关，不同的沼气站该值有区别。

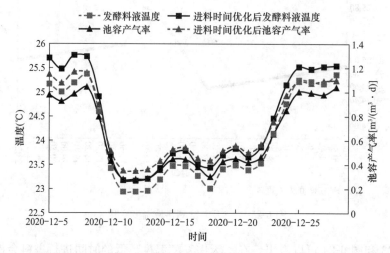

图 6-25　进料时间优化前后的发酵料液温度和池容产气率比较

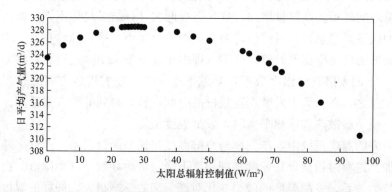

图 6-26　太阳总辐射控制值与日平均产气量之间关系示意图

基于保温被优化控制的传热模型和产气模型，可以得到新的发酵料液温度和池容产气率。从图 6-27 可以得到，通过优化控制保温被，发酵料液温度和产气率大大提高。平均沼气池容产气率增加到 0.93m³/(m³·d)，比 0.63m³/(m³·d) 增加了约 48%。优化前，沼气站需要 13 天使用储气，用于家庭炊事的沼气供应；优化后的沼气站需要 5 天（12 月 10 日至 12 月 14 日）使用储存的沼气，极大地提高了沼气供应的可靠性。

（3）沼液回热优化技术

沼液是一种混合物，其成分较为复杂，含有少量无机盐类、氨氮以及未完全发酵的有机物，不同原料发酵后的沼液以及相同沼液在不同时间下其理化性质都不相同，而其中约 90% 以上的物质是水，可以实现热交换。

沼液刚从发酵罐中离开时具有与发酵料液相同的温度，而冬季室外环境恶劣，进料温度较低，沼液温度比进料温度高。沼液回收比例较大，约为 92%，因此沼液余热量较高，

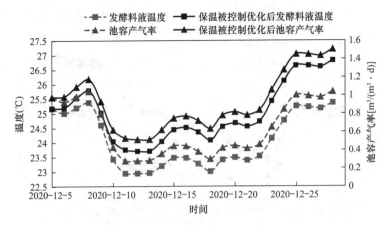

图 6-27　保温被优化控制前后的发酵料液温度和池容产气率比较

可以进行回收利用。本节以 50％ 的回热效率进行模拟计算。其中回热过程最大可利用热能 Q_{hr} 计算公式如下：

$$Q_{hr}=c_y\rho_y V_y(t_{f0}-t_1) \tag{6-1}$$

式中，c_y——出料沼液比热容 $[J/(kg \cdot K)]$；

　　　ρ_y——出料沼液密度（kg/m^3）；

　　　V_y——出料沼液体积（m^3）；

　　　t_{f0}——出料沼液初始温度（℃）；

　　　t_1——发酵原料初始温度（℃）。

　　出料沼液初始温度通过对出料口监测数据可以分析其规律，如图 6-28 所示。由于出料过程存在热量损失，出料口沼液温度与发酵料液温度差值约为 2.4℃。将出料的沼液余热进行回收利用以加热进料原料，可以有效提升发酵料液温度。

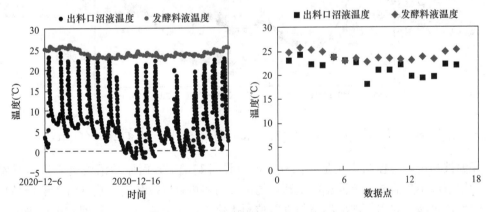

图 6-28　出料口沼液温度与发酵料液温度关系

　　基于沼液余热回收优化的传热模型和产气模型，可以得到新的发酵料液温度和池容产气率。从图 6-29 可以得到，通过回收沼液余热加热进料，发酵料液温度和产气率极大提高。平均沼气池容产气率增加到 $1.03m^3/(m^3 \cdot d)$，比 $0.63m^3/(m^3 \cdot d)$ 增加了约 63％。

　　（4）整合优化

　　保温被的控制优化和进料时间的优化都可以增加产气量。进料时间的优化对沼气池的

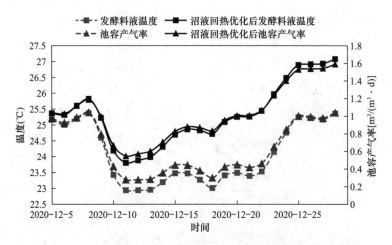

图 6-29　沼液回热优化前后的发酵料液温度和池容产气率比较

整体吸热散热影响不大，但保温被的控制优化大大增加了沼气池的吸热量。与进料时间的优化相比，保温被的控制优化对发酵料液温度的影响更大。保温被和进料的控制是机械化的，只需手动启动和关闭。两个优化控制对象不同，可以同时优化。

如图 6-30 所示，通过将保温被控制与进料时间整合优化的操作方法，发酵料液温度可以极大提高，从而使沼气池容产气率得到很大的提高。平均沼气池容产气率增加到 $1.03m^3/(m^3 \cdot d)$，比 $0.63m^3/(m^3 \cdot d)$ 增加了约 63%。

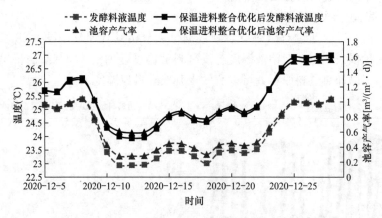

图 6-30　保温被控制、进料时间整合优化前后的发酵料液温度和池容产气率比较

保温被和进料的控制优化是在沼气站原有设备基础上，而原始沼液是直接灌溉农田用，利用沼液余热需要对沼液流向重新规划，安装回热装置，利用换热器将沼液低品位热量回收后，再灌溉农田。在保温被与进料控制优化后，对沼液余热进行回收，可进一步优化产气效果。

如图 6-31 所示，通过保温被控制、进料时间、沼液回热整合优化的操作方法，发酵料液温度可以极大提高，同时发酵料液温度变化更加平缓，从而使沼气池容产气率得到很大的提高。平均沼气池容产气率增加到 $1.42m^3/(m^3 \cdot d)$，比 $0.63m^3/(m^3 \cdot d)$ 增加了约 125%。

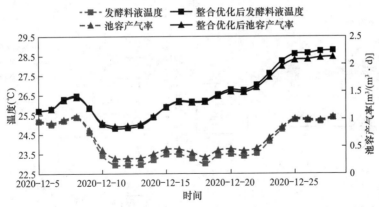

图 6-31　保温被控制、进料时间、沼液回热整合优化前后的发酵料液温度和池容产气率比较

6.3.2　生物质沼气与太阳能多级耦合供暖系统优化技术

生物质沼气产业发展较快，但是实际工程建设与运行中成本较高、沼气利用率低。传统的生物质沼气工程以满足农村炊事需求为主，利用沼气供暖时，动态气象参数与用气需求条件下的系统产储供用匹配特性直接影响系统配置合理性与运行效果。生物质能与太阳能多级耦合供暖系统配置不合理与运行效果较差，会导致系统可靠性与经济性下降。探索在供需匹配条件下基于系统可靠性、经济性评价的系统运行策略，具有很重要的现实意义，为生物质能与太阳能多级耦合供暖技术提供了有效的设计和优化方法。

生物质能与太阳能多级耦合供暖系统，采用被动式太阳能温室辅助集中制沼分散供暖方式，使用的被动式太阳能沼气循环利用技术是把大中型沼气技术、日光温室技术和沼气供暖炉有机结合，以农作物秸秆与畜禽粪便为原料，以保证全年高效产气为前提，以提高秸秆沼气工程的经济、能源、环保和社会效益为目的一种新型秸秆沼气集中供气分散供暖技术，如图 6-32 所示。

其中，如图 6-33 所示，湿式储气柜系统由水封池和钟罩两部分构成，钟罩置于水封池内部。水封池内注满清水作为沼气密封介质，钟罩作为沼气储存空间，通过导向装置在水封池内上升或下降，达到储气或供气的目的。储气压力 2000～5000Pa。压力较小，不考虑压力和密度对储气容量的影响。

对生物质能与太阳能耦合供暖系统进行设计优化，以满足 500 户农村用户供暖与炊事沼气需求。供暖工况为卧室空调 22:00～8:00 运行，起居室空调 7:00～22:00 运行，供暖温度为 18～22℃。与传统的沼气项目不同，太阳能沼气池使用了高效的太阳能吸热、加热技术，能够全年高效均衡产生沼气。借助全年被动式太阳能沼气供暖模型进行模拟，以 500 户供暖季不完全保证天数不超过 5 天为依据，对太阳能沼气池进行设计，其中储气罐为沼气罐有效容积的 50%。

如表 6-7 与图 6-34 所示，当太阳能沼气罐有效容积达到 12500m³ 时，就能基本达到模拟情况的农户供暖与炊事要求；有效容积达到 16700m³ 时，能够完全保证供暖和炊事需求。在较为寒冷的 1 月中旬，储气罐的储气得到了有效利用，保障了供暖需求。

估算用于供暖的沼气站初投资。沼气站项目土建包括畜禽粪便、秸秆预处理池，厌氧罐基础，沼液池，日光能温室，原料库，辅助用房、仓库等，计算得初投资为 1938.13 万元，此时以净现值为 0 计算得到 20 年沼气成本为 2.93 元/m³。

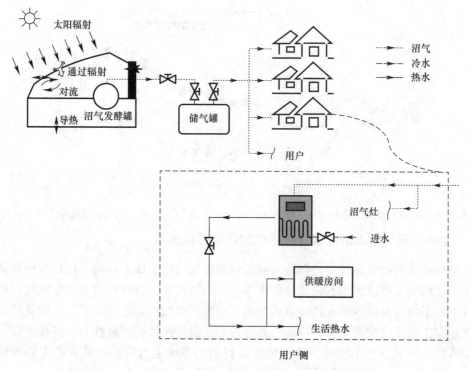

图 6-32　生物质能与太阳能多级耦合供暖系统示意图

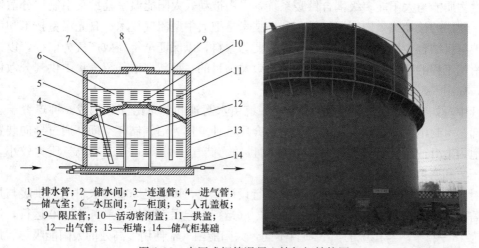

1—排水管；2—储水间；3—连通管；4—进气管；
5—储气室；6—水压间；7—柜顶；8—人孔盖板；
9—限压管；10—活动密闭盖；11—拱盖；
12—出气管；13—柜墙；14—储气柜基础

图 6-33　水压式钢筋混凝土储气柜结构图

太阳能沼气规模与供暖保证率

表 6-7

太阳能沼气规模（有效容积，m³）	平均供暖保证率（%）	不完全保证小时数（h）
12400	98.4	125
12500	98.5	116
12600	98.6	112
16600	99.9	2
16700	100	0

（1）基于供需匹配的产储供用系统运行特性

考虑到农村地区冬季沐浴频率低，整体生活热水需求较低，在系统中暂不考虑冬季生活热水需求。以太阳能沼气罐有效容积为 12500m³、储气罐容量为 6250m³ 的系统规模，选定不同供暖方案，计算得到不同供暖负荷下的供暖保证率。供暖季进料温度统一取 10.5℃，其他时间进料温度为 22.3℃，每日进料 2h，冬季发酵的水力停留时间为 40 天。不同模拟方案结果如表 6-8 所示。其中工况 1 为空调区域全部保持 24h 全天开启；工况 2 为卧室空调运行时间为 22:00～8:00，起居室空调运行时间为 7:00～22:00；工况 3 为卧室空调运行时间为 22:00～8:00，起居室空调运行时间为 7:00～8:00、11:00～13:00、17:00～22:00。

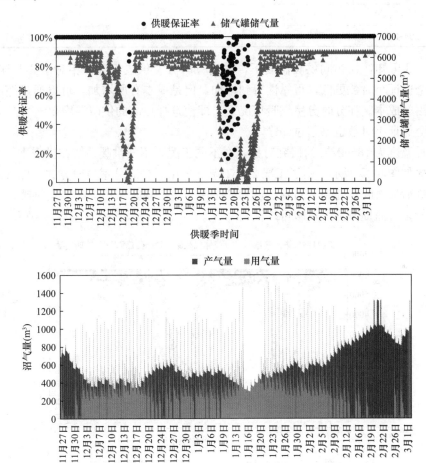

图 6-34　沼气罐有效容积为 12500m³ 时供暖保证率与产储用气情况

不同供暖方案下的供暖沼气保证率　　　　　　　　　　　　　　表 6-8

供暖方案	平均供暖保证率（%）	不完全保证小时数（h）	沼气成本（元/m³）
工况 1（14～18℃）	99.1	71	4.01
工况 2（14～18℃）	100	2	4.74
工况 3（14～18℃）	100	0	5.20

供暖方案	平均供暖保证率（%）	不完全保证小时数（h）	沼气成本（元/m³）
工况 1（16～20℃）	98.0	125	3.00
工况 2（16～20℃）	99.4	64	3.55
工况 3（16～20℃）	99.9	14	3.96
工况 1（18～22℃）	95.2	324	2.40
工况 2（18～22℃）	98.5	116	2.93
工况 3（18～22℃）	99.3	45	3.38
工况 1（20～24℃）	90.9	591	2.05
工况 2（20～24℃）	96.4	273	2.68
工况 3（20～24℃）	98.5	103	3.11

由表 6-8 可知，在相同供暖温度下，采用分时分室供暖方式，相对于 24h 连续供暖，供暖不完全保证小时数更低，可靠性得到增加，但是成本有所增加，可以通过缩小沼气站规模降低沼气成本。在分时分室供暖情况下，即使选择更高的供暖温度 20～24℃，最大的供暖不完全保证小时数也不超过 5d。

取供暖温度为 18～22℃为研究对象，在不同工况，沼气供暖系统在供暖季运行时储气罐储气情况如图 6-35 所示。由于工况 2 与工况 3 采用了分时分室供暖方式，储气罐在供暖启动、热负荷较大时刻起到了对系统运营的缓冲作用。同时采用分时分室供暖，可以降低沼气需求量，进而提升沼气供暖可靠性。

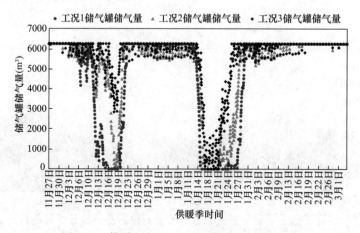

图 6-35　供暖温度 18～22℃时不同工况储气量

考虑到农村供暖具有供暖温度低与分时分室供暖的特点，太阳能沼气供暖系统在可承受的经济负担范围内，完全可以满足农村供暖需求。

在沼气优先供应炊事的情况下，分别选择 12 种供暖负荷进行模拟，供暖季的供暖保证率与沼气成本如表 6-8 与图 6-36 所示。当供暖负荷较低时，沼气消纳量较低，实际沼气站设计规模较大，导致沼气成本增加。但是随着供暖负荷增加，沼气消纳量增大，而沼气站实际供应能力有限，沼气成本虽然降低，但是供暖保证率降低，不完全保证小时数增加。

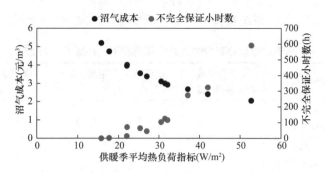

图 6-36　不同供暖负荷下的沼气成本及不完全保证小时数

（2）基于沼液余热利用的进料优化

上文对于生物质沼气产气侧进行了控制优化，产气效果得到较大提升，将优化方案运用于沼气供暖系统运行中，即在一天环境温度最低的时候进料，同时控制保温被，有效最大化利用太阳辐射，对沼液余热进行回收利用。

在以供应 500 户供暖与炊事需求为目标的原始设计有效发酵容积为 12500m³ 的情况下，可以得到优化后的产气情况如下图 6-37 所示。

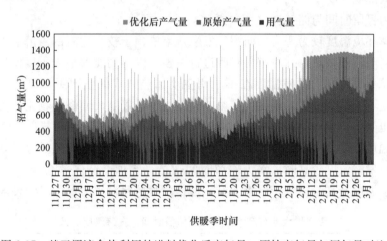

图 6-37　基于沼液余热利用的进料优化后产气量、原始产气量与用气量对比

如图 6-37 所示，在有效容积不变的情况下，通过优化，产气效果明显提升，产气量平均增加约 46％，同时沼气成本为 2.83 元/m³，相对于原始沼气成本 2.93 元/m³ 有所降低。在供暖负荷增大的情况下，即在供暖工况为工况 1（20～24℃）时，不完全保证小时数变为 71，相对于原始的不完全保证 591h，供暖可靠性极大提升，沼气供暖系统对于供暖负荷变化情况的适应性更好。

由于产气效果极大提升，为了降低初投资，在供暖保证率不变的情况下，沼气供暖系统规模可以缩小。以供暖不完全保证小时数为 0 进行优化，沼气供暖系统可以变成沼气发酵罐有效容积为 10600m³、储气罐为 5300m³，相应的沼气成本有所降低。以供暖不完全保证小时数不超过 5 天进行优化，沼气供暖系统规模可以进一步缩小。在沼气发酵罐有效容积为 8300m³、储气罐为 4150m³ 时，供暖不完全小时数为 118，满足设计要求，相对于原始沼气供暖系统，规模得到极大缩减，沼气成本也变为 1.96 元/m³。

通过对供暖季的沼气供暖系统"产储供用"进行模拟计算，可以得到基于沼液余热利用的进料优化前后沼气供暖系统初投资与沼气成本情况，如表 6-9 所示。

基于沼液余热利用的进料优化前后沼气供暖系统对比　　　　表 6-9

供暖工况	太阳能沼气模式		沼气发酵罐有效容积（m³）	初投资（万元）	不完全保证小时数（h）	沼气成本（元/m³）	供暖季总产气量（m³）
工况 2（18~22℃）	原始规模	原始沼气供暖系统（Y1）	12500	1938.13	116	2.93	1377400
		优化后的沼气供暖系统（Y2）	12500	1938.13	0	2.83	2016869
	缩小规模	优化后的沼气供暖系统（S1）	8300	1302.88	118	1.96	1313340
		优化后的沼气供暖系统（S2）	10600	1650.75	0	2.41	1695273

由表 6-9 可以得到，针对同样的 500 户供暖需求，基于沼液余热利用的进料优化后，由于产气效果极大提升，初投资最大可以节省 635.25 万元，优化后沼气成本比原始沼气成本价格最大降低 33%。

（3）水力停留时间与储气优化

由于冬季环境温度较为恶劣，而沼气发酵效果依赖于较为适宜的发酵温度，本节极大利用太阳辐射与沼液余热，并对进料时间进行调整，以得到能够最大限度使用可利用的热量。由于环境条件限制，发酵温度在不采用主动加热方式的情况下，可以利用的热量有限，发酵温度不能达到最佳。温度主要影响微生物生长繁殖，而微生物生长除了受环境温度影响外，也受生长繁殖时间影响，因此调节水力停留时间也能有效提升产气效果。

当发酵温度处于 0~30℃ 时，发酵温度较低，只有水力停留时间足够长，才能保证较高的产气率；发酵温度较高时，水力停留时间超过一定值，产气率会降低。由表 6-10 可知，随着发酵温度升高，沼气产气率上升，最佳发酵情况对水力停留时间要求降低。

沼气最大池容产气率与水力停留时间、发酵温度关系　　　　表 6-10

发酵温度（℃）	水力停留时间（d）	最大池容产气率 [m³/(m³·d)]
20	60	0.989
21	53	1.128
22	46	1.288
23	40	1.469
24	36	1.676
25	31	1.913
26	27	2.182
27	24	2.490
28	21	2.841
29	18	3.240
30	16	3.698

当发酵温度为 26℃，如图 6-38 所示，随着水力停留时间增加到 27d，池容产气率到最大值 2.182m³/(m³·d)，水力停留时间继续增加时，池容产气率下降。

综上所述，沼气站在运营时，在发酵温度已经无法利用现有条件提升时，调整水力停留时间可以有效保障沼气产气效果。分别以供应 500 户炊事与供暖需求（18～22℃）的进料优化后的 10600m³、8300m³ 沼气发酵罐规模为例，研究水力停留时间对整个供暖季的影响，进一步提出对系统运行优化。其中已知供暖季沼气总需求量为 673531m³。

由表 6-12 可知，水力停留时间为 27d 时，供暖季总产气量最大。以水力停留时间为 27d 来优化沼气系统，减小沼气发酵罐容积，降低整体产气量，通过扩容储气罐来保证供暖。

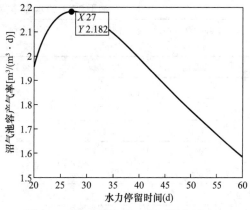

图 6-38　发酵温度为 26℃时沼气池容产气率与水力停留时间的关系

不同水力停留时间下沼气供暖保证率、沼气成本与总产气量　　表 6-11

沼气系统规模	水力停留时间 (d)	平均供暖保证率 (%)	不完全保证小时数 (h)	沼气成本 (元/m³)	供暖季总产气量 (m³)
沼气发酵罐有效容积 10600m³，储气罐 5300m³	20	90.0	451	2.84	1782220
	25	98.6	125	2.49	1855825
	26	99.2	70	2.46	1856435
	27	99.5	45	2.44	1856793
	30	99.8	15	2.42	1831698
	36	99.9	4	2.41	1756485
	37	99.9	2	2.41	1741396
	38	100	0	2.41	1729752
	40	100	0	2.41	1695273
	45	100	0	2.41	1620065
	46	99.9	1	2.41	1603601
	50	99.9	6	2.41	1540195
	58	99.9	18	2.42	1425616
	70	99.6	38	2.44	1276928
	80	99.2	80	2.46	1171036
	85	99.0	115	2.47	1124502
	86	98.9	122	2.48	1115067
沼气发酵罐有效容积 8300m³，储气罐 4150m³	36	98.6	121	1.97	1364696
	37	98.7	116	1.96	1353639
	38	98.7	115	1.96	1341808
	39	98.7	116	1.96	1331018
	40	98.7	118	1.96	1313340
	41	98.8	118	1.96	1306949
	42	98.7	120	1.96	1295644
	43	98.7	122	1.96	1282783

基于 27 天的水力停留时间沼气供暖系统优化情况　　　　表 6-12

沼气发酵罐有效容积（m³）	储气罐（m³）	不完全保证小时数（h）	初投资（万元）	沼气成本（元/m³）	供暖季总产气量（m³）
4000	245000	118	16690.50	25.06	669891
5000	156000	118	10934.75	16.43	844190
6000	80000	117	6037.00	9.07	1019670
7000	42000	120	3647.25	5.49	1198018
8000	26000	116	2709.50	4.08	1379579
8300	21000	117	2414.98	3.64	1434838
9000	12000	122	1903.75	2.87	1563642
10000	3000	119	1428.00	2.15	1747773

通过表 6-12 可知，选择基于供暖季产气量最大的水力停留时间 27d 进行优化，经济效益并没有得到提升，相对于原始水力停留时间 40d，在同样发酵罐有效容积为 8300m³ 时，在水力停留时间为 27d 时，虽然供暖季的总体产气量增加，但是需要更大的储气罐容量才能保证供暖最多不保证 5d。由此可知，为了获得更可靠的供暖保证率，最佳水力停留时间并不是产气量最大的水力停留时间。

结合表 6-11，本节被动式太阳能沼气供暖模型在水力停留时间为 38d 时，供暖保证率最大，以此进一步优化储气罐，如表 6-13 所示。该供暖系统在水力停留时间为 37~41d 时，具有较高的供暖保证率。在水力停留时间为 27d 时，虽然总产气量有所增加，但是在局部时间范围内供暖保证率不高，需要更大储气罐才能保证较高的供暖保证率。其中在水力停留时间为 38d 时具有最佳的供暖保证率，因此可以进一步缩小储气罐容量，提升系统经济性。相对于水力停留时间为 40d，水力停留时间为 38d 可以取得较高供暖保证率与总产气量。

基于水力停留时间沼气供暖系统优化情况　　　　表 6-13

水力停留时间（d）	沼气罐有效容积（m³）	储气罐（m³）	不完全保证小时数（h）	初投资（万元）	沼气成本（元/m³）	供暖季总产气量（m³）
27	8300	21000	117	2414.98	3.64	1434838
38	8300	4000	116	1292.98	1.95	1364696
40	8300	4150	118	1302.88	1.96	1313340

进一步分析在供暖季的实时产气用气与发酵温度可以得到图 6-39，从图中可知，在发酵温度较高的时间段，沼气系统实时产气量在水力停留时间为 27d 时，比水力停留时间为 38d 与 40d 时极大提升，导致其在整个供暖季产气量较高。在供暖季极端天气条件下发酵温度较低时，沼气系统实时产气量在水力停留时间为 27d 时，比水力停留时间为 38d 与 40d 时更低，导致供暖季在极端天气情况下，供暖不完全保证小时增加。沼气系统实时产气在水力停留时间为 38d 与 40d 时区别不大，水力停留时间为 38d 时，在发酵温度较高的时间段相对于水力停留时间为 40d 具有更高的产气量，而在供暖季极端天气条件下发酵温度较低时，实时产气量也不低。因此水力停留时间取 38d 时，沼气供暖系统具有最高的供暖可靠性与经济性。

当沼气用于供暖时，由于冬季沼气产气率较低与供暖需求较大矛盾，因此为了提升沼气系统可靠性，沼气供暖系统应该聚焦于供暖季极端天气、最低环境温度，选择最合适的水力停留时间。通过构建传热模型可以得到实时发酵温度，供暖季连续极端天气最低发酵温度为 23.2℃左右，最佳水力停留时间即为 38d 左右，因此在供暖系统运营时，应选择 38d 左右的水力停留时间，以获得最佳的供暖可靠性。

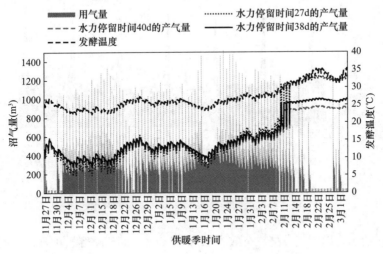

图 6-39　不同水力停留时间沼气供暖系统优化情况

（4）终端太阳能热水耦合沼气供暖策略

为了进一步提升沼气供暖系统经济性，考虑到有效利用冬季太阳能辐射，同时现在农村的太阳能热水器普遍使用，沼气供暖可考虑通过终端与户用太阳能热水耦合的方式提升系统可靠性，如图 6-40 所示。

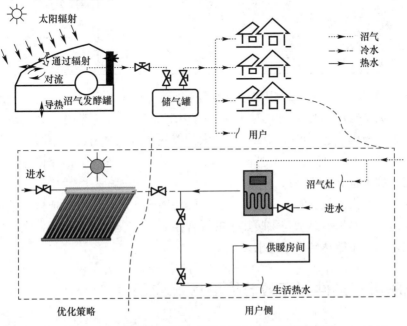

图 6-40　终端太阳能热水耦合沼气供暖系统示意图

利用 TRNSYS 模拟户用太阳能热水器，以中等大小的户用太阳能热水器为例，可以得到实时集热情况。将结果导入沼气供暖系统模型中进行模拟，为了分析，取其中部分时间段产气用气结果，如图 6-41 所示。

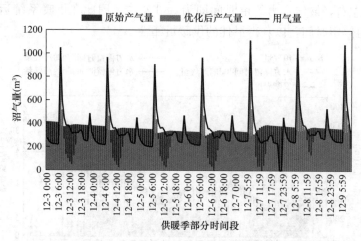

图 6-41　终端太阳能热水耦合沼气供暖产气用气情况

如图 6-41 所示，以沼气发酵罐有效容积为 8300m³、储气罐容量 4150m³ 为例，通过用户侧终端太阳能热水耦合沼气供暖，导致沼气用气量在白天太阳辐射较高时，有所降低。

终端太阳能热水耦合沼气供暖可靠性与经济性　　　　　　　　　　　　表 6-14

	太阳能沼气模式	沼气发酵罐有效容积（m³）	初投资（万元）	不完全保证小时数（h）	沼气成本（元/m³）	供暖季总产气量（m³）
原始规模	沼气供暖系统（S1）	8300	1302.88	118	1.96	1313340
	终端太阳能热水耦合沼气供暖系统（R1）	8300	1302.88	35	2.24	1313340
缩小规模	终端太阳能热水耦合沼气供暖系统（R2）	7200	1136.50	110	2.01	1133457

从表 6-14 可知，由于终端太阳能热水器耦合沼气供暖，用户侧沼气用气量降低，沼气站生产沼气成本有所增加，但是对于用户可以节省部分沼气费用。沼气站为了降低成本，应考虑缩小规模，通过模拟可知，终端太阳能热水器耦合沼气供暖时，沼气发酵罐有效容积可降为 7200m³，储气罐容量降为 3600m³，即可保证 500 户冬季供暖要求，相应的初投资与沼气成本也会有所降低。

对于处于冬季太阳能资源丰富地区且家庭经济困难的用户，可以选择终端太阳能热水耦合，但是需要做好生活热水与供暖热水的混合控制，在夜晚或者阴天，太阳能热水器散热较为严重，水温不能达到供暖要求。

6.4　低压供气条件的高效节能燃气具应用

燃气热水器是利用燃气燃烧所释放的热量，通过热交换器把热量传输给冷水，使冷水加热到所需温度的家用燃气具，具有效率高、出水快、水温调节稳定、可连续使用、结构紧凑、安装方便等诸多优点。当前，燃气热水器技术正在向高安全性、高效率、低排放、大容量及多功能等方面发展。

作为能源消费大国，中国推进新能源的开发利用对经济社会的可持续发展意义重大。随着农村经济的快速发展，农村对能源的消耗也日益增加，因此，沼气作为一项极具应用前景的新能源，其开发利用是解决能源紧张形势下农村能源供应问题的有效举措，其发展受到国家的高度重视。作为环保型燃气热水器（炉），沼气热水器（炉）被认为是农村地区开发利用可再生能源，解决广大农村居民生活用能问题，改善农村生产和生活条件，保护生态环境和巩固生态建设成果的利器。但沼气热水器（炉）工作环境恶劣：农村沼气气压及成分不稳定，水分较多，含硫较高导致燃烧不稳定，此外农村水压也不稳定。因此，生产一台能够长期稳定工作的沼气热水器（炉），需对其燃烧系统和换热系统进行系统设计研究。

6.4.1　全预混燃烧及燃烧模拟分析

全预混燃烧是在部分预混燃烧的基础上发展起来的。全预混燃烧是指燃气和空气在着火前按化学当量比混合均匀，设置专门的火道，使燃烧区内保持稳定的高温，燃气-空气混合物到达燃烧区后能在瞬间燃烧完毕，火焰很短甚至看不见。

全预混沼气热水器系统主要由 3 个系统构成：一是进行沼气燃烧放热的燃烧系统；二是进行热量交换的冷凝换热器；三是负责维持热水器安全运行的控制系统，实现空燃比在不同负荷以及沼气压力变化条件下保持一致，以保证燃烧稳定，不易出现脱火、熄火等现象。开发的沼气全预混燃烧器，通过风机调节适应沼气压力波动，适应低压供气条件的定量范围不低于 400Pa 的情况，满足热效率 90% 以上。

首先，先通过软件建模，模拟沼气热水器内部燃烧器情况，研究过剩空气系数、甲烷浓度变化以及功率变化产生的影响。

（1）模型构建及组成

实验所用沼气炉为全预混燃烧器，通过使用变频风机将所需燃气与空气（过量空气系数 >1）在进入燃烧室之前预先进行充分混合，然后再进入燃烧室内进行燃烧。这种方式避免了传统燃烧器中可能出现的燃烧压力、燃烧室结构等因素对过量空气系数产生的影响，从而能够使过量空气系数更容易被控制、更稳定。为达到设计效果，必须首先确定变频风机内部燃气与空气的混合比，因此采用软件模拟的方法，研究最适合与这种沼气炉的燃气与空气混合比是首要目标。

使用 CHEMKIN 模拟软件对该沼气炉进行模型，模型如图 6-42 所示：

沼气炉的 CHEMKIN 模型中，进气口为空气、CH_4、CO_2。使用 CH_4 和 CO_2 模拟沼气，同时可以对沼气的不同组分进行调节。通过变频风机可以调整空燃比，混合气体在燃烧室内燃烧，分析其燃烧情况和温度，然后对其烟气成分进行分析。

（2）沼气热水炉内燃烧情况模拟

沼气成分复杂，受不同来源原料和发酵工艺影响，沼气中 CH_4 含量不同。通过对沼气热水炉内燃烧温度和排放情况进行模拟，图 6-43 为 $40\% CO_2 + 60\% CH_4$ 组分下，沼气热水炉燃烧温度分布和 CO 生成区域。

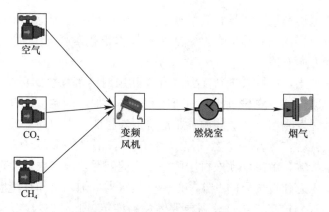

图 6-42　沼气炉的 CHEMKIN 模型

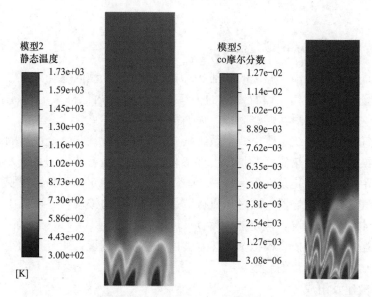

图 6-43　$40\%CO_2+60\%CH_4$ 组分下沼气热水炉燃烧温度（左）和 CO 生成区域（右）

由图 6-43 可以看出，$40\%CO_2+60\%CH_4$ 组分下的沼气，燃烧完全后温度达到了 1730℃，一氧化碳生成量为 3.08×10^{-6}（摩尔分数）。

（3）过剩空气系数的影响

在沼气炉额定功率下，当沼气配比为 $80\%CH_4+20\%N_2$ 时，不同过剩空气系数下，所排放的污染物如图 6-44 所示：

由图 6-44 可知，CO 浓度随着过剩空气系数的增大呈现先减小后增大的趋势。过剩空气系数在 1 附近时，O_2 仅刚好完全燃烧，此时会由于氧原子与碳原子分布不均匀，导致 CO 较多，随着过剩空气系数的增大，火焰中氧原子浓度增大，CO 浓度就会迅速下降，并在过剩空气系数为 1.3 时达到最低值。在过剩空气系数大于 1.3 以后，随着供给的空气量继续增加，火焰温度下降，不利于 CO 转化成 CO_2，且燃烧产生烟气量增多，烟气在高温区停留时间短，CO 来不及被氧化，因此过剩空气系数大于 1.3 以后，CO 浓度会缓慢增大。

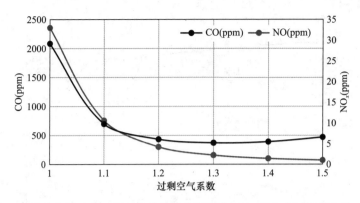

图 6-44　污染物排放随过剩空气系数的变化规律（100％负荷，甲烷含量 80％）

而随着过剩空气系数的增大，NO_x 呈现着一直减小的趋势。这是由于 NO_x 的生成与燃烧温度、停留时间相关，过剩空气系数的增大会降低燃烧温度，并减少其停留时间，因此 NO_x 浓度随过剩空气系数增大而减小。因此，当过剩空气系数为 1.3 左右时，能保证污染物的生成处于较低水平。

（4）甲烷浓度变化的影响

由于农村用沼气中，甲烷含量并不是固定的，因此在沼气热水炉的研发中，有一项重点是沼气热水炉在不同组分下的燃烧情况，因此，根据不同甲烷与氮气的配比，来模拟沼气中可燃组分的含量，模拟结果如图 6-45 所示：

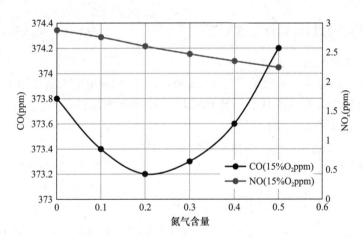

图 6-45　污染物排放随沼气组分的变化规律（100％负荷，过剩空气系数为 1.3）

由图 6-45 可知，在不改变沼气热水炉功率的情况下，污染物排放会有略微改变，因此可以确定沼气中不可燃气体对污染物的生成的影响极小。

（5）功率变化对燃烧工况的影响

由于季节变化、人员变动等影响，农村的沼气池的输出压力会有波动，有时会出现输出压力较小的情况，因此沼气热水炉需要适应沼气的压力波动，在沼气压力较小时也可以燃烧，也就是说沼气炉在负荷较小时，也需要对其燃烧情况进行模拟，模拟结果如图 6-46所示：

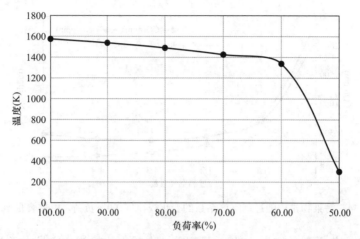

图 6-46　燃烧温度随负荷率的变化规律（甲烷占沼气的 80％，过剩空气系数为 1.3）

由图 6-46 可知，随着负荷率的降低，燃烧温度下降，而当负荷率到 50％时，沼气热水炉会停止工作。由此可以看出，在不改变其他条件时，全预混燃烧方式的燃烧负荷不宜过低。

综上所述，过剩空气系数取 1.3 左右是比较理想的情况，CO 和 NO_x 的排放都处于较低水平。沼气中的不可燃气体如氮气的比例变化，对污染物的排放影响较小。当沼气的压力逐渐减小，沼气热水炉的负荷率会逐渐降低，如果负荷率降到 50％，沼气热水炉可能会停止工作，因此其燃烧负荷不宜过低。

6.4.2　沼气热水炉燃烧器设计与性能测试

（1）沼气热水炉燃烧器设计

燃烧器、换热器与控制系统是沼气热水炉的核心，对适用于农村低压沼气的热水炉燃烧器头部、燃烧模块、换热模块、循环水模块、控制模块等进行了设计，并对其点火过程、低压沼气波动控制等进行了研究。

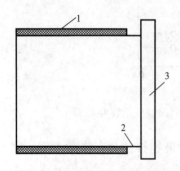

图 6-47　燃烧器头部结构示意图
1—金属纤维多孔介质；2—多孔支撑板；
3—燃气空气混合物入口

1）燃烧器头部设计

结合已经确定的换热系统的结构形式，采用金属纤维筒形燃烧器，其头部结构如图 6-47 所示。头部结构由金属纤维多孔介质、多孔支撑板燃气空气混合物入口等部分组成。设计合理的燃烧器头部应使燃烧均匀，没有明显的暗区和亮区。

2）燃烧器燃烧模块设计

本套冷凝式沼气全预混两用炉中，燃烧模块是整台机器的中心，燃烧的快速稳定直接决定了用户使用的放心和舒心。燃烧模块方面，现在主流暖浴两用炉大多采用全预混燃烧，即燃气与空气在进入燃烧室前充分混合，由于燃烧速度不再受限于气体扩散速度等条件制约，燃烧速度快、燃烧效率高。在引射方式上，因为沼气热值相较于天然气低，为保证燃烧器热负荷不变，其燃气流量要相应的增大，同时由于沼气压力较低，单靠自身压力引射，燃气进口管道截面积要做得很大，因此采取强制鼓风的方式，通过在空气侧加装风机让空气引射燃气。相较于靠燃气自身压力引射空气的引射式，强制鼓风更加适合大功率沼气燃烧器，在不改变管道尺寸的同时，通过控制PWM直流风机风扇转速即可控制引射压力，同时具有一定的负荷调节能力。

3）燃烧器换热模块设计

本套冷凝式沼气全预混两用炉换热模块为双换热器＋电动三通阀、冷凝式换热、同轴式烟道组合。在燃烧的各个阶段全方位提高热量的利用。

① 双换热器＋电动三通阀

本套设备采用双换热器＋电动三通阀结构。控制逻辑是按照模式指令调控电动三通阀，热水模式下三通阀切断供暖回路，打开板换通路，供暖回路的供暖热水通过板式换热器对生活用水进行加热；供暖模式下，切断板式换热器通路，供暖水不流经板式换热器。生活用水侧不直接与主换热器换热，根据使用需求与供暖水换热，可以避免洗浴水出水温度过高而导致的烫伤，使用户体验良好。

② 冷凝式换热器

主换热器为冷凝式换热器时，相较于传统换热器，其可以更好地利用燃烧后烟气的水蒸气潜热，进一步提高热效率，同时也可以节约能源。为了更好地利用水蒸气潜热，冷凝式换热器的设计思想侧重于增加换热的距离以及应对烟气冷凝水对于管道的腐蚀。针对上述两点设计原则，市面上主流的冷凝式换热器一般有两种结构形式：第一种是整体式换热器，如果采用这种形式，换热器的换热面积大小要保证过热蒸汽产生凝结，换热器的材料应抗腐蚀；第二种是分段式换热器，其中一个是普通换热器，另一个是冷凝式换热器，两者的材料可以不同，但冷凝式换热器的材料应可以抗腐蚀，这种结构的换热器适合在原型的基础上开发。冷凝式换热器与常规的换热器不同，特殊的换热器结构形式与制作工艺是冷凝式换热器的一个重要特点，在设计思路上也有非常大的差异。

③ 同轴式烟道

本套设备增加同轴式烟道，排出的烟气与进口空气进行热交换，进一步提高热效率。其结构虽然简单，但是其可以通过将温度依旧较高的烟气与进口温度较低的空气进行最后的热交换，提高热量的利用。

4）燃烧器循环供水模块设计

本套设备作为暖浴两用炉，可以实现供暖功能，为了使用户体验良好，本设备自带水泵，方便用户直接对接供暖线路。同时由于集成在两用炉中，可以节约综合设备体积。

5）燃烧器控制模块设计

本套冷凝式沼气全预混两用炉控制模块负责整个供暖过程的调控，主要控制项为点火控制、低压空燃比控制。

① 点火控制

两用炉点火控制分为卫浴模式和供暖模式。依照不同的模式有不同的点火策略，两者的区别主要集中在智能三通阀的调控上。

卫浴工作：开机——进自来水（优先启动卫浴模式）——水流传感器启动（板式换热器水泵同时启动）——风机启动——风压开关动作——脉冲点火——气阀打开燃烧——检火针工作——正常燃烧。

供暖工作：开机——供暖模式启动——压力开关动作——水泵启动——风机启动——

风压开关动作——脉冲点火——气阀打开燃烧——检火针工作——正常燃烧。

两用炉的点火部分，由于本机为全预混沼气燃烧器，燃烧方式和气源性质决定了燃烧过程中容易出现回火现象，因此需要反馈控制系统监测燃烧情况并进行动态调整。整套系统需要多种传感器：风压开关、全预混燃气阀、紫外火焰探测器、烟气温度探测器、氧传感器以及控制主板。

燃气和空气的混合物有一定浓度范围的爆炸极限。为了防止爆炸，确保燃烧器的安全运行和操作人员的安全，需要在燃烧自动控制系统中设置"前吹扫"和"后吹扫"以及熄火保护措施等安全控制环节。"前吹扫"是指向燃烧室供给燃气并在点火器点火前，先启动风机，将燃烧室可能残存的燃气驱走。"后吹扫"是指在燃烧器每次燃烧结束后，风机继续运转，使残余的可燃气体全部排出燃烧室。同时设置火焰熄火保护装置，一旦燃烧器火焰熄灭，马上切断燃气供应，并采取吹扫措施，消除爆炸或者燃气泄漏的隐患。经过吹扫之后，燃气阀打开，燃气与空气的混合物进入燃烧室，燃烧器点火。

在整个点火过程中，各重要传感器功能如下：

风压开关：风压开关作为一种压力探测元件，可检测系统管道压力，依据位置不同分为空气压力开关和燃气压力开关。当风机故障，导致空气压力达不到设定值时，空气压力开关会向程序控制器传递信号，系统立即停止工作，防止没有空气情况下燃气外泄，发生意外事故；当风机转速远大于设定值时，混合气流量迅速增大，为防止发生脱火现象，空气压力开关也会向程序控制器传递信号。燃气压力开关主要监测燃气泄漏情况。

紫外火焰探测器：紫外火焰探测器通过检测火焰的紫外辐射，温度越高，紫外辐射越强。同时紫外光电管灵敏度高，能够及时探测到火焰（器壁不会发出短波辐射，故不会造成干扰）；即使是无焰燃烧，紫外光电管也能检测燃烧过程中发出的紫外线。

② 低压空燃比控制

对于沼气，其在实际供应中，压力相较于天然气来说较低，且不稳定，这对于全预混燃烧来说是较为危险的，空燃比的控制是保证稳定燃烧的重要因素，因此需要可靠的空燃比稳定系统。零压阀-空气引射燃气系统是一种很好的解决方案。

零压阀-空气引射燃气系统：

全预混沼气热水器的沼气供给系统由文丘里式混合器与零压阀组成，保证热水器在不同负荷及沼气压力下空燃比一致。零压阀集成了过滤器、双电磁阀、零压调压器以及手动流量调节阀等功能。由于零压阀薄膜上方空间与大气相通，实现了沼气出口为零压（与大气压力一致），克服了沼气压力波动对空燃比的影响。脉冲宽度调制（Pulse Width Modulation，PWM）风机运行时入口处产生负压，空气与沼气进入文丘里式混合器。一定的混合器几何结构，可以保持不同工况下空燃比一致，而零压阀上的手动流量调节阀可以实现空燃比的微调，以满足全预混燃烧对燃气热值的要求。其工作原理如图6-48所示。

控制原理为：

零压阀内膜片结构使得：

$$P_g = P_a \tag{6-2}$$

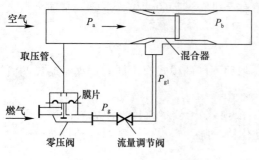

图 6-48　零压阀工作原理

空气通道和燃气通道的流动关系分别为：

$$L_a = K_a A_a \sqrt{P_a - P_b} \tag{6-3}$$

$$L_g = K_g A_g \sqrt{P_{g1} - P_b} \tag{6-4}$$

流量调节阀产生的压降：

$$\Delta P_t = P_g - P_{g1} = \zeta_t \frac{\rho_g L_g^2}{2 A_t^2} \tag{6-5}$$

式中，P_g、P_{g1}——流经流量调节阀前后的压力（Pa）；

$\qquad \zeta_t$——流量调节阀的局部阻力系数；

$\qquad A_t$——流量调节阀阀口流通面积（m^2）；

$\qquad \rho_g$——燃气密度（kg/m^3）。

令 $\dfrac{1}{S^2} = \dfrac{\zeta_t \rho_g}{2}$，上式化为：

$$\Delta P_t = P_g - P_{g1} = \zeta_t \frac{\rho_g L_g^2}{2 A_t^2} = \frac{L_g^2}{S^2 A_t^2} \tag{6-6}$$

则，燃气通道的总压降：

$$P_g - P_b = (P_{g1} - P_b) + \Delta P_t = \frac{L_g^2}{S^2 A_t^2} + \frac{L_g^2}{K_g^2 A_g^2}$$

则燃气流量：

$$L_g = \sqrt{\frac{P_g - P_b}{\dfrac{1}{S^2 A_t^2} + \dfrac{1}{K_g^2 A_g^2}}} \tag{6-7}$$

联立式得：

空燃比：

$$\beta = \frac{L_a \rho_a}{L_g \rho_g} = C_1 K_a A_a \sqrt{\frac{1}{S^2 A_t^2} + \frac{1}{K_g^2 A_g^2}} \tag{6-8}$$

零压阀结构保证了空燃比的稳定，对于压力的稳定需要靠风机实现。风机在系统中的作用是为空气提供一定的压力。风机的叶轮旋转为空气流动提供了能量，使得空气被源源不断地输入混合器中，对燃气进行引射。风机的功率大小直接影响到燃烧器使用过程中燃烧热负荷的大小，通过调节风机的转速，可以获得不同的风机功率，进而对燃烧器的热负荷进行调节。

采用组合式比例阀调节燃气空气比例，其执行结构和控制电路是一体的，外形如图 6-49 所示，其调节原理如图 6-50 所示。

选取一种高压引射器的简化混合器形式，由于进入混合器的空气和燃气压力相同，固定的混合器

图 6-49　组合式比例阀

结构能够维持不同工况下空气和燃气的流量比一致。为减小设备体积，采用风机上游混合式，燃气-空气混合器安装在风机吸入口处。混合器结构如图 6-51 所示，风机运行时，在入口处形成负压，燃气依靠自身压力和入口空气负压的双重作用进入燃气-空气混合器，初步混合后进入风机。风机、混合器、电磁阀装配关系图如图 6-52 所示。

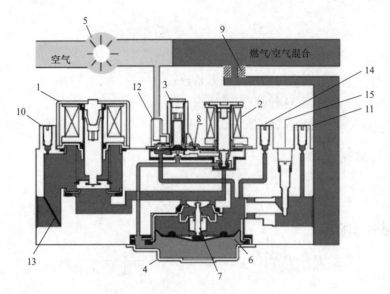

图 6-50 组合式比例阀的调节原理

1—主切断阀；2—导阀；3—燃气空气比例调节螺丝；4—燃气入口压力调节器；5—风机；6—主调节膜片；
7—二级切断阀（调节螺栓）；8—伺服膜片；9—燃气喷嘴；10—入口取压孔；11—出口取压孔；
12—空气测压管连接孔；13—过滤器；14—燃气压力比例控制器；15—燃气出口主切断阀

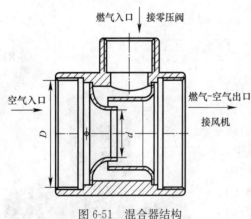

图 6-51 混合器结构

图 6-52 风机、混合器、电磁阀装配关系图

1—风机；2—混合器；3—电磁阀；4—空气入口；5—燃气入口

（2）沼气炉性能测试

参照《燃气供暖热水炉》GB 25034—2020、《冷凝式燃气暖浴两用炉》CJ/T 395—2012和《城镇燃气分类和基本特性》GB/T 13611—2018 等标准对设计的沼气炉进行性能测试。

全预混沼气炉的测试实验由两部分组成，首先在理想状态下（即任意控制风机占空比和燃气比例），仅针对燃烧器本身进行测试，通过实验验证理论分析与模拟分析得到最佳过剩空气系数。通过调节燃气比例阀的开度，获取不同空燃比下的过剩空气系数与污染物排放，根据获得的数据找出最佳的过剩空气系数，然后保持该过剩空气系数不变，在一定的燃气流量范围内（即热水炉的不同负荷），进行性能测试。

1）最佳过剩空气系数测试

保持风机在最大占空比，调节燃气比例阀，得到不同过剩空气系数下的污染物排放情况，如图 6-53 所示。

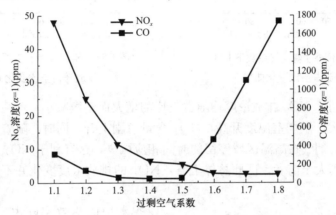

图 6-53　烟气 CO、NO_x 排放随过剩空气系数变化曲线

由图 6-53 可以看出，CO 的容积成分随过剩空气系数的变化呈 U 形变化，NO_x 的含量随过剩空气系数的增加而减小。过剩空气系数在 1.3～1.5 时，NO_x 的含量在 15ppm 以内，CO 的含量在 70ppm 以内。

燃烧过程中 CO 是 CO_2 的必然产物，因此降低烟气中的 CO 浓度的方法，并不是去抑制 CO 的生成，而是提供合适的条件，促使 CO 快速完全的转化成最终产物 CO_2。促使 CO 转换为 CO_2 的有效条件是提高火焰的温度，延长烟气的停留时间。由本试验得到的数据可知，当 $\alpha=1.1$ 时，空气与燃气的比例接近化学计量比，因此火焰温度很高，这有利于生成 CO；随着 α 的增加，烟气中的氧含量增加，这促进 CO 转换成 CO_2，因此 CO 的溶度有所下降，在 $\alpha=1.5$ 的达到最小。之后，随着 α 的进一步增大，烟气量也相应增多，过多的烟气将带走大量热量造成烟气温度下降，同时烟气停留时间也将缩短，这不利于 CO 转换成 CO_2，因此 CO 溶度开始迅速增高。NO_x 的生成量在很大程度上取决于温度，当温度较低时 NO_x 的生成速度减慢。随着烟气中含氧量不断增多，燃烧区温度下降，使得 NO_x 生成量减少。由图可知，剩空气系数在 1.3～1.5 时，污染物排放都可以接受。

进一步比较了不同热负荷下的污染物排放及热效率情况，以确定最佳的过剩空气系数。过剩空气系数分别为 1.3、1.4、1.5 时，不同占空比下的污染物排放情况如图 6-54 和图 6-55 所示。

由图 6-54 可见，不同过剩空气系数下，CO 排放浓度均随占空比的增大而增大，这是因为随着占空比增大，燃气-空气混合物的供给量增大，燃烧强度增加，燃烧室温度升高，这有利于 CO 的生成。同时，随着占空比增大，混合气体流量加大，烟气在高温区停留的时间相应减少，这不利于 CO 进一步转化为 CO_2。因此，总的趋势是随着占空比的增大，CO 含量呈上升趋势，但排放量都很低，在 70ppm 以下。

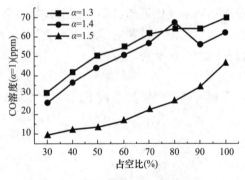

图 6-54　不同过剩空气系数下 CO
排放随占空比变化曲线

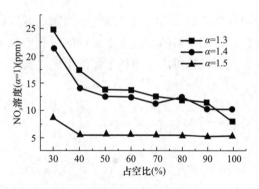

图 6-55　不同过剩空气系数下 NO_x
排放随占空比变化曲线

由图 6-55 所示，NO_x 排放浓度均随占空比的增大而略微减小，可视为不变。这是因为随着占空比增大，燃烧室温度升高，NO_x 含量急剧上升，同时，随着占空比增大，混合气体流量增大，烟气在高温区域停留的时间相应减少，这有利于 NO_x 含量的下降。但后者的影响因素稍大于前者。因此总体上看，NO_x 的排放浓度变化并不明显，呈稍微下降趋势。

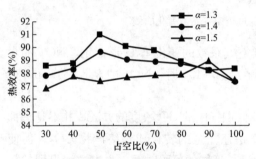

图 6-56　不同过剩空气系数下热效率
随占空比变化曲线

热水炉的热效率随占空比变化情况如图 6-56 所示。由图可以看出，随着过剩空气系数增大，热效率有下降的趋势。这是因为，随着过剩空气系数增大，过剩空气增多，相同热负荷下，空气带走的热量更多，使烟气温度下降，造成烟气与水的温差减小，不利于换热。因此整体上看，随过剩空气系数增大，热效率下降。在过剩空气系数不变的情况下，效率的影响因素主要有两方面：一方面，随着占空比增大，燃烧强度增强，这提高了烟气与水的温差，有利于热效率的提高；另一方面，随着占空比的增大，空气量增多，烟气在换热器内停留的时间减少，这不利于热效率的提高。这两方面因素在不同阶段对热效率的影响程度不同，因此造成热效率随占空比的变化曲线呈倒 U 形。同时我们可以推测，由于烟气在换热器内的停留时间与换热器的结构有关，所以不同结构的换热器最高热效率出现时的占空比也有所不同。

实际使用中两用炉功率较大，通常不会在满负荷下运行，此时 $\alpha=1.3$ 的热效率明显高于其他两组，结合污染物排放情况及热效率情况，选择过剩空气系数最佳为 1.3。

2）性能测试

首先，改变燃气流量，测试两用炉的热输入能力。两用炉热输入能力如表 6-15 及图 6-57 所示。

然后分别调节两用炉为供热水和供暖工况，改变燃气流量，测试两种工况下的热效率。供热水热效率由表 6-16 和图 6-58 所示，供暖热效率由表 6-17 和图 6-59 所示。

根据实验测试结果，作者研制的冷凝式沼气暖浴两用炉的供热水热效率（88%～90%）

两用炉热输入计算表 表6-15

测试时间（s）	进气压力（kPa）	燃气流量（m³）	热输入（kW）
60	3.5	0.048	15.790
60	3.8	0.040	13.199
300	3.8	0.158	10.430
120	3.8	0.074	12.209
120	3.8	0.073	12.044
120	3.8	0.088	14.519

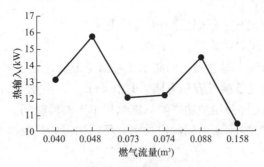

图6-57 两用炉热输入能力

两用炉供热水热效率计算表 表6-16

燃气流量（Nm³）	自来水进水温度（℃）	热水出水温度（℃）	热水质量 M_1（kg）	热水质量 M_2（kg）	热水修正后质量（kg）	热水热效率（%）
0.023	15	28	7.00	6.998	7.002	88.74
0.048	12	37	7.78	7.775	7.785	90.91
0.088	15	43	12.50	12.495	12.505	89.21
0.074	15	41	11.20	11.119	11.281	88.87
0.088	15	44	12.00	11.999	12.001	88.68

两用炉供暖热效率计算表 表6-17

测试时间（s）	燃气流量 N（m³）	循环水流量（m³/h）	供水温度（℃）	回水温度（℃）	供暖热效率（%）
60	0.048	3.26	57.9	26.5	79.85
300	0.158	3.36	70.0	50.0	77.25
60	0.034	3.20	66.0	43.0	80.86
120	0.073	3.27	67.0	43.0	80.26

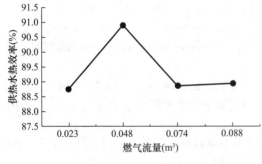

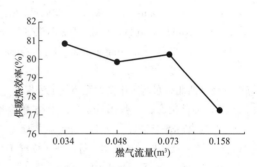

图6-58 两用炉供热水热效率　　　　　图6-59 两用炉供暖热效率

要高于供暖热效率（80％），即冬季模式的供暖热效率低于夏季模式的供热水热效率。由于样机采用板式换热器＋三向阀的结构，即燃烧器加热的回路分两个支线，通过三向阀进行切换，其中一个接供暖回路，另一个与洗浴热水进行换热。在供暖热效率测试过程中，由于未使用洗浴热水，试验气燃烧产生的热量全部用于加热供暖回路的循环热水。经分析，由于供暖回路的供、回水温度采用两个 K 型热电偶测温，且测点布置离热水出水口和回水进水口距离均较远，即测得的供水温度低于两用炉的实际出水温度，测得的回水温度要高于两用炉的实际进水温度，使得供回水温差（$t_2 - t_1$）变小，从而导致实验测试供暖热效率偏低。

与此同时，两用炉样机经测试还存在如下问题：

① 样机点火时会出现轰鸣声；

② 夏季热水模式出热水时会出现回路水压降低至最低设定值并导致熄火；

③ 由于一次配置沼气试验气容积有限，只有 $5m^3$，可供燃烧时间只有 1h 左右，且沼气的热值比较低，为了维持两用炉功率，只能缩短单次测验时间。

因此，实际上每次实验均未达到额定功率，所以测得的热效率会比实际可达到的热效率低。

参考文献

［1］ Nguyen D, Khanal S K. A little breath of fresh air into an anaerobic system：How microaeration facilitates anaerobic digestion process ［J］. Biotechnology advances，2018，36（7）：1971-1983.

［2］ Song C, Li W, Cai F, et al. Anaerobic and microaerobic pretreatment for improving methane production from paper waste in anaerobic digestion ［J］. Frontiers in Microbiology，2021，12：688290.

［3］ Shrestha S, Fonoll X, Khanal S K, et al. Biological strategies for enhanced hydrolysis of lignocellulosic biomass during anaerobic digestion：Current status and future perspectives ［J］. Bioresource Technology，2017，245：1245-1257.

［4］ Jiang G, Zhou M, Chiu T H, et al. Wastewater-enhanced microbial corrosion of concrete sewers ［J］. Environmental Science & Technology，2016，50（15）：8084-8092.

［5］ Fu S F, Wang F, Yuan X Z, et al. The thermophilic（55℃）microaerobic pretreatment of corn straw for anaerobic digestion ［J］. Bioresource Technology，2015，175：203-208.

［6］ Fu S F, Wang F, Shi X S, et al. Impacts of microaeration on the anaerobic digestion of corn straw and the microbial community structure ［J］. Chemical Engineering Journal，2016，287：523-528.

［7］ Mathews S L, Pawlak J, Grunden A M. Bacterial biodegradation and bioconversion of industrial lignocellulosic streams ［J］. Applied Microbiology and Biotechnology，2015，99：2939-2954.

［8］ Shi H, Xu D, Zhu H, et al. TRANSYS Simulation of intergrated solar and ground source heat pump for biogas digester heating system ［J］. Transactions of the Chinese Society for Agricultural Machinery，2017，48（8）：288-295.

［9］ 马虎. 西北高寒地区建设大型沼气工程探讨 ［J］. 可再生能源，2008，26（4）：113-115.

［10］ 庞凤仙，崔彦如，张永锋，等. 北方寒冷地区沼气池增保温研究 ［J］. 安徽农业科学，2010，（31）：17836-17837.

［11］ 刘建禹，贺佳贝，杨胜明，等. 寒区沼气工程地下水源热泵加热系统能效分析 ［J］. 农业工程学报，2018，34（5）：191-195.

［12］ 赵亚杰，王黎明，郭志江. 基于寒区沼气池增温技术的研究 ［J］. 黑龙江八一农垦大学学报，

2010，22（6）：23-26.

［13］王晓超，贺光祥，邱凌，等．太阳能热管加热系统在沼气工程中的应用［J］．农机化研究，2008，（7）：204-207.

［14］寇巍，郑磊，曲静霞，等．太阳能与发电余热复合沼气增温系统设计［J］．农业工程学报，2013，29（24）：211-217.

［15］魏兆凯，刘凯，王晓洲．沼气池太阳能增温技术研究［J］．农机化研究，2009，5：212-216.

［16］杨樱，葛晶晶，刘凯荣．中国沼气工程技术研究［J］．现代农业科学，2009.

［17］Li R，Zhu D，Du J，et al．Current situation and analysis of thermal insulation technology in southern and northern biogas projects［J］．Jiangsu Agricultural Sciences，2015，43（6）：390-393.

第

7

章

多元混合生物质成型燃料高效联供技术

7.1 西北地区多元混合生物质原料特征

7.1.1 沙柳和柠条资源特性分析

沙柳、柠条是西北沙化地区广泛种植的落叶灌木，其特点是生命力强，具有极强的耐寒、耐旱能力，并且耐贫瘠，再生能力强，生命周期长。灌木种植常用作保持水土、防风固沙，还可以调节微气候，有效地改善生态环境。沙柳和柠条的平茬产物是很好的生物质原料，如图 7-1 所示。

沙柳　　　　　　　　　　　　　　柠条

图 7-1　西北地区典型生物质原料种类

沙柳和柠条的平茬产物能量密度高、收集和运输不方便，与稻草相比，具有"两高一低"特性，即高热值、高落灰点、低有害物。而且，林木能量密度远高于稻秆，特别是可通过定向培育进一步增加其能量密度，有利于大规模能源化利用。

据测算，生长 5 年的沙生灌木平均每公顷产量为 6～8t。由此计算得出新疆、内蒙古、甘肃 3 省的年沙生灌木平茬总生物量理论值分别为 0.28 亿～0.37 亿 t、0.42 亿～0.57 亿 t、0.21 亿～0.28 亿 t，共 0.91 亿～1.21 亿 t。由此可见，西北地区沙柳和柠条生物质储量丰富。

7.1.2　生物质菌渣原料特性分析

用单一的沙柳或柠条制作生物质颗粒成型的压力较高，导致单位质量能耗较高，时常需要较高温度和较大压力才能达到预期的成型效果，而较高的能耗制约了相关林用废弃物的再利用。为了克服单一生物质成型的不足，采用农林混配配料的思路来解决单一沙柳或柠条的制粒缺点。

菌渣有食用菌菌渣（也称菌糠）和制药生产过程产生的抗生素菌渣，两者都是生产过程中产生的废弃物，相同点是有机物含量高、都可以再利用，但是再利用的工艺和成本不同。

食用菌栽培的原料主要为各种农林业、畜牧业废弃物和林木资源，其中秸秆、棉籽壳、木屑、禽畜粪便、稻壳、麦麸、米糠等占98%～99%，以及少量矿质辅料（占1%～2%），如石灰、石膏等（成分见表7-1）。由此可见，菌渣作为农业废弃物，其主要成分为纤维素、半纤维素和木质素。菌渣废弃物的有效利用成为当今环境和能源领域争论的热点话题，科学环保地实现生物质能源资源化利用具有重要的现实意义。

各种食用菌基料成分配比

表 7-1

菌渣名称	木屑	麸皮	棉籽	玉米芯	碳酸钙
香菇	65%	23%	—	11%	1%
金针菇	73%	25%	—	1%	1%
杏鲍菇	61%	20%	—	17%	2%
草菇	40%	21%	35%	—	4%
大球盖菇	80%	—	5%	10%	5%
平菇	50%	15%	—	30%	5%
姬菇	30%	15%	—	50%	5%
黑木耳	95%	—	—	4%	1%

菌渣作为生物质原料与其他生物质混配，可以降低成型的压力，提高成型颗粒的机械强度并增加抗粉化率，但是菌渣作为单一的生物质制粒其热值偏低，菌渣和常用生物质原料的分析见表7-2。

菌渣及常用生物质原料元素分析、工业分析及低位热值

表 7-2

原料	元素分析（%）					工业分析（%）				低位发热量（MJ/kg）
	C	O	H	N	S	Mad	Aad	Vad	FCad	
稻草	38.52	39.28	7.13	0.79	0.29	8.11	11.18	79.92	5.29	14.77
金针菇	41.58	37.18	5.82	1.12	0.04	4.11	13.23	79.14	13.52	13.41
香菇	40.55	37.24	5.72	1.11	0.05	4.35	14.12	77.82	14.71	12.77
黑木耳	45.97	39.31	5.27	0.45	0.02	7.82	2.15	75.55	15.48	18.13
庆大霉素渣	47.47	37.57	5.84	9.01	1.13	3.48	11.99	27.24	58.29	24.58
链霉素渣	29.27	70.87	5.20	3.92	0.75	8.75	30.54	47.49	13.32	17.14
青霉素渣	44.88	42.15	7.27	5.93	0.77	3.01	8.04	79.71	9.34	18.03
松木屑	48.78	44.07	7.78	0.01	0.47	4.21	0.37	82.32	13.10	18.02

根据中国食用菌协会数据统计，我国食用菌产量由 1978 年的 5.8 万 t 增加到 2020 年的 4000 万 t，增长了近 700 倍，产量、出口均占全球 70% 以上，成为世界第一食用菌生产和出口大国，其中 6 大主栽食用菌产生的菌渣产量（干重）约为 1800 万 t。

根据中国食用菌协会 2020 年西北地区各省市食用菌的产量统计：陕西 132.62 万 t、甘肃 40.48 万 t、新疆 8.21 万 t、青海 0.74 万 t、宁夏 0.86 万 t、内蒙古西部 52.90 万 t，合计 235.81 万 t。按照生物学效率 0.4 计算，可以估算西北地区的菌渣总量为 589.5 万 t。但是菌渣的综合利用率不到 40%，这不仅会造成资源的极大浪费，还会带来环境问题。目前，菌渣的价格因成分不同而异，市场价每吨仅为 35~100 元。可见食用菌菌渣赋存量大、获取方便，是混配料优先选用的原料。

7.1.3 各生物质原料热值对比

西北地区典型生物质原料元素分析、工业分析及低位热值如表 7-3 所示。

各生物质原料元素分析、工业分析及低位热值 表 7-3

原料	元素分析（%）					工业分析（%）				低位发热量（MJ/kg）
	C	O	H	N	S	Mad	Aad	Vad	FCad	
柠条	47.29	39.44	7.07	1.91	0.18	7.17	11.18	75.92	5.29	18.28
沙柳	53.19	40.93	7.43	0.31	0.14	5.10	4.79	83.07	17.93	19.33
小麦秸秆	42.11	40.51	7.53	0.58	0.32	8.73	12.45	73.97	14.97	17.57
玉米秸秆	42.17	33.20	5.45	0.74	0.12	10.30	4.10	79.40	17.20	17.85
菌渣	40.55	37.24	5.72	1.11	0.05	4.35	14.12	77.44	14.71	12.77
花生壳	45.90	42.79	7.74	1.17	0.18	9.37	12.15	71.47	17.85	18.72
烟煤	73.78	10.08	3.97	1.13	0.97	2.83	20.08	28.33	49.08	34.00
沙柳-小麦秸秆	45.77	40.25	7.52	0.48	0.27	7.38	9.77	79.72	15.87	17.31
沙柳-玉米秸秆	45.38	35.42	5.81	0.59	0.13	8.48	4.27	73.21	17.78	17.50
沙柳-菌渣	44.31	37.43	5.99	0.83	0.08	4.55	10.87	71.92	5.99	14.80

7.2 生物质颗粒形态优化设计技术

7.2.1 生物质颗粒静态堆积特性与阻力特性研究

生物质成型燃料具有能量密度高、燃烧方便、易于储存和运输等优点，是一种可满足农村居民炊事和取暖需求的清洁燃料。

直径、长径比作为成型颗粒燃料的主要形态参数，其取值会直接影响到床层堆积空隙率，而空隙率是表征颗粒堆积状态最常用的参数，也是描述燃烧过程中传热和传质的关键性参数，与着火性能、燃尽性能等燃烧特性紧密相关。

本节介绍运用实验测试与 DEM＋CFD 软件模拟技术，研究生物质颗粒燃料在典型户用生物质炉膛中静态随机填充的堆积特性与阻力特性的方法和过程，就形态参数、物性参数对堆积空隙率的影响规律、形态参数对空气流动阻力的影响规律进行分析。

（1）生物质颗粒静态堆积特性实验研究

1）实验方法及材料

堆积颗粒均为松木加工成的圆柱状生物质颗粒燃料，根据粒径分为图 7-2 所示两大类：①直径 6mm，长径比 AR 分别为 2、3、4 的颗粒，密度为 1100kg/m³；②直径 10mm，长径比 AR 分别为 2、2.5、3 的颗粒，密度为 900kg/m³。

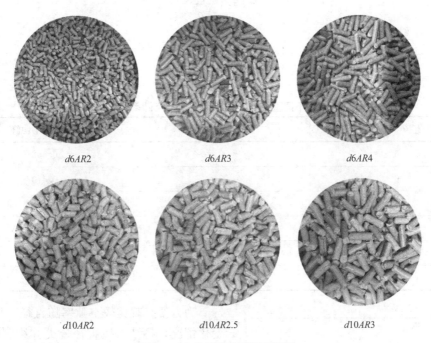

d6AR2	d6AR3	d6AR4
d10AR2	d10AR2.5	d10AR3

图 7-2　实验用生物质燃料颗粒

堆积装置由倾倒容器和堆积容器两部分组成：倾倒容器是圆柱状玻璃瓶；堆积容器是 PC 材质量杯，量程 5000mL，高 255mm，直径 160mm，筒径与实验用圆柱颗粒体积等效直径比的范围为 9.7~23.3，可忽略壁面效应。称重仪器为高精度计重天平，量程 30kg，精度 0.5g，分辨率 0.1g。

实验过程如图 7-3 所示：玻璃瓶中的颗粒倒入量杯，形成随机松散堆积，堆积体的体积通过量杯上的刻度读出，堆积颗粒的质量用天平称出。

图 7-3　颗粒堆积实验过程

2）实验结果及分析

天平测得的堆积体质量与量杯上读出的体积的比值即为堆积密度，计算出堆积密度后，再结合颗粒的真密度，可以得到堆积体的空隙率。空隙率的计算如公式（7-1）所示，计算结果汇总于表7-4。

$$\varepsilon = 1 - \frac{\rho_{\rm b}}{\rho_{\rm p}} \tag{7-1}$$

式中，ε——空隙率；

$\rho_{\rm b}$——堆积密度（kg/m³）；

$\rho_{\rm p}$——真密度（kg/m³）。

不同直径、不同长径比下的空隙率 表7-4

直径（mm）	长径比	空隙率平均值
6	2	0.4621
6	3	0.4707
6	4	0.4880
10	2	0.4437
10	2.5	0.4560
10	3	0.4794

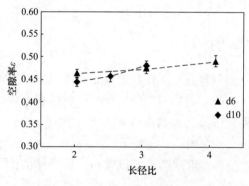

图7-4 不同直径颗粒的堆积空隙率

为方便直观比较空隙率随直径、长径比的变化情况，将结果按直径分类并绘制在图7-4中。可以看出，相同直径下，空隙率随着长径比 AR 的增大，呈现出增大的趋势；直径不同，长径比相同的颗粒堆积空隙率相近（$AR=2$ 时相差 4.0%，$AR=3$ 时相差 1.8%）。可以预测，在颗粒的形态参数方面，长径比对空隙率影响较大，且空隙率与长径比正相关，而直径对空隙率影响较小。

（2）生物质颗粒静态堆积特性模拟研究

1）DEM 基本原理

适用于研究非连续性介质运动规律的离散元素法，是通过一系列的计算来模拟颗粒材料的运动。EDEM 是基于离散元素法开发的建模软件，EDEM 2020 的操作界面如图 7-5 所示。

2）圆柱颗粒构造

构造直径为 d、长度为 l 的圆柱颗粒的推荐方法如图 7-6 所示：首先用直径均为 d 的 A 组球堆叠得到主体部分，然后在两端每隔 22.5° 用一个直径为 $d/2$ 的 B 组球填补空隙（共 32 个），最后在两端每隔 11.25° 用一个直径为 $d/5$ 的 C 组球填补最外层空隙（共 64 个）。

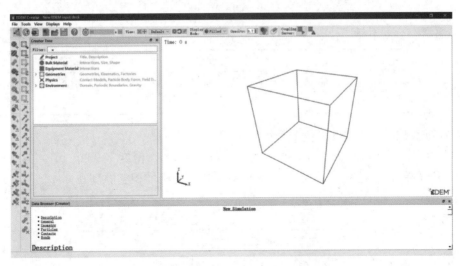

图 7-5　EDEM 2020 软件操作界面

3）基于 DEM 的堆积模拟

首先建立单个圆柱颗粒的模型，然后定义颗粒的物性参数、容器的物性参数和尺寸、接触参数、颗粒工厂，设置好需要的计算时长、保存间隔、接触检索的半径范围、求解用的 GPU 数目，点击"运行"即可按要求开始运算求解。

图 7-7 展示的是圆柱颗粒随机堆积过程的模拟。选取如图 7-8 所示的高 $0.95h$ 的圆柱区域为统计区，并勾选 Voidage 查看模拟的空隙率结果。

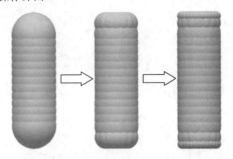

图 7-6　圆柱颗粒构造过程示意图

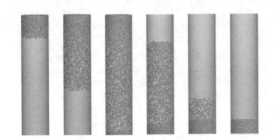

图 7-7　堆积过程的模拟

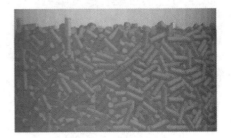

图 7-8　空隙率统计

4）堆积模拟有效性验证

为验证 DEM 模拟的有效性，设置一系列与实验相同的工况进行堆积模拟。对比如表 7-5 所示，可以看出二者十分接近，该方法模拟的有效性较好。

模拟与实验空隙率对比　　表 7-5

直径（mm）	长径比	模拟堆积高度（mm）	模拟统计高度（mm）	模拟值	实验值	模拟偏差（%）
6	2	95.5	90.7	0.4311	0.4621	6.70
	3	101.9	96.8	0.4581	0.4707	2.68
	4	109.5	104.1	0.4908	0.4880	−0.57

直径（mm）	长径比	模拟堆积高度（mm）	模拟统计高度（mm）	模拟值	实验值	模拟偏差（%）
	2	95.5	90.7	0.4235	0.4437	4.54
10	2.5	98.5	93.6	0.4458	0.4560	2.24
	3	101.9	96.8	0.4682	0.4794	2.33

5）颗粒参数对空隙率的影响分析

改变模型中颗粒的形态参数、物性参数，以 $d6AR5$、密度 $1100kg/m^3$、剪切弹性模量 $2×10^7Pa$ 的颗粒为基准，计算得到 28 种不同颗粒随机堆积空隙率在 0.42～0.63 之间，堆积空隙率随各参数的变化情况如图 7-9 所示。

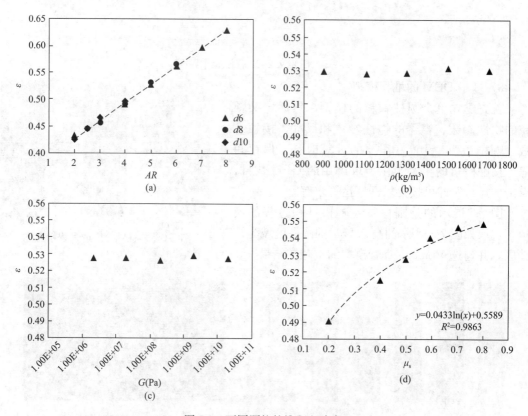

图 7-9　不同颗粒的堆积空隙率
（a）不同形态参数颗粒的堆积空隙率；（b）不同密度颗粒的堆积空隙率；
（c）不同剪切弹性模量颗粒的堆积空隙率；（d）不同静摩擦系数颗粒的堆积空隙率

结论：空隙率与直径无关；与长径比正相关（线性函数）；与颗粒密度、剪切弹性模量无关；与静摩擦系数正相关（对数函数）。当静摩擦系数在 0.3～0.6 之间时，所述空隙率的表达式可近似写为 $ε＝0.0338AR＋0.3593$，预测误差不超过 5%。

（3）生物质颗粒静态堆积阻力特性实验研究

1）实验方法及材料

根据某典型农村建筑的热负荷设计炉具，进行简单改造和配备测量系统部件后，作为

测试堆积颗粒流动阻力的实验装置。如图 7-10
所示，该装置主要包括炉具、送风系统和测量
系统三大部分：不锈钢炉具内径 467mm、外
径 565mm，外贴保温材料；送风系统由图 7-11
所示的风机、风阀、变频调节器组成；测量系
统涉及的测量设备如图 7-12 所示，包括绑在
风机出口处的温湿度自记仪（精度 0.1℃，
0.1%RH）、标准喷嘴、连接在炉体内壁上的

图 7-10　阻力测试装置

静压环以及手持式微压计。实验材料为松木加工成的圆柱状 $d6AR3$ 生物质颗粒燃料，随
机松散堆积于设计好的炉具中，堆积过程如图 7-13 所示。

风机　　　　　　　　　　　　　　风阀　　　　　　　　　　　　　　变频器

图 7-11　送风系统设备

温湿度自记仪　　　　　　标准喷嘴　　　　　　静压环　　　　　　手持式微压计

图 7-12　测量系统设备

图 7-13　燃料颗粒堆积

边观察显示喷嘴箱前后压差的微压计读数，边调节变频器的旋钮，使压差示数接近所需值，等待读数稳定，记下该值作为计算实际风量的依据；用微压计测量堆积高度覆盖范围内的各组静压环之间的压差；重复以上步骤，测得不同风量下的数据。图 7-14 展示了喷嘴前后压差、1-2 间压差、2-3 间压差的测试场景。

图 7-14　阻力测试实验过程

2）实验结果及分析

堆积阻力实验的数据记录如表 7-6 所示，其中 1、2、3 为炉具上连接的静压环的编号，从下往上依次增加。从表中可以看出：1-3 间的压差等于 1-2 和 2-3 间压差的和，且 1-2 间的压差显著大于 2-3 间的压差，这是因为空气通过炉排进入炉膛后，需要一定的流动长度才能发展为稳定、均匀的流态，故计算堆积段单位长度的阻力时，选用 2-3 间的压差数据。

堆积阻力实验数据　　　　　　　　　　　　　　　表 7-6

风量（m³/h）	喷嘴前后压差（Pa）	喷嘴前静压（Pa）	1-2 间压差（Pa）	1-3 间压差（Pa）	2-3 间压差（Pa）
18.50	160.5	161.5	0.3	0.4	0.1
21.58	217.5	219.5	0.5	0.7	0.2
24.67	285.0	286.4	0.6	0.8	0.2
30.21	426.6	429.3	0.8	1.1	0.3
30.83	445.5	448.7	0.8	1.1	0.3
32.06	482.5	485.4	0.8	1.1	0.3
37.00	638.0	641.6	1.0	1.4	0.4

风量与炉具截面积的比值为流过颗粒堆积区的风速，2-3 间压差与 2-3 间距离的比值为单位长度下的流动阻力，数据处理结果见表 7-7。在颗粒尺寸不变的条件下，风速越大，阻力越大。

不同风速下的阻力　　　　　　　　　　　　　　　表 7-7

风量（m³/h）	风速（m/s）	阻力（Pa）	长度（m）	单位长度阻力（Pa/m）
21.58	0.035	0.2	0.03	6.67
30.21	0.049	0.3	0.03	10.00
37.00	0.060	0.4	0.03	13.33

（4）生物质颗粒静态堆积阻力特性模拟研究

1）CFD 基本原理

CFD 即计算流体动力学，是基于计算机学科的用于解决流动、传热、传质、燃烧等问题的一种数值解法。STAR-CCM＋是 CD-adapco 公司开发的一款 CFD 软件，可以完成复杂形状数据输入、表面准备等工作。STAR-CCM＋2019.1 的操作界面如图 7-15 所示。

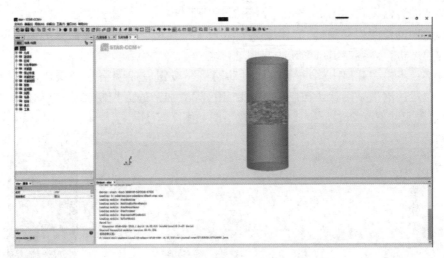

图 7-15　STAR-CCM＋2019.1 软件操作界面

2）网格划分与独立性检验

以 $d6AR3$ 的堆积床在风速 0.5m/s 条件下的阻力计算为例，设置网格最小表面尺寸分别为 0.3mm、0.8mm、1mm、2mm，以最小表面尺寸为 0.3mm 的网格为参照基准，将各种情况下的结果比较于表 7-8。

网格独立性检验　　表 7-8

最小表面尺寸（mm）	网格数目（万个）	压降（Pa）	计算结果差（%）
2	94.7	0.948	33.75
1	157.7	1.322	7.62
0.8	595.5	1.397	2.38
0.3	2029.9	1.431	0

可以看出，除了最小表面尺寸为 2mm 的工况计算结果相差较大外，其他两种的偏差均较小，分别为 7.62%、2.38%，但是网格数量分别减少了 1872.2 万、1434.4 万，因此最小表面尺寸为 1mm 的网格综合质量最佳。

3）基于 CFD 的阻力模拟

堆积信息收集：编写 Python 程序逐个读取堆积颗粒的位置信息，并写入 STL 文件中，在该类型的文件中，每个元素（三角形片）的位置信息由 3 个顶点和法向量的三维坐标表示，图 7-16 是某个三角面片在 STL 文件中的

```
facet normal -0.64008881 -0.30251239 0.70623832
  outer loop
    vertex -0.08098527 -0.05701778 0.01562598
    vertex -0.06554818 -0.07414738 0.02227981
    vertex -0.08091815 -0.05691688 0.01573003
  endloop
endfacet
```

图 7-16　STL 文件格式

表述方式。

在 STAR-CCM＋软件中，导入 STL 格式的面网格并处理：先根据表面生成零部件、再将零部件进行布尔组合运算的方法抹去接触部位的穿刺面，组合好的零部件如图 7-17 所示。

流体域的获取及划分：对组合好的零部件整体和容器进行布尔减运算就可以得到流体域，可参考的容器设置如图 7-18 所示。容器进口到堆积起始面的长度为 0.2m，容器出口到堆积起始面的长度为 0.3m。流体域共划分为 3 种类型：颗粒及容器壁为流动壁面，容器进口为速度进口，容器出口为压力出口。

打网格：点击"几何-操作"下的"自动网格"按钮完成网格划分操作，选择切割体网格，空白段的网格采用默认控制，颗粒堆积区建立加密的面控制、体控制，相关尺寸见表 7-9（基础尺寸取 0.2m），生成的网格效果图如图 7-19 所示。

图 7-17 零部件组合体

图 7-18 容器及流体域

图 7-19 网格效果图

网格尺寸设置   表 7-9

控制类型	目标表面尺寸	最小表面尺寸	棱柱层数	棱柱层总厚度
默认控制	20%基础尺寸	10%基础尺寸	2	5%基础尺寸
面控制	0.002m	0.001m	2	0.002m
体控制	2%基础尺寸		2	1%基础尺寸

求解：依次选择定常、气体、分离流、恒密度、湍流来定义流体，选择 realizablek-ε 模型为该堆积床的阻力计算模型，选定停止标准为最大 1000 步，点击运行开始计算。

后处理：查看各变量的残差的收敛情况，满足要求则记录压降值作为模拟区域的流动阻力。此外还可以创建速度、压力云图，观察任意截面的参数变化情况。

4）堆积阻力模拟有效性验证

为了验证模拟的有效性，设置一系列与实验相同的工况进行堆积阻力的模拟：$d6AR3$ 的颗粒生成堆积体，空气密度为 $1.184kg/m^3$，动力黏为 $1.855 \times 10^{-5} Pa \cdot s$（25℃时参数），流速分别取 0.035m/s、0.049m/s、0.060m/s。模拟与实验堆积床阻力对比如图 7-20 所示。可以看出各种工况下二者偏差均未超过 5%，模拟有效性较好。

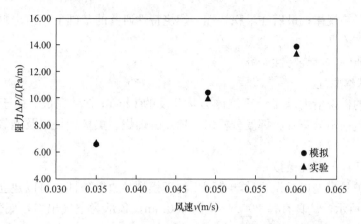

图 7-20　不同风速下模拟与实验堆积床阻力的对比

5）颗粒形态参数对堆积阻力的影响分析

以直径分别为 6mm、8mm，长径比 3～6 的颗粒为研究对象，探究直径、长径比对堆积床阻力的影响，流速均取 0.05m/s，阻力模拟结果汇总于图 7-21。

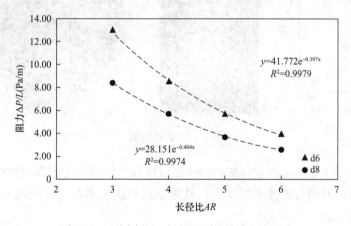

图 7-21　不同直径、长径比颗粒的堆积床阻力

观察图 7-21 可以发现：当直径一定时，阻力随长径比的增大而减小，且用指数函数拟合的 R^2 较高；当长径比相同时，直径大的颗粒堆积床阻力值始终小于直径小的，也就是说阻力与直径负相关，与长径比负相关。

7.2.2　生物质颗粒燃烧特性研究与形态优化

生物质颗粒燃料的燃烧受到诸多因素的影响，其中，燃料的发热量、元素组成等主要与原材料种类有关；密度、含水率主要与采用的成型原理有关；温度与空气条件主要与炉具结构的合理性有关；几何尺寸作为重要的影响因素之一，可以通过调节加工设备的相关参数来调整。

本节对生物质颗粒的燃烧特性进行研究，并结合静态堆积特性和动态燃烧特性，对生物质成型燃料的形态进行优化设计。首先根据堆积特性的研究，初步确定出可行生物质颗粒的尺寸范围；随后在 Fluent 中建立燃烧模型，得到该范围内的颗粒的尺寸变化对挥发分析出情况的影响规律；最后在堆积特性、燃烧特性研究的基础上，给出颗粒燃料形态参数优化的方案与依据。

（1）生物质颗粒燃烧特性研究

1）CFD 基本原理

颗粒燃烧的模拟借助基于计算流体力学开发的 Fluent 软件完成。由于生物质燃烧过程较为复杂，包括水分蒸发、挥发分析出、挥发分燃烧、焦炭燃烧以及能量传递和流场分析等。

2）基于 CFD 的燃烧模拟

通过建立炉具模型以及设置数学模型、物理模型、边界条件，可以建立挥发分析出模型。如图 7-22 所示，炉具直径 200mm，高 300mm，顶部为空气出口，底部有 24 个呈环形排布的直径 1mm 的圆形进气口。

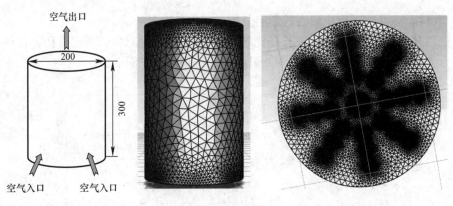

图 7-22　炉具模型

数学模型包括用于模拟挥发分析出的单步反应模型，用于模拟挥发燃烧的、可由用户自定义化学反应机制的有限速率模型，以及用于模拟焦炭燃烧的一级混合反应速率模型，简化后的反应式如表 7-10 所示。

表 7-10

化学反应式

挥发分析出	挥发分燃烧	焦炭燃烧
$wood = \alpha \cdot volatiles + (1-\alpha)char$	$CO + 0.5O_2 \Longrightarrow CO_2$ $H_2 + 0.5O_2 \Longrightarrow H_2O$ $CH_4 + 1.5O_2 \Longrightarrow CO + 2H_2O$ $CO_2 + H_2 \Longrightarrow H_2O + CO$ $H_2O + CO \Longrightarrow CO_2 + H_2$	$C + \beta O_2 \Longrightarrow 2(1-\beta)CO + (2\beta-1)CO_2$ $C + H_2O \Longrightarrow CO + H_2$ $C + CO_2 \Longrightarrow 2CO$ $C + 2H_2 \Longrightarrow CH_4$

物理模型包括用于表述流动的 Realizable k-ε 模型、同时考虑颗粒与气相间辐射作用和局部热源的 DO 辐射模型，以及用于模拟生物质粒子的 DPM 模型。采用直径相同的球形颗粒来简化模拟过程，生物质燃料在接近炉具底部的料层范围内以零的速度喷入。固体颗粒选择 combusting particle-wood，密度 1100kg/m³，质量流量 0.1kg/s，挥发分占 70%，挥发分析出组分为 wood-volatiles-air。

边界条件设置如表 7-11 所示。

边界条件				表 7-11
边界	类型	温度（K）	DPM	其他
壁面	Wall	300～600	reflect	无滑移
底部空气入口	Velocity Inlet	300	reflect	速度 2m/s
顶部空气出口	Pressure Outlet	600	escape	表压 0

3）颗粒形态参数对燃烧特性的影响分析

以颗粒燃烧过程中挥发分析出的比例来表征燃烧效率为例：在 particle track 里勾选 summary 可以导出颗粒信息，统计挥发分的析出比例；在炉中心截面建立图 7-23 所示云图，可直观地观察挥发分析出情况。

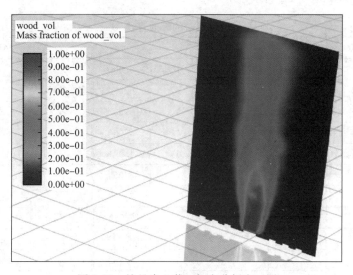

图 7-23　炉具中心截面挥发分析出云图

改变模型中颗粒的形态参数，计算得到直径不同的 13 种颗粒挥发分析出比例在 68％～82％之间。挥发分析出比例随颗粒直径的变化情况绘制在图 7-24 中，结论是直径 2～7mm 的粒子挥发分析出比例低且波动大，直径 8～14mm 的粒子挥发分析出比例高且稳定。

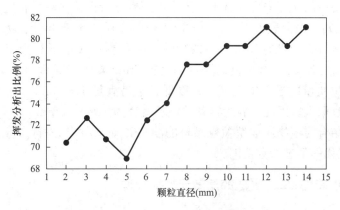

图 7-24　不同直径颗粒的挥发分析出比例

（2）生物质颗粒形态优化

从静态堆积特性的研究中可以看出，堆积空隙率与直径、颗粒密度、剪切弹性模量、滚动摩擦系数无关，与长径比、静摩擦系数有关，且当静摩擦系数在 0.3～0.6 之间时，所述空隙率的表达式可近似写为 $\varepsilon=0.0338AR+0.3593$，预测误差不超过 5%。

当堆积密度的最低限值按《生物质固体成型燃料质量分级》NY/T 2909—2016 中规定的取 $500kg/m^3$ 时，考虑到目前生物质成型燃料产品的密度在 $1100kg/m^3$ 左右，确定 1～5 为较优的长径比范围。

根据等效直径计算公式 $d_{sd}=6V/A$，其中 V 代表颗粒体积，A 代表颗粒表面积，将长径比在 1～5 范围内的圆柱颗粒尺寸换算为与所研究颗粒具有相同体积/表面积的球形颗粒的直径，对照表如表 7-12 所示。

圆柱颗粒的等效直径　　　　　　　　　　　　　　　　表 7-12

d	AR	d_{sd}	d	AR	d_{sd}	d	AR	d_{sd}
	1	2.000		1	3.000		1	4.000
	2	2.400		2	3.600		2	4.800
2	3	2.571	3	3	3.857	4	3	5.143
	4	2.667		4	4.000		4	5.333
	5	2.727		5	4.091		5	5.455
	1	5.000		1	6.000		1	7.000
	2	6.000		2	7.200		2	8.400
5	3	6.429	6	3	7.714	7	3	9.000
	4	6.667		4	8.000		4	9.333
	5	6.818		5	8.182		5	7.000
	1	8.000		1	9.000		1	10.000
	2	9.600		2	10.800		2	12.000
8	3	10.286	9	3	11.571	10	3	12.857
	4	10.667		4	12.000		4	13.333
	5	10.909		5	12.273		5	13.636

从动态燃烧特性的研究中可以看出，为了使挥发分析出比例高且稳定，球形颗粒直径宜在 8～14mm 之间，由上表可以看出，此时可取的直径是 6～10mm。考虑到生物质颗粒燃料易在贮存运输过程中破碎成小颗粒的特性，以及颗粒太小不利于床层传热和空气流动，不宜取只有直径比 3、4 才能满足条件的直径 6mm 颗粒；另考虑到实际生产过程中，直径大的颗粒单位质量的成型能耗高，密度低、不易满足 $1100kg/m^3$ 的要求，且硬度小易破碎，直径不宜取大。因此，较为推荐的颗粒直径为 7mm、8mm。

综上所述，结合对生物质成型颗粒燃料的静态和动态研究分析，得出直径 7～8mm、长径比 1～5 为最优的形态参数范围。

7.2.3　沙柳颗粒单模孔单向受压的离散元模拟模型

在创建沙柳细枝颗粒离散元模拟模型时，需要设定颗粒属性和接触壁属性的参数值，主要有颗粒间法向和切向刚度系数、颗粒间以及颗粒与接触壁间的恢复系数和摩擦系数等。人为给定这些参数后，进行模拟调试，直至模拟和试验测出的休止角无显著性差异，以确定颗粒和接触壁力学特性参数的初始取值范围。

通过试验标定以及查阅相关资料，初步确定了部分颗粒参数及接触壁参数。依据实际压缩试验，确定模具的约束条件。根据模具尺寸参数和约束条件，在离散元软件中创建沙柳颗粒致密成型过程的初始模型，经过多次调试和试算该模型，选取最佳参数和约束条件，最终建立离散元模拟模型。

（1）几何模型及离散元模拟模型

根据实际压缩试验时电子万能材料试验机上夹头的行程，设计一套压缩成型模具。为促使沙柳细枝颗粒更容易进入成型腔内，成型模具进料口处应有一定锥度，而锥度的大小与成型燃料的密度和模具的寿命有关。当模具开口锥度为 45° 时，进料锥面所受应力较小，因此，本次试验选用 45° 锥角的模具，模具尺寸参数如图 7-25（a）所示。致密成型过程中主要是柱塞、成型内腔及底部挡板等起作用，其他部分主要起固定、支撑作用，为缩短计算时长，有必要对成型模具进行简化处理，简化后的模具如图 7-25（b）所示。

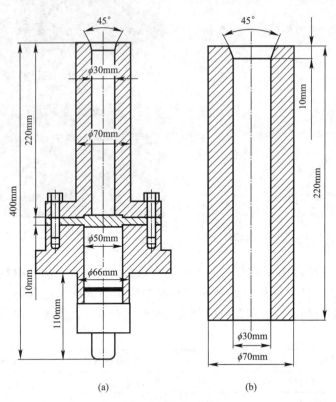

图 7-25　模具尺寸参数
（a）成型模具；（b）简化后的模具

图 7-26 是根据图 7-25 模具内腔的几何参数和约束条件建立的离散元模型，主要由柱塞、进料口、成型腔和底部挡板 4 部分组成。其中，圆柱体 1 是柱塞，有效作用面是下底面，模拟时匀速向下运动，实际作用是提供给沙柳颗粒挤压力以使其黏结成棒状燃料；圆锥面 2 是进料口，模拟时沙柳颗粒从锥面慢慢地被压入进成型腔内，圆锥面不仅可以提高

成型质量，还可以为柱塞下压时提供校正作用；圆柱体 3 是成型腔，有效作用面是内表面，物料被挤压时与内表面摩擦生热，使沙柳颗粒内部的木质素软化以起到黏结作用；平面 4 是底部挡板，有效作用面是上表面，离散元模拟时相当于做闭式压缩试验。

（2）材料及接触参数设置

将沙柳颗粒致密成型过程进行离散元模拟时，由于计算机模拟不可能完全复现实际致密成型过程，允许存在一定的误差，只要模拟结果能够在一定程度上描述该成型过程，就可以用于致密成型过程的分析和研究。离散元法模拟挤压过程时，选用不同的颗粒粒径，颗粒工厂会产生不同数量的颗粒，其计算时间和计算量也会不同，粒径过大会导致黏结效果较差，而粒径过小会使颗粒工厂生成的颗粒数量增多，增大计算量。同时参照实际致密成型试验时沙柳颗粒的粒径范围（0.5～3.5mm），用球形颗粒近似代替原物料，采用随机方式生成，如图 7-27 所示。

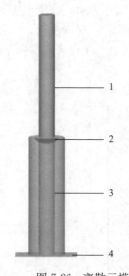

图 7-26　离散元模型
1—柱塞；2—进料口；3—成型腔；4—底部挡板

图 7-27　离散元模拟的颗粒粒径分布

根据前人研究成果和相关文献，且通过标定试验确定离散元仿真参数，仿真参数主要是材料参数和接触参数。材料参数是沙柳和成型模具的物理特性参数，如表 7-13 所示；接触参数是沙柳颗粒间和沙柳颗粒与成型模具间的接触参数，如表 7-14 所示。

材料参数　　　　　　　　　　　　　　　　　　　　表 7-13

材料	泊松比	剪切模量（Pa）	密度（kg/m³）	法向刚度系数（N/m）	切向刚度系数（N/m）
沙柳	0.4	2×10^8	1100	7.2×10^5	2.4×10^5
模具	0.3	7×10^{10}	7800	1.0×10^8	1.0×10^8

接触参数　　　　　　　　　　　　　　　　　　　　表 7-14

接触面	恢复系数	静摩擦系数	滚动摩擦系数
沙柳-沙柳	0.5	0.50	0.02
沙柳-模具	0.7	0.75	0.03

（3）工作参数及颗粒工厂设置

在离散元模拟模型中，根据成型腔内腔体积和颗粒粒径范围，颗粒工厂采用落雨法随机均匀生成的颗粒填满成型腔内，相当于致密成型试验中物料填充完成后进入待压缩的初始状态。柱塞以固定速度向下运动挤压沙柳颗粒，以使其黏结为具有一定密度的凝聚态棒状燃料。

参照实际压缩试验，设置重力加速度为 Z 轴负方向，取 $9.81\mathrm{m/s^2}$。在模具的成型腔内建立一个虚拟的圆柱形颗粒工厂，采用动态方式生成 20000 个颗粒，生成速率为 2000 个/s，待全部颗粒生成完毕且达到稳定后，柱塞以 100mm/min 的速度匀速向下运动。设置仿真时间步长为 $2\times10^{-7}\mathrm{s}$，Rayleigh 时间步长的 25%。仿真总时间为 97s，即柱塞向下运动 170mm。仿真网格尺寸为 $3R_{\min}$（最小颗粒半径）。挤压力、接触力等数据保存的时间间隔为 1s。

7.2.4　沙柳颗粒压缩试验与离散元模拟模型有效性验证

离散元模拟得到的压缩力随时间变化趋势，以及在最大压缩力的数量级上，均与电子万能材料试验机上测得的数据一致，但仍然需要进一步对模拟数据和试验数据进行分析，来验证该模拟的有效性，并需要进一步调试物料和模具的力学特性参数值。

因此，通过试验来验证沙柳颗粒致密成型过程离散元模拟模型的有效性，将模拟数据和试验数据进行比对与单因素方差分析，来确定沙柳颗粒单向受压离散元模拟模型的可行性以及与试验结果是否一致。并且在电子万能材料试验机上进行了沙柳颗粒单模孔单向压缩的致密成型试验，分析物料含水率、压缩速度以及模具直径对成型过程的影响。

（1）试验材料

本试验选用鄂尔多斯市乌审旗境内的沙柳细枝作为试验原料。粉碎后的沙柳颗粒样品如图 7-28 所示。

试验设备：

① 电子万能材料试验机 1 台，型号 CSS-85500。

② 成型模具 1 套，由课题组前期自行研制设计。

③ 粉碎机 1 台，型号 JP-500C。

图 7-28　试验沙柳颗粒样品

④ 标准样品分析筛 1 套，方孔，筛网孔径分别为 5 目、10 目、15 目、20 目、25 目、30 目、35 目。

⑤ 电子秤 1 台，量程 1kg，精度 0.01g。

⑥ 木材水分仪 1 台，精度 0.5%，反应时间 1s。

⑦ 红外测温仪 1 台，量程 $-18\sim350℃$，显示精度 $\pm1.8℃$。

⑧ 笔记本电脑 1 台，水壶 1 个，直尺 1 把。

（2）试验系统

图 7-29 为本次的试验系统。假设沙柳颗粒成型后密度为 $1\mathrm{g/cm^3}$，则试验时柱塞行程为 170mm。柱塞由电子万能材料试验机横梁上的上夹头夹持，在柱塞底部贴有传感器，

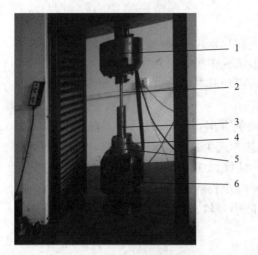

图 7-29　试验系统

1—上夹头；2—柱塞；3—成型腔；
4—垫片；5—模具；6—下底座

通过试验机自身的测力系统，可以实时记录与储存柱塞底部受到的应力和应变等数据。柱塞随着材料试验机的横梁上下移动，横梁的移动速度即为挤压速度，当柱塞达到预定位置时横梁停止移动，此时物料挤压过程完成，进入到保型阶段，模具安装在试验机的下底座上。

根据试验需要，柱塞 1 可插入到模具的成型腔 2 内，此时进行的试验为闭式压缩试验。压缩试验完成后，可以调节模具底部的螺栓，将垫片拆卸下来，从成型腔下端孔取出成型燃料。

采用程控模式控制电子万能材料试验机横梁的上下移动。安装好柱塞和模具后，需调整它们的相对位置，保证柱塞轴向不偏心，且柱塞被压入到成型模具的成型腔内时，不会与孔壁有任何的接触，以防止柱塞与模具不对心，造成柱塞和模具的损坏。在实际致密成型试验时，每次试验的沙柳颗粒粒径、粒度及填充率等都有一定差异，导致每次压缩的最大压缩力不可能都保持一致，会在一定范围内发生波动。

在进行压缩试验前，空载进行 3～5 次挤压过程，观察压缩力变化情况，以验证柱塞和模具是否发生接触。调整电子万能材料试验机的横梁以使其向下运动，直到柱塞底面与模具上端面齐平时停止运动，在试验机数据记录软件中将此时的位置设置为压缩过程的初始位置。

（3）试验参数

1）物料含水率

物料含水率对成型燃料的成型品质和燃烧性能具有显著的影响，适宜的含水率可以使成型效果更加理想。因此，在挤压过程开始前需严格控制原料的含水率。合适的含水率既可以传递颗粒间的接触力，又可以在压力的作用下起到胶粘剂的作用，促进颗粒黏结成型。不同的压缩方式，对原料含水率的要求也不尽相同，水分过高容易产生所谓的"放炮现象"，水分过低阻力较大，难以启动。因此，在生物质致密成型过程中，合理控制原料含水率是保证成型品质和能量消耗的重要因素。

2）压缩速度

压缩速度对成型燃料性能有非常重要影响。压缩速度对最大压缩力及应力松弛后达到的平衡应力影响很小，但对保压时间和能量消耗却有显著的影响。若压缩速度过快，成型腔顶部颗粒迅速发生变形，并与模具发生摩擦阻止物料颗粒向下运输，挤压力来不及向下传递，且阻止变形颗粒恢复的时间缩短，因此，生物质燃料的成型密度减小。若压缩速度过慢，相应的压缩时间和保压时间会增加，生物质燃料的成型密度增大，但需要消耗更多的能量。因此，在生物质致密成型过程中，选择合适的压缩速度既可以保证成型品质，又可以节约能耗。

3）模具直径

当前，使用的多数成型设备均为挤压方式生产成型燃料，因此，成形压力与成型模具的尺寸密切相关。原料经喂料室进入成型机，连续从模具的一端压入、另一端挤出，原料经受挤压所需的成形压力与成型孔内壁面的摩擦力相平衡，即成型压力在数值上与摩擦力相等，而摩擦力的大小与成型模具的尺寸直接相关，因此，成型模具的尺寸影响着成型时的压力，从而影响燃料的含水率、密度和机械强度。

试验开始前，用粉碎机将沙柳细枝粉碎，并清除里面的杂质。为保证成型质量，要求原料的含水率在10%～20%之间，按照试验需求，进行不同含水率（11%、13%、15%、17%）的沙柳颗粒致密成型试验，用木材水分测量仪测量沙柳的含水率。根据试验要求，选择50mm/min、100mm/min、150mm/min、200mm/min压缩速度和25mm、30mm、35mm、40mm模具直径进行致密成型试验。

各因素具体的试验范围如下所示：

1）在模具直径为30mm、压缩速度为100mm/min条件下，进行不同含水率（11%、13%、15%、17%）的沙柳颗粒致密成型试验；

2）在含水率为13%、模具直径为30mm条件下，进行不同压缩速度（50mm/min、100mm/min、150mm/min、200mm/min）的沙柳颗粒致密成型试验；

3）在含水率为13%、压缩速度为100mm/min条件下，进行不同模具直径（25mm、30mm、35mm、40mm）的沙柳颗粒致密成型试验。

（4）试验方法

在压缩试验开始前，按照试验参数中的含水率调制原料，制造3种不同直径的成型模具，改变试验机控制面板上的压缩速度，得到每次试验的条件。将粉碎后的沙柳颗粒按一定粒度配制后填入成型模具的成型腔内，颗粒稳定后按下柱塞向下运动按钮，柱塞开始挤压物料，挤压过程开始，直到柱塞运动到预先设定位置时停止运动，停止运动后在最大行程处保持一段时间（此过程称为保型），整个挤压过程完成。然后按下柱塞向上运动按钮，以便取出模具内的成型燃料。挤压过程完成后，采用电子秤称出成型燃料的质量，记作每次压缩的喂料量。试验机自身的数据采集系统自动记录整个挤压过程的应力、应变等数据。每组试验重复10次。

（5）试验结果

1）成型密度

生物质燃料的成型密度是成型品质的一种体现，与试验条件有着直接的联系。致密成型后的燃料具有一定的形状，且密度比初始原料提高几倍甚至十几倍。本次试验采用单模孔单向压缩的试验方法，成型后的燃料为尺寸均匀的棒状燃料，因此，成型密度的测量可按照《生物质固体成型燃料试验方法 第7部分 密度》NY/T 1881.7—2010规定，采用直尺测量成型燃料的直径和长度，通过体积公式计算出燃料的体积，采用电子秤测量成型燃料的质量，通过密度公式计算出燃料的成型密度。

2）比能耗

比能耗是挤压成型过程经济性的重要技术指标，是成型工艺合理性的重要评价指标。比能耗是指压缩单位质量物料所消耗的能量，可以直接反映生物质压缩成型机的能耗大小，同时也能够对压缩过程中压缩工艺的先进性进行评价，是工程技术领域能耗的常用评价指标，和生产成本密切相关，与产品价格有着直接关系，是企业计算设备能耗的参照，也是国家对企业能耗等级进行划分的依据。本次试验得到压缩力随位移的变化曲线，通过积分计算出面积，进而求出功的大小，在沙柳颗粒致密成型过程中，柱塞所做的功近似为：

$$W = \int F \mathrm{d}s \tag{7-2}$$

则比能耗为：

$$E = \frac{W}{m} \tag{7-3}$$

式中，F——压缩力（N）；

s——柱塞的位移（m）；

m——被压缩物料的质量（kg）。

3）单因素试验结果

各因素对沙柳颗粒致密成型过程成型密度、比能耗的影响曲线如图 7-30 至图 7-35 所示。

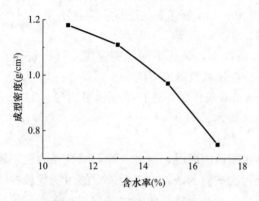

图 7-30　含水率对成型密度的影响

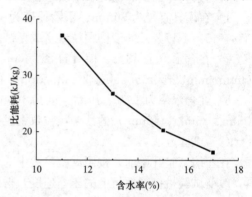

图 7-31　含水率对比能耗的影响

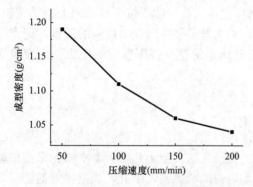

图 7-32　压缩速度对成型密度的影响

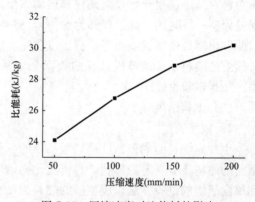

图 7-33　压缩速度对比能耗的影响

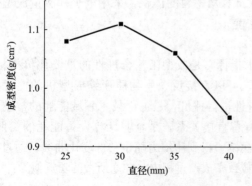

图 7-34　模具直径对成型密度的影响

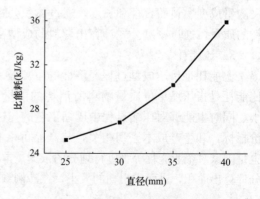

图 7-35　模具直径对比能耗的影响

通过单因素试验分析，可以得到：

① 含水率对成型质量和比能耗有一定影响，随着含水率增加，成型密度降低，且降低趋势增加；比能耗也降低，且降低趋势减小。

② 压缩速度对沙柳颗粒的致密成型过程有一定影响，随着压缩速度增加，成型燃料的成型密度降低，同时降低趋势减小；比能耗随着压缩速度增加而增大。

③ 在试验的模具直径范围内，随着模具直径的增加，成型燃料的成型密度先增加后减小，当模具直径为 30mm 时，成型密度最大；比能耗随着模具直径的增加而增大。

7.2.5   成型过程影响因素分析

生物质燃料的致密成型是各因素共同作用的结果，成型燃料的品质也并非某单一因素所能决定。影响成型的主要因素可分为生物质物料粒度、种类、含水率等物料自身的特征，以及成型温度、压力、保压时间、模具结构等外部条件的影响。由于其成型过程的复杂性，在实际压缩过程中很难对颗粒形状、粒度、压缩速度以及保压时间等因素进行精准控制，而计算机模拟技术可以对这些因素进行具体的数值模拟计算。

为了更好的契合实际生产工程，本章分析了粒度、压缩速度、保压时间等对成型的影响。从粘结性、成型密度与能耗 3 个方面对成型燃料的品质特性作了分析，并得出了沙柳生物质成型的最优工艺参数，以期为实际生产提供数据借鉴与理论参考。

（1）离散元仿真过程

创建如图 7-36 所示的离散元模拟模型，其中成型模具长为 100mm、长径比为 5：1，以前面创建 3 种类型的沙柳颗粒为研究对象，进行闭式压缩模拟试验。结合相关离散元仿真分析过程与理论方法，首先选取其中一方案进行多次预压缩仿真试验，直到调试其每次试验结果使误差在合理范围之后，再对既定所有方案进行统一试验。

（2）正交试验设计

已有研究表明，物料粒度对生物质燃料的成型特性具有显著的影响，小粒度物料在压缩过程中其延伸率好，易于压缩成型；大粒度物料其填充性差，不易于成型，一般棒状燃料对原料粉碎粒度的要求在 10～30mm 之间，颗粒成型燃料则在 10mm 以下。其次，压缩速度也是影响燃料成型特性的重要因素，有研究指出，压缩速度在 40mm/min 时成型效果较佳。再者，有研究显示保压时间也是影响燃料成型的关键因素之一，一般最佳保压时间为 1min 左右。实际成型过程中，除了上述影响因素之外，物料含水率、成型温度等均会对燃料的成型产生影响。由于 EDEM 无法对水分与温度的影响做仿真计算，故以原料形状、粒度、压缩速度、保压时间 4 个因素为研究变量，探究其共同作用对沙柳生物质燃料成型特性（粘结性、成型密度、能耗）的影响。

基于上述分析，对以上 4 个因素分别选择了 3 个水平，采用 L9（3⁴）正交试验完成沙柳生物质燃料的压缩成型，其因素水平设置如表 7-15 所示。

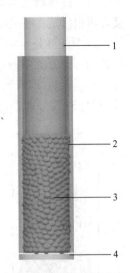

图 7-36   沙柳颗粒致密成型离散元模拟模型

1—压杆（柱塞）；2—模具；3—物料（沙柳）；4—挡板

正交试验因素水平表　　　　　表 7-15

因素（ABCD）	水平		
	1	2	3
颗粒形状	1	2	3
粒度（mm）	1～2	2～3	1～4
压缩速度（mm/min）	40	50	70
保压时间（s）	25	50	75

注：因素 ABCD 依次为颗粒形状、粒径、压缩速度、保压时间；颗粒形状中 1 为类柱体，2 为类锥体，3 为椭球体。

通过设计 4 因素 3 水平正交试验，对沙柳颗粒的致密成型进行离散元仿真研究。从成型颗粒的粘结性、成型密度、能耗等多项指标出发进行综合分析。

粘结性能够反映成型燃料颗粒的机械强度及抗破坏性等重要特征。首先对各组方案在已设参数下完成行程一致的挤压，挤压完成后将其输出（Export-Simulation）保存；然后将上述输出义档在窗口重新打开进行粘结性的检测与分析。如图 7-37 所示，固定成型燃料两端，测量切块与燃料从接触到断裂过程中所受的最大力（即为颗粒间粘结力），以其最大粘结力来表征颗粒间的粘结性。

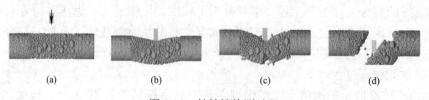

图 7-37　粘结性检测过程

成型密度是衡量生物质燃料成型品质的一项关键指标。实际生产过程中，燃料在挤出模具之后会发生应力松弛等现象，从而导致燃料体积膨胀、密度降低。基于此，应用 EDEM 仿真计算了柱塞行程为 70mm 时各方案下成型颗粒的质量与体积，由此来计算颗粒的成型密度，再根据成型密度的变化对成型方案作出分析优化。成型颗粒质量与体积如图 7-38 所示。

成型能耗是生物质燃料致密成型中必须考虑的重要指标之一。在确保燃料成型密度等相关指标均满足要求的情况下，尽可能选择低能耗成型条件是实际生产中的一个主要的目标。在离散元 EDEM 仿真过程中，通过图 7-39 所示压缩力与位移的变化曲线，应用 Origin 软件对其分别进行数值积分计算，从而获得各条件下压缩力所做的功，即成型能耗。

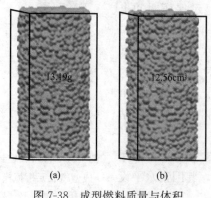

图 7-38　成型燃料质量与体积
（a）质量；（b）体积

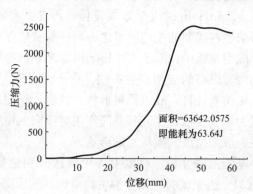

图 7-39　压缩力与位移关系

根据表 7-15 沙柳生物质成型试验因素水平参数，对沙柳颗粒的成型过程进行了 4 因素 3 水平正交试验分析，具体试验方案及结果如表 7-16 所示。各参数与指标之间的关系如图 7-40 所示。

沙柳成型燃料正交试验方案及结果　　　　　　　　　　表 7-16

序号	颗粒形状	粒度 (mm)	压缩速度 (mm/min)	保压时间 (s)	粘结力 (N)	成型密度 (g/cm³)	成型能耗 (J)
1	(1) 1	(1) 1～2	(1) 40	(1) 25	73.97	1.07	74.17
2	(1) 1	(2) 2～3	(2) 50	(2) 50	72.71	1.01	73.74
3	(1) 1	(3) 1～4	(3) 70	(3) 75	75.72	1.03	74.82
4	(2) 2	(1) 1～2	(2) 50	(3) 75	75.58	1.07	74.77
5	(2) 2	(2) 2～3	(3) 70	(1) 25	71.07	0.99	73.10
6	(2) 2	(3) 1～4	(1) 40	(2) 50	77.31	1.05	73.37
7	(3) 3	(1) 1～2	(3) 70	(2) 50	58.37	1.01	73.81
8	(3) 3	(2) 2～3	(1) 40	(3) 75	57.92	0.97	72.75
9	(3) 3	(3) 1～4	(2) 50	(1) 25	59.22	0.98	72.71

对表 7-16 数据进行极差分析。极差为各水平对应因素中平均值（$M=K/3$）的最大值与最小值之差。极差值大，说明在该水平范围内产生的差别较大，对试验选定指标的影响大，对应的因素为主要影响因素；反之，极差值小，对试验结果的影响也就小，该因素为次要影响因素。极差分析结果如表 7-17 所示。

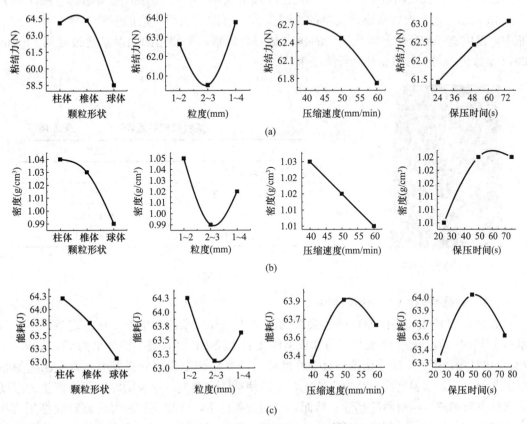

图 7-40　各参数与指标之间的关系

正交试验各因素极差分析表　　　　　　表 7-17

符号	粘结力（N）				成型密度（g/cm³）				成型能耗（J）			
	A	B	C	D	A	B	C	D	A	B	C	D
K_1	192.29	187.91	188.19	184.25	3.11	3.14	3.09	3.04	192.73	192.74	190.19	189.98
K_2	192.97	181.70	187.41	187.29	3.10	2.97	3.05	3.07	191.23	189.39	191.11	190.82
K_3	175.51	191.25	185.17	189.22	2.97	3.07	3.03	3.07	189.17	190.90	191.73	192.23
M_1	74.10	72.74	72.73	71.42	1.04	1.05	1.03	1.01	74.21	74.25	73.40	73.33
M_2	74.32	70.53	72.47	72.43	1.03	0.99	1.02	1.02	73.74	73.13	73.91	74.08
M_3	58.50	73.75	71.72	73.07	0.99	1.02	1.01	1.02	73.07	73.73	73.70	73.71
R	5.82	3.22	1.01	1.75	0.05	0.07	0.02	0.01	1.15	1.12	0.51	0.75
F	A＞B＞D＞C				B＞A＞C＞D				A＞B＞D＞C			
P	$A_2B_3C_1D_3$				$A_1B_1C_1D_2$ 或 D_3				$A_3B_2C_1D_1$			
W					$A_2B_3C_3D_3$							

注：K_i、M_i 分别为同一因素下各水平值的和与平均值；R 表示极差；F 表示各因素主次顺序；P 表示较优方案；W 表示综合方案。

7.2.6　沙柳与香菇菌渣混合料致密成型能耗影响

（1）成型试验

试验采用微机控制电子万能试验机进行致密成型，自行设计的成型模具（图 7-41），表 7-18 列出了混合料致密成型实验的关键参数。将致密成型生产的颗粒存储在单个玻璃瓶中，以供进一步分析。颗粒压机的输出是力与位移，所使用的能量是通过使用 Origin-2018 函数将力与位移数据整合计算出来的。

图 7-41　致密成型试验

实验关键参数表　　　表 7-18

参数	数值
模具内径	40mm
最大施加力	170kN
压缩率	70mm/min
保压时间	300s

（2）不同原料对成型能耗的影响

如图 7-42 所示，不同原料确实会影响成型压力和成型能耗的值。在一定条件下，含水率 17％时，香菇菌渣的成型压力和成型能耗的值较小，并且最小值分别为 77.173kN 和 7233.498J/g，可见，此香菇菌渣对颗粒燃料生产有显著影响。分析表明，香菇菌渣原料中所含的木质素因温度升高会发生软化，从而使粘结力增强，这说明冷压压缩产生的温度会降低香菇菌渣木质材料的韧性。然而，在相同条件下，沙柳颗粒和混合原料成型压力和成型能耗却截然相反。其原因可能是沙柳颗粒中纤维素较长，并且成型时仅依靠摩擦生热软化木质素，由于木质颗粒的高分子材料属性（弹性和塑性）。木质生物质材料在受到压力后，原料颗粒会由于压缩而产生弹性形变，加之其拥有不完全塑形，材料会对成型孔的壁面作用较大的力而产生较大的压力，产生的成型压力和成型能耗较大，成型效果较差。

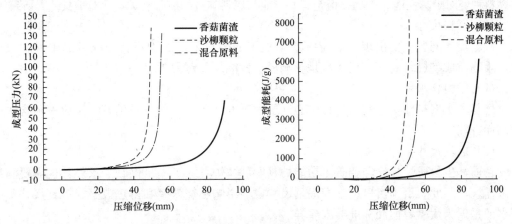

图 7-42　不同原料成型压力和成型能耗分析

7.3　户用炊事取暖生活热水耦合高效联供炉具

7.3.1　生物质炉具性能影响因素分析

民用生物质炉具实际使用工况复杂，炉具设计本身（包括炉具材料、二次通风与空气余热、排烟烟囱、强制通风设计）、燃料性状（包括燃料种类、尺寸、含水量）、测试操作等均会影响炉具测试结果。因此科研人员针对不同的炉具类型开展了不同测试因素对测试结果影响的单因素研究。

（1）炉具材料

传统炉具主要使用的是陶土、耐火砖或者水泥，而改进型炉具若是炊事炉具则多以金属材料为主，如不锈钢和铸铁等；若是供暖炉具则一般是陶土烧制的炉膛加上铸铁的换热器。由于材料本身的蓄热能力差异，传统炉具可能升温较慢，但是蓄热能力更强；改进型炉具则升温更快，但是因其导热性能好，可能存在烧烫伤的风险。炉具材料主要影响燃烧时的炉膛温度，同时可能因不同测试流程下炉体蓄热原因导致热效率和排放的变化。

（2）二次风与空气预热

二次风与空气预热对生物质这种挥发分极高的燃料十分重要。相关的研究表明，使用预热的二次风可以显著地提升热效率，若非使用强制通风或使用烟囱提供抽力，使用二次风与空气预热可以提高炉具的热性能表现。

（3）烟囱

我国有着悠久的烟囱炉具使用历史，在炉具设计、使用方面经验丰富。烟囱的主要作用是提供足够的抽力来进行供风，同时将燃烧产物排放至室外，从而减少室内污染及对人体的直接影响。

（4）强制通风

强制通风大多出现在没有烟囱的炉具上，强制通风可以有效降低烟气排放且提高热效率。

(5) 燃料种类

同一炉具使用不同种类的燃料、不同炉具使用同一种燃料，均有着不同的燃烧速率。虽然燃料种类对炉具性能有影响，但是有些可能与燃料本身的成分有关，而非炉具差异所致。

(6) 燃料尺寸

燃料尺寸问题主要出现在非统一成型加工的燃料上，如用户自己准备的木材和散煤块，生物质成型燃料的压缩尺寸也是影响燃烧性能的关键因素。

(7) 燃料含水率

燃料含水率是在实际使用过程中必须要面对的问题。一般炉具的 CO 排放也随含水率升高而升高。

(8) 锅具尺寸

目前，生物质炉具已经朝着多功能炉具发展，炉具除了满足供暖需求外，也需要满足炊事需求，因此炊事预留口尺寸即锅具尺寸也会影响燃烧效率和得热效率。锅具尺寸不同更多的是因为炊事习惯和标准要求差异。

(9) 强化传热

目前小型炉具的体积小，换热部件一般比较紧凑、换热面不足，对可燃气的热量利用不充分，所以需要采用强化元件提高热量的利用率，改进优化汽化炉的换热部件。强化传热技术的手段很多，管内插入扰流元件只是一项备受人们关注的强化传热技术。

(10) 炉膛结构

炉膛指炉箅或炉排上部到炉口下部之间的部分，炉膛的设计需适应生物质的燃烧特点，聚集火焰，提高炉膛内温度。炉子的燃烧效率、上火速度、使用寿命等在很大程度上都取决于炉膛的设计。优化炉膛的几何形状可提高热气流的对流和辐射作用。

7.3.2 生物质炉具优化及仿真模拟

(1) 炉具总体结构优化

1) 传统炉具结构分析

生物质炉具按使用功能分为炊事供暖炉、炊事烤火炉和炊事炉。炊事供暖炉用作炊事和加热介质水在散热器中循环提高室内温度，是北方省份生物质炉具的主要类型；炊事烤火炉用作炊事和通过热辐射取暖，是南方省份生物质炉具的主要类型；炊事炉单纯使用其炊事功能，南、北方均有，特别是平原和冬季无霜的地区。

在西北地区农村生物质炉具应用较为广泛，主要应用于炊事，而应用于冬季取暖的较少，普遍用燃煤炉具进行供暖。用于炊事的生物质炉具的热利用率较低，其基本构成为炉体、炉排、烟道和烟囱，燃烧后的高温烟气基本未得到有效的热回收。如图 7-43 所示。

2) 炉具总体设计思路

通过对现有生物质成型燃料燃烧特性、燃烧模式、点火性能及其影响因素进行深入研究，了解家用炉具中燃烧的封火特点、结渣特性，结合省柴灶、燃煤炉、半炉等炉具的特点，设计出新型生物质成型燃料炉具结构，其主要特点在于实现供热和炊事的一体化，在烟道和炉体设置余热回收夹层，通过循环水系统实现烟气的余热回收。

图 7-43　传统生物质炉具结构图

（2）物理模型的建立

采用数值模拟的方法对新型生物质成型燃料炉进行模拟，通过模拟内部工作的数据和使用效果，发现存在的不足，并通过对模拟结果的分析得到生物质成型燃料炉的结构优化方案，从而对目前建立的模型进行优化。考虑到新型生物质成型燃料炉在燃烧方面的研究较为成熟，并且生物质成型燃料炉的创新之处在于烟气供热，所以对生物质成型燃料炉进行简化，主要对烟气与水的换热过程进行模拟，对目前的换热结构进行分析和优化。

图 7-44 为 4 种炉具模型，通过燃烧后气流流动特性对 4 种烟道余热回收系统结构进行模拟。根据传热学理论，烟道和水冷壁之间的换热通过增加换热面积和加强对流换热两种方式进行，考虑到炉具系统的抽力作用。在减少或者不改变烟道阻力条件下，增加烟气与水冷壁的接触面积，同时考虑初始设计循环水系统存在弱流区的可能性，在炉具模型 Ⅱ、Ⅲ、Ⅳ 的水冷壁中设置导流板，实现循环水在水冷壁的有组织流动，避免弱流区的产生。此外护具模型 Ⅲ、Ⅳ 考虑到最下侧凸进换热板对射流循环涡旋的破坏作用，将其取消进行对比模拟分析。将建立的物理模型进行网格划分，如图 7-45 所示。

（3）边界条件设置

本模拟中边界条件包括固体壁面（wall）、速度入口（velocity-inlet）、压力出口（pressure outlet）和内部边界（interior）。

固体壁面边界条件：本模拟考虑黏性流动，设置壁面无滑移条件。

速度入口边界条件：该边界条件通过设置一些物理量的参数来定义所需的速度入口，本模拟中采用 mangnitude normal to boundaryd 的速度规范方法，设置烟气入口速度按 10kg/h 燃烧的烟气体积，水入口流量为 $1m^3/h$，入口温度为 40℃。入口气相和液相采用体积分数的方法来控制，在烟气入口中流体为气相，设置气相体积分数为 1。

压力出口边界条件：出口为压力出口，压力为 101.325kPa。

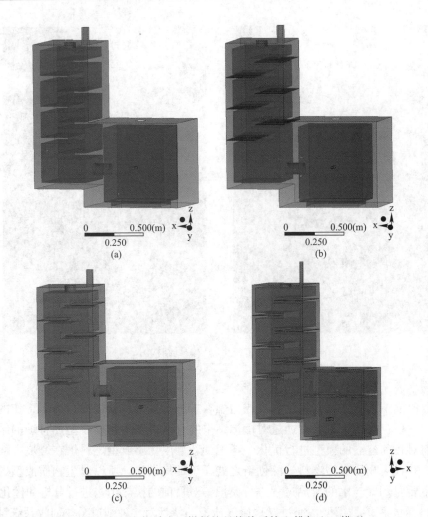

图 7-44 生物质成型燃料炉具换热系统上排气入口模型

(a) 炉具模型Ⅰ (原炉具);(b) 炉具模型Ⅱ;(c) 炉具模型Ⅲ;(d) 炉具模型Ⅳ

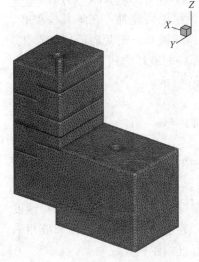

图 7-45 换热系统网格划分

内部边界条件:壁面分为绝热壁面和两个两流体域之间的换热壁面,两流体域间的换热壁面采用钢铁材质,壁厚 3mm。

(4) 仿真模拟结果分析

炉具内的流动可分为气相流动区和液相流动区,其中气相流场为烟气流动,液相流场为余热回收循环水流动,通过对比分析流场和温度场结构分析,使烟道内部结构和合理化,以及燃烧产生的热量最大化利用。利用 Tecplot 处理软件对典型性切面进行处理,分析流场和温度场对内部结构进行优化,从换热效果和流场结构对比来看,原炉具结构有待进一步优化。

1) 原炉具速度场和温度场分析

炉具的高温区无疑在炉膛内,温度为 750℃左右,烟气在通过烟道的过程中,由于循环水系统的热交换作用，温度降低，速度最大区域在燃烧室与烟道连接处，速度值为 6.7m/s，在烟道的下侧形成涡流区，在此区域内温度降低至 408℃，由于换热区域的阻挡作用，烟气呈现扰流上升运动，在烟气出口位置温度降至 206℃。在烟气入口处的烟气温度高于偏离烟气入口处的两个位置，这是由于烟气入口呈圆形，在 x 方向轴向上的烟气温度并不均衡。在烟气通过烟道向上运动过程中，烟气的温度逐渐降低。处于换热区域与烟气通道交叉区域的水存在高温现象，并且这种现象在烟气温度较高处更为明显，这说明，向烟道延长的水换热区域的换热效果更好，产生这种现象的原因是烟气向上流动过程中与换热区域伸长的部分接触时间较长，产生更好的换热效果，同时在水腔伸长部分的水流动较为封闭，这使得热量能暂时储存。

图 7-46 为水区域速度矢量图和 x-z 方向速度云图。从图中可以看出，水在外流动区域形成环流，但存在流动封闭区域，在烟道交叉的水流动区域，水的流动速度较小，这种现象在靠近炉膛的上端两个矩形区域更为明显，x 方向速度几乎趋于 0，这种现象不利于水循环的形成。

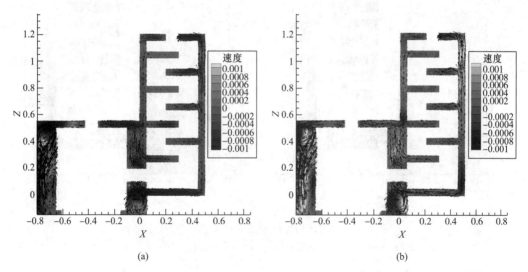

图 7-46　水区域速度矢量图和速度云图
（a）水区域 x 方向速度云图；（b）水区域 z 方向速度云图

图 7-47 为烟气流动区域速度矢量图和云图。从图 7-46（a）和（b）中可以看出烟气由炉膛通往烟道时，速度增大，对烟道壁面进行撞击，之后在烟道中流动，由于水换热区域的存在，动能损失较大，同时压力也逐渐减小，烟气在烟道流动过程中，在靠近壁面区域速度较小。从图 7-46 可以看出烟气流动过程中存在 z 方向的反向速度，主要发生在烟气流道的角落，这是由于直角角落的存在，烟气在此区域产生漩涡。

图 7-48 为水区域温度云图。如图所示，水的温度主要在 320～360K 之间，与烟道交叉的换热水区域的水温度较高，并且越靠近烟气入口处的区域温度越高，最高为 361.3K，这是因为此区域的换热水流动不充分，并不能很好地将热量与外界的水交换，造成换热效率低下。图 7-49 为烟气区域温度和密度云图，烟气从炉膛流向烟道经过换热区域，温度明显下降，同时密度逐渐增大，表明烟气得到有效的冷却。

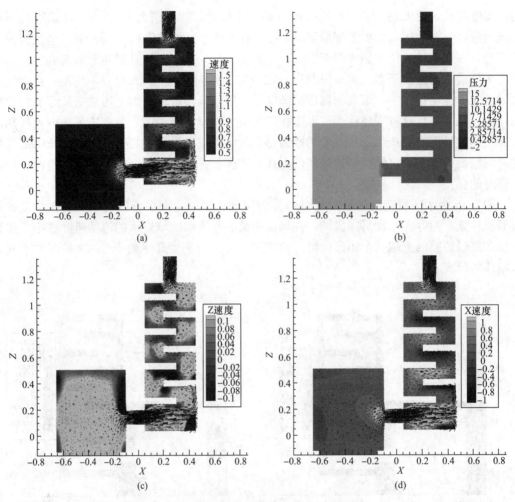

图 7-47　烟气区域速度矢量图和速度、压力云图

（a）合速度云图；（b）压力云图；（c）y 方向速度云图；（d）x 方向速度云图

2）炉具 I 速度场和温度场分析

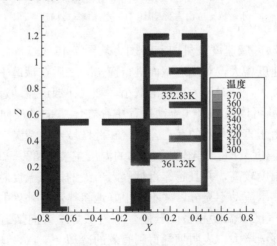

图 7-48　水区域温度云图

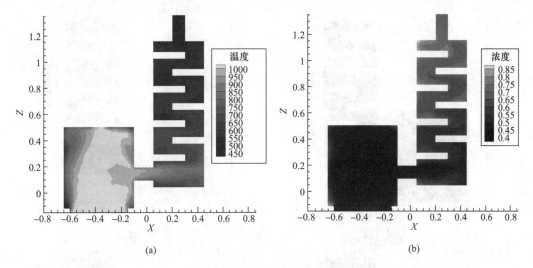

(a)　　　　　　　　　　　　(b)

图 7-49　烟气区域温度和密度场

（a）温度分布；（b）浓度分布

　　炉具 I 是在原炉具的基础上在水区域加上导流板，以实现水区域流动的导流，进而避免弱流区或者静区的产生，导流板设置的位置如图 7-50 所示，从图 7-51 可以看出，随着换热水区域导流板的加入，使水在烟道伸出部分的封闭区消失，水在导流板的作用下强制通过原有的封闭区，使其参与外部的水循环，外部的循环效果也有明显的改善，图 7-52 为烟气区域的速度和压力云图。

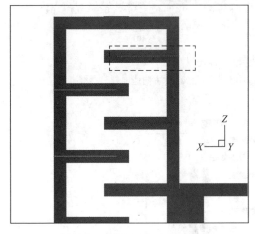

图 7-50　导流板位置示意图

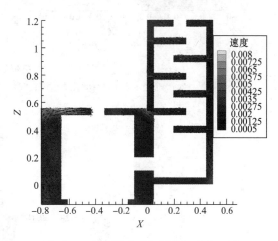

图 7-51　水区域速度矢量图和速度云图

　　图 7-53 为循环水区域的温度云图，从图中可以看出加装导流板后，原先的水封闭区域温度明显降低，这是因为导流板的存在使该区域的水参与外部的水循环，从而得到液相区域更好的换热效果。图 7-54 为烟气区域的温度和密度云图，改进后的烟气区域的流动变化较小，换热效果提升的不明显，进一步说明气液两项的换热在于气相与固体边界之间的强化，因此如何优化气体侧的换热效果对提升余热回收有重要作用。

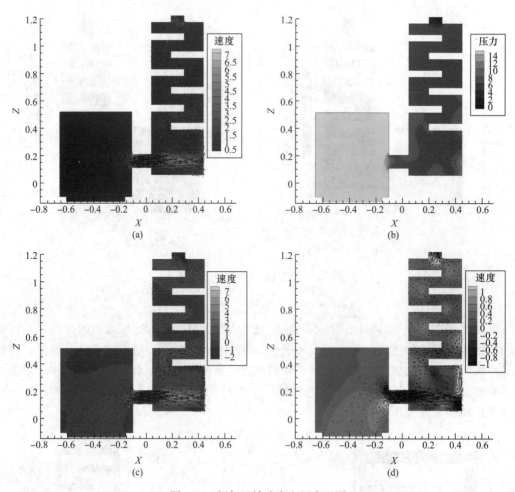

图 7-52　烟气区域速度和压力云图

（a）合速度云图；（b）压力云图；（c）x 方向速度云图；（d）z 方向速度云图

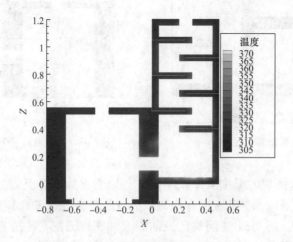

图 7-53　水区域温度云图

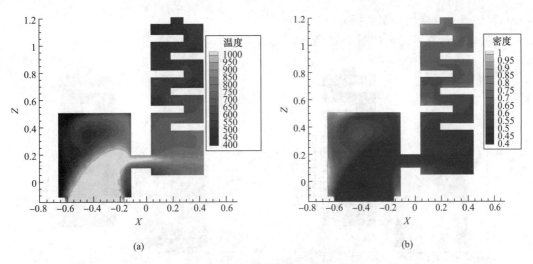

图 7-54　烟气区域温度和密度云图
（a）温度分布；（b）密度分布

3）炉具Ⅱ速度场和温度场分析

根据炉具Ⅰ的分析，改变烟气的流场结构是强化换热的重要途径。根据流动的特性和炉具的结构，将最下部的换热板去除（经过分析，此换热板换热效果较差），在原炉具炉膛上入口进入烟气，可以发现，在上入口进入烟道 A 区域中，由于挡板的作用，形成向下的回流，使烟气与循环水得到充分接触，这明显增强了烟气和循环水之间的换热，从此区域内换热后，烟气温度降为 320℃，说明此处换热得到了有效强化。在循环水区域内设置导流板，以实现流动水区域流动的导流，导流板设置的位置同炉具Ⅱ，水在导流板的作用下强制通过原有的封闭区，使其参与外部的水循环，外部的循环效果也有明显的改善。图 7-55 和图 7-56 分别为烟气区域的速度矢量图和水区域温度云图。对烟气流道的改进主要是在烟气入口处去除水换热区域，这一改进使得烟气在进入烟道后有较大的区域进行缓冲，缓冲后的烟气速度有了调整，能更好地进行换热，烟气出口温度为 189℃。

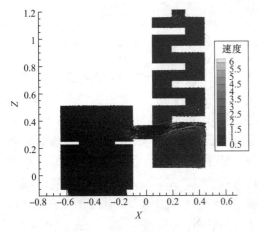

图 7-55　烟气区域速度矢量图

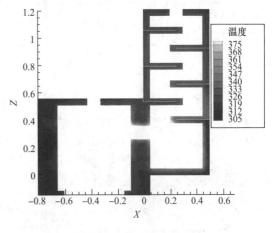

图 7-56　水区域温度云图

4）炉具Ⅲ速度场和温度场分析

通过模拟计算可得，如图 7-57 所示烟气出口温度降至 171℃。

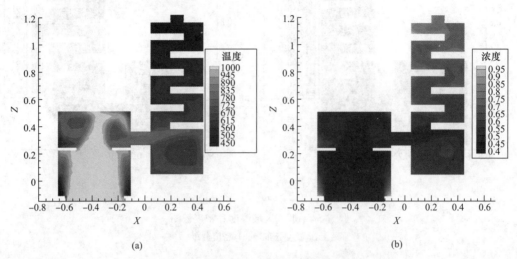

图 7-57　烟气区域温度和密度场
（a）温度分布；（b）浓度分布

根据炉具Ⅱ的分析，导流板对强化气液换热具有良好的效果，根据传热学理论和流体力学原理，增加液体区域的流动速度能够加强液体换热，在流量不改变的情况下，将液体区域的流道减小，可以提高液体流速，其他气体条件与炉具Ⅲ相同。通过模拟计算可得，炉具Ⅲ烟气出口温度可降至 151℃。表 7-19 和图 7-58 为 4 种炉具模型烟气出口温度对比值。

四种炉具模型烟气出口温度对比值　　　　　　　　　　　　　　　表 7-19

模型	烟气入口温度（℃）	烟气出口温度（℃）	换热温度 Δt（℃）	换热量（MJ）
燃烧炉模型优化前	190	186	564	37.18
燃烧炉优化模型Ⅰ	820	186	634	33.08
燃烧炉优化模型Ⅱ	820	169	651	38.18
燃烧炉优化模型Ⅲ	820	151	669	39.12
优化模型Ⅲ（实验）	804	148	656	38.68

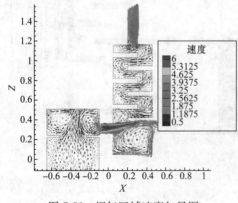

图 7-58　烟气区域速度矢量图

从图 7-59 可以看出，模型Ⅲ结构水系统中凸出水冷板未形成局部高温区，表明加入导流板并提高水冷壁内循环水流动速度能够有效抑制局部高温区域的形成。对比 4 种模型，在改造前，烟道出口温度为 186℃，模型Ⅳ的烟道出口温度为 151℃，循环水系统余热回收效率达到 85.02%，此外，从烟道排出的烟气，在排放至室外过程中，烟气温度可降至 120℃，总体热效率达到 87.5%。

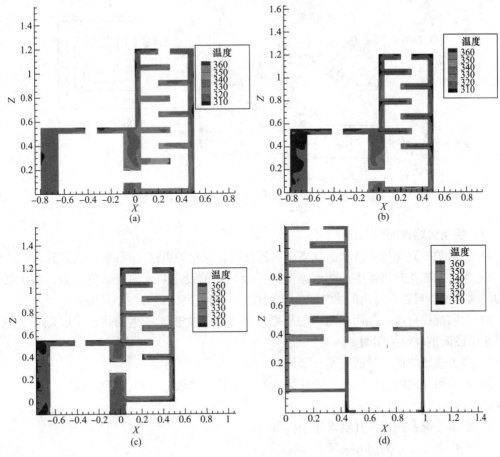

图 7-59　液相区域的温度分布图

（a）原模型Ⅰ；（b）模型Ⅱ；（c）模型Ⅲ；（d）模型Ⅳ

从 4 种炉具结构的模拟对比分析来看，流场的优化对炉具的换热具有重要意义，在高温区形成涡旋是强化高温烟气与水冷壁之间的换热的重要途径，在炉具下侧形成火焰区，火焰区两侧的涡旋区和进入烟道后形成的涡旋区是重要的换热区域。

此外，在高温烟气区域的侧壁夹层内的循环水中形成局部高温区域，如模型Ⅰ、Ⅱ和Ⅲ，此处在实际生产过程中可能出现局部汽化现象，这不利于循环水系统的换热，因此设计循环水系统有必要避免弱流区的产生。

7.4　多元混合生物质成型燃料耦合太阳能联供技术

7.4.1　系统原理及运行策略

（1）多能联供系统原理

为最大限度利用太阳能资源，设计一套炊事、供暖、生活热水一体的生物质炉+太阳能多能联供系统。本系统由太阳能集热器、生物质燃料炉具、蓄热水箱、末端供暖设备及配套管路和控制元件组成。其系统原理图如图 7-60 所示。

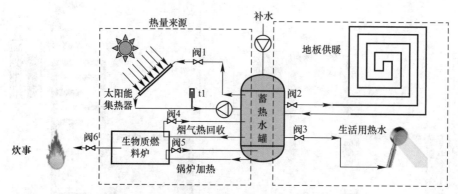

图 7-60　生物质炉＋太阳能多能联供系统原理图

（2）控制策略说明

1）燃料炉一直保持运行状态。当负荷较低时，燃料炉以最小风阀开度运行。

2）当太阳能集热器产生的热水温度低于蓄热罐的设定热水温度最低值时，增大燃料炉的风阀开度，对蓄热罐内的水加热，达到设定水温最高值后再关小风阀开度。

3）太阳能保持着"能用尽用"的原则，当太阳能集热器产生的热水温度低于蓄热罐设定水温最低值时，关闭阀1。

4）当蓄热罐内的水量低到某一限值时，补水泵开始工作。

5）地板供暖内的流体媒介与蓄热罐内的热水互不接触，只进行热量交换。

（3）不同工况运行说明

1）炊事工况：阀门 6 开启，用于做饭；

2）非炊事工况：阀门 6 关闭；

3）供暖工况：阀门 2 开启，用于地板供暖；

4）非供暖工况：阀门 2 关闭。

7.4.2　能耗监测系统

能耗监测系统主要包括计量装置、数据采集器和数据传输装置。该系统的主要功能是实现实时采集建筑能耗参数和将数据上传至数据平台，能耗参数可由具备数据传输功能的各种能耗计量装置检测并传输至数据采集器，数据采集器对数据进行处理后实时或定时上传至数据平台。

（1）数据采集内容

对住户建筑用能情况及室内外环境开展分项监测，主要监测内容为：室内外环境、燃料消耗统计、地暖供回水温度及流量、生活热水出水温度及流量等。图 6-61 为能耗监测系统示意图。

（2）计量装置和数据采集器

计量装置是用来度量电、水、热（冷）量等分项和分类建筑能源用量的仪表及配套设备。各种计量装置应具备数据通信功能，且应符合相关行业的技术标准和规范。计量装置的性能指标、安装和接线要求等内容应满足项目相关规定。

数据采集器是用来获取来自计量装置的建筑能耗数据，并对能耗数据进行暂存、处

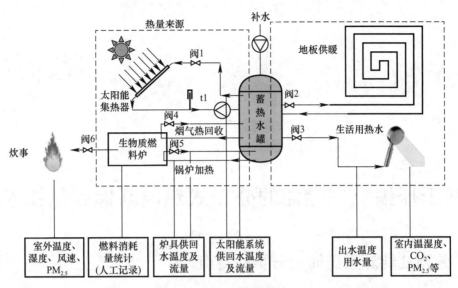

图 7-61　能耗监测系统示意图

理、上传的设备。数据采集器应能实时监测建筑中水、电、冷（热）量等分类能耗数据，并具备对能耗数据分类汇总、统计等功能。数据采集器应支持基于 TCP/IP 协议的有线和无线等多种数据传输介质，并应具备数据传输管理功能，可以选择实时、定时、分类等方式上传数据。

（3）数据采集上传

数据采集方式采用有线加无线混合采集。数据采集器采集户内计量仪表的数据信息，通过无线和有线传输，发送到数据集中器。使用数据集中器进行数据的收集，并且增加数据传输距离。数据传输到数据平台可以选择 ADSL 或者 3G/4G。

参考文献

［1］中国食用菌协会. 2020 年度全国食用菌统计调查结果分析［R/OL］.（2021-12-28）.

［2］Kimemia D，Van Niekerk A. Cookstove options for safety and health：Comparative analysis of technological and usability attributes［J］. Energy Policy 2017，105：451-457.

［3］Kirch T，Birzer C，Medwell P，et al. The role of primary and secondary air on wood combustion in cookstoves［J］. International Journal of Sustainable Energy，2016，1-10.

［4］Adrianzén M. Keep the chimneys working：Improved cooking stoves and housewives' health in the peruvian andes. Universidad de Piura，2016.

［5］董其伍，朱青. 换热器强化传热技术［J］. 中国油脂，2007，32（2）：62-64.

第8章

基于压缩空气储能的分布式热电联储联供技术

8.1 分布式能源系统储能分类及特点

多能互补系统指可包容多能源资源输入，并具有多种产出功能和输运形式的"区域能源互联网"系统，是传统分布式能源应用的拓展。其中，储能系统作为消纳可再生清洁能源和保障供电平稳可靠的关键环节，是多能互补系统中的重要组成部分。本节分别概述不同储能技术特征，并简要分析分布式能源系统储能现状及未来发展趋势。

8.1.1 分布式能源系统储能概述

分布式能源系统储能指通过绿色能源中的光伏、风电，或是将电网中的电力存储起来，储能的能量可以是电、热、冷、势能等。多种能源的相互补充、相互协调，可以实现安全、绿色、高效、可靠保障冷热负荷和电力供应需求。分布式储能系统接入位置灵活，可将中低压配电网、微电网及用户多余的电能接入供电网络中。电网负荷随着一天用电量的变化存在峰谷，而风能、太阳能含量不断提高，进一步加剧了调峰的压力。利用储能装置在负荷高峰期放电，负荷低谷期从电网充电，减少高峰负荷需求，从而改善负荷特性，参与系统调峰。

多能互补储能技术充分采用分布式能源与可再生能源，是开展能源互联网应用的关键，对于提升可再生能源与能源综合利用的效率十分关键。传统储能规划时，仅对单一能源模式开展规划与分析，不够灵活高效。多能互补的储能形式以电力分析为基础，能源结构优化作前提，实现多能耦合与协调。能量管理是开展能量流信息的分析与优化操作，其对电网、非可再生资源、储能系统以及负荷等进行优化，进而开展能量的合理转化与有效的利用。

多能互补系统中储能技术是研究的重点，发展的空间较大。可再生能源等具有波动性、间歇性等特质，在系统内部接入储能设备，可以平滑可再生能源发电功率的输出波动，降低其随机性与入网的难度。随着储热与储氢技术的发展，为多能互补系统内电能向热能、氢能等不同模式能源的转化提供有效的储存途径。为此储能技术使得可再生能源实现大规模的应用，对于电网调频调峰、改善供电质量以及可靠性层面也具有重大的意义。

目前常见的储能模式为机械储能、化学储能以及储热等。机械储能包括抽水储能、压缩空气储能等模式；化学储能包括电化学储能与超级电容储能；储热主要采用的市场储热系统等，储氢含有高压或低温液化等模式。对于多能互补系统模块，不同的储能模式都具有自身的优势与不足，需要依据自身的实际需求、经济性等选择。储能在多能互补系统模块研究的方向为新能源发电、储能的协调规划与调度分析、储能与能量转换的设计与相关配置等。

8.1.2 分布式能源系统储能分类

（1）压缩空气储能

压缩空气储能（Canpressed Air Energy Storage，CAES）技术是以燃气轮机技术为基础发展起来的一种能量存储技术。传统 CAES 能够利用系统富余电能驱动多级压缩机，将空气压缩至高温高压状态，经冷却后存储于储气室中，如图 8-1 所示；在发电过程中，储气室中的高压空气释放，在燃烧室内与燃料混合燃烧，产生的高温高压空气驱动透平做功发电。传统 CAES 电站的释能发电过程需借助燃料补燃实现高效循环，存在化石燃料依赖、碳排放等问题，使其在天然气资源匮乏地区及当前可再生能源电力系统中的应用受限。随着储热技术的逐步成熟及其在集中式光热等领域的成功应用，多个国家和地区聚焦于先进绝热压缩空气储能（Advanced Adiabatic Compressed Air Energy Storage，AA-CAES）技术，其系统结构如图 8-2 所示。

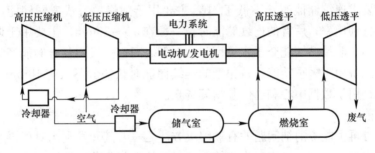

图 8-1 传统 CAES 系统结构示意图

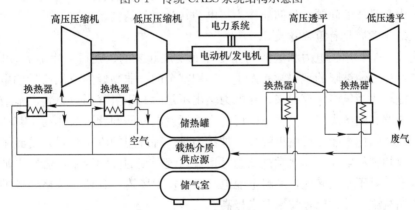

图 8-2 AA-CAES 系统结构示意图

随着压缩空气储能示范项目的陆续建成和投运，压缩空气储能的产业化发展和规模化应用已迈入快车道，这也极大地促进了 AA-CAES 技术面向电力和综合能源系统应用中的基础建模、优化控制和经济运行理论和方法研究。

（2）电化学储能

广义上的储能指的是通过介质或设备将能量转化为在自然条件下较为稳定的存在形态

并存储起来，以备在需要时释放的循环过程，一般可根据能量存储形式的不同分为电储能、热储能和氢储能 3 类。狭义上的储能一般主要指电储能，也是目前最主要的储能方式，可按照存储原理的不同分为电化学储能和机械储能两类。其中，电化学储能是指利用化学元素做储能介质，充放电过程伴随储能介质的化学反应或者变价，主要包括锂离子电池、铅蓄电池、钠硫电池储能等。

完整的电化学储能系统主要由电池组、电池管理系统（BMS）、能量管理系统（EMS）、储能变流器（PCS）以及其他电气设备构成。电池组是储能系统最主要的构成部分；电池管理系统主要负责电池的监测、评估、保护以及均衡等；能量管理系统负责数据采集、网络监控和能量调度等；储能变流器可以控制储能电池组的充电和放电过程，进行交直流的变换。电化学储能的原理可以划分以下几个方面：电池组进行电能的存储；储能变流器（PCS）控制充放电过程，进行交直流的变换；能量管理系统进行数据采集、网络监控、能量调度等；电池管理系统对电池进行监测、评估、保护以及均衡等；储能温控对电池运行温度进行稳定和均衡。

对于电化学储能系统而言，其应用场景大致可以分为容量型、能量型、功率型和备用型，不同类型电化学储能所适合的应用场景有所区别。其中，容量型、功率型专用性较强，前者一般要求连续储能时长不低于 4h，主要用于削峰填谷或离网储能，可提升电力系统效率和设备利用率；后者的连续储能时长一般在 15～30min，主要用于调频或者平滑新能源出力波动。能量型储能介于容量型和功率型之间，一般为复合储能场景，可用于调峰、调频、紧急备用等多重功能。备用型的连续储能时长一般不低于 15min，主要作为不间断备用电源，用于数据中心和通信基站等场景。

（3）氢储能

氢储能是可再生能源消纳问题的有效解决方法之一，其开发利用对可再生能源的规模化利用具有重要意义。由于风力、光能等能源发电特性与负荷特性同步性较差，同时存在发电、用电中心脱节的问题，氢储能作为将电力转为氢气的技术，对促进可再生能源发电规模化、低碳化发展具有重要意义。

氢储能技术是利用了电力和氢能的互变性而发展起来的。在可再生能源发电系统中，电力间歇产生和传输被限的现象常有发生，利用富余的、非高峰的或低质量的电力大规模制氢，将电能转化为氢能储存起来，在电力输出不足时利用氢气通过燃料电池或其他反应补充发电，能够有效解决当前模式下的可再生能源发电并网问题。氢能由于其质量能量密度高，具有较高的化学能，续航里程长，被认为是一种理想的汽车燃料，受到了国内外的普遍关注。氢和燃料电池汽车通常被认为是运输系统脱碳的关键因素，燃料电池车用氢需要高纯度标准。对于车载储能，燃料电池电动汽车需要紧凑、轻便、价格合理的储氢系统来替代加压储氢罐，并对储氢技术要求极高。

为了实现完整的可再生能源－电能－氢能－电能转化过程，氢储能技术中制氢技术、储氢技术、氢氧燃料电池技术的发展尤为重要，目前制氢技术、储氢技术、氢氧燃料电池技术已经由快速发展阶段转向深入研究阶段。氢储能与分布式发电相结合，能够解决分布式能源接入配电网后的消纳问题。以含分布式光伏发电与气电混合的区域多能互补配电系统为例，在众多的多能互补系统形态中，其作为多能互补分布式能源发电的一种典型形式，位于能源消费末端，能够解决分布式光伏高渗透率地接入配电网后的消纳问题。

（4）其他储能方式

其他常见的储能方式主要包括飞轮储能、超导储能和超级电容储能，下面分别进行简要介绍：

1）飞轮储能

飞轮储能系统是一种机电能量转换的储能装置。该系统采用物理方法进行储能，并通过电动/发电互逆式双向电机实现电能与高速运转飞轮的机械动能之间的相互转换和储存。飞轮储能系统是一种具有广阔应用前景的机械储能系统，具有储能密度高、适应性强、应用范围广、效率高、寿命长、无污染和维修成本低等优点。飞轮储能系统已被应用于航空航天、UPS 电源、交通运输、风力发电、核工业等领域。

2）超导储能

超导储能系统是利用超导线圈将电磁能直接储存起来，需要时再将电磁能返回电网或其他负载的一种电力设施。它具有反应速度快、转换效率高的优点，不仅可用于降低甚至消除电网的低频功率振荡，还可以调节无功功率和有功功率，对于改善供电品质和提高电网的动态稳定性有巨大的作用。随着我国电网规模的不断扩大，也迫切需要解决大电网的稳定性问题，超导储能系统在这方面具有重要的应用价值。

3）超级电容储能

双电层超级电容是靠极化电解液来储存电能的一种新型储能装置。在双层电容器中，电能处于静电场中，存储在电极和电解质的离子之间。当向电极充电时，处于理想化电极状态的电极表面电荷将吸引周围电解质溶液中的异性离子，使这些离子附于电极表面形成双电荷层，构成双电层电容。由于超级电容与传统电容相比，储存电荷的面积大得多，电荷被隔离的距离小得多，因此一个超级电容单元的电容量就高达几法至数万法。由于采用了特殊的工艺，超级电容的等效电阻很低，电容量大且内阻小，使得超级电容可以有很高的尖峰电流，因此具有很高的比功率，高达蓄电池的 $50\sim100$ 倍，可达到 $10kW/kg$ 左右，这个特点使超级电容非常适合于短时大功率的应用场合。超级电容和其他储能元件组成的复合电源系统兼顾了其他储能元件的高比能量和超级电容的高比功率的优点，可以更好地满足电动车启动和加速性能的要求，并能提高电动车制动能量的回收效率，增加续驶里程。

8.2　分布式压缩空气储能空气透平系统设计与优化

空气透平系统设计与优化是影响分布式压缩空气储能系统释能效率和供能水平的关键。本节对不同类型的透平膨胀机典型结构进行调研分析，选取合适的透平膨胀机，并基于全场热平衡进行空气透平整体热力工艺流程设计，为构建分布式压缩空气储能系统提供理论依据与参考。

8.2.1　耦合光热的分布式压缩空气储能系统整体架构设计

耦合光热的分布式压缩空气储能系统主要由空气压缩子系统、高压储气子系统、透平发电子系统、储热子系统和光热集热子系统等部分组成，其整体架构示意如图 8-3 所示。耦合光热的分布式压缩空气储能系统的具体工作流程可分为以下 4 个过程：

（1）压缩储气过程

电价低谷时段，通过电动机驱动压缩系统工作，压缩机将空气压缩至高压状态，此过程中产生的压缩热可直接用于供暖，也可通过换热系统将热能存储于储热系统中，经过换热的高压空气则存储于储气室。整个压缩储气过程实现了高压空气势能与热能的解耦存储。

（2）光热集热过程

通过光热集热器将低温导热油加热至高温状态后存储于储热系统。整个光热集热过程同样清洁无污染，通过光热集热系统，一方面可以给透平发电过程提供热能，另一方面也可有效保障热能供给。

（3）透平发电过程

新型空气动力透平装置作为分布式压缩空气储能系统的电能输出设备，其透平发电过程是通过释放储气罐内存储的高压空气，并由高温导热油加热后形成高温高压空气，以驱动透平膨胀机做功，将机械能转化为电能。

（4）供暖过程

供暖可分为两个阶段：一是将压缩储气阶段产生的高温压缩热用于供暖；二是采用储热系统中的高温导热油用于供暖，高温导热油热源来自光热集热系统与未利用的压缩热。分布式压缩空气储能系统通过热、电联产联供，可实现清洁供能。

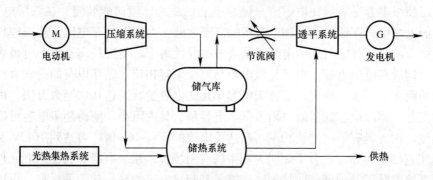

图 8-3 耦合光热集热的分布式压缩空气储能系统整体架构示意图

结合耦合光热的分布式压缩空气储能系统整体架构可知，分布式压缩空气储能系统耦合了太阳能光热集热系统，不仅可实现光、电、热能量的消纳与存储，还可实现热、电之间的高效转换、梯级利用和灵活供给，其能流示意如图 8-4 所示。

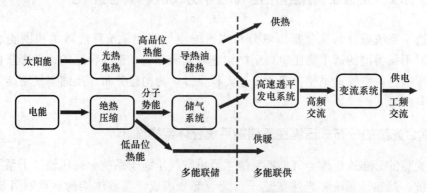

图 8-4 分布式压缩空气储能系统能流示意图

结合图 8-4 可知，分布式压缩空气储能系统的热源来自压缩子系统在压缩过程中产生的压缩热和光热集热器收集的光热。为提高能源的利用效率，实现不同形式热源的梯级利用，采用槽式集热器内的高温导热油来加热储气系统出口的高压空气，实现透平系统发电，富余的高温导热油和压缩热可用于供暖。显然，透平发电系统的流程设计是影响系统热电联供比例的关键，因此需要结合实际热电需求，进行透平系统的工艺流程设计。

8.2.2 透平机典型结构分析及空气透平系统的透平机选取

透平机主要指通过利用工质流动过程中的速度变化来进行能量转换的机械。透平机的一般流程为：高压工质在透平机膨胀机的通流部分膨胀获得动能，并由工作轮对外输出轴功。根据工质在叶轮内的流动方向的不同，透平机主要可分为径流式、轴流式和径轴流式 3 种。

（1）径流式透平膨胀机结构分析

径流式透平是指气体沿垂直于转动轴的半径方向流动的透平，可以分为向心式和离心式两类。向心式透平的工质沿着转动轴半径，朝轴心方向流动；而离心式透平的工质由叶轮轴心向叶轮外径方向流动。向心式透平属于动力透平，而离心式透平一般是作为增压透平使用，压气机和风扇用来提高通过流体的压力和能量，属于离心式透平的实际应用。向心式透平结构紧凑，制造成本低，且制造工艺较为完善，在流量较小的设计条件下可以达到很高的效率。其叶轮的形状和压气机叶轮的形状极其相似，叶片以及整个叶轮都有较好的强度和刚度。

径流式透平膨胀机是利用气体膨胀时速度能的变化来传递能量，将气体的热能、压力能和动能转化为膨胀机机械能的动力机械，其结构与通流基本形式如图 8-5 所示。气体由膨胀机的蜗壳进入，气体的压力势能和热能一部分转化为动能；气体流过喷嘴叶片环，部分压力势能转变成动能，气体速度提高而温度、压力下降，且具有很强的方向性，喷嘴出口处气体获得巨大的速度，并均匀而有序地流入膨胀机的叶轮，带动叶轮旋转。叶轮使得高速气体的动能转化为机械能并向外界输出轴功。

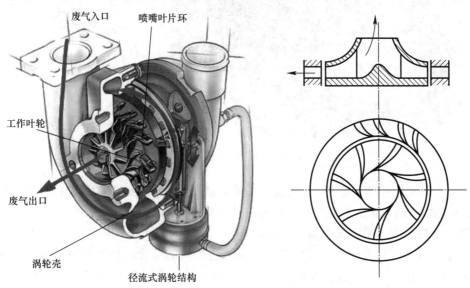

图 8-5　径流式膨胀机结构和通流基本形式

径流式膨胀机均有以下优点：①效率高。在容积流量较小的情况下此优点更为明显，轴向速度可达 450~550m/s，膨胀机能获得大的比功和效率；②由于叶轮流动损失对于涡轮效率的效率影响较小，使流通部分的几何偏差对效率影响不敏感，可采用较简单的制造工艺；③重量轻，叶片少，结构简单可靠。

（2）轴流式透平膨胀机结构分析

轴流式透平机一般由进气壳、静叶栅、叶轮和排气壳组成。在静叶栅和叶轮上，分别安装有形状相同、间隔相等且方向一致的静叶片和工作叶片，从而构成喷嘴叶栅和工作叶栅，形成弯曲、收敛形的流道。一列喷嘴叶片和其后的一列工作叶片，即动叶片组成透平的一个级。目前，由于超高增压技术的发展，透平的膨胀比越来越大，在许多场合，单级透平已经不能满足现实生产的需要，多级透平已经占有越来越重要的地位。轴流式透平通常用于流量大的场合，由于气流在通道中流程短、转弯平缓，所以流动损失相对较小，因而具有较高的效率。

轴流式透平机的主要缺点是叶型制造工艺比较复杂。由于转子的工作条件相当复杂，其介质往往是高温高压的状态，转子在高温蒸汽中高速旋转，不仅承受气流的作用力和转动部件的离心力，而还承受由温度差产生的热应力。此外，当转子质量不平衡时，还将引起汽轮机的振动。因此，转子要具很高的强度和均匀的质量，以保证它安全工作，转子的工作状况对透平机运行的安全性和经济性有很大影响。同时，轴流式透平机同样利用气体膨胀时速度的变化来传递能量，结构功能均类似于径流式透平机，不同之处在于径流式膨胀机气体进入工作叶轮时由径向流入，而轴流式膨胀机则由轴向流入，其结构与通流基本形式如图 8-6 所示，轴流式膨胀机的叶轮可多级串联。

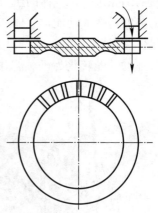

图 8-6　轴流式膨胀机结构和通流基本形式

轴流式膨胀机有以下优点：①通流能力强，适用于要求大流量的场合；②易实现多级串联，从而实现总体上的高压比，但需要的叶片数多；③气流路程短。

（3）径-轴流式透平膨胀机结构分析

径-轴流式透平机为径流式透平机与轴流式透平机的结合，其工作原理是气体在静叶之间的径向流道膨胀加速后进入动叶轮，气体冲击动叶片使叶轮旋转，叶轮带动转轴旋转，输出轴功，同时气体沿轴向输出。

受工质流动特性的影响，高速气流在纯径流式透平膨胀机内部流动依次经过喷嘴和工质轮时会形成一个 U 形转折，从而导致较大的能量损失。径-轴流式透平的流动特性则避免了因为 U 形转折导致的能量损失，故其相比于纯径流式的效率高。径-轴流式膨胀机结构和通流基本形式如图 8-7 所示。

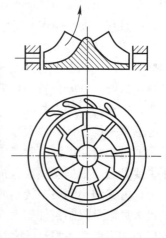

图 8-7　径-轴流式膨胀机结构和通流基本形式

径-轴流式透平膨胀机有以下优点：①效率高，比焓降大，比纯径流式的效率更高；②体积小，转速高，调节性能极为灵活可靠。因此其在空分设备、液化使用天然气、透平发电领域具有广泛的应用。

结合上述对不同类型的透平膨胀机典型结构分类与分析，考虑到实际用能分散，储气设备处于滑压供气状态，以及用户端负荷波动性较大等问题，采用效率更高、转速更高、体积较小，调节性能更为灵活的径-轴流式透平膨胀机作为新型空气动力发电透平装置。

8.2.3　空气动力透平系统通流流程设计

空气动力透平系统由转子叶轮、喷嘴以及蜗壳组成。叶轮起到将能量转化为机械功并输出给轴端及将膨胀后的低温气体引导进入扩压器的主要作用，其性能好坏显著影响涡轮的整体性能。涡轮喷嘴环也称静子、导流器或导向器。除了转变动能的主要作用以外，还可以通过改变喷嘴环的喉道截面积来控制流过涡轮的流量。喷嘴环的叶型设计不仅要保证喷嘴环流道损失小，而且要考虑加工工艺是否方便可靠。目前在小型向心涡轮中常用的喷嘴类型有收缩喷嘴和扩张喷嘴两种。蜗壳引导气流进入喷嘴环通道，是向心涡轮的重要组成部分。为减少不必要的压力损失，应保证气流在蜗壳流道内流动相对均匀，并且在保证设计要求的前提下，为了便于布置，应尽量减小其结构尺寸。气流在蜗壳内一方面沿蜗壳型线流动，另一方面不断导入喷嘴环，流量沿蜗壳型线不断减小。因此，为了保持蜗壳流道内有均匀的平均速度，其截面积应从入口沿蜗壳型线不断减小。常见的有矩形、圆形、梨形、梯形截面蜗壳。在进出口参数、流量已知的情况下，初步设计可以确定涡轮主要结构尺寸和基本性能参数。

（1）涡轮设计方法

1）一维涡轮设计方法

一维设计是指在设计初始阶段，假设向心透平的气流为轴对称和绝热一元稳定流动，根据部件取向心透平 7 个计算截面：蜗壳进口、导叶进口、导叶喉道、导叶出口、叶轮进口、叶轮出口和扩压室出口，根据不同理论模型，设计各截面的气动和几何参数，然后运用一维经验模型进行评估。

一维设计是向心透平设计的重要部分，在热力系统设计完成后，透平进出口参数（进口总温、总压，出口背压，透平流量）确定，根据效率最优的原则，在合适范围内初步确定静叶速度系数、动叶速度系数、速比、反动度、轮径比、动叶进口绝对气流角、动叶出口相对气流角、转速等 8 个参数，使用逆流而上的方法，相继确定透平动叶出口、动叶进口、静叶进口的气动参数与速度三角形，进而在合理的范围内确定流道几何参数（如叶轮茛径、进出口叶高、叶根轮径比等），计算出透平的轮周效率，考虑轮盘摩擦损失与透平漏气损失，得到透平的内效率。

向心透平一维设计方法大致可分为 3 类：经验法、筛选法和基于实验数据的求解法。经验法是通过丰富的设计经验确定向心透平参数，保证方案的可行性。筛选法是通过对向心透平主要参数，根据实验或分析结果给出限定条件，然后将所有限制条件叠加起来，使得设计可选方案缩小到一个较小的范围，然后在该范围内进行方案初始设计方法选择，该方法的最大局限是限制条件需根据设计者经验确定，其选择范围虽比经验法小得多，但如何确定向心透平参数还需经验来指导。基于实验数据求解法，是根据已有实验数据，总结出一定规律，以此为基础，对向心透平参数进行求解。

2）三维涡轮设计方法

近年来，在一维设计的基础上，随着黏性全三维计算流体力学的发展，通过正问题求解向心透平内部流场成为可能，并能较为准确地预测其内部流场，为向心透平设计验证和优化注入了新活力，逐渐形成了全三维的设计及优化方法。

叶轮机械内部三维流场的控制方程为 N-S 方程组，该方程组的非线性特点使其求解困难，目前只能通过离散化的数值方法去求近似解，模拟叶轮机械真实流场。1952 年，吴仲华院士提出了 S1、S2 两类流面理论，即"吴氏三元流通用理论"。该理论将流体的空间三维运动简化为相互关联的两类流面流动，从而简化计算流场，缩短计算时间，从此奠定了叶轮机械内部流动计算和设计理论的基础，深刻影响了数值模拟技术的发展。1990 年后，大容量、高速度计算机的出现、矢量机的问世和并行计算技术的发展，使求解叶轮机械内部流动三维 N-S 方程的研究取得了巨大进展，叶轮机械内部流动的数值计算进入全三维黏性数值模拟时期，结合不同湍流模型求解三维雷诺平均 N-S 方程来模拟叶轮机械内部流场。

全三维黏性数值计算开始应用于单排叶栅，后逐渐应用于多级叶片的全三维黏性数值模拟。同时多重网格法、残差光顺法等加速收敛技术，使得全三维黏性数值模拟的计算时间大大减少，为三维技术 CFD 在工程应用中提供了基础。叶轮机械内部流动的三维 CFD 技术使设计者减少对经验数据的依赖，增加了获得叶轮内部流场信息的渠道，为叶轮机械气体动力学的研究和设计提供了一种先进手段。

涡轮的三维设计方法主要分为正命题方法与反命题方法。正命题方法是按照设计指标确定涡轮的直径、效率等参数，然后根据以往的设计经验选择速比、轮径比等重要参数，这样就能给出若干个设计方案，之后利用实验或者数值方法得到各方案的性能，对比选出符合要求、性能最佳的方案。反命题方法则是按照涡轮设计要求确定某些控制参数的分布情况，例如叶片的载荷分布、当量扩张角等，然后根据分布规律和一些几何参数的关系计算得到叶轮三维造型所需要的各个值。正命题方法比较简单，容易操作，但是需要花费较长时间；反命题方法所需相对短一些，但是需要对流场中控制参数的分布非常了解，另外由于分布和几何参数之间关系复杂，设计时需要进行假设和简化，最后也要通过多方案优化才能够得到高性能的向心涡轮。

3）涡轮设计方法的选取

向心涡轮一维分析方法将气体工质的流动过程简化为绝热、无粘的一元定常流动，利用损失模型计算真实流动过程中的流动损失。相对于三维分析方法而言，一维分析方法通过对复杂流动进行合理的简化，可以快速完成向心涡轮通流部件的热力计算，对于向心涡轮的初步设计和设计方案筛选具有重要意义。但一元流动不能详细表征向心透平内部复杂的三维流场，而三维优化设计必须要有一个原始叶型，因此，合理可靠的一维设计为三维优化设计提供更为准确的初始数据，能够更加高效、快捷设计出"最优"向心透平。

综上所述，一维设计虽然设计过程简单，设计方法多样，设计理论成熟，但归根到底，向心透平内部是一个复杂的三维流场，一元流动很难表征。与一维设计相比，三维设计不仅对向心透平的影响因素考虑得更加全面，还可以进一步考虑向心透平内部的三维效应。因此，新型空气动力发电透平装置选用三维设计方法进行设计。

（2）涡轮设计流程

叶轮机械内的流动是复杂的，具有典型的三维流动特征。本节中涡轮初步设计流程如图 8-8 所示。

在初始设计阶段，缺乏数据支撑，常需要进行方案比较。同时，由于未知参数很多，它们会使计算变得复杂，甚至导致不合理结果的出现，因此通常预先取定某些参数，然后按一元流动来处理。一维热力计算的基本假设是定常流动、绝热、气体是完全气体。通过一维热力计算可以对涡轮的工作特性有大致的把握，了解各参数对涡轮性能的影响。合理的初步设计是完成三维造型及数值计算的基础，在很大程度上决定了涡轮设计是否可以获得成功。

（3）理论设计计算流程

在确定新型空气动力发电透平装置在西北村镇地区的实际参数情况下，可依据上述设计流程，选取合适的叶轮外径 D_1、喷嘴环速度系数 φ、叶轮速度系数 ψ、喷嘴环出口叶片气流角 α_{1g}、叶轮出口相对气流角 β_2、径向比 μ 等，最后计算相关参数并判定涡轮转速、效率等是否达到要求。设计过程中一些几何参数需选取经验值，如叶轮叶片进口厚度 Δ_1、喷嘴环叶片尾缘厚度 Δ_n 等，可查阅相关文献获得这些参数的合理值。

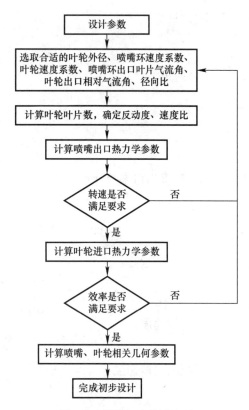

图 8-8　涡轮初步设计流程

（1）参数估取

选取合适的叶轮外径 D_1、喷嘴环速度系数 φ、叶轮速度系数 ψ、喷嘴环出口叶片气流角 α_{1g}、叶轮出口相对气流角 β_2、径向比 μ 等。

（2）入口边界求解

根据给定条件求入口处的滞止温度和滞止压力：

$$T_0 = T + \frac{V^2}{2c_p} \tag{8-1}$$

$$P_0 = P \left(1 + \frac{\gamma-1}{2} Ma^2\right)^{\frac{1}{\gamma-1}} \tag{8-2}$$

式中，T_0、P_0——滞止温度和滞止压力；

   T——热力学温度；

   c_p——气体比热，取 $1.005\text{kJ}/(\text{kg} \cdot \text{K})$；

   V——气体流动速度；

   P——压强；

   γ——气体绝热指数，取 1.4；

   Ma——马赫数。

（3）计算叶片数，确定速度比及反动度

1）叶轮叶片数：

$$Z_i = 0.03(33 - \alpha_1)^2 + 10 \tag{8-3}$$

2）速度比：

$$M = \frac{c_{1u}}{u_1} = 1 - \frac{2}{Z_i} \tag{8-4}$$

3）反动度：

$$\rho_t = \frac{\varphi^2 \left\{ \dfrac{\cos^2\alpha_1}{M^2} \mu^2 \left[\left(\dfrac{1}{\psi\cos\beta_2}\right)^2 - 1 \right] + \dfrac{2\cos^2\alpha_1}{M} - 1 \right\}}{1 + \varphi^2 \left\{ \dfrac{\cos^2\alpha_1}{M^2} \mu^2 \left[\left(\dfrac{1}{\psi\cos\beta_2}\right)^2 - 1 \right] + \dfrac{2\cos^2\alpha_1}{M} - 1 \right\}} \tag{8-5}$$

（4）喷嘴出口参数计算

1）膨胀比：

$$\pi_t = \frac{p_0}{p_3} \tag{8-6}$$

2）总等熵焓降：

$$\Delta h_s = c_p T_0 \left(1 - \frac{1}{\pi_t^{0.286}}\right) \tag{8-7}$$

3）等熵速度：

$$c_s = \sqrt{2\Delta h_s} \tag{8-8}$$

4）喷嘴出口速度：

$$c_1 = \varphi\sqrt{1 - \rho_t}c_s \tag{8-9}$$

5）喷嘴出口压力：

$$p_1 = p_0 \left[\rho_t + (1-\rho_t) \frac{1}{\pi_t^{0.286}} \right]^{3.5} \tag{8-10}$$

6）喷嘴出口温度：

$$T_1 = T_0 - \frac{\varphi^2}{c_p}(1-\rho_t)\Delta h_s \tag{8-11}$$

（5）叶轮参数计算

1）叶轮进口圆周速度：

$$u_1 = x_0 c_s \tag{8-12}$$

2）叶轮转速：

$$n = \frac{60 u_1}{\pi D_1} \tag{8-13}$$

3）叶轮进口相对速度：

$$w_1 = \sqrt{c_1^2 + u_1^2 - 2 c_1 u_1 \cos\alpha_1} \tag{8-14}$$

4）叶轮进口气流角：

$$\beta_1 = 90° + \arctan\left(\frac{w_{1u}}{c_{1r}}\right) \tag{8-15}$$

5）叶轮出口圆周速度：

$$u_2 = \mu u_1 \tag{8-16}$$

6）叶轮出口相对速度：

$$w_2 = \psi \sqrt{\rho_t c_s^2 + w_1^2 - u_1^2 + u_2^2} \tag{8-17}$$

7）叶轮出口绝对速度：

$$c_2 = \sqrt{w_2^2 + u_2^2 - 2 w_2 u_2 \cos\beta_2} \tag{8-18}$$

8）叶轮出口气流角：

$$\alpha_2 = \arcsin\left(\frac{w_2 \sin\beta_2}{c_2}\right) \tag{8-19}$$

9）叶轮出口温度：

$$T_2 = T_1 - \frac{\rho_t \Delta h_s}{c_p} + (1-\psi^2)\frac{w_{2s}^2}{2 c_p} \tag{8-20}$$

8.2.4　空气动力透平系统热力工艺全流程优化设计方法

透平系统的热力工艺流程参数具体包括透平系统的级数、透平空气质量流量、进口空气温度、透平机膨胀比等。空气动力透平系统的热力工艺流程设计主要是从满足区域内热电负荷需求的角度出发，由所在的区域热电负荷特征配置透平发电子系统的初始热力参数。区域热电负荷特征具体可表征为区域需求的电功率、区域需求的热功率负荷特征以及区域需求的热电联供比。结合以上分析，空气动力透平系统的热力工艺流程设计如图 8-9 所示，具体计算步骤如下：

（1）调研所在区域的典型负荷需求特性，以区域典型

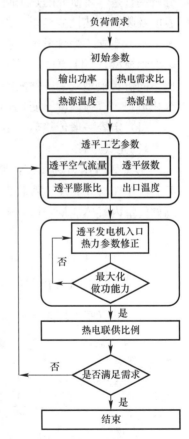

图 8-9　空气动力透平系统的
热力工艺流程设计

日的平均电功率负荷和热电联供比作为透平系统热力工艺流程设计的边界条件。

（2）结合所在区域的热源条件及透平膨胀机的一般参数特性要求，确定进气温度范围以及单级透平机膨胀比范围和出口空气温度范围；结合所在区域的热电负荷需求特性，确定透平发电子系统的初始热力参数范围、透平质量流量及膨胀级数的范围。

（3）以满足区域热电联供比和单位质量流量空气发电量最大化为目标，对系统综合能效进行评估，经多次迭代修正，确定空气动力透平系统的热力工艺参数。

8.3　分布式压缩空气储能模块化储气系统设计与优化

8.3.1　系统分析模型

分布式压缩空气储能模块化储气系统是分布式压缩空气储能系统的核心部件。作为一种刚性定容储气装置，在分布式压缩空气储能系统的充气和放气过程中，模块化储气系统的体积保持不变，装置内部空气的压力和温度将随系统运行过程而变化。由于装置内空气的压力状态将直接影响系统内部压缩机和膨胀机等关键组件的运行工况，所以，模块化储气系统的热力学特性是影响系统性能的关键因素。因此，对于刚性定容储气装置的热力学分析一直是学者研究的热点问题之一。针对当前常规定容等温储气模型没有充分考虑环境温度及装置传热性能等影响因素，对模块化储气系统热力学性能的刻画过于简陋这一问题，本节建立了综合考虑环境温度、储气压力及传热系数的模块化储气系统定容一般传热热力学模型（VH 模型，储气室容积恒定且与外界换热系数恒定），为便于进一步分析对比不同仿真模型对系统性能的影响，本节也分别建立了定容等温模型（VT 模型，储气室容积恒定、气体温度不变）、定容绝热模型（VA 模型，储气室容积恒定且与外界绝热）。

（1）定容一般传热热力学模型（VH 模型）

1）充气过程

储气室内压力为 P_{cav}，储气室内温度为 T_{cav}，储气室换热面积为 S，环境温度为 T_{amb}，空气与外界换热系数为 h，来自末级冷却器的高压空气压力为 P_{cav}，温度为 T_{cav}^{in}，则储气室内气体能量守恒方程为：

$$d(mu) = h_{in}\delta m + \delta Q \tag{8-21}$$

式中，$h_{in} = C_P T_{cav}^{in}$，$u = C_V T_{cav}$，代入上式，化简可以得到：

$$C_V T_{cav}\frac{dm}{dt} + C_V m\frac{dT_{cav}}{dt} = C_P T_{cav}^{in}\frac{dm}{dt} + hS(T_{amb} - T_{cav}) \tag{8-22}$$

对于储气室内理想气体状态方程为：

$$\frac{dP_{cav}}{dt} = \frac{P_{cav}}{T_{cav}}\frac{dT_{cav}}{dt} + \frac{R_g T_{cav}}{V}\frac{dm}{dt} \tag{8-23}$$

联立上式可以得到：

$$\frac{dT_{cav}}{dt} = \frac{1}{mC_V}\left[C_P T_{cav}^{in}q_{m,c} - C_V T_{cav}q_{m,c} + hS(T_{amb} - T_{cav})\right] \tag{8-24}$$

$$\frac{dP_{cav}}{dt} = \frac{R_g}{VC_V}C_P T_{cav}^{in}q_{m,c} + \frac{R_g}{VC_V}hST_{amb} - \frac{hS}{mC_V}P_{cav} \tag{8-25}$$

充气过程中，储气室内初始压力为 $P_{cav,1}$，初始空气质量 m_1，储气室压力逐渐上升，当储气室内空气与外界换热系数按照常数处理时，令 $A = \dfrac{hS}{q_{m,c}C_V}$，对式（8-25）积分有：

$$P_{cav} = \left(\frac{m_1}{m_1 + q_{m,c}t}\right)^A \left[P_{cav,1} - m_1 \frac{R_g}{V} \frac{\frac{C_P}{C_V}T_{cav}^{in} + T_{amb}A}{1 + A}\right] + \frac{R_g}{V} \frac{\frac{C_P}{C_V}T_{cav}^{in} + T_{amb}A}{1 + A}(m_1 + q_{m,c}t)$$

(8-26)

2）放气过程

储气室内压力为 P_{cav}，储气室内温度为 T_{cav}，则对于储气室内气体能量守恒方程为

$$\mathrm{d}(mu) = -h_{out}\delta m + \delta Q \tag{8-27}$$

式中，$h_{out} = C_P T_{cav}$，$u = C_V T_{cav}$，代入式（8-27），化简可以得到：

$$C_V T_{cav}\frac{\mathrm{d}m}{\mathrm{d}t} + C_V m \frac{\mathrm{d}T_{cav}}{\mathrm{d}t} = C_P T_{cav}\frac{\mathrm{d}m}{\mathrm{d}t} + hS(T_{amb} - T_{cav}) \tag{8-28}$$

联立公式（8-27）和式（8-28）可以得到

$$\frac{\mathrm{d}T_{cav}}{\mathrm{d}t} = \frac{1}{mC_V}(-R_g q_{m,e} T_{cav} - hs T_{cav} + hs T_{amb}) \tag{8-29}$$

$$\frac{\mathrm{d}P_{cav}}{\mathrm{d}t} = -\frac{1}{mC_V}(C_P q_{m,e} + hs)P_{cav} + \frac{R_g hs T_{amb}}{C_V V} \tag{8-30}$$

放气过程中，当储气室内初始压力为 $P_{cav,2}$，初始空气质量 m_2，储气室压力逐渐下降，对式（8-30）积分有：

$$P_{cav} = \left(\frac{m_2 - q_{m,e}t}{m_2}\right)^{\frac{hs + C_P q_{m,e}}{C_V q_{m,e}}} \left[P_{cav,2} - \frac{hs T_{amb} R_g m_2}{V(hs + R_g q_{m,e})}\right] + \frac{hs T_{amb} R_g (m_2 - q_{m,e}t)}{V(hs + R_g q_{m,e})} \tag{8-31}$$

（2）定容等温模型（VT 模型）

1）充气过程

对于 VT 模型，储气室内压力为 P_{cav}，$T_{cav} = T_0$。来自末级冷却器的高压空气压力为 P_{cav}，温度为 T_{cav}^{in}，则对于储气室内气体能量守恒方程为：

$$\mathrm{d}(mu) = h_{in}\delta m + \delta Q \tag{8-32}$$

式中，$h_{in} = C_P T_{cav}^{in}$，$u = C_V T_{cav}$，化简方程可以得到：

$$\delta Q = (C_V T_0 - C_P T_{cav}^{in})\mathrm{d}m \tag{8-33}$$

当储气室进气温度 $T_{cav}^{in} = T_0$ 时，则有：

$$\delta Q = -V\mathrm{d}P_{cav} \tag{8-34}$$

对于储气室内理想气体状态方程为：

$$\mathrm{d}P_{cav} = \frac{R_g T_0}{V}\mathrm{d}m \tag{8-35}$$

充气过程中，当储气室内初始压力为 $P_{cav,1}$，压缩过程空气质量流量为 $q_{m,c}$，储气室压力逐渐上升，对式（8-35）积分有：

$$P_{cav} = P_{cav,1} + \frac{q_{m,c}R_g T_0}{V}t \tag{8-36}$$

2）放气过程

对于 VT 模型，储气室内压力为 P_{cav}，$T_{cav} = T_0$，则对于储气室内气体能量守恒方程为：

$$d(mu) = -h_{out}\delta m + \delta Q \tag{8-37}$$

式中，$h_{out} = C_P T_{cav}$，$u = C_V T_{cav}$，$\delta m = -dm$，化简方程可以得到：

$$\delta Q = -R_g T_0 dm = -V dP_{cav} \tag{8-38}$$

从式（8-38）分析可知，VT 模型在充气过程和放气过程均与外界存在热量交换，当在充气过程中储气室进气温度等于储气室初始温度时，换热量大小相等，换热方向相反。在充气过程中，储气室向外放出热量；在放气过程中，储气室从外部吸收热量。

（3）定容绝热模型（VA 模型）

1）充气过程

对于 VA 模型，储气室内压力为 P_{cav}，储气室内温度为 T_{cav}，来自末级冷却器的高压空气压力为 P_{cav}，温度为 T_{cav}^{in}，则对于储气室内气体能量守恒方程为：

$$d(mu) = h_{in}\delta m \tag{8-39}$$

式中，$h_{in} = C_P T_{cav}^{in}$，$u = C_V T_{cav}$，化简方程可以得到：

$$dP_{cav} = \frac{C_P}{C_V}\frac{R_g T_{cav}^{in}}{V} dm \tag{8-40}$$

充气过程中，当储气室内初始压力为 $P_{cav,1}$，储气室压力上升，对上式积分有：

$$P_{cav} = P_{cav,1} + \frac{C_p q_{m,c} R_g T_{cav}^{in}}{C_v V} t \tag{8-41}$$

2）放气过程

对于 VA 模型，储气室内压力为 P_{cav}，储气室内温度为 T_{cav}，则对于储气室内气体能量守恒方程为：

$$d(mu) = -h_{out}\delta m \tag{8-42}$$

式中，$h_{out} = C_P T_{cav}$，$u = C_V T_{cav}$，化简方程可以得到：

$$\frac{dm}{m} = \frac{C_V}{R_g}\frac{dT_{cav}}{T_{cav}} = \frac{C_V}{C_P}\frac{dP_{cav}}{P_{cav}} \tag{8-43}$$

8.3.2 系统典型运行特性

结合分布式压缩空气储能系统的一般运行流程，分布式压缩空气储能模块化储气系统的典型运行工况主要可分为注气过程、储气过程和释气过程 3 种。其中，注气过程对应分布式压缩空气储能系统的压缩储能阶段；储气过程对应分布式压缩空气储能系统的压缩储能和膨胀释能中间的停机阶段；释气过程对应分布式压缩空气储能系统的膨胀释能阶段。作为一种高压刚性储气设备，安全性一直是模块化储气系统的关注重点。考虑到压力和温度是表征模块化储气系统的安全温度运行性能的重要特征参数，故本节主要分析典型运行工况下模块化储气系统的压力和温度变化趋势，并与常规定容等温模型进行对比。

图 8-10 是典型运行流程下模块化储气系统内部空气温度的变化趋势。由图 8-10 可知，在注气阶段，装置内空气温度随注气的过程的进行呈现先升高后维持恒定的变化趋势。这是因为随着注气过程的进行，装置内部空气质量和空气分子之间碰撞剧烈程度增加，故储气罐内部空气温度升高。然而，空气与环境之间的散热量也会增加，最终使得空气在注气

过程中维持某一均衡温度。在储气阶段，由于空气会持续向环境散热，故装置内空气温度会随着时间持续下降，如果储气时间够长，装置内空气温度会最终趋近于环境温度。在释气阶段，随着释气过程的进行装置内空气温度会急剧下降。结合分布式压缩空气储能模块化储气系统典型运行流程可知，储罐内空气温度随系统运行而变化，空气温度在注气阶段结束时达到最高，在释气阶段结束时降到最低。可见，相比于整个运行流程中空气温度保持不变的 VT 模型而言，VH 模型更能精准刻画装备内部空气温度变化趋势。

图 8-11 是典型运行流程下模块化储气系统内部空气压力的变化趋势。由图 8-11 可知，在注气阶段，装置内空气压力随注气的过程逐步增加，这是因为随着注气过程的进行，装置内部空气质量增加、温度升高，在装置储气体积不变的情况下，由气体理想状态方程可知，装置内空气压力也会逐步增加。在储气阶段，由于装置内空气温度的下降，装置内空气压力也会逐步下降。在释气阶段，随着空气温度和空气质量均下降，装置内空气压力也逐步下降。结合模块化储气系统典型运行流程可知，储罐内空气压力随系统运行而变化，空气压力在注气阶段结束时达到最高，在释气阶段结束时降到最低。相比而言，VT 模型由于简化了装置实际的传热过程，导致其在注气阶段对储罐压力的上升趋势刻画较为平缓，在储气阶段也难以体现装置因为向环境散热而导致降压特征。可见，相比于 VT 模型，VH 模型更能精准刻画装备内部空气压力的变化趋势。

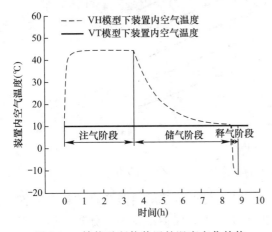

图 8-10　储能及释能装置的温度变化趋势

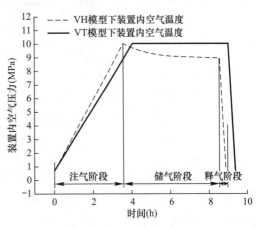

图 8-11　储能及释能装置的压力变化趋势

结合上述分析可知，随着储能及释能装置的运行，在储气阶段结束时，装置内部空气温度和空气压力均达到最大值，在释气阶段结束时，装置内部空气温度和空气压力均降低到最小值。显然，从安全运行的角度，注气阶段装置内部的高温高压特征是装置设计选型需要关注的重点。具体而言，模块化储气系统的储释气压力区间、传热系数和环境温度均会对装置的高温高压特征乃至分布式压缩空气储能系统性能产生影响，因此后续将重点围绕储能及释能装置的储释气压力运行区间、传热系数和环境温度展开研究。

（1）VH 模型下压力区间对系统性能的影响分析

考虑到分布式压缩空气储能系统主要用作应急电源，故在注气结束后的静置时间较长，注气过程结束后模块化储气系统内空气与外界环境进行充分换热，因此可认为释气时储罐内空气温度与环境温度一致。同理，当释气结束后至下一周期的储气过程之间的静置时间也较长，同样可以认为在储气时装置内部的空气温度与环境温度保持一致。分布式压缩空气储能系统性能同时受模块化储气系统的储释气压力区间、传热系数和环境温度的影响，在进行单一因素分析时通常可假设另一因素保持不变。本节在进行 VH 模型下装置压力运行区间对系统性能的影响分析时，认为典型环境温度为 10℃，传热系数为 0.005kW/(m²·℃)。

图 8-12 为 VH 模型下系统储能密度随储能及高效释能装置压力运行区间的变化趋势。由图 8-12 可知，当最大储气压力不变时，分布式多能互补能源枢的储能密度随节流压力的增加呈现先增加后下降的趋势。分布式多能互补能源枢达到储能密度最大值时的节流压力随最大储气压力的变化而变化。总体而言，当储气压力介于 0.7~2MPa 时，系统的储能密度较高，一般介于 3.3~7.0kWh/m³。当节流压力不变时，分布式多能互补能源枢的储能密度随最大储气压力的增加而增加，这是因为随着最大储气压力的增加，储能及高效释能装置的压力运行区间增加，所以系统的储能密度也相应增加。

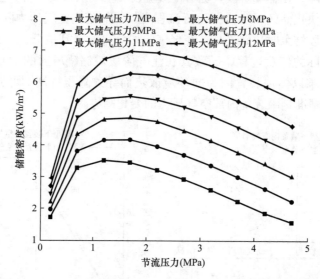

图 8-12　VH 模型下系统储能密度随装置压力运行区间的变化

图 8-13 为 VH 模型下分布式压缩空气储能系统的发电效率随储能及高效释能装置压力运行区间的变化趋势。由图 8-13 可知，当最大储气压力保持不变时，分布式压缩空气储能系统的发电效率随节流压力的增加而增加。以最大储气压力 10MPa 为例，当节流压力由 0.2MPa 增加到 4.7MPa 时，分布式压缩空气储能系统的发电效率由 13.4% 增加到 38.6%。这是因为，随着节流压力的增加，分布式压缩空气储能系统的透平膨胀比增加，单位质量空气的做功能力增加，故系统的发电效率增加。当节流压力保持不变时，分布式压缩空气储能系统的发电效率随节流压力的增加而下降。以节流压力 0.7MPa 为例，当最大储气压力由 7MPa 增加至 12MPa 时，分布式压缩空气储能系统的发电效率由 30% 下降至 26.3%。这是因为，随着最大储气压力的增加，分布式压缩空气储能系统的节流压力损失增加，故系统的整体发电效率下降。

图 8-14 为 VH 模型系统储能密度随传热系数的变化趋势。由图 8-14 可知，当最大储气压力保持不变时，储能及高效释能装置的最大储气压力随节流压力的增加而下降。以最大储气压力 10MPa 为例，当节流压力由 0.2MPa 增加到 4.7MPa 时，分布式压缩空气储能系统的最大储气温度由 49.7℃ 下降至 47.2℃。这是因为，随着节流压力的增加储能及

高效释能装置的储气时间下降，储气质量也下降，在储气体积不变的情况下，空气分子之间的碰撞激烈程度下降，所以装置内部空气温度降低。当节流压力保持不变时，储能及高效释能装置的最大储气温度随节流压力的增加而下降。以节流压力 0.7MPa 为例，当最大储气压力由 7MPa 增加至 12MPa 时，储能及高效释能装置的最大储气温度由 49.1℃升高至 50℃。可见，相比于节流压力而言，最大储气压力对储能及高效释能装置的最大储气温度影响较大。

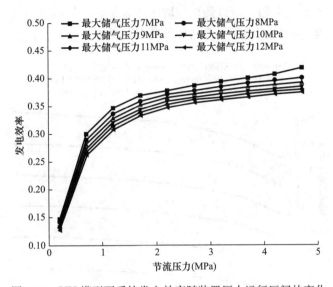

图 8-13　VH 模型下系统发电效率随装置压力运行区间的变化

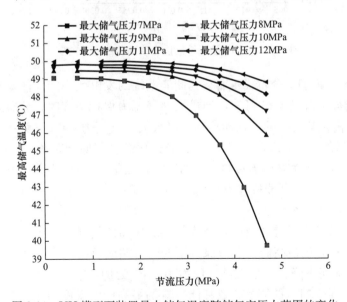

图 8-14　VH 模型下装置最大储气温度随储气室压力范围的变化

（2）VH 模型下传热系数对系统性能的影响分析

本节在进行 VH 模型下装置传热系数对系统性能的影响分析时，认为典型环境温度为 10℃，节流压力为 0.7MPa。

图 8-15 为 VH 模型下系统发电效率随传热系数的变化趋势。由 8-15 可知，当最大储气压力不变时，分布式压缩空气储能系统的储能密度随传热系数的增加而增加。以最大储气压力 10MPa 为例，当传热系数由 $0.005kW/m^2℃$ 增加至 $0.04kW/m^2℃$ 时，分布式压缩空气储能系统的储能密度由 $4.7kWh/m^3$ 增加至 $5.4kWh/m^3$。这是因为，随着传热系数的提高，储能及释能装置与环境之间的热交换进行得更彻底。在储能阶段，可以强化装置向环境散热以减缓装置内部温度的增加趋势，从而减缓压力的增加趋势，有助于增加装置内部的储气质量。在释能阶段，可以强化环境向装置传热，从而减缓装置内部压力因温度降低导致的下降趋势，有助于增加装置向外界的释气质量。

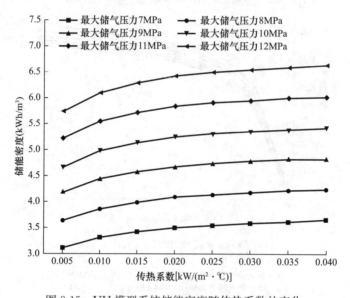

图 8-15　VH 模型系统储能密度随传热系数的变化

图 8-16 为 VH 模型下分布式压缩空气储能系统的发电效率随储能及高效释能装置传热系数的变化趋势。由图 8-16 可知，当最大储气压力保持不变时，分布式压缩空气储能系统的发电效率随传热系数的增加而增加。以最大储气压力 10MPa 为例，当传热系数由 $0.005kW/m^2℃$ 增加至 $0.04kW/m^2℃$ 时，分布式压缩空气储能系统的发电效率由 26.4% 增加到 27.7%。这是因为，随着传热系数的增加，强化了释能阶段装置内部空气与环境之间的热交换过程，减缓了释能过程中空气压力的下降趋势，有助于增加透平做功的空气质量，因此系统的发电效率增加。

图 8-17 为 VH 模型下储能及高效释能装置的最高储气温度随压力运行区间的变化趋势。由图 8-17 可知，当最高储气压力保持不变时，储能及高效释能装置的最高储气温度随传热系数的增加而下降。以最大储气压力 10MPa 为例，当传热系数由 $0.005kW/m^2℃$ 增加至 $0.04kW/m^2℃$ 时，储能及高效释能装置的最高储气温度由 44.1℃ 下降至 15.3℃。可见，适当的采用强化传热措施，有助于避免储罐温度增加过快，有助于保证储罐的运行安全性。当传热系数保持不变时，储能及高效释能装置的最高储气温度随最大储气压力的增加而提高，但是增加的幅度相对较小。这是因为随着最大储气压力的增加，注气时间增加，储能及高效释能装置内的空气更容易与环境之间达成热平衡，导致最终储气温度变化不大。

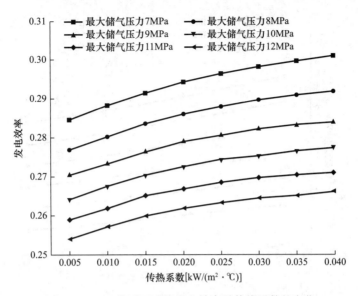

图 8-16 VH 模型下系统发电效率随传热系数的变化

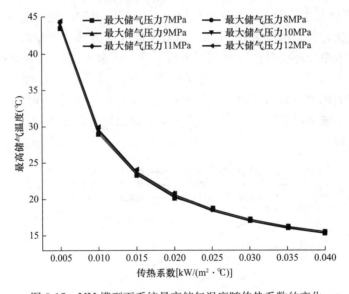

图 8-17 VH 模型下系统最高储气温度随传热系数的变化

（3）VH 模型下环境温度对系统性能影响分析

本节在进行 VH 模型下环境温度对系统性能的影响分析时，传热系数为 $0.005\text{kW}/$ $(\text{m}^2 \cdot ℃)$，节流压力为 0.7MPa。

图 8-18 为 VH 模型下分布式压缩空气储能系统的储能密度随储能及高效释能装置所处环境温度的变化趋势。由图 8-18 可知，当最大储气压力不变时，分布式压缩空气储能系统的储能密度随环境温度的增加而基本保持不变。以最大储气压力 10MPa 为例，当环境温度由 $-20℃$ 升高至 $30℃$ 时，分布式压缩空气储能系统的储能密度由 5.54kWh/m^3 下降至 4.63kWh/m^3。这是因为，VH 模型下随着环境温度的增加，储能及高效释能装置的储气量下降，故系统的储能密度下降。

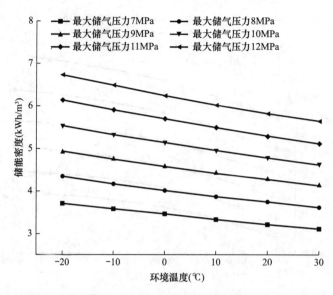

图 8-18　VH 模型下系统储能密度随环境温度的变化

　　图 8-19 为 VH 模型下分布式压缩空气储能系统的发电效率随储能及高效释能装置所处环境温度的变化趋势。由图 8-19 可知，当最大储气压力保持不变时，分布式压缩空气储能系统的发电效率随环境温度的增加而逐渐下降。以最大储气压力 10MPa 为例，当环境温度由−20℃升高至 30℃时，分布式压缩空气储能系统的发电效率由 31.3％下降到 26.1％。这是因为随着环境温度的增加，压缩同样质量空气所需的压缩耗功增加，而分布式压缩空气储能系统采用了光热进行统一回热，前期因环境温度增加而产生的压缩热对后端发电能力影响较小。

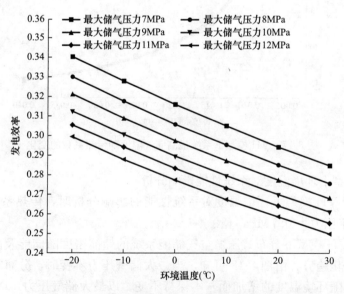

图 8-19　VH 模型下系统发电效率随环境温度的变化

　　图 8-20 为 VH 模型下系统最高储气温度随环境温度的变化趋势。由图 8-20 可知，当最大储气压力不变时，分布式压缩空气储能系统的储能密度随环境温度的增加而基本保持

不变。以最大储气压力 10MPa 为例，当环境温度由 $-20℃$ 升高至 30℃ 时，储能及释能装置的温度由 10.6℃ 升高至 66.6℃。可见，环境温度对储能及释能装置内部最高储气温度的影响较大，为了保证安全性，在储能及释能装置的设计以及运行过程中均需要注意极端天气温度对装置储气温度的影响，避免造成安全事故。尤其是在极端高温天气时，应该关注储罐内部温度的变化，必要时可以采用减压运行措施。

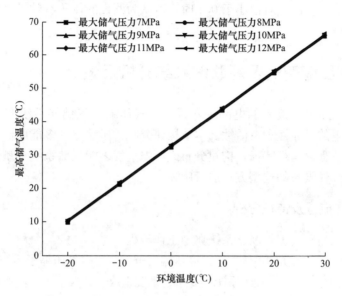

图 8-20 VH 模型下系统最高储气温度随环境温度的变化

8.3.3 系统全流程优化配置方法

分布式压缩空气储能模块化储气系统的配置主要基于一般储、释气运行压力区间下，对模块化储气系统的体积进行匹配。结合上文可知，相比于其他模型而言，VH 模型通过综合考虑环境温度、储气压力、传热系数等影响因素，可实现储能及释能装置乃至分布式压缩空气储能系统性能的准确分析。然而，采用 VH 模型需要更详细的装置结构参数，比如为准确计算装置与环境的散热量，在知道环境温度、传热系数的情况下，还需要进一步知道装置的体积等参数，而体积等参数正是希望通过 VH 模型得到的装备单元容量配置结果，如此就不可避免的进入到因果循环中，难以得到相应的分析结果。

针对以上情况，本节提出了储能及释能装置单元容量配置流程，如图 8-21 所示。可知该配置流程主要分为以下 5 个步骤：

（1）首先假设储能及释能装置单元的体积 V_1，并结合一般工程经验计算得到体积为 V_1 时，储能及释能装置单元的面积 A_1。

（2）根据装置所在区域的典型环境温度，采用 VH 模型计算当体积为 V_1 时，储能及释

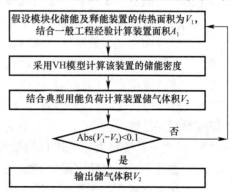

图 8-21 模块化储气系统单元容量配置流程

能装置的储能密度。

（3）结合分布式压缩空气储能系统所在典型应用场景下的用能负荷，结合步骤 2 中所得储能密度，计算满足该典型用能负荷时，储能及释能装置的体积 V_2。

（4）判断体积 V_2 和 V_1 之间的大小关系，当两者之差的绝对值大于 0.1 时，可认为假设的 V_1 不满足系统要求，将体积 V_2 带入到步骤 1 中，并重新计算装置的传热面积，继续进行迭代。当两者之差的绝对值小于 0.1 时，可认为假设的体积有效，可输出储能及释能装置的体积 V_2。

8.4　分布式压缩空气多能联储系统分析及设计

在大规模可再生能源接入的电网中布置分布式压缩空气储能系统有助于提高供电质量，进而提升供电的可靠性和灵活性。本节构建分布式压缩空气多能联储系统，分析多能联储系统的工作流程、运行特征，构建分布式压缩空气多能联储系统模型，并在此基础上对系统关键组成部件设备的选型方法进行阐述。

8.4.1　系统工作流程及特征分析

（1）分布式压缩空气多能联储系统典型工作流程

分布式压缩空气多能联储系统主要由高压储气子系统、空气压缩子系统、膨胀发电子系统、变流供电子系统、回热供暖子系统等 5 个子系统组成，其典型工作流程如图 8-22 所示。

分布式压缩空气多能联储系统的整个热力流程分为储能、释能和静置。其中储能过程分为压缩储气和压缩热两个子过程。

1）在储能过程中，采用低谷电、弃光电驱动压缩机将空气进行多级压缩，空气经压缩后存储于模块化储能及高效释能装置内；压缩热可回收用于供暖；太阳能槽式集热器通过聚光集热将低温导热油加热至高温状态后储存于高温蓄热罐。

2）在静置过程中，导热油以较高温度存储于绝热性能良好的蓄热罐中，回收的压缩热存储在储热罐内，空气以较高的压力存储于模块化储能及高效释能装置内。

3）在释能过程中，高温油罐中的导热油和模块化储能及高效释能装置内的高压空气进入各级膨胀机的级前换热器进行换热，换热器出口的高温高压空气进入膨胀机内做功并输出电能。高温蓄热罐内富余的高温热能也可以向外界供暖。

（2）分布式压缩空气多能联储系统能流特征分析

分布式压缩空气多能联储系统耦合了太阳能集热、低㶲损储热、吸收式制冷、电力电子变流控制等多项先进技术，其设计理念顺应了分布式压缩空气多能联储系统应具备"多能协同、多技术耦合"的技术发展趋势，不仅可实现光、电、热能量的消纳与存储，还可实现冷、热、电能之间的高效转换、梯级利用和灵活供给。具体来说，分布式压缩空气多能联储系统在储能时，空气压缩子系统将电能转化为分子势能和压缩热能进行解耦存储，光热集/储热子系统将太阳能进行汇聚并存储；需要用能时，根据负荷对冷—热—电能量的需求，通过调节所储高温导热油用于供电、供热和制冷的比例，分别用于耦合发电、高温供热和光热制冷，所储压缩热能用于向用户供暖，其多能流存储与转换特性如图 8-23 所示。

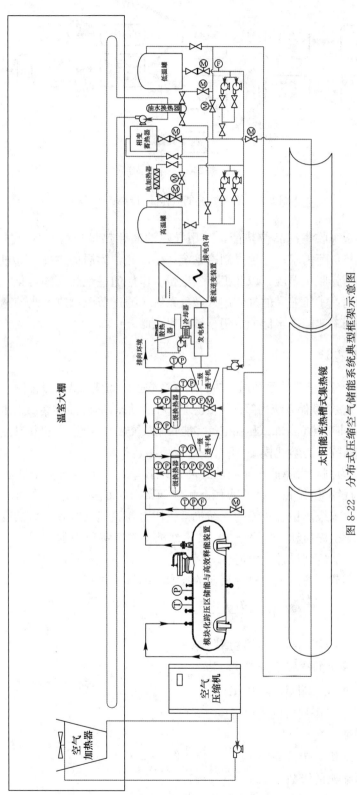

图 8-22　分布式压缩空气储能系统典型框架示意图

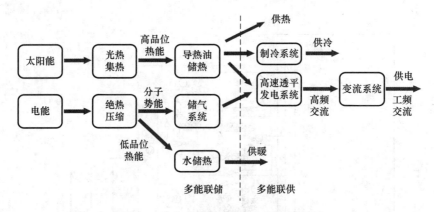

图 8-23　分布式多能流存储与转换特性图

太阳能集热系统收集高品位热能，并用导热油储存热量。这部分热量有以下 3 个用途：①供给居民热负荷需求；②通过制冷系统产生冷气，为居民供冷；③进入高速透平发电系统，提高透平膨胀机温度，以此提高发电量。电能通过绝热压缩转化为压力势能和热能后，有两个用途：①压缩完的气体进入储气系统，通过节流阀进入高速透平发电系统发电；②低品位的压缩热能用水储能，用于给居民供暖。

8.4.2　系统模型构建

分布式压缩空气多能联储系统通过热、电联产联供，可实现温室大棚的清洁供暖。考虑到分布式压缩空气多能联储系统内部具备多物理过程的动态耦合特征，系统结构和能量转化过程的复杂性，为此本节建立分布式压缩空气多能联储系统热力学模型，分析其热电联供特性。

（1）压缩子系统热力学建模

以 N 级压缩为例，为降低压缩耗功提高系统效率，一般会将整个储能压缩环节分为 $1\sim(N-1)$ 级为稳态压缩和末级的非稳态压缩两部分。稳态压缩部分的压缩机排气压强随时间保持不变，末级非稳态压缩的压缩机排气压力随储气室背景压力的变化而变化。根据运行流程，一般是先启动 $1\sim(N-1)$ 级压缩机将储气室压力加压到一定值后，再启动末级压缩机，直至加压到设计压力值。

在稳态压缩环节，各级压缩机所消耗的技术功率可由式（8-44）计算：

$$P_c^n = \frac{q_{m\_c} \cdot k \cdot R_g T_{in}^n}{\eta_c(k-1)}(\alpha_n^{\frac{k-1}{k}} - 1) \tag{8-44}$$

式中，P_c^n——第 n 级压缩机的压缩功率（W）；

$\quad q_{m\_c}$——压缩机的空气质量流量（kg/s）；

$\quad \alpha_n$——第 n 级压缩机的增压比；

$\quad T_{in}^n$——第 n 级压缩机的进口温度（K）；

$\quad k$——多变指数；

$\quad \eta_c$——压缩机绝热效率；

$\quad n$——压缩机的级数，取 $1\sim(N-1)$。

压缩机的出口空气温度可由式（8-45）进行计算：

$$T_{\mathrm{out}}^n = T_{\mathrm{in}}^n \left(\frac{\alpha_{\mathrm{n}}^{\frac{k-1}{k}} - 1}{\eta_{\mathrm{c}}} + 1 \right) \tag{8-45}$$

式中，T_{in}^n——第 n 级压缩机的进口温度（℃）；

　　　T_{out}^n——第 n 级压缩机的出口温度（℃）。

整个稳态压缩过程的工作时间可由下式进行计算：

$$t_{\_\mathrm{c}} = \frac{V_{\mathrm{s}}(P_{\mathrm{s}} - P_{\mathrm{s}}^0)}{q_{\mathrm{m}\_\mathrm{c}} \cdot R_{\mathrm{g}} \cdot T_{\mathrm{s}}} \tag{8-46}$$

式中，P_{s}——稳态压缩环节的最终储气压力；

　　　P_{s}^0——开始注气时储气的背景压力。

结合式（8-44）和式（8-46）可知，整个稳态压缩环节中，各级压缩机的总体耗功量 W_{c}^n 可由式（8-47）计算：

$$W_{\mathrm{c}}^n = P_{\mathrm{c}}^n \cdot t = \frac{k \cdot T_{\mathrm{in}}^n V_{\mathrm{s}}(P_{\mathrm{s}} - P_{\mathrm{s}}^0)}{\eta_{\mathrm{c}}(k-1)T_{\mathrm{s}}} (\alpha_{\mathrm{n}}^{\frac{k-1}{k}} - 1) \tag{8-47}$$

整个稳态压缩环节消耗的总功 E_{ste} 可由式（8-48）进行计算：

$$E_{\mathrm{ste}} = \sum_{1}^{N-1} W_{\mathrm{c}}^n \tag{8-48}$$

（2）储换热子系统热力学建模

储热模型分为压缩过程中的蓄热步骤和膨胀过程中的放热步骤，无论是蓄热还是放热，均可视为冷热流体在换热器中进行热交换。比如在压缩储能环节，在每一级压缩机之间均设置一个换热器。传热工质在换热器中吸热升温后被储存到热流体蓄热装置中。此过程中，储热介质为冷流体，空气为热流体。在透平环节，每一级透平机中均设置一套换热器，传热工质在换热器中放热降温后储存到冷流体蓄热装置中。此时，储热介质为热流体，空气为冷流体。因此，冷、热流体的出口温度分别可由式（8-49）和式（8-50）计算：

$$T_{\mathrm{c}}^{\mathrm{out}} = \varepsilon \cdot \frac{W_{\mathrm{min}}}{W_1} T_{\mathrm{h}}^{\mathrm{in}} + \left(1 - \varepsilon \cdot \frac{W_{\mathrm{min}}}{W_1}\right) T_{\mathrm{c}}^{\mathrm{in}} \tag{8-49}$$

$$T_{\mathrm{h}}^{\mathrm{out}} = \varepsilon \cdot \frac{W_{\mathrm{min}}}{W_2} T_{\mathrm{c}}^{\mathrm{in}} + \left(1 - \varepsilon \cdot \frac{W_{\mathrm{min}}}{W_2}\right) T_{\mathrm{h}}^{\mathrm{in}} \tag{8-50}$$

式中，ε——换热器的传热有效度；

　　　$T_{\mathrm{c}}^{\mathrm{in}}$——冷流体进口温度；

　　　$T_{\mathrm{c}}^{\mathrm{out}}$——冷流体出口温度；

　　　W_1——冷流体热容；

　　　$T_{\mathrm{h}}^{\mathrm{in}}$——热流体进口温度；

　　　$T_{\mathrm{h}}^{\mathrm{out}}$——热流体出口温度；

　　　W_2——热流体热容。

储热系统储存的总热量，即为压缩过程中通过冷却器吸收的压缩热，其值可采用式（8-51）计算：

$$Q_{\mathrm{s}} = \sum_{1}^{N} q_{\mathrm{m}} \cdot t_{\_\mathrm{c}} \cdot C_{\mathrm{p}}(T_{\mathrm{in}} - T_{\mathrm{out}}) \tag{8-51}$$

式中，Q_{s}——储热系统储存的总热量；

C_p——空气比热容；

T_{in}——冷却器进口空气温度；

T_{out}——冷却器出口空气温度。

储热系统往外的供热量 Q_t，由供热比例 λ 和储热系统总储热量决定，其值可采用式（8-52）计算：

$$Q_t = \lambda \cdot Q_s \qquad (8\text{-}52)$$

（3）储气子系统热力学建模

储气子系统大多可采用等温模型，即在整个充放气过程中，储气室内空气温度始终保持不变。充气过程中，储气室内初始压力为 P_0，压缩过程空气质量流量为 $q_{m,c}$，储气室内空气温度为 T_s，储气室容积为 V_s，则储气过程中的压力 P_s 的变化可由式（8-53）计算。

$$P_s = P_0 + \frac{q_{m,c} R g T_s}{V_s} \qquad (8\text{-}53)$$

放气过程中，储气室内初始压力为 P_{max}，压缩过程空气质量流量为 $q_{m,t}$，则放气过程中压力 P_s 的变化可由式（8-54）计算。

$$P_s = P_{max} + \frac{q_{m,t} R g T_s}{V_s} \qquad (8\text{-}54)$$

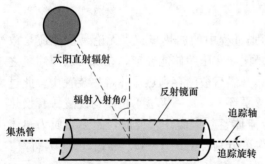

图 8-24　槽式光热集热环节的结构示意图

（4）光热子系统热力学建模

分布式压缩空气储能系统中的光热集/储热子系统采用 beam-down 型塔式集热系统和槽式集热双罐的配置方式。槽式集热系统其数学模型分为光热集热和热罐储热两部分，槽式光热集热环节的结构如图 8-24 所示。

光热集热环节通过汇聚太阳直射辐射 IDNI，将导热介质（Heat Transfer Fluid，HTF）进行加热，实现将光热能量到 HTF的转移。值得一提的是，在分布式压缩空气储能系统中，导热工质和储热介质可选用同一种工质。HTF 的输出温度可根据能量守恒定律计算如下：

$$\dot{V}_{HTF} \rho_{HTF} c_{HTF} (T_{HTF}^{out} - T_{HTF}^{in}) = Q_{SF} \qquad (8\text{-}55)$$

集热环节通过汇聚太阳直射辐照吸收的太阳能可统一表示为：

$$Q_{SF} = Q_S - Q_{Loss} = \eta_{SF} A_{SF} I_{DNI} - Q_{Loss} \qquad (8\text{-}56)$$

式中，　Q_S、Q_{SF}——输入和吸收的太阳能热功率；

$\dot{V}_{HTF}$、ρ_{HTF} 和 c_{HTF}——HTF 的体积流量、密度和定压比热容；

I_{DNI}——单位面积太阳直射辐照强度（W/m²）；

A_{SF}——槽式集热系统镜场面积（m²）；

Q_{Loss}——集热环节传输热量损失；

η_{SF}——太阳辐射转换至热能的效率，其数值与镜场布局、传热过程、热吸收过程、外界环境温度等因素关系密切，假定外界环境温度不变的条件下，可简化计算如下：

$$\eta_{SF} = \eta_{SF,opt} \eta_{SF,ab} \tag{8-57}$$

式中，$\eta_{SF,opt}$——集热镜场的光学效率；

$\quad\quad\eta_{SF,ab}$——槽式集热管的吸收效率。

（1）集热镜场的光学效率分析

对于本系统选用的槽式聚光方式，其光学效率为：

$$\eta_{SF,opt} = \cos\theta \cdot IAM \cdot L_{endloss} \cdot \alpha_{shadow} \cdot \mu_{SF} \tag{8-58}$$

式中，θ——太阳辐射入射角（°）；

$\quad\quad IAM$——入射角修正系数，用于修正不同入射角时聚光能力的不同；

$\quad\quad L_{endloss}$——集热管的末端热损失（J）；

$\quad\quad\alpha_{shadow}$——由于槽式集热器阵列之间的遮挡系数；

$\quad\quad\mu_{SF}$——单位面积上可用的聚光面积（m^2），与聚光阵列的排布密度有关。

由美国圣地亚哥能源实验室对槽式集热方式性能测试可得出，入射角修正系数 IAM 为：

$$IAM = 1 + 0.000884 \frac{\theta}{\cos\theta} - 0.00005369 \frac{\theta^2}{\cos\theta} \tag{8-59}$$

集热器阵列之间的遮挡系数可表示为：

$$\alpha_{shadow} = \frac{L_{Row}\cos\xi}{W\cos\theta} \tag{8-60}$$

式中，L_{Row}——槽式集热器的排间距；

$\quad\quad W$——采光口宽度；

$\quad\quad\xi$——太阳天顶角。

集热管的末端热损失可表示为：

$$L_{endloss} = 1 - \frac{f_{tub}\tan\theta}{L_{tub}} \tag{8-61}$$

式中，f_{tub}——槽式集热器的焦线长度；

$\quad\quad L_{tub}$——集热器的长度。

（2）集热镜场的吸收热损失分析

集热管的吸收热损失 $Q_{loss,ab}$ 与集热器吸收效率的关系为：

$$Q_{loss,ab} = (1 - \eta_{SF,ab})Q_{SF} \tag{8-62}$$

集热环节吸收热损失根据物理机理不同可分为热传导损失、热对流损失及热辐射损失。美国圣地亚哥能源实验室研究结果表明，3 种不同类型的吸收热损失与 HTF 的温度和太阳辐照强度相关，通过实际数据拟合可表示为如下多项式函数：

$$Q_{loss,ab} = Q_{cond} + Q_{conv} + Q_{rad} = \int_{T_{HTF}^{in}}^{T_{HTF}^{out}} \left[(a_0 + a_1 T + a_2 T^2 + a_3 T^3) + I_{DNI}(b_0 + b_1 T^2) \right] dT \tag{8-63}$$

式中，Q_{cond}、Q_{conv} 和 Q_{rad}——热传导损失、热对流损失和热辐射损失；

$\quad\quad T_{HTF}^{in}$ 和 T_{HTF}^{out}——HTF 进入集热管前的温度和流出集热管的温度。

槽式集热器热力学模型如图 8-25 所示。

为简化分析，不考虑玻璃管和集热管厚度，忽略集热管和玻璃管壁面的导热损失，基于牛顿热力学定律，导热损失如式（8-64）所示：

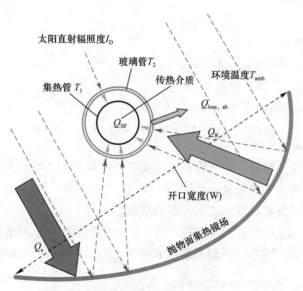

图 8-25　槽式集热器热力学模型

$$\begin{cases} Q_{conv}=Q_{conv1,2}+Q_{conv2,amb} \\ Q_{conv1,2}=h_d(T_1-T_2)A_{ab} \\ Q_{conv2,amb}=h_c(T_2-T_{amb})A_g \end{cases} \tag{8-64}$$

式中，$Q_{conv1,2}$——集热管表面与玻璃管内壁之间的导热损失；

　　$Q_{conv2,amb}$——玻璃内管至外部环境的导热损失；

　　A_{ab} 和 A_g——集热管和玻璃管的表面积；

　　h_d 和 h_c——真空管环隙和玻璃管与环境之间的导热系数；

　　T_1、T_2——集热管和玻璃管的表面温度。

槽式集热器的热辐射损失由集热管对玻璃管的热辐射 $Q_{rad1,2}$ 与玻璃管对环境的热辐射 $Q_{rad2,amb}$ 组成表示为：

$$Q_{rad}=Q_{rad1,2}+Q_{rad2,amb} \tag{8-65}$$

$$Q_{rad1,2}=\frac{\sigma(T_1^4-T_2^4)}{1/\varepsilon_1+(1-\varepsilon_2)D_1/\varepsilon_2 D_2}A_{ab} \tag{8-66}$$

式中，　σ——玻尔兹曼常数；

D_1 与 D_2——玻璃管内直径和集热管外直径；

　ε_1 和 ε_2——集热管涂层与玻璃管的发射率。

玻璃管与环境之间的热辐射损失表示为：

$$Q_{rad2,amb}=\sigma\varepsilon_2(T_2^4-T_{amb}^4)A_g \tag{8-67}$$

（3）集热器的传输热损失 Q_{loss} 分析

集热器的传输热损失 Q_{loss} 是 HTF 传输过程中与环境的热交换损失。由于 HTF 温度远高于环境温度，因此在其通过集热管的过程中，会与周围自然环境产生热交换。假设环境温度为 T_{amb}，总的环境热损失可拟合为 HTF 与环境温度差的多项式函数，即

$$Q_{loss}=c_0\Delta T+c_1\Delta T^2+c_2\Delta T^3 \tag{8-68}$$

$$\Delta T=\frac{T_{HTF}^{in}+T_{HTF}^{out}}{2}-T_{amb} \tag{8-69}$$

8.4.3　系统关键设备选型

（1）压缩机选型分析

压缩机是一种压缩气体提高气体压力或输送气体的机器，应用极为广泛。目前市场上压缩机的技术比较成熟，主要包括容积型与速度型两大类。其中，根据运动方式不同，容积型分为往复式活塞压缩机以及回转式压缩机，回转式压缩机常见的有螺杆式、涡旋式、滑片式、液环式等；速度型压缩机主要指透平式，根据介质在叶轮内的流动方向，又可进一步分为离心式和轴流式。由于用于压缩空气储能系统的压缩机具有流量大、压力高的特点，目前适用于压缩空气储能系统的压缩机主要为活塞式压缩机、离心式压缩机和轴流式压缩机。

1）活塞式压缩机

活塞式压缩机内部结构如图 8-26 所示。压缩过程，活塞从下止点向上运动，吸、排气阀处于关闭状态，气体在密闭的气缸中被压缩，由于气缸容积逐渐缩小，压力、温度逐渐升高，直至气缸内气体压力与排气压力相等。压缩过程一般被看作是等熵过程。排气过程，活塞继续向上移动，致使气缸内的气体压力大于排气压力，排气阀开启，气缸内的气体在活塞的推动下等压排出气缸进入排气管道，直至活塞运动到上止点，此时由于排气阀弹簧力和阀片本身重力的作用，排气阀关闭，排气结束。至此，压缩机完成了一个由吸气、压缩和排气 3 个过程组成的工作循环。此后，活塞又向下运动，重复上述 3 个过程，如此周而复始地进行循环。这就是活塞式压缩机的理想工作过程与原理。

应用于分布式复合压缩空气储能时，活塞式压缩机有许多优点：①能够达到的压力范围很广，因有气阀控制排气压力稳定；②机械效率高；③排气量范围广。

同时，活塞式压缩机也具有许多不足：①转速低、排气量较大时，机器显得笨重；②结构复杂，易损件多、日常维修量大；③动平衡性差，运转时有振动；④排气不连续、气流不均匀。

2）离心式压缩机

离心式压缩机内部结构如图 8-27 所示。气体由吸气室吸入，通过叶轮时，气体在高速旋转的叶轮离心力作用下，压力、速度、温度都得到提高，然后再进入扩压器，将气体的动能转变为压力势能。当通过一个叶轮对气体做功、扩压后不能满足输送要求时，须把气体引入下一级进行压缩，为此，在扩压器后设置了弯道和回流器，使气体由离心方向变为向心方向，均匀地进入下一级叶轮进口。至此，气体流过了一个"级"，再继续进入第二、第三级等压缩，最终由排出管排出。

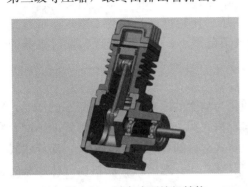

图 8-26　活塞式压缩机结构

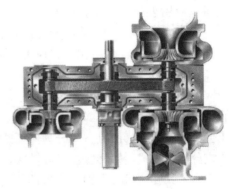

图 8-27　离心式压缩机结构

应用于分布式复合压缩空气储能时，离心式压缩机具有其独特的优点：①排气量大，排气均匀，气流无脉冲；②转速高；③密封效果好，泄漏现象少；④有平坦的性能曲线，操作范围较宽；⑤易损件少，维修量小，运转周期长；⑥易于实现自动化和大型化。

相比较活塞式压缩机，离心式压缩机具有以下缺点：①操作的适应性差，气体的性质对操作性能有较大影响，在机组开车、停车、运行中，负荷变化大；②气流速度大，流道内的零部件有较大的摩擦损失；③有喘振现象，对机器的危害极大。

3）轴流式压缩机

轴流式压缩机内部结构如图 8-28 所示。轴流式压缩机的工作原理是通过依靠高速旋转的叶轮将气体从轴向吸入，气体获得速度后排入导叶，经扩压后再沿轴向排出。

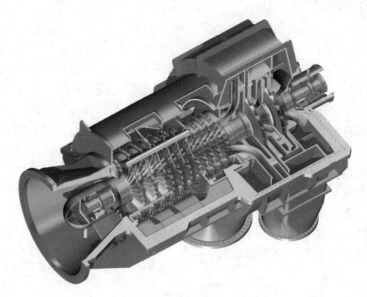

图 8-28　轴流式压缩机结构

应用于分布式复合压缩空气储能时，轴流式压缩机具有以下优点：①单位面积的气体通流能力大，在相同加工气体量的前提条件下，径向尺寸小，特别适用于要求大流量的场合，流量极高；②轴流式压缩机还具有结构简单、运行维护方便的优点；③气流路程短，阻力损失较小，流量较大，效率比离心式压缩机高；④占用空间及重量更小。

然而，应用于分布式复合压缩空气储能时，与其他形式的压缩机相比，轴流式压缩机具有以下缺点：①难以安装级间冷却装置，压力比较低（最高为 10）；②制造工艺要求高；③稳定工况区较窄，在定转速下流量调节范围小；④有喘振现象，对机器的危害极大。

（2）透平机选型分析

膨胀机利用了压缩气体膨胀降压时势能转化为动能的原理，在气体膨胀的同时，气体温度也会降低。现有膨胀机主要分为速度式与容积式两大类。根据运动形式的不同，容积式膨胀机分为往复式活塞膨胀机和旋转式，旋转式常见的有螺杆式膨胀机、涡旋式膨胀机等，其中螺杆式膨胀机又可细分为单螺杆式与双螺杆式。速度式膨胀机以气体膨胀时速度能的变化来传递能量，膨胀过程连续进行，流动稳定。速度式膨胀机的主要类型是透平式膨胀机，根据介质在叶轮内的流动方向，透平式膨胀机主要分为径流式和轴流式。本节就压缩空气储能系统可采用的活塞式膨胀机、径流式膨胀机和轴流式膨胀机进行介绍。

1）活塞式膨胀机

活塞式膨胀机如图 8-29 所示，气体膨胀时推动活塞运动，并通过曲轴连杆结构将活塞的往复运动转化成曲轴的旋转运动，向外输出机械功。其中，活塞在气缸内每来回动作一次，就完成进气—膨胀—排气—余气压缩一个循环。活塞式膨胀机内部主要有曲轴、连杆、十字头、活塞、进气阀和排气阀等运动件，分别装在机身、气缸和中间座中。

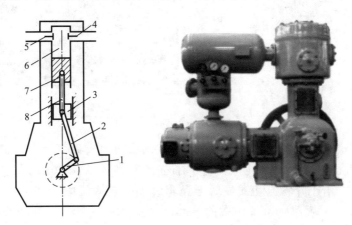

图 8-29　活塞式膨胀机结构图和外形图

1—曲轴；2—连杆；3—十字头；4—排气阀；5—进气阀；6—气缸；7—活塞；8—活塞杆

应用于分布式复合压缩空气储能时，活塞式膨胀机均有以下优点：①结构简单，制造技术成熟，对加工材料和加工工艺要求比较低；②容易实现高压比，能用于非常广泛的压力范围。

同时，活塞式膨胀机也具有以下缺点：①流量小，转速低，做功不连续；②存在进排气阀流动阻力、机械摩擦等损失，工作过程阻力损失大，效率低；③结构笨重，运行噪声大，不适合大型工程应用；④活塞环更换频繁，运行维护多。

2）径流式膨胀机

径流式膨胀机，利用气体膨胀时速度能的变化来传递能量，将气体的热能、压力能和动能转化为膨胀机机械能的动力机械，也称向心式膨胀机，结构如图 8-30 所示。气体由膨胀机的蜗壳进入，气体的压力势能和热能一部分转化为动能；气体流过喷嘴叶片环，部分压力势能转变成动能，气体速度加大而温度、压力下降，且具有很强的方向性，喷嘴出口处气体获得巨大的速度并均匀而有序地流入膨胀机的叶轮；气体进入叶轮后，由于离心力作用的结果，在叶面的凹面上压力得到提高，而在凸面则降低，作用在叶片表面的压力的合力，产生了转矩，在工作叶轮出口处压力、温度、速度均下降。叶轮一方面使得高速气体的动能转化为机械能，由主轴向外输出做功，气体温度降低获得冷量，同时改变了气体的流动方向，使它由径向流动转化为轴向流动。为了使工作流体避免减速运动，以减少流动损失，充分利用能量，在工作叶轮出口外设置扩压器，经过扩压器气体速度降低。

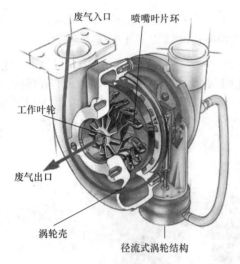

图 8-30　径流式膨胀机结构图和外形图

应用于分布式复合压缩空气储能时，径流式膨胀机具有以下优点：①效率高，在容积流量较小的情况下此优点更为明显；②周向速度可达 450~550m/s，膨胀机能获得大的比功和效率；③由于叶轮流动损失对于涡轮效率的效率影响较小，使流通部分的几何偏差对效率影响不敏感，可采用较简单的制造工艺；④重量轻，叶片少，结构简单可靠。

然而，径流式膨胀机也具有流量受约束、径向外壳尺寸较大等缺点。

3）轴流式膨胀机

轴流式膨胀机同样利用气体膨胀时速度能的变化来传递能量，结构功能均类似于径流式膨胀机，不同的在于径流式膨胀机气体进入工作叶轮时由径向流入，而轴流式膨胀机则由轴向流入，如图 8-31 所示，轴流式膨胀机的叶轮可多级串联。

图 8-31　轴流式膨胀机外形图

应用于分布式复合压缩空气储能时，轴流式膨胀机具通流能力强、适用于要求大流量的场合、易实现多级串联，从而实现总体上的高压比、效率高等优点。然而，在流量较小时，摩擦损失增加，效率会降低，而且其制造工艺要求较高。

（3）换热器选型分析

在工程中，将某种流体的热量以一定的传热方式传递给其他流体的设备，称为换热器。换热器在工作过程中至少有两种温度不同的流体参与传热，高温流体释放热量后温度下降，低温流体吸收热量后温度上升，从而完成了热量从高温流体到低温之间的传递。换热器作为一种通用的设备，化工、医药、轻工、冶金、动力等行业获得广泛应用。换热器种类繁多，分类方式也各有差异，按照传热方式的不同，可以分为间壁式、混合式以及蓄热式三大类，其中，间壁式换热器的应用最为广泛。间壁式换热器根据传热壁面的差异又可分为管壳式换热器、板式换热器和热管式换热器等。

1）管壳式换热器

管壳式换热器又称为列管式换热器，是最典型也是应用最广泛的间壁式换热器。管壳式换热器主要由管束、壳体、管板和封头等组成，其中壳体大多采用圆柱，管壳内部布置有若干平行管束，管束通过两端的管板固定。高低温流体分别在管束内和管束外的壳体内流动，并通过管束进行传热。为进一步提高管壳式换热器的传热效率，通常在管壳内部布置若干横向布置的折流板，折流板不仅可以增加流体流动速度，还能改变流体流动方向，从而使得流体的湍流程度增加，进而提高换热器的换热性能。

管壳式换热器具有生产制造成本低、适用范围广、操作简单、便于维护和清洗的优点，但也存在占地面积大、传热强度相对较低等缺点。管壳式换热器在高温高压环境下具有较好的优势，因此广泛应用于石油、化工、能源行业。目前，我国在管壳式换热器设计、制造方面已经有了较好的经验积累，并相继发布了《钢制管壳式换热器》GB 151—1989、《管壳式换热器》GB 151—1999《热交换器》GB 151—2014 等多项国家标准。

2）板式换热器

板式换热器是近年来发展较为迅速的一种新型、高效、紧凑型的间壁式换热器。板式换热器主要由传热板片、密封垫片以及轴承盒组成，通过框架板和轴承盒将一系列方形的传热板片夹紧组装，相邻传热板之间的边缘布置垫片，传热板四角孔以形成流体通道，冷热流体在传热板的两侧流动，通过换热板进行换热。板式换热器最初应用于食品行业，但是随着板型和结构上的不断改进，当前板式换热器已广泛应用于医药、造船、化工等行业。

板式换热器相比于管壳式换热器具有传热系数高、占地面积小、重量轻、价格便宜、易定制、可便捷地改变换热面积和流程组合的优势。然而，板式换热器难以适用于高温高压环境，其工作压力和温度的提高均严格受限于结构。目前国内主流的可拆卸板式换热器最高工作压力为 1.6MPa，最高工作温度为 200℃。总体来说，板式换热器更适用于低温低压环境，在压力为 1.5MPa 和温度为 150℃ 以下的条件下，存在板式换热器逐步取代管壳式换热器的趋势。

3）热管式换热器

热管是一种具有极高导热性能的传热元件，主要由管壳、毛细多孔材料和蒸发腔组成，工作原理如图 8-32 所示。由图可知，热管沿轴向可分为蒸发段、绝热段和冷凝段 3 部分。工作时，在热流体的加热作用下，位于蒸发段的工作介质蒸发吸热，并沿着蒸汽腔流动至冷凝段，工作介质在冷凝段凝结放热后，通过毛线吸液芯的作用重新回流至蒸发段，如此循环，实现将热量从蒸发段传递至冷凝段的过程。由于汽化潜热极大，故可在很小的温差范围内实现大量的热量传递。

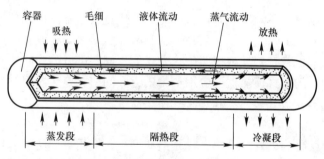

图 8-32　热管工作原理示意图

热管式换热器是指利用热管原理实现热交换的换热器，其典型结构如图 8-33 所示。由图可知，典型的热管换热器由热管管束、外壳和隔板组成，通过隔板将热管的蒸发段和冷凝段隔开，以保证冷热流体的分流。当热管式换热器应用于气体换热时，为增强气体侧换热效果，常常在换热管外壁增加翅片，翅片可以根据冷热流体的性质、温度、传热量以及清洁程度进行独立设计。

热管式换热器的优点是结构简单，使用寿命长，工作可靠，具有极高的导热性与良好的等温性，冷热两侧的传热面积可任意改变，可远距离传热，可控制温度；其缺点是抗氧化、耐高温性能较差。目前，热管式换热器已经广泛应用于电子工业、新能源、化工等行业。

（4）光热组件选型分析

聚光光热发电技术主要包括槽式光热技术、塔式光热技术、线性菲涅尔式光热技术、碟式光热技术等。各项技术的都具有独特的优缺点，适用于不同的场景。

1）槽式光热技术

槽式光热技术的工作原理如下：首先槽式抛物面反射镜聚光到集热管上，加热管内的传热工质（油或水），然后经热交换器产生蒸汽，驱动汽轮机组发电，其结构如图 8-34 所示。

图 8-33　热管式换热器典型结构

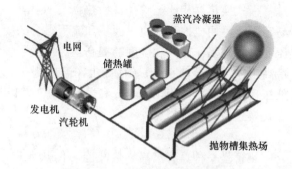

图 8-34　槽式光热电站结构图

槽式光热技术属于线性聚焦系统，是通过槽式抛物面聚光镜面，将太阳光汇聚在焦线上，并在焦线上安装管状集热器，从而吸收聚焦后的太阳辐射能。

槽式系统的优势在于技术最为成熟，且各个环节的设备本身比较简单，大批量生产安装的难度不大，维护成本也更低。这使得该技术路线成为目前的主流。

槽式光热技术优点为：①一维聚光，聚光器和吸热器同步运动；②结构紧凑，占地面积小；③经济性好，对电网影响小。

然而，槽式光热技术也有以下缺点：①聚光比在 70～80 间，系统综合效率较低；②输热管路复杂，热损大；③储热介质一般为高温合成导热油，采用水和熔融盐技术还不成熟。

2) 塔式光热技术

塔式光热技术结构图如图 8-35 所示，其利用大规模的定日镜组成阵列，定日镜自动跟踪太阳，聚焦的阳光反射到塔顶吸热器内，加热传热介质，再通过热动力循环实现发电，将太阳辐射反射并积聚到吸热塔顶部的吸热器对内部工质进行加热。

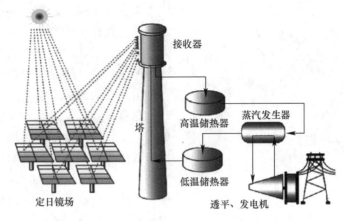

图 8-35　塔式光热技术结构图

塔式电站最大的优势在于热传递路程短、损耗小，聚光比和温度都比较高，且规模大。但塔式电站的特性也决定了其难以小型化，不适用于建立分布式系统，因此对土地占用多，前期投资大。

塔式光热技术由于其独特的工作方式，具有以下优点：①聚光比 300～1000，系统综合效率高；②二维聚光，聚光器运动，吸热器固定；③吸热器类型丰富（水/蒸汽、熔盐、空气等）；④传热介质的工作温度范围在 250～1200℃，可采用朗肯循环、布雷顿循环或联合循环等多种动力循环形式。同时，塔式光热技术也具有成本高、关键技术不成熟、占地面积大、跟踪控制精度要求高等缺点。

3) 线性菲涅尔式光热技术

线性菲涅尔式光热电站整体设计与槽式差别不太大，但结构更加简单。如图 8-36 所示，它采用靠近地面放置的多个几乎是平面的镜面结（带单轴太阳跟踪的线性菲涅尔反射镜），先将阳光反射到上方的二次聚光器上，再进一步汇聚到管状集热器上，然后加热导热介质进行发电。

菲涅尔透镜又称阶梯镜或螺纹透镜，即由"阶梯"形不连续表面组成的透镜。简单地说就是在透镜的一侧有齿纹，依靠它们模

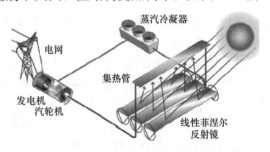

图 8-36　线性菲涅尔式光热电站结构图

拟传统透镜表面的光路，折射或反射指定光谱范围的光。传统的光学滤镜造价昂贵，菲涅尔透镜可以极大地降低成本和厚度。

线性菲涅尔式技术具有下列优点：①一维聚光，聚光器运动，吸热器固定；②镜场紧凑，土地利用率高，初投资较低；③技术难度较低，系统成本相对较低。然而，线性菲涅尔式技术也存在：①系统效率较低，工作温度较低；②工质流程长，散热损失大；③效率提高和造价降低空间小等缺点。

4）碟式光热技术

碟式光热技术的结构如图 8-37 所示，利用旋转抛物面反射镜，将入射阳光聚集在镜面焦点处，驱动放置在此处的斯特林发电装置直接发电。碟式是最为特殊的一条光热技术路线，其在设计上与另外 3 条路线差异巨大。槽式、塔式、菲涅尔式系统均是在大范围内聚热后，将热能集中进行利用，但碟式则是由独立的模块就地进行热电转换。

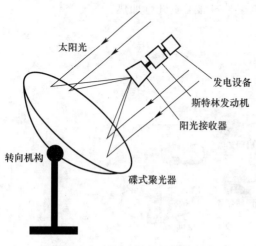

图 8-37　蝶式光热电站结构图

这意味着，碟式发电设备可以一套组件单独运作，类似分布式光热电站；也可以大量串联组成大型电站，类似集中式大型光伏电站。可以说在设计上，碟式光热系统最为接近光伏，但这也导致它出现了与光伏类似的问题：在搭载了斯特林发电机组后，设备已经没有足够空间安装储能系统，热能若不能立刻使用就只能被浪费，且没有储能系统，也意味着没有阳光时整个机组就失去了发电能力。

碟式集热技术具有下列优点：①聚光比 1000～3000，系统效率高；②二维聚光，聚光器运动，吸热器运动；③单机规模小，可靠性高，适合分布式发电；④模块化组装，布置方式灵活，可单台供电，也可多套并联使用。

然而，碟式集热技术也具有：①系统复杂，造价昂贵，商业化仍需验证；②聚光镜成本高；③核心设备制造技术门槛高等缺点。

8.4.4　系统优化设计方法

本节构建分布式压缩空气储能系统总体流程。分布式压缩空气储能系统的系统设计流程从满足区域负荷需求的角度出发，针对电、热等需求负荷调研分析，为之后的分布式压缩空气储能系统等设备的设计和容量配置提供计算参数。负荷需求分析包括各时段电、热等负荷的需求功率和供应时间，可以作为储气室、质量流量、储热罐等设备的初始参数。

（1）由已知需求功率配置分布式压缩空气储能系统的初始容量参数，包括：高压储气子系统、空气压缩子系统、膨胀发电子系统、变流供电子系统、回热供暖子系统、光热集/储热子系统、光热制冷子系统等 7 个子系统。其中，首先通过负荷需求配置膨胀发电子系统的初始热力参数，包括：透平质量流量、进气温度、膨胀级数、膨胀比。然后，以释能发电时间和透平质量流量作为已知参数，确定高压储气子系统的压力运行范围、所储空气质量及储气室的体积。最后，以上述初始设计参数为基础，确定空气压缩子系统的运行功率上下限和光热集/储热子系统的应配置镜场面积等参数范围。完成分布式压缩空气储能系统的各子系统的容量配置。

（2）通过负荷需求分析确定容量配置后，需要确定分布式压缩空气储能系统的关键参数，包括：环境压力、环境温度、压缩时间、压缩热储热温度、供暖温度、透平机进气温度、输入频率范围等。上述优化方法的逻辑结构如图 8-38 所示。

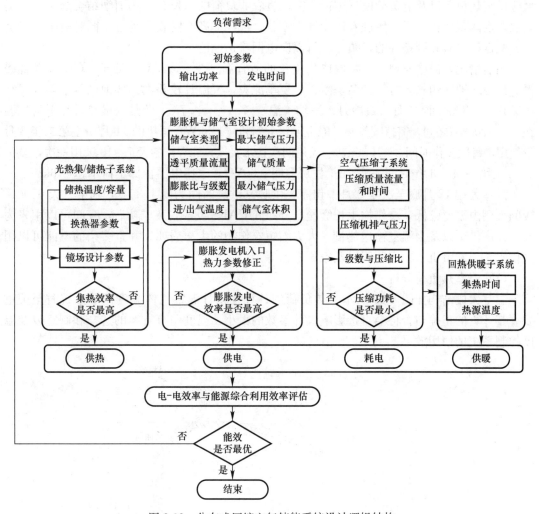

图 8-38　分布式压缩空气储能系统设计逻辑结构

8.4.5　面向农业园区的分布式压缩空气储能系统的分析与设计

综合本章所述的分布式压缩空气多能联储系统优化设计方法，本节以西北村镇农业园区为例，分析面向农业园区的分布式复合压缩空气储能系统的分析与设计。目前，西北村镇农业园区仍以温室大棚为主，结构简单，防灾害能力差，各种先进设施农业设备无法利用，电网供电的不可靠以及供暖设备配置存在过剩或者不足的情况，导致农作物的正常生长需求无法得到满足，使得农民收入水平无法有效提高。

但在近几年国家相关政策和送电下乡工程的大力推动下，西北村镇绝大部分地方均有大电网覆盖，主要困难是供电可靠性不高以及用电成本较高的问题。对于偏远村镇，则大多结合当地的资源禀赋，开展独立发电供能。同时，丰富的太阳能资源为西北村镇农业园区的供热提供了一条新途径。本节针对西北地区丰富的太阳能资源和 AA-CAES 灵活的外部耦合接口能力，将光热作为 AA-CAES 外部耦合热源，实现光热的就地消纳，对西北地区传统农业大棚及其供能系统进行技术性改造，构建基于光热复合的分布式 CAES，并对大棚供暖热负荷以及电负荷模型进行研究，将农业负荷的增长和光热消纳结合起来，以提高农业供能现代化水平，促进农作物增产增收，最终提高农民收入水平。同时对于光伏资源禀赋良好且有并网条件的村镇，还可以向电网输送电能。

用能情况调研中发现，多数农作物生长的适宜温度为 5～25℃，低于 5℃生长发育缓慢。而西北地区的气候特征为冬季漫长、夏季凉爽，气温日较差大。各地区年平均气温在 −5.1～9.0℃之间，1 月（最冷月）平均气温 −17.4～−4.7℃，7 月（最热月）平均气温在 5.8～20.2℃之间，需持续供热。农业园区卷帘机（1.5kW）每年的 11 月份至第二年 3 月份使用，每次工作时间 8～10min，一天用两次；水泵（1.5kW）冬天 7～10 天用一次，夏天 2～3 天用一次，工作时间一次 2h；住房照明（60W），家用电器全部负荷不超过 6kW。

温室大棚 12 月底至次年 3 月中旬需要供暖（供暖时间为晚上 11:00 到第二天 6:00），夜间大棚内温度较低，农作物生长缓慢，分布式 CAES 设备安装成功后，夜间可以用来为农户住房供暖以及为温室输送热量，大大缩短农作物的生长周期。并且多余的电能可以用来供水泵、卷帘机、住房照明以及家用电器等。

（1）温室热负荷分析

温室大棚结构如图 8-39 所示。热负荷的计算在设计温室气体温度调节系统时至关重要。其计算的正确与否将会直接影响设计参数的大小、温度调节方案的选择和制定以及温度控制系统的使用效果。

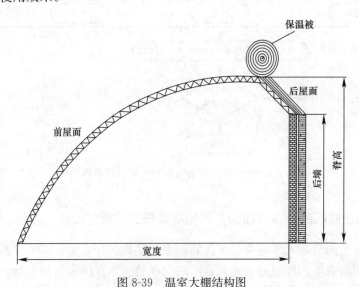

图 8-39　温室大棚结构图

首先，温室作为一个半封闭的热力学系统，进入温室的热负荷量较大，并且温室内部湿度较高，要考虑水汽的蒸发散热；同时必须考虑植物生理转化的能量，以及温室里土壤的呼吸和蒸发的散热量；最后还要考虑地面的横向导热量和土壤的纵向传热量。因此需要明确温室大棚系统的热量来源及热量损耗，并根据能量守恒定律来详细分析日光温室的热平衡过程，进而建立各部分的热量传递关系式。

温室大棚的散热量和得热量直接影响温室大棚内的热平衡，其影响因素主要包括室外温度、太阳辐射强度、作物和土壤的吸热量与散热量以及室内设备的散热等。当温室大棚内积累的热量过多时，室内环境温度会相应的提高；反之，室内环境温度会下降。因此需要对温室大棚作热平衡分析，从而来计算试验温室的热负荷。温室系统热平衡如图 8-40 所示。

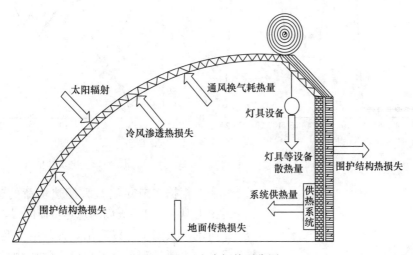

图 8-40 温室大棚热平衡图

由能量守恒可知，温室大棚调温系统的供热量计算式如下：

$$Q = Q_{out1} + Q_{out2} + Q_{out3} + Q_{out4} + Q_{out5} \\ + Q_{out6} + Q_{out7} - Q_{in1} - Q_{in2} - Q_{in3} \quad (8\text{-}70)$$

式中，Q_{out1}——圆弧形围护结构传热损失（W）；

Q_{out2}——竖直围护结构传热损失（W）；

Q_{out3}——地面传热损失（W）；

Q_{out4}——水分蒸发热损失（W）；

Q_{out5}——通风换气耗热量（W）；

Q_{out6}——作物生理转化交换能量（W）；

Q_{out7}——热进入温室的冷物料所需要的热量（W）；

Q_{in1}——进入温室的太阳辐射热（W）；

Q_{in2}——进入温室的热物体的散热量（W）；

Q_{in3}——灯具设备散热量（W）。

（2）负荷特性分析

本节以青海省农业园区负荷特性进行分析，其中电价来源于青海省现行的峰谷分时电价政策：峰时段（09:00—12:00、18:00—23:00）的电价为 0.6273 元/(kWh)，平时段（13:00—17:00、22:00—23:00）的电价为 0.4254 元/(kWh)，谷时段（00:00—08:00）的电价为 0.2235 元/(kWh)，具体如图 8-41 所示。

从图 8-42 电负荷曲线可以看出，根据农业园区居民用电特点提出一种压缩空气储能系统每日的常规运行模式。由于工作的需要，农业园区居民的用电高峰一般集中在早上 10：00—12：00 和晚上 19：00—21：00，据此可以考虑分布式 AA-CAES 一天运行两次的运行模式。系统在夜间用电低谷时储存低谷电能，白天释能供给用电高峰的用电需求。充分利用分布式 CAES"削峰填谷"的能力，实现系统的经济性运行。

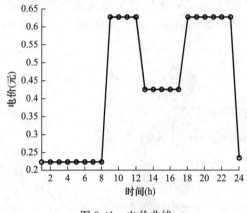

图 8-41 电价曲线

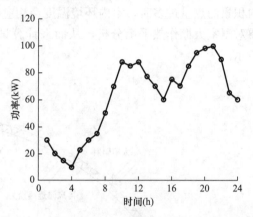

图 8-42 电负荷曲线

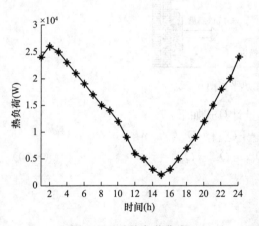

图 8-43 总热负荷曲线

根据本节对温室大棚热负荷的建模分析，得出温室大棚一天内的总热负荷曲线，如图 8-43 所示。从图中可以看出，夜间的热负荷需求较高，主要是满足温室大棚内农作物最佳生长温度，根据热负荷的需求变化，对分布式 AA-CAES 的储/供热进行规划。白天热负荷需求较低，并且通过温室大棚薄膜的热辐射量较大，基本不需要系统进行供热，此时光热集热系统开始运行，将高品位热收集到高温罐中。夜间温度较低，高温罐作为供热系统，通过供暖管道将热量均匀地输送到温室大棚中的每一个角落，从而提升温室大棚内空气的温度。

综合分布式 CAES 系统设计流程以及农业园区负荷特性，百千瓦级分布式 CAES 的主要运行参数范围可设计如表 8-1 所示。其中压缩机的级数为 4 级，膨胀机的级数为 2 级，假设机组的寿命为 40 年，并且贴现率为 8％。

分布式 CAES 的主要运行参数 表 8-1

参数	数值	参数	数值
环境温度（℃）	10	透平时间（h）	0.2
压缩机级数/膨胀机级数	4/2	压缩过程效率（％）	81
压缩时间（h）	3.5	膨胀过程效率（％）	80
压缩功率（kW）	60	储气室气压上、下限（MPa）	0.72～9.8
透平发电功率（kW）	100	储气罐体积（m³）	6

基于"能源互联网＋"的分布式多能互补
智慧监测与运维技术

9.1　"能源互联网＋"技术概述及分类

9.1.1　概述

（1）技术背景

随着世界能源发展呈现出低碳化、高效化、互联化的发展趋势，能源互联网成为我国新能源发展战略重要的基础设施支撑。能源互联网将可再生能源与互联网技术融合，有效推动了分布式能源的大规模推广；依托于能源互联网，电力、交通、天然气等网络也逐渐融合，促进了能源利用模式的转型。

为响应国家"互联网＋"战略，国家能源局、发改委、工信部等先后制定和出台了《国家能源互联网行动计划》《关于推进"互联网＋"智慧能源发展的指导意见》等文件，促进能源和信息技术的深度融合，加强能源互联网新技术、新模式和新业态的发展，推动能源领域供给侧结构性改革。

推动"能源互联网＋"建设，在国家发展、气候变化和能源安全等方面均具有众多现实意义：

首先，"能源互联网＋"的构建，将有力推动中国"一带一路"倡议的落实和经济社会的发展，对于增强世界各国经济联系程度，增强中国竞争力、影响力和辐射力具有重要意义。一方面，全球能源互联网有助于实现电力资源在全球的互联互通，提升能源的利用效率，并打破西方能源体系垄断，增强中国在全球能源体系中的话语权；另一方面，"能源互联网＋"将投资、金融、技术、信息、服务等各种要素在全球范围内聚集和配置，带动新能源、新材料、电动汽车、智能装备等产业的发展，为中国乃至世界的经济增长注入新的动力。

其次，"能源互联网＋"的构建，可以有效整合可再生能源，应对气候变化和能源危机，实现可持续发展。当前，气候变化和环境污染成为世界各国和地区面对的难题，碳减排、碳关税成为热点话题。全球能源互联网提升了可再生能源的供给率，减少了二氧化碳的排放量，以低碳、绿色的能源利用方式从根本上解决全球气候问题。同时，化石能源的产生、运输和消费规模将减少，因煤炭等化石能源开采、加工以及燃烧带来的生态环境问题也将减轻，符合绿色可持续发展需要。

最后，"能源互联网＋"是国家能源转型和能源安全的重要保障。我国是工业门类齐全的制造业大国，但缺少石油、天然气等一次化石能源，在世界能源体系中处于被动。"能源互联网＋"将为中国提供充足的能源，水能、风能、太阳能、潮汐能等都将成为中国能源供给的主体，使中国能源供应更为可靠。同时，经过能源结构转型，化石能源需求量将大幅减少，中国能源供给的成本也将不断降低，能源需求将得到极大的保障；地缘政治、金融操纵、垄断经营等对能源市场的冲击也将得到缓解，避免在能源价格方面受制于人。

（2）技术特征

"能源互联网＋"强调能量的交换与共享，与此前出现过的智能电网、微电网、坚强智能电网等概念相比，在内涵上并不冲突。可以认为能源互联网是智能电网在互联网模式下的新形式，是由电力系统、天然气网络、信息网络、交通系统等多重系统紧密耦合而成的一个复杂系统，其中，电力系统是各种能源的转换枢纽，是能源互联网的核心；充电设施、电动汽车等是电力系统与交通系统相互连接的媒介，天然气等供热网络、二次能源网络也将进一步集成在能源互联网中。

与传统能源网络相比，能源互联网的主要特征如表 9-1 所示。

传统能源网络与能源互联网的区别　　　　　　　　　　　　　表 9-1

项目	传统能源网络	能源互联网
能源生产来源	煤炭、石油等传统能源	太阳能、风能、地热能等可再生能源
能源生产方式	集中式发电为主	分布式发电为主
能源输配网络	单向输配	远距离输电、智能化设备、电力双向调配
能源存储方式	储存占比小，主要通过增减发电设备使用率	广泛配置储能设备配合电能需求、发展电动汽车
能源交易定价	国家统一定价	自由电力交易平台，自由定价
能源系统特点	传统能源储量有限，长期价格上涨，有污染	可再生能源，长期价格持续回落，清洁无污染

由表 9-1 可见，能源互联网在能源生产来源、生产方式、输配网络、存储方式、交易定价等诸多环节都与传统能源网络有着不同。其特点可以总结为：可再生能源渗透率高，储能装置大量接入，分布式发电与就地利用，信息通信技术高度参与以及市场化程度高等。以上特征值得我们去深入发掘与利用。

总结上述内容可知，"能源互联网＋"能够有效整合多种资源，连接物理网络和信息网络，在以分布式发电为主的多能源系统中能够发挥重要作用。在西北村镇分布式能源系统智慧监测与运维平台的设计和建设过程中，应当引入"能源互联网＋"技术并充分发挥其优势，以提升多能互补系统的管理水平。

9.1.2　分类

在"能源互联网＋"的技术属性层面，目前主要依托分布式发电、智能电网、大数据和云计算等前沿技术，实现能源空间分布的合理规划，实现能源生产和消耗的实时平衡，同时朝着清洁环保和节能方向发展。主要的技术分类包括以下几类。

（1）分布式可再生能源发电与储能技术

为应对环境污染和化石能源短缺问题，可再生能源成为世界关注的焦点。目前能够利用的可再生能源主要有太阳能、风能、地热能等。表 9-2 为 2021 年世界部分国家可再生能源消费量，由表可知，我国的可再生能源消费量位居世界第一，在过去十几年中持续发展，但考虑到我国庞大的人口数量，人均可再生能源消费量与欧美发达国家相比还有较大差距，有着巨大的发展空间。

世界各国可再生能源消费量（2021 年） 表 9-2

国家	消费量（EJ）
中国	11.32
美国	7.48
德国	2.28
巴西	2.39
印度	1.79
英国	1.24
日本	1.32

注：数据来源于《BP 世界能源统计年鉴（2022 版）》。

可再生能源的利用方式可以分为集中式和分布式。集中式能源发电技术和工作模式成熟，目前依然是主流的利用方式。但大规模集中能源存在的弊端也很突出，诸如周边难以保证足够的负荷用户、能源利用率低、远距离传输损耗严重等。而分布式能源可以实现能量的就地收集、存储与使用。对于高效利用清洁的可再生能源，两者体现出互补关系。未来能源互联网将支持更多的分布式设备接入，作为集中能源的有机补充，分布式能源已成为未来能源发展的重要方向。

风能、光伏等新能源具有随机性和间歇性，电动汽车等负荷的用电情况也具有不确定性，为实现能源互联网中能量的有效存储，储能装置展现出重要作用。一方面，储能装置具有"削峰填谷"功能，在低负荷时可保证机组的持续出力，提高了机组的效率和寿命，保障机组经济运行；另一方面，在供电故障时迅速投入储能装置，可保证重要负荷的不间断连续供电，使电网运行更加安全、可靠。到目前为止，人们已经研究了多种形式的电能储能模式，可分为物理储能与化学储能。物理储能方式主要有抽水蓄能、飞轮储能、压缩空气储能及超导储能；化学储能主要有蓄电池储能和电容器储能。通过因地制宜地选用新型储能装置，使之与能源互联网稳定性和容量要求更加匹配；再通过优化储能控制策略，调节储能装置的充放电能力，可以使系统更加符合安全性和经济性的要求。

（2）智能电网技术

"能源互联网+"对电网技术提出了更高要求。首先，需重点研究特高压设备技术，开展海底电缆、微电网技术、直流电网构建等基础理论和关键技术研究，为洲际能源互联网的建设提供技术支撑。其次，在设备与材料层面，研究适应"能源互联网+"要求的新型材料与器件，包括新型传感器件、大功率电力电子器件、高温超导材料等，为控制技术的实现提供硬件保障。最后，在理论层面研究分布式运算与控制方法，应对能源互联网中设备位置分散、数据规模巨大等挑战。

（3）信息通信技术

"能源互联网+"技术的重要特征是实现了信息网络与物理网络的融合，云计算、物联网等信息处理与通信技术对能源互联网的安全经济运行发挥着重要作用。

1）云计算：整合现有各类 IT 资源，构建安全可控的云计算服务平台并具备多类型终端内外网安全接入功能，为电力业务应用（如安全分析、电网潮流计算、系统安全恢复、监控和调度、电网可靠性评估等）提供高质量云服务。

2）物联网：物联网是通过在物体上安装传感器等智能感知设备，自动采集物体属性、位置、状态等信息，将传统物体作为互联对象，改变信息录入方式，实现信息的主动交互及共享，提高对物体的识别、定位、跟踪、监控和管理能力，满足智能电网建设和未来能源互联网发展要求。

3）大数据：利用高性能计算平台和大数据分析技术，对全网安全监测数据进行统一收集、处理和深度分析，从海量监测数据中准确定位安全事件，及时发布预警与通报，联络协调安全事件的响应处置。

随着"能源互联网+"的迅速发展，上述技术将与实际系统深度融合，同时业务需求也将继续推动技术内容创新，最终形成以"能源互联网+"技术为支撑、项目实践经验为标准的新型发展模式，推动我国能源行业的发展。

9.2　分布式能源系统状态评估技术

针对西北村镇设备位置分散，运行状态缺乏监测的问题，采用无人机巡检、固定传感器监测结合的方式，对分布式发电设备与多能互补设备进行相关数据采集，并进行基于云端的状态监测。通过机器学习方法对分布式发电设备的外在图像数据进行特征提取，进而确定分布式发电设备图像与异常状态之间的非线性关系，建立以设备异常工况图像为输入、设备状态为输出的状态评估模型；对多能互补设备的储能电池与热泵系统的运行参数进行固定传感器采集，通过机器学习方法，建立设备运行参数与设备状态之间的非线性关系的状态评估模型。状态评估模型可为分布式能源系统智慧监测与运维综合管控平台提供实时的设备运行状况和数据，平台可根据运行状态对设备作出及时调整，有效提升运维的效率。

9.2.1　分布式设备状态特征分析

（1）分布式光伏积灰状态

西北地区有非常丰富的太阳能资源，以 2020 年为例，西藏中西部、四川西部、内蒙古西部及青海西部等地的局部地区年水平面总辐照量超过 $1750kWh/m^2$（$6300MJ/m^2$），是全国太阳能资源最丰富的地区，因此西北地区适宜分布式光伏设备的运行。然而由于该地区属于高原大陆干旱性气候，年平均降水量较少、植被稀少、土地荒漠化严重等情况，易造成的大气环境中沙尘颗粒浓度较高。频繁的沙尘天气也会造成光伏设备的积灰污染，以西宁为例，该地区海拔 2261m，2021 年平均降水量 454mm，年平均气温 6.1℃，属于典型半干旱区域，每年 3 至 5 月份西宁均会出现不同程度的沙尘天气污染，光电设备经常处在沙尘暴、扬尘和浮尘天气之中，这将严重影响分布式光伏发电设备的正常工作。

分布式光伏发电设备由表面积累灰尘，会遮挡组件表面面积，造成组件的透光率下降、有效的受光面积减少，组件表面附着的灰尘形成的局部阴影，使得被遮挡处的温度异常升高，阻挡组件的散热过程，其中灰尘量与遮挡面积、组件透光率的关系如式（9-1）等所示。随着积灰量的增加，组件遮挡面积增加，组件的透光率下降。通过计算积灰光伏组件与清洁组件的最大输出功率比值，获得该积灰状态下相对发电效率如式（9-4）所示。

$$A_s = \frac{\pi}{2} \sum_{i=1}^{n} r_i^2 \left(\tan \frac{\alpha}{2} + \cot \frac{\alpha}{2} \right) \tag{9-1}$$

$$(1 - \tau / \tau_{\text{clean}})\% = 34.37 erf \ (0.17 \omega^{0.84}) \tag{9-2}$$

$$erf(x) = \frac{2}{\sqrt{\pi}} \int_0^t e^{-t^2} \, \mathrm{d}t \tag{9-3}$$

$$\eta = \frac{P_{\text{md}}}{P_{\text{mc}}} \tag{9-4}$$

式中，A_s——灰尘颗粒遮挡的总面积（m^2）；

　　　n——积灰量；

　　　r——灰尘颗粒半径（m）；

　　　α——光线与组件表面夹角（°）；

　　　τ——积灰组件的透光率；

　τ_{clean}——清洁组件的透光率；

　　erf——误差函数；

　　　η——相对发电效率（%）；

　P_{mc}——清洁组件最大输出功率（W）；

　P_{md}——积灰组件最大输出功率（W）。

图 9-1 展示了光伏设备的积灰过程

图 9-1　光伏设备积灰过程

以光伏组件相对发电效率作为设备不同积灰状态的评估标准，按相对发电效率，将组件分为 7 个等级的异常设备状态，如表 9-3 所示。0 级状态下，组件为清洁组件，发电量不受影响；6 级状态下，组件表面有严重积灰，发电量相对于清洁光伏板减少 30%。以此类推，随着积灰造成的相对发电效率减少，光伏发电异常设备工作状态等级不断提高，组件积灰情况加重，光伏发电设备在单位时间内的发电量不断下降，从而实现对西北村镇分布式光伏设备的状态评估。

相对发电效率	设备状态等级
$\eta \leqslant 100\%$	0 级
$90\% < \eta \leqslant 95\%$	1 级
$80\% < \eta \leqslant 85\%$	3 级
$75\% < \eta \leqslant 80\%$	4 级
$70\% < \eta \leqslant 75\%$	5 级
$\eta \leqslant 70\%$	6 级

光伏组件设备状态等级划分   表 9-3

（2）锂离子电池健康状态

西北地区丰富的风光资源适合村镇中分布式发电设备的运行，但由于其发电的不稳定性，需要储能设备进行调节。锂离子电池由于高能量密度、高功率密度、高效率、长使用寿命等优越特性，逐渐成为新型储能的主力，在西北村镇分布式储能系统中有广泛的应用。但随着储能系统的长期运行，储能电池充放电次数增加，易引起电池内部的活性物质降低、内部阻抗增加，使得电池的实际可用容量减少。锂离子健康状态（State of Health, SOH）是专门衡量电池老化状态的参数，对其的准确预估，可为储能系统中更换老化电池提供主要的参考依据，对西北村镇储能系统的安全运行有着重大意义。SOH 常用来预测电池的剩余使用寿命，一般用百分比表示，锂离子电池 SOH 常见的定义方式有如下 3 种：以容量定义、以内阻定义、基于循环次数的定义。计算方式如下：

$$SOH = \frac{C_{\text{now}}}{C_{\text{new}}} \times 100\% \tag{9-5}$$

$$SOH = \frac{R_{\text{EOL}} - R_{\text{now}}}{R_{\text{EOL}} - R_{\text{new}}} \times 100\% \tag{9-6}$$

$$SOH = \frac{CN_{\text{re}}}{CN_{\text{total}}} \times 100\% \tag{9-7}$$

式中，C_{now}——电池当前容量；

    C_{new}——电池的额定容量；

    R_{now}——电池当前状态下的内阻；

    R_{EOL}——电池使用寿命结束时的内阻；

    R_{new}——电池在全新状态下的内阻；

    CN_{re}——电池剩余循环次数；

    CN_{total}——电池总循环次数。

作者以容量定义的锂离子电池的 SOH 值作为储能电池健康状态的评估标准，将锂离子电池健康状态划分为 4 个等级，如表 9-4 所示。1 级电池的现有容量为额定容量的 90% 以上，电池处于相对健康状态；4 级时电池容量在额定容量的 70% 以下，电池老化严重，需要通知村镇储能系统的运行人员及时更换。

锂离子电池健康状态等级划分   表 9-4

容量 SOH	设备状态等级
$90\% < SOH \leqslant 100\%$	1 级
$80\% < SOH \leqslant 90\%$	2 级

续表

容量 SOH	设备状态等级
70%＜SOH≤80%	3级
SOH≤70%	4级

9.2.2　分布式设备状态评估框架

状态评估是指根据状态参量的特点和变化情况，对设备运行状态进行分析和判断，准确评估其状态等级、异常状态发生部位和严重程度，并对状态的发展趋势进行合理预测，为设备状态检修提供依据。

本书中，设备的状态评估采用基于机器学习的设备状态评估方法，提出了基于卷积神经网络（CNN）的评估算法，设计了以设备图像数据为输入、设备状态为输出的状态评估模型，实现了设备状态评估的目的，在西北村镇分布式能源系统中具有良好的可行性和扩展性。整体框架如图 9-2 所示。

状态评估框架包括离线训练和在线评估部分。首先，采用摄像头传感器、固定传感器等终端采集分布式发电设备的图像数据与多能互补设备的运行数据，并对原始设备图像进行裁剪、压缩、透视变化，对运行数据进行异常值去除等数据预处理工作，经过预处理后，图像

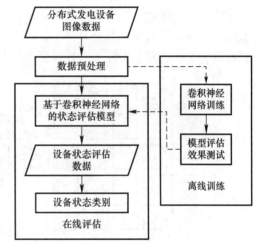

图 9-2　基于图像数据的分布式
发电设备状态评估框架

数据、设备运行数据等才适合输入到模型中；其次，CNN 模型从输入的数据中提取到可判断设备状态的抽象特征，全连接层根据卷积层提取的特征，最终输出模型判断的设备状态；随后，在离线训练时，对比训练集和评估结果，对卷积神经网络进行调整，提高模型精度，而在线应用时，可以直接将模型的输出作为设备状态。

状态评估框架的核心算法为基于卷积神经网络的评估算法。卷积神经网络是一种多层非线性前馈神经网络，通过卷积操作实现图像、时序数据的特征提取，在图像分类任务、时序数据处理等场景有广泛的应用。完整的卷积神经网络主要由输入层、卷积层，激活层、池化层和全连接层构成，如图 9-3 所示。在实际的任务中，根据任务的复杂程度，设置多组"卷积—激活—池化"模块，从复杂的输入数据中提取出抽象的特征，再通过多层全连接操作，实现抽象特征与任务目标之间的连接。

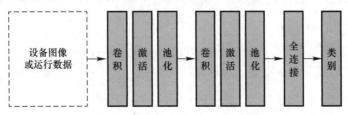

图 9-3　典型卷积神经网络结构

卷积层通过卷积核对输入数据进行卷积运算，提取输入数据中的抽象特征，卷积运算包括进入卷积层的特征与过滤器进行卷积运算、对卷积运算得到的数值求和、将求和所得值与偏置值相加得到输出特征上的元素的 3 个步骤，如图 9-4 所示，5×5 输入数据通过 3×3 卷积核进行卷积运算的结果，通过此过程提取到了 5×5 输入数据的抽象特征 3×3 结果，神经网络训练的过程就是不断改变卷积核参数的过程，使得该卷积核提取的特征与目标的损失值最小；池化层对卷积层所提取的信息作进一步降维，减少计算量；全连接层在整个卷积神经网络中起到分类器的作用，负责将卷积输出的二维特征转化成一维的一个向量，由此实现了端到端的学习过程；激活函数用于向神经网络中引入非线性因素，通过激活函数，神经网络就可以拟合各种非线性的关系。ReLU 激活函数如式（9-8）所示，该激活函数可有效缓解过拟合的问题。由于 ReLU 有可能使部分神经节点的输出变为 0，降低了神经网络的复杂度，此外，当 $x>0$ 时，ReLU 的梯度恒为 1，不会随着网络深度加深，有效避免了网络发生梯度消失或梯度爆炸的问题。

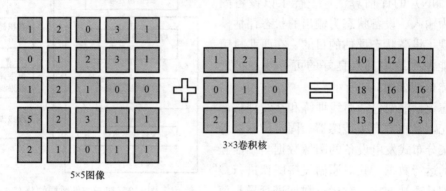

5×5图像　　　3×3卷积核

图 9-4　卷积运算

$$\text{ReLU}(x) = \begin{cases} 0, & x \leqslant 0 \\ x, & x > 0 \end{cases} \tag{9-8}$$

经典的卷积神经网络有 AlexNet、VGG16、ResNet。Alexnet 的网络结构共有 5 层卷积和 3 层全连接，可同时使用两个 GPU 并行训练，减少训练时间，此外使用 ReLU 代替了 Sigmoid 加快训练，解决了 sigmoid 在训练较深的网络中出现的梯度消失的问题。VGG 采用连续的几个 3×3 的卷积核代替较大卷积，在相同的网络参数量下，相比于大卷积核，可以增加网络深度来保证学习更复杂的模式。ResNet 通过堆叠残差块，减缓了由于为提升网络的特征提取能力增加网络深度，继而引起的梯度消失的问题，ResNet 网络深度达到 152 层，在图像分类任务中获得了较大的成功。

9.2.3　分布式设备状态评估模型

（1）状态评估模型构建

为实现西北村镇地区不同分布式发电设备与多能互补设备的状态评估，建立了基于卷积神经网络的状态评估统一模型，其总体结构如图 9-5 所示，主要由模型输入、CNN 模型、模型输出 3 部分构成。

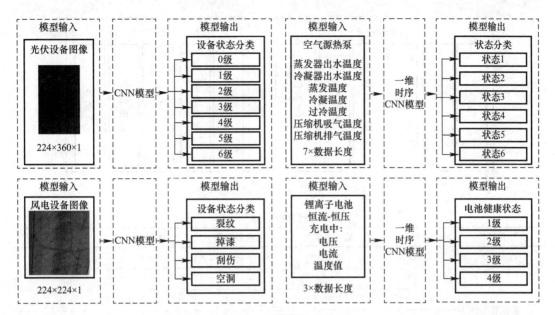

图 9-5 模型总体结构

在光伏发电设备评估模型的设计中,由于光伏组件实际设备长宽不等,摄像头采集的图像为长方形,因此该评估模型用接近设备长宽比的 360×224 作为评估模型的输入图像尺寸,替代传统的卷积神经网络以 224×224 大小的图像输入尺寸,这种模型输入尺寸适配方法,相比于传统的模型输入,对光伏设备状态评估更具有针对性,能够减小由于模型输入尺寸与设备尺寸不匹配引起的光伏组件设备图像信息丢失的可能性。在模型输入中,为提升模型的训练效率、减少评估模型训练的时间、降低模型训练过程中对训练平台 GPU 显存要求,在设备图像输入评估模型前,将 3 通道的彩色图像统一处理为 1 通道的灰度图作为模型输入,避免了训练过程中的过多数据的计算,提升了模型的训练速度。

CNN 设备状态评估模型的结构如图 9-6 所示,包括两组卷积层与一组全连接层,卷积层与全连接层的结构如图 9-7 所示。卷积层负责设备图像的多次特征提取,全连接层根据卷积层提取的特征进行设备状态的分类,激活函数用于向神经网络中添加非线性因素,归一化算法使每个特征图各通道的数据呈现均值为 1、方差为 0 的分布规律,这使得网络不会因为数据量过大而导致性能的不稳定。模型结构中的各模块的参数配置如表 9-5 所示。

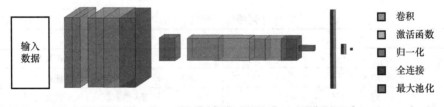

图 9-6 模型结构

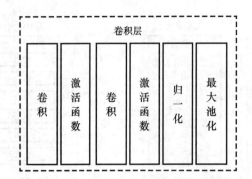 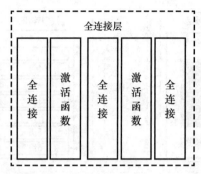

图 9-7 卷积层与全连接层结构图

模型结构参数   表 9-5

结构层	模块	输入通道数	输出通道数	卷积核	步长
卷积层 1	Conv2d	1	16	3×3	1
	ReLU	16	16	—	—
	Conv2d	16	32	3×3	1
	ReLU	32	32	—	—
	BatchNorm2d	32	32	Eps：1e-05	Affine：True
	MaxPool2d	32	32	3×3	3
卷积层 2	Conv2d	32	64	3×3	1
	ReLU	64	64	—	—
	Conv2d	64	32	3×3	1
	ReLU	32	32	—	—
	BatchNorm2d	32	32	Eps：1e-05	Affine：True
	MaxPool2d	32	32	4×4	4
全连接层	Linear	15232	4096		
	ReLU	4096	4096	—	—
	Linear	4096	512		
	ReLU	512	512	—	—
	Linear	512	7		

评估模型以 AlexNet、VGG16、ResNet34、ResNet50、VGG16-V1、VGG16-V2 作为对比模型，前 4 种模型为经典模型，其结构不再给出，后 2 种模型为基于 VGG16 针对分布式发电设备改进的模型，其结构配置如表 9-6 所示。

网络结构配置   表 9-6

模型	网络结构
VGG16	5×卷积层＋1×全连接层
VGG16-V1	5×卷积层＋1×全连接层
VGG16-V2	2×卷积层＋1×全连接层

（2）模型效果评价指标

为了评价设备状态评估模型的效果，采用准确率（Accuracy）、精确率（Precision）

与召回率（Recall）的加权调和平均数（FScore）的多分类均值（FscoreA）、训练时间（Training Time）3 个指标，表达式如下：

$$Precision = \frac{TP}{TP + FP} \tag{9-9}$$

$$Recall = \frac{TP}{TP + FN} \tag{9-10}$$

$$FScore = \frac{2Precision \cdot Recall}{Precision + Recall} \tag{9-11}$$

$$FScoreA = \frac{\sum_1^n FScore_i}{n} \tag{9-12}$$

式中，TP——正确分类的正类；

$\quad FP$——错误分类的负类；

$\quad FN$——正确分类的负类；

$\quad n$——分类类别数；

$\quad i$——类别号。

9.2.4 案例分析

（1）数据采集与处理

以西北村镇多能互补系统中的屋顶分布式光伏系统为典型案例进行测试，实验系统如图 9-8 所示，由 GSMG-260P 光伏组件和数据采集系统组成，后者主要包括 VI 特性测试仪、辐照度传感器、摄像头等。光伏组件参数如表 9-7 所示。

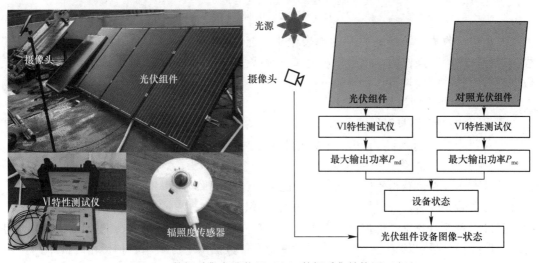

图 9-8 数据采集实验装置（左）数据采集结构图（右）

GSMG-260P 光伏组件参数 表 9-7

项目参数	额定工作条件
尺寸（mm）	1650×991×45
最大功率（W）	260

项目参数	额定工作条件
开路电压（V）	37.4
短路电流（A）	9.0
最大功率点工作电压（V）	30.7
最大功率点工作电流（A）	8.47
组件效率	17.52

为适应西北村镇设备地域分散特征，测试过程中使用无人机监测设备开展模拟巡检（图9-9），在巡检过程中拍摄设备图像，随后进行裁剪、透视变换等预处理方法，使采集的图像与模型设备输入图像参数相匹配。同时，采用VI测试仪记录积灰状态下组件的最大输出功率、清洁组件的最大输出功率数据。采集的图像与两种数据成对命名保存在相关设备，采集实验完成后，进行图像数据预处理与相对发电效率的计算和数据匹配。

图9-9 无人机监测设备

实验中，收集实验场地周围的地表尘土，通过在组件表面人为附灰，模拟积灰的过程。进行一次附灰操作后，拍摄积灰图像、测试积灰组件与清洁组件的输出功率，将所有数据进行编号并存储，具体步骤如下：

① 手工附灰模拟组件积灰过程；

② 摄像头采集积灰组件图像；

③ VI测试仪测量清洁组件、积灰组件的最大功率、采集时间，一并保存到设备中；

④ 将积灰状态图像按拍摄时间命名。

重复上述步骤，获得不同积灰状态下的多组组件图像与最大输出功率数据。

采集实验完成后，通过同一时间内采集的积灰组件与清洁组件的最大输出功率作比值，获得相对发电效率；根据相对发电效率判断设备所属的积灰状态；按图像的拍摄时间与上述得到的设备积灰状态进行匹配。采集的图像数据由于分辨率、拍摄角度的不同，须进行数据预处理，如图9-10所示，进行了4∶1的压缩与透视变换。

为了防止数据量较少造成的模型过拟合，提升模型的鲁棒性与泛化能力，对上述数据使用翻转、饱和度调节、亮度调节、高斯模糊等方法进行数据增强（图9-11）。数据预处理与增强后，共有较清晰的980张图像作为模型的数据集。根据设备积灰状态，将数据集划分为7个级别，如图9-12所示。每类140张积灰状态图像，分为100张训练集与40张测试集，如图9-13所示。

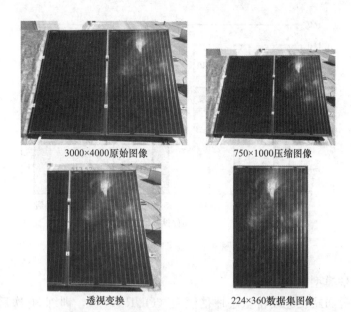

图 9-10　数据预处理

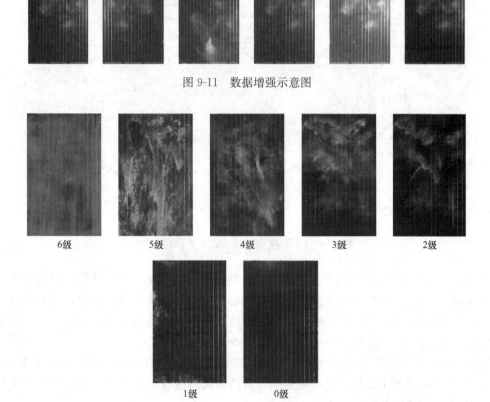

图 9-11　数据增强示意图

图 9-12　数据集分类

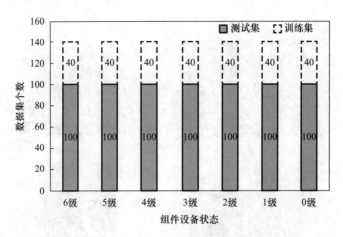

图 9-13　数据集划分

（2）状态评估模型准确性验证

作者提出的分布式发电设备状态评估模型（OUR 模型），训练 30 次后的训练损失和测试准确率的变化情况如图 9-14 所示。经过 6 次训练后，测试准确率与训练损失分别为 0.946 和 0.151。此后，随着训练次数的增加，测试准确率与训练损失基本稳定，收敛于 0.94 与 0.1。训练损失变化大，准确率提升快，因此 OUR 模型训练效果明显。

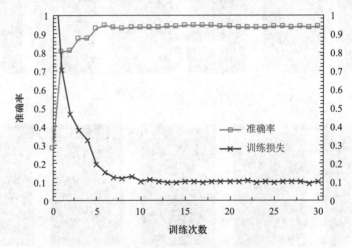

图 9-14　OUR 模型测试准确率与训练损失

图 9-15 给出 OUR 模型的预测结果与实际类别的对比情况。设备状态类别有 7 类，每类 40 组数据，如图所示。OUR 模型能够对设备状态的 6 级类别进行预测，预测正确个数为 36，预测错误个数为 4。以此类推，评估模型对总的 280 组数据的预测中，预测正确个数为 265，预测错误个数为 25，准确率为 0.946。

由图 9-15 可知，作者建立的状态评估模型实现了从设备图像到设备状态类别的映射关系，该模型能够基于云端数据准确评估设备的积灰程度与运行状态，为监测与运维平台提供实时的设备运行状况和数据。

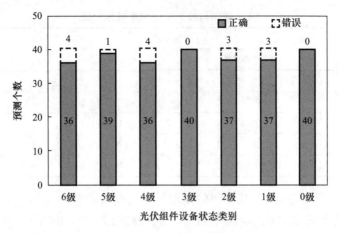

图 9-15 OUR 模型评估效果

（3）不同评估模型效果比较

OUR 模型与 4 种经典模型 AlexNet、VGG16、ResNet34、ResNet50 的测试准确率的对比情况，如图 9-16 所示。经过 10 次训练后，OUR、AlexNet、VGG16、ResNet34、ResNet50 准确率分别为 0.932、0.482、0.479、0.564、0.55；经过 30 次训练后分别为 0.939、0.632、0.898、0.7、0.764。对比可得，作者提出的状态评估模型较其他经典模型，准确率波动小，训练 10 次准确率可达 0.932，具有训练次数少、准确率高的特点。

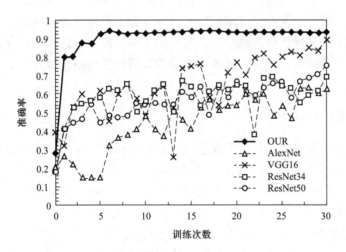

图 9-16 OUR 模型与经典模型准确率对比

如表 9-8 所示，AlexNet 模型由于结构简单，训练用时 92s，测试集分类效果 FscoreA 为 0.6；VGG16 用时 477s 达到 0.9 的分类效果；ResNet34 和 ResNet50 由于结构相对于其他模型较复杂，训练用时 25min 左右，分类效果分别为 0.68 与 0.76；OUR 训练用时 67s 测试集分类效果为 0.946，相比于其他模型，具有训练用时少、分类效果好的特点。

模型	FScoreA		训练时间（s）
	训练集	测试集	
OUR	0.965717	0.946317	67.1
AlexNet	0.610235	0.630419	92
VGG16	0.897001	0.901437	447.9
ResNet34	0.688911	0.685363	1333.2
ResNet50	0.794153	0.762398	1625.5

OUR 模型与经典模型分类效果对比　　　　　　　　　　表 9-8

综上所述，作者所提 OUR 状态评估模型与经典模型的准确率与分类效果的对比，由于其较为简单的结构和适合的学习步长配置，其训练结果具有用时少、可快速获得较高准确率的特点。

9.3　分布式能源系统故障预警技术

随着多能互补系统在西北村镇的应用，多能互补设备存在故障的发现及维护响应滞后问题逐渐显现。为实现运行状态特征数据的一体化采集和管理，需对多能互补系统中分布式光伏、风机和热泵等关键部件的异常特征进行识别，并对设备故障进行及时准确的预警，以提高西北村镇综合用能的可靠性。

本节重点解决了如下两方面问题：①根据多能互补设备关键部件的典型故障类型，确立对应的仿真数学模型，对系统故障类型进行特性分析，并借助多种数据采集终端为后续研究提供理论基础和故障特征参数；②根据多能互补设备的数据样本，选择合适的故障预警算法对其进行优化处理，并建立高效且准确的故障预警模型，提升多能互补设备的故障预警技术水平。

9.3.1　关键设备故障特性分析

光伏、风机和热泵是西北村镇中普遍使用的发电和供热设备，对多能互补系统的安全运行具有重要影响。考虑到西北地区的气候特征，可以归纳关键设备的典型故障类型：①光伏设备中，光伏组件的典型故障类型主要有开路、短路、异常老化和感光不足。②逆变器广泛应用于新能源发电设备并网，其中任何一个 IGBT 器件发生故障都会导致逆变器无法正常工作，影响输出电流和功率。③空气源热泵系统中的传感器作为监测系统、获取数据的重要配件，一旦发生故障，不仅会干扰数据获取，还可能导致控制系统错乱，最终致使系统停止，产生严重的后果。因此，实时检测光伏组件、功率逆变器以及热泵设备传感器的故障类型，对开展多能互补设备的故障预警具有十分重要的实际工程意义。

（1）光伏设备故障特性分析

针对分布式光伏设备，作者首先通过分析光伏组件的数学模型，建立仿真模型，针对不同故障状态对设备进行输出特性分析。在实际系统中，设备数据可以通过 VI 特性测试仪获取，为后续的多能互补系统的故障诊断提供理论基础和故障特征参数。

太阳能电池的建模基本采用单二极管模型，光伏组件的标准数学模型如下：

$$I = I_{\text{ph}} - I_0 \left[e^{\frac{q(V+IR_{\text{S}})}{\alpha KT}} - 1 \right] - \frac{V+IR_{\text{S}}}{R_{\text{SH}}} \qquad (9\text{-}13)$$

式中，I_{ph}——光生电流；

　　　I_0——光伏组件中 P-N 结的反向饱和电流；

　　　q——电荷常数（$q = 1.602 \times 10^{19}$ C）；

R_{S} 和 R_{SH}——等效串联电阻和等效并联电阻；

　　　α——二极管理想系数；

　　　K——玻尔兹曼系数（$K = 1.38065 \times 10^{-23}$ J/K）；

　　　T——光伏组件的温度；

　I、V——光伏组件的输出电流和电压。

目前大多数分布式光伏系统（如屋顶光伏）的光伏阵列均采用串并联结构，所以作者采用 Matlab/Simulink 仿真软件搭建了 4×3 结构的光伏阵列串并联模型，如图 9-17 所示。选取的光伏组件型号为 1soltech 1STH-215-P，其性能参数如表 9-9 所示。

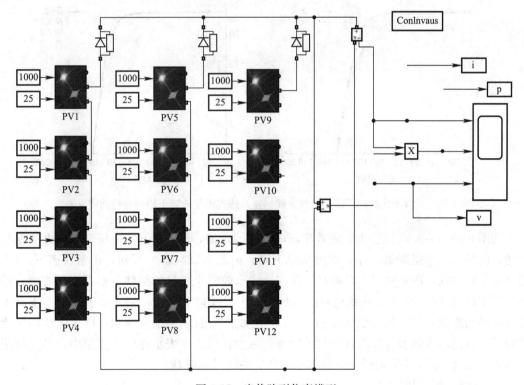

图 9-17　光伏阵列仿真模型

光伏组件性能参数　　　　　　　　　　　　　　　　　　　　　　　　表 9-9

性能指标	参数值
最大功率 P_{mpp}	213.15W
最大功率点电压 U_{mpp}	29V
最大功率点电流 I_{mpp}	7.35A

续表

性能指标	参数值
开路电压 U_{oc}	36.3V
短路电流 I_{sc}	7.84A
电压温度系数 α	$-0.36099\%/℃$
电流温度系数 β	$0.102\%/℃$

1）异常老化与感光不足

采用增加串联电阻的方式来模拟设备的老化故障，分别选取串联电阻 R_s 为 6Ω、8Ω、10Ω，分别代表 3 种不同的老化情况，其输出特性曲线如图 9-18（左）所示。由于外部环境的影响，设备可能会处于不均匀的光照强度下，通过改变不同组件光照强度的大小，能够模拟不同感光量下的输出特性曲线，如图 9-18（右）所示。

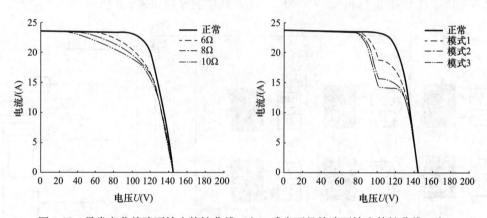

图 9-18　异常老化故障下输出特性曲线（左）感光不足故障下输出特性曲线（右）

从图 9-18（左）可以看出，随着串联电阻值的增加，设备的开路电压和短路电流保持不变，而最大功率点降低，导致输出功率下降；由图 9-18（右）可知，正常状态下，I-V 曲线呈单阶梯状，P-V 曲线呈单峰状；模式 1 表示被感光不足的组件分布在不同支路，设备处于不均匀光照中，I-V 曲线呈双阶梯状，P-V 曲线呈双峰状；模式 2 表示单个支路中所有组件均感光不足，但光照强度相同，I-V 曲线依然表现为单阶梯状，P-V 曲线同样为单峰状，输出功率随着故障组件数目的增加而减少；模式 3 表示在同一支路中，各光伏组件的光照强度不同，I-V 曲线呈多阶梯状，P-V 曲线呈多峰状。

2）开路与短路故障

设定光伏阵列中的每一列为一条支路，每条支路分别串联电阻 R_1、R_2 和 R_3，并将电阻值设为无穷大，来模拟光伏设备在不同状况下的开路故障，对应的输出特性曲线如图 9-19（左）所示。在实际工况中，可能出现多个光伏组件同时短路的情况，作者主要关注单个支路中，不同数量的光伏组件出现短路故障时的输出特性，通过将支路 I 中的 1、2、3 个光伏组件分别短接，来模拟不同数量的组件短路的故障情况，其输出特性曲线如图 9-19（右）所示。

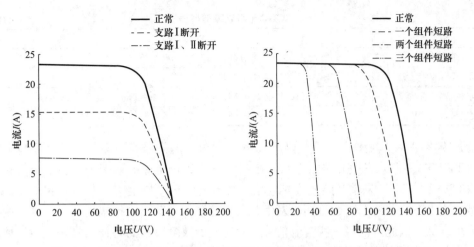

图 9-19　短路故障下输出特性曲线（左）与开路故障下输出特性曲线（右）

由图 9-19（左）可知，设备出现开路故障时，短路电流和最大功率点明显降低，而开路电压基本保持不变。由图 9-19（右）可知，随着光伏组件短路数量的增加，光伏阵列的开路电压和最大功率点大幅降低，而短路电流无明显变化。

（2）逆变器设备故障特性分析

新能源发电三相逆变器的电路拓扑结构如图 9-20 所示，左侧由光伏阵列作为直流输入，整个逆变器由 A、B、C 三相桥臂组成，每相桥臂由 2 个功率开关器件组成（在 A 相中，T1、T4 分别与续流二极管反并联组成上、下半桥臂，为电流提供反向导通回路）。当逆变器主电路中任何一个开关器件发生开路故障时，该桥臂无法正常导通，逆变器输出电流也随之发生变化。

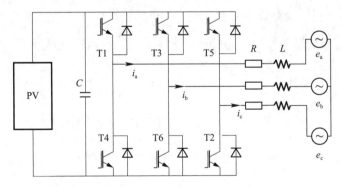

图 9-20　光伏发电系统主电路拓扑结构

三相逆变器中共有 6 个 IGBT 功率器件，由于功率器件故障的个数和所在位置不同，故障类型也复杂多变。一般来说，3 个或 3 个以上的功率器件发生开路故障的可能性很小，因此针对逆变器开路故障的研究只包括 1 个或 2 个开关元件出现故障。根据功率器件的开路位置可以将故障类型分为 4 大类和 21 个子类，如表 9-10 所示。图 9-21 展示了 0.04s 时，功率开关在正常与故障状态下的三相电流波形。

故障类型	IGBT		
单管故障	T1 T2 T3 T4 T5 T6		
同相桥臂双管故障	T1&T4、T3&T6、T5&T2		
同端桥臂双管故障	T1&T3、T1&T5、T3&T5		T2&T4、T2&T6、T4&T6
交叉桥臂双管故障	T1&T2、T1&T6、T3&T2		T3&T4、T5&T4、T5&T6

IGBT 开路故障类型　　　　　　　　　　　表 9-10

通过观察图 9-21 可知，不同故障状态下的三相电流信号有所差异：当上半桥臂的开关管（T1、T3、T5）发生开路故障时，相应相电流的正半周振幅消失；当下半桥臂的开关管（T2、T4、T6）发生开路故障时，相应相电流的负半周消失，其余两相电流随之出现衰减；当上下桥臂两个开关管同时发生开路故障时，正负半周振幅均消失，其余两相电流也发生衰减。因此可以将三相电流信号作为逆变器故障诊断的特征信号，从中提取故障特征信息，并选择故障识别方法来实现故障诊断。

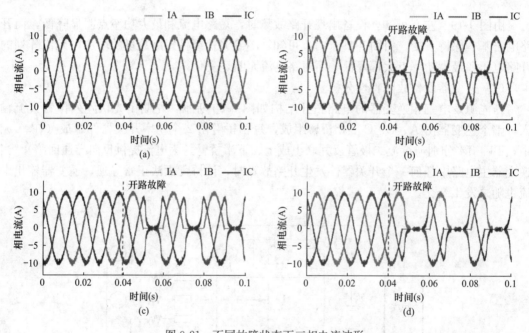

图 9-21　不同故障状态下三相电流波形
（a）正常工作状态；（b）单个 IGBT 开路故障（T1）；（c）单个 IGBT 开路故障（T4）；
（d）交叉桥臂双 IGBT 管开路故障（T3&T4）

（3）热泵设备故障特性分析

热泵是一种利用高位能使能量从低位热源流向高位热源的装置，其低位热源可以是空气、土壤、地表水、太阳能、工厂废热等。这些热源在西北地区易于获取，并且对当地生态环境的影响小。因此，热泵对提高西北村镇能源利用率和减少环境污染具有重要作用。而热泵作为一种重要的节能技术，一旦发生故障会使系统能耗增加。为了保证其较高的性能，保持热泵平稳正常的运行，基于热泵传感器的故障诊断的研究也是十分必要的。作者关注地源热泵系统中的传感器，对传感器的不同类型故障进行了检测和分类。

首先建立传感器数学模型，由于测量过程存在各种原因，任何测量值都不是绝对准确的，都包含有一定误差，使测量结果的可靠性受到影响。这些误差一般分为两类：系统误差和随机误差。因此任何测量值都可以表示为如下形式：

$$x_t = f_t + x_t^* + V_x \tag{9-14}$$

式中，x_t——测量变量在某一时刻的测量值；

x_t^*——测量变量某一时刻的真实值；

f_t——某一时刻测量的系统误差；

V_x——测量的随机误差。

系统误差主要是由故障造成的，不同的故障类型对应不同的函数形式。大量实验证明，随机误差是服从正态分布的，它是由于测量系统本身的随机性造成的，是不可预期的。为了方便计算，可以简化随机误差为服从零均值的正态分布，且不同传感器的随机误差不相关，即：

$$V_x \sim N(0, \sigma_1^2) \tag{9-15}$$

式中，σ_1^2——随机误差的方差。

根据系统误差的不同形式，把传感器故障大致分为 4 类：偏差、漂移、精度等级下降和完全失效故障。其中，完全失效故障是指测量信号不随实际信号变化而变化，始终保持某一读数，通常这一恒定值一般是零或者最大读数，该类故障可以表示为：

$$f_t = c - x_t^* - V_x \tag{9-16}$$

式中，c 为某一常数，将上式带入式（9-14）可得：$x_t = c$。

偏差故障主要是指故障测量值与正确测量值相差某一恒定的常数的一类故障，即：

$$f_t = b \tag{9-17}$$

将式（9-17）带入式可得：$x_t = b + x_t^* + V_x$。

漂移故障是指故障大小随时间发生线性变化的故障，即：

$$f_t = d(t - t_s) \tag{9-18}$$

式中，t_s——故障的起始时刻；

t——故障发生后的任意一个时刻；

d——常数。

将式（9-18）带入式（9-14）可得：$x_t = d(t - t_s) + x_t^* + V_x$。

精度降低故障是指故障测量值的平均值并没有发生变换，但故障数据的方差发生了改变，具体表示形式为：

$$f_t \sim N(0, \sigma_1^2) \tag{9-19}$$

将上式带入式（9-14）可得：$x_t = x_t^* + V_x + N(0, \sigma_1^2 + \sigma_2^2)$。

在基于传感器进行故障诊断时，需要选取能基本反应系统运行状态的变量。根据现有的条件，地源热泵系统所采集的测量变量共有 9 个，全部测量变量如表 9-11 所示：

传感器故障变量

表 9-11

编号	变量名
1	空调侧供水温度
2	空调侧回水温度（旁通下）
3	地源侧供水温度
4	空调侧流量

编号	变量名
5	地源侧流量
6	空调侧回水温度（旁通上）
7	地源侧回水温度
8	空调侧水泵功率
9	地源侧水泵功率

9.3.2 关键设备故障预警模型

（1）核极限学习机诊断模型

根据前面所做的设备故障特性分析，各种设备发生故障时的特征参数已经明确，并且能够通过多种采集终端获取数据。作者构造核极限学习机模型，将特征参数测量数据作为输入，对模型进行训练，从而得到光伏、风机等设备的故障诊断模型。核极限学习机（KELM）是在极限学习机（Extreme Learning Machine，ELM）的基础上，通过引入核函数而提出的一种改进算法。核极限学习机作为单隐含层的前馈神经网络，输入层和隐含层之间的连接权值、阈值是随机产生的，而且在训练过程中也不用再调整。因此，训练速度得以提升，拥有更好的泛化能力。

假设设备故障变量的训练样本为 $D=\{(x_n,\ y_n),\ n=1,\ 2\cdots,\ N\}$，其回归函数为：

$$y=f(x)=h(x)\beta \tag{9-20}$$

式中，x——输入样本；

$f(x)$——网络输出；

$h(x)$——ELM 的非线性映射。

将上述表达式转换为矩阵形式为：

$$\boldsymbol{H}\beta=\boldsymbol{T} \tag{9-21}$$

式中，$\boldsymbol{H}$——隐含层的输出矩阵；

$\boldsymbol{T}$——期望输出向量。

极限学习机的最终求解目标可以等价为求解线性方程 $\boldsymbol{H}\beta=\boldsymbol{T}$ 的最小二乘解，即寻找最优的权值 β 使得代价函数最小。根据广义逆矩阵理论，其解为：

$$\beta=\boldsymbol{H}^+T=h(x)\boldsymbol{H}^{\mathrm{T}}\left(\frac{\boldsymbol{I}}{C}+\boldsymbol{H}^{\mathrm{T}}\boldsymbol{H}\right)^{-1}T \tag{9-22}$$

式中，$\boldsymbol{H}^+$——隐含层输出矩阵 $\boldsymbol{H}$ 的广义逆矩阵（Moore-Penrose）；

$\boldsymbol{I}$——对角矩阵；

C——惩罚系数。

Huang 通过结合支持向量机的原理提出了 KELM 模型，将核函数引入极限学习机，采用核函数来代替 $\boldsymbol{H}^T\boldsymbol{H}$，核函数定义如下：

$$\begin{cases}\boldsymbol{\Omega}_{\mathrm{ELM}}=\boldsymbol{H}^{\mathrm{T}}\boldsymbol{H}\\\boldsymbol{\Omega}_{\mathrm{ELM}i,j}=h(x_i)h(x_j)=K(x_i,x_j)\end{cases} \tag{9-23}$$

式中，$\boldsymbol{\Omega}_{\mathrm{ELM}}$——核矩阵；

$k(x_i,\ x_j)$——核函数，通常选用 RBF 核。

$$K(x_i, x_j) = \exp(-\gamma \| x_i, x_j \|^2) \tag{9-24}$$

式中，　γ——核参数；

$\| x_i, x_j \|$——欧式范式。

因此，ELM 输出函数可以表示为：

$$f_L(x) = [K(x, x_1), \cdots, K(x, x_n)]\left(\frac{I}{C} + \boldsymbol{\Omega}_{\mathrm{ELM}}\right)^{-1} \boldsymbol{T} \tag{9-25}$$

$$\beta = \left(\frac{I}{C} + \boldsymbol{H}^{\mathrm{T}}\boldsymbol{H}\right)^{-1} \boldsymbol{T} \tag{9-26}$$

KELM 利用核函数 $K(x_i, x_j)$ 将异常特征输入样本从低维输入空间映射到高维隐含层特征空间，以稳定的核映射代替极限学习机中的随机映射，故障诊断模型的泛化能力和稳定性得以增强，并且由于核函数采用内积的形式，无需设置隐含层节点个数，降低了模型的复杂性。

然而，由于 KELM 对核参数 γ 与惩罚系数 C 具有一定的敏感性，因此需要对 γ 和 C 进行寻优，以提高多能互补设备故障诊断的准确性和鲁棒性。

(2) 基于麻雀搜索算法的参数寻优

作者采用麻雀搜索算法（SSA）对核极限学习机模型的关键参数进行优化，进一步提升故障预警的准确性。麻雀搜索算法是一种新型群体优化算法，具有快速高效的寻优能力。

SSA 的算法思想是模拟麻雀群觅食的过程，麻雀群觅食过程中不仅有发现者和加入者，同时还叠加了侦查预警机制。麻雀中寻找食物较好的个体作为发现者，其他个体作为加入者，同时种群中选取一定比例的个体进行侦查预警，当麻雀种群意识到危险时会做出反捕食行为。根据觅食规则，适应度值较好的个体作为发现者，为整个麻雀种群寻找食物，并提供追随者觅食的方向。在每次迭代过程中，发现者进行位置更新的描述为

$$x_{i,d}^{t+1} = \begin{cases} x_{i,d}^t \cdot \exp\left(\dfrac{-i}{\alpha \cdot iter_{\max}}\right), & R_2 < ST \\ x_{i,d}^t + Q, & R_2 \geqslant ST \end{cases} \tag{9-27}$$

式中，　　　　　　　　　t——当前迭代次数；

$iter_{\max}$——常数，表示最大迭代次数；

$\alpha \in (0, 1]$——随机数；

$R_2 \in [0, 1]$ 和 $ST \in [0.5, 1]$——预警值和安全值；

Q——服从正态分布的随机数。

当 $R_2 < ST$ 时，说明周围没有捕食者出现，发现者可以进行广泛的搜索；如果 $R_2 \geqslant ST$，说明有捕食者出现威胁到了种群的安全，需要到其他地方进行觅食。

追随者进行位置更新的描述为：

$$x_{i,d}^{t+1} = \begin{cases} Q \cdot \exp\left(\dfrac{xw_{i,d}^t - x_{i,d}^t}{i^2}\right) & i > \dfrac{n}{2} \\ xb_{i,d}^t + M & i \leqslant \dfrac{n}{2} \\ M = \dfrac{1}{D} \displaystyle\sum_{D=1}^{d} (r\mathrm{and}\{-1, 1\} \cdot (|xb_{i,d}^t - x_{i,d}^t|)) \end{cases} \tag{9-28}$$

式中，xb——目前发现者的最优位置；

xw——当前最差的位置。

当 $i>n/2$ 时，表明部分麻雀处于十分饥饿的状态，即适应度值很低，需要到其他地方觅食，以获取更多的能量。

当群体的一些麻雀感知到危险后，也会进行相应位置的更新：

$$x_{i,d}^{t}=\begin{cases} xb_{i,d}^{t} \cdot \beta(xw_{i,d}^{t}-x_{i,d}^{t}) \cdot f_i>f_g \\ x_{i,d}^{t}+K[(x_{i,d}^{t}-xb_{i,d}^{t})/|f_i-f_w|+\varepsilon] \end{cases} \tag{9-29}$$

式中，β——步长控制参数是服从均值为 0、方差为 1 的正态分布的随机数；

$K\in[-1,1]$——一个随机数；

f_i——当前麻雀个体的适应度值；

f_g 和 f_w——当前全局最佳和最差的适应度值；

ε——避免分母出现零，作为一个较小的常数。

当 $f_i>f_g$ 时，表示此时处于种群外围的麻雀需要向安全区域靠拢；当 $f_i=f_g$ 时，处在种群中心的麻雀则随机行走以靠近别的麻雀。

针对 KELM 故障诊断模型，各麻雀的位置对应核参数 γ 和惩罚系数 C，适应度对应 KELM 的诊断准确率，通过麻雀个体位置的不断更新，可以得到 KELM 模型的一组最优参数。

9.3.3 关键设备故障预警流程

以分布式光伏设备中的光伏组件为例，设计基于核极限学习机的故障预警流程。通过对典型故障状态下的输出特性曲线进行分析发现：$I\text{-}V$、$P\text{-}V$ 特性曲线充分反映了设备运行时的状态，并且涵盖了丰富的信息。出现短路和开路故障时，光伏阵列的短路电流 I_{sc} 和开路电压 U_{oc} 在一定程度上都会表现出异常状态；在异常老化和感光不足状态下，最大功率点电流 I_{mpp} 和电压 U_{mpp} 不同程度的变化，导致光伏阵列的输出功率也随之改变。综上，可以选择光伏阵列故障诊断模型的输入变量分别为 U_{mpp}、I_{mpp}、I_{sc} 和 U_{oc}。

综合正常运行状态以及设备 4 种典型故障类型，将正常、短路、开路、异常老化和阴影遮挡作为模型的输出，并对每类状态进行编码，如表 9-12 所示。

输出变量定义　　　　　　　　　　　　　　　　　　　　　表 9-12

输出变量	O_1	O_2	O_3	O_4	O_5
正常	1	0	0	0	0
开路	0	1	0	0	0
开路	0	0	1	0	0
异常老化	0	0	0	1	0
阴影遮挡	0	0	0	0	1

作者根据设备故障样本数据和故障类型的特点，在 ELM 基础上，采用引入核函数后更加稳定、准确率更高、性能更佳的 KELM 作为故障预警模型，并利用 SSA 算法优秀的寻优能力优化 KELM 参数，从而实现高效准确的设备故障预警，具体流程如图 9-22 所示。

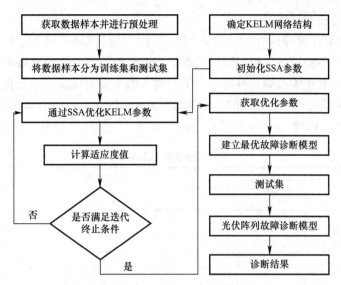

图 9-22　故障预警流程

首先提取故障特征参数作为诊断模型的输入变量，按照 7∶3 的比例随机产生训练集和测试集，并对样本数据进行归一化处理；采用 SSA 算法对 KELM 参数进行寻优，提升 KELM 模型的性能；判断迭代次数是否满足终止条件，若找到最优参数则寻优结束，否则继续寻优，并将最优参数带入 KELM 中建立故障诊断模型，将测试集样本输入到设备诊断模型中，输出诊断结果。

9.3.4　案例分析

（1）案例数据处理

参照图 9-8 中的西北村镇屋顶光伏实验系统，在 Matlab/Simulink 中搭建光伏阵列的仿真模型以获得样本数据。模型中辐照度以 $100\mathrm{W/m^2}$ 为步长在 $200\sim1000\mathrm{W/m^2}$ 变化，温度以 1℃ 为步长在 $25\sim45$℃ 变化，每种典型故障采取 189 个数据，共测得 945 个样本数据。

由于提取的故障特征参数在量级上有着较为明显的差异，容易造成网络学习速率以及诊断精度的降低，因此在训练之前，需要采用极值归一化对各个参数值进行预处理，从而保证特征参数的同等重要性。作者所涉及的 SSA 算法和 KLEM 网络模型的主要初始参数如表 9-13 所示。

初始参数设置　　　　　　　　　　　　　　　　　　表 9-13

SSA		KELM	
参数	取值	参数	取值
种群数量	30	惩罚系数	1
最大迭代次数	2000	惩罚系数	1
变量上边界	10	核参数	1
变量下边界	−10	核参数	1

（2）故障预警模型性能对比

为了测试 KLEM 模型的性能，作者同时将 BP 神经网络、ELM、KELM 作为对比，分别建立 3 种故障预警模型，根据同一数据集，以模型预警的平均准确率和诊断时间作为评价指标。经过反复实验得到 3 种网络模型的输入层与输出层节点个数相同，分别为 4 和 5；BP 神经网络隐含层节点个数为 10，训练次数为 1000，学习率为 0.01；ELM 网络隐含层节点个数为 100，选择 sigmod 函数作为激活函数。实验结果如表 9-14 所示。

不同网络模型预警结果　　　　　　　　　　　　　　表 9-14

故障类型	网络模型		
	BP	ELM	KELM
正常	0.803	0.767	0.91
开路	1	1	1
短路	1	1	1
老化	0.156	0.647	0.843
阴影遮挡	0.965	0.948	0.931
平均预警精度	0.802	0.88	0.94
诊断时间（s）	0.77	0.159	0.128

从表 9-14 中可以看出，BP 神经网络由于其网络结构复杂，诊断用时最长；ELM 作为一种单隐含层的前馈神经网络，结构较为简单，并且结果是一次性得到的，用时较短；而 KELM 在 ELM 的基础上无需设置隐含层节点个数，用时最短，说明其适用于实时性的故障预警；KELM 达到 94％的准确率，明显高于 BP 与 ELM，说明了 KELM 模型在故障预警方面的有效性与优越性，其能够有效协助多能互补系统的运维人员及时发现设备故障并作出响应，保障系统安全运行。

（3）参数优化算法效果对比

参数优化算法是将故障预警模型的准确率或错误率作为适应度函数，寻找一组核参数 γ 和惩罚系数 C，使得 KELM 在某个数据集中获得最大（小）化预警准确率（错误率），进一步提升故障预警的准确率。为了验证 SSA 算法的寻优能力，作者采用 SSA 和 PSO 算法分别对 KELM 模型进行优化，将两种方法最优的分类准确率所对应的核参数 γ 和惩罚系数 C 作为 KELM 的最优参数，并用最优参数对 KELM 进行训练，设置种群数量为 30，最大迭代次数为 2000，均采用 RBF 核函数，两种方法得到的不同优化算法预警结果如表 9-15 所示。

不同优化算法预警结果　　　　　　　　　　　　　　表 9-15

优化算法参数	寻优算法	
	SSA	PSO
正常	1	0.839
短路	0.985	1
开路	1	1
老化	0.976	0.882
阴影遮挡	1	1

优化算法参数	寻优算法	
	SSA	PSO
惩罚系数 C	841.422	505.637
核参数 γ	0.1246	13.144
平均预警精度	0.992	0.947
诊断时间（s）	1.33	1.0324

采用 SSA 算法对惩罚系数 C 与核参数 γ 进行寻优，获得最优参数，确定最终的预警结果。当 $C=0.124$、$\gamma=841.42$ 时，平均准确率达到 99%，对应的预警结果如图 9-23 所示。

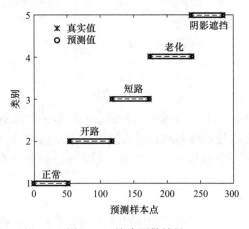

图 9-23 故障预警结果

9.4 基于"能源互联网+"的智慧监测与运维平台

9.4.1 平台概述

（1）平台目标

我国西北偏远村镇，一方面存在着生产、生活用能负荷较为分散的现状，另一方面，处于高寒、干旱的恶劣自然条件，因此安全、可靠的分布式供能系统是西北村镇供能亟待解决和保障的问题。西北村镇传统用能方式多元化，分布较为分散，许多地区电网基础薄弱，供能设备及系统缺乏及时有效的监测，无法及时地识别、诊断故障，人力检修效率低且耗时长，存在长时间供能不足的风险。为提升西北村镇供能的可靠性与安全性，建立了信息物理耦合的云端智慧监测系统，选用经济、可靠的数据采集和广域通信技术，完成了村镇供能设备、系统数据采集和数据通信任务，实现了四个数字化的设计目标（图 9-24），最终构建了西北村镇的云端广域分布式数据监测处理系统。

为保障西北偏远村镇分布式供能设备精益管理和高效安全运行为核心，推进"技术架构、应用协同、安全策略"升级，加快现有信息系统演进，构建分布式多能互补智慧监测与运维管控平台，从而实现"设备、作业、管理、协同"四个数字化，提升状态感知、互联互动、现场作业、安全保障、质量管控、决策指挥、管理协同和价值创造 8 项核心业务能力。

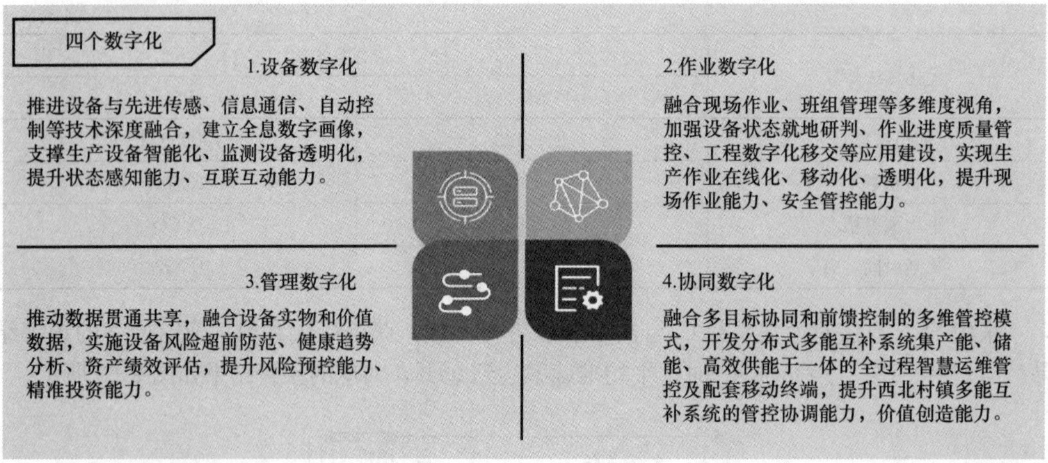

图 9-24　平台设计目标

（2）实施原则

1）标准化原则

服务开发遵循标准化。标准化和规范化是信息系统服务与实施的基本和关键，信息系统服务与实施将采用标准的技术体系和设计方法，使系统最大程度地具备各种层次的平台无关性和兼容性。信息系统服务与实施应遵循工程化规范，设计开发与维护各个阶段划分明确。

2）先进性和超前性原则

在实用可靠的前提下，尽可能跟踪国内外先进的计算机软硬件技术、信息技术及网络通信技术，使系统具有较高的性能价格比，同时建设方案以实际可接受能力为尺度，避免盲目追求新技术而造成不必要的浪费。技术上立足于长远发展，坚持选用开放性系统，使软件向未来的新技术能平滑过渡。

3）实用性和方便性原则

以满足需求为首要目标，采用稳定可靠的成熟技术，保证长期安全运行。能够为各级业务和管理节点提供一个智能化的网络信息环境，以提高管理水平和工作的效率。

4）安全性和保密性原则

遵循有关信息安全标准，具有切实可行的安全保护和保密措施，保障数据安全。提供多方式、多层次、多渠道的安全保密措施，防止各种形式与途径的非法侵入和信息泄露，保证系统中数据的安全。

5）稳定性和可靠性原则

在成本可以接受的条件下，从总体架构、设计方案、技术选型、维护响应能力等方面考虑，使得应用场景故障发生的可能性尽可能低、影响尽可能小，对各种可能出现的紧急情况有应急措施和对策。

6）可维护性和可扩展性原则

功能设计做到技术路线和风格统一，以便日后的系统维护。在应用场景设计过程中，充分考虑在未来若干年内的发展趋势，具有一定的前瞻性，并充分考虑功能升级、功能扩展和功能维护的可行性。

9.4.2　总体方案

（1）总体架构

分布式多能互补智慧监测与运维管控平台遵循"微服务微应用"的技术路线，基于分布式应用开发平台架构（Spring-Cloud），构建"互联网＋"智慧能源系统，平台整体采用图 9-25 所示的分层架构设计。

基础设施层：分布式多能互补智慧监测与运维管控平台的基础运行环境，包括网络、硬件、存储和操作系统。

平台层：基于分布式应用开发平台架构（Spring-Cloud）进行应用开发，通过统一视频平台提供音视频数据，通过大数据中心提供核心业务数据，共同构建基础服务所需的"微服务"平台，如人工智能分析服务、时空定位服务、短信服务、统一权限服务等。

业务层：全局 GIS、实时监测、人员分布、视频分布、设备分布、测点分布、重点危险源监测、气象信息监测、消防监测、安防监控、实时报警推送、保护事件告警、异常事件告警、变位告警、SOE、越限告警、设备管理、数据源管理、图形管理、算法管理、告警管理、联动管理、告警管控、巡视管控、检修管控、应急抢修、试验管控、缺陷管控、改造管控、工单管控、操作票管控、设备健康状态等智慧监测和运维管控业务模块。

展现层：采用 JSP/HTML、JS、JQuary、CSS 等技术开发，分别支撑移动可视化和桌面可视化开发工作。主要包含桌面客户端、移动客户端和大屏端 3 类。

分布式多能互补智慧监测与运维管控平台的设计采用了"模型驱动信息融合、一次采集共享共用、数据贯通业务协同"的设计思路，并结合了最主流的信息化技术手段，从而实现对外的"一平台承载、一体化联动、一站式服务"。具体表现如下：

1）模型驱动信息融合：对于分布式供能规约多、数据解析复杂的难题，提出一种数据词典机制的信息融合方案，实现设备"生"数据到"熟"数据的自适应适配。

2）一次采集共享共用：采用统一的数据源设计，数据源可以实现多种业务的绑定，如页面组态、统计分析、报警管理等。

3）数据贯通业务协同：采用数据驱动事件，以事件驱动业务的模式实现工业自动化多业务的协同运行。

（2）硬件架构

遵循通用的功能框架设计、数据模型、安全防护等要求，开展分布式多能互补智慧监测与运维管控平台建设应用工作，本次功能模块将根据统一建设和个性化定制情况分类开发。图 9-26 为平台硬件架构。

感知层方面，接入管理各类智能感知终端，实时采集西北村镇分布式供能现场的各类信息，推进人工数据填报向自动化采集转变，全面提升作业现场的全方位感知能力。

网络层方面，灵活采用 4G/5G、光纤、无线、GPS 卫星通信、NB-IoT、Lora 等多种通信技术，构建由"有线＋无线""骨干＋接入""地面＋卫星"的"空天地"协同一体化泛在通信网络，为作业现场视频监控、现场实时监测与分析数据回传、数字化安全管控提供安全可靠的网络基础。

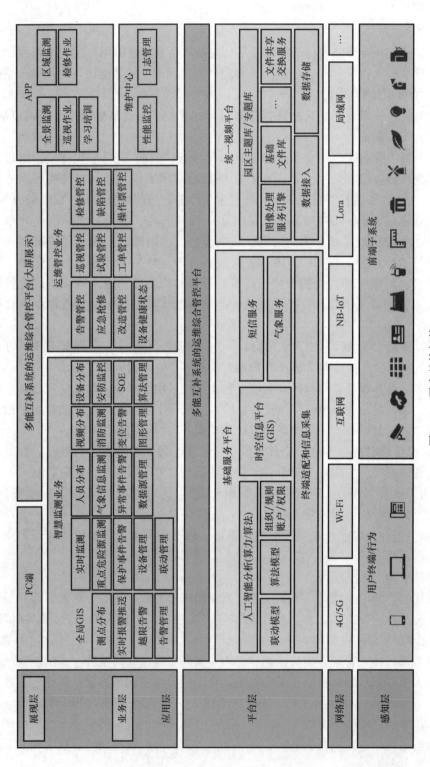

图 9-25　平台整体架构

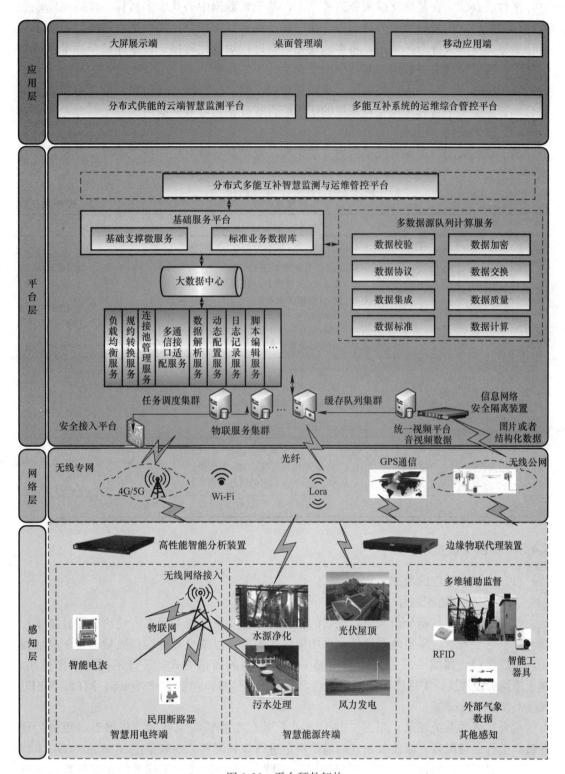

图 9-26　平台硬件架构

平台层方面，在基础支撑服务的基础上，基于大数据中心获取多目标、多终端物联服务等相关数据，构建标准业务数据库，统一规范业务数据模型，提供微服务接口，供平台自建服务、外部统推服务调用，将本地业务数据进行规范化转换，传输存储至标准业务数据库中，通过标准业务数据库实现应用层交互。

应用层方面，提供大屏展示端、桌面管理端、移动应用端 3 类应用，覆盖分布式供能的云端智慧监测平台和多能互补系统的运维综合管控平台等业务应用。

（3）技术路线

基于智能监测与运维管控平台的分层架构，遵循具有针对性的技术手段，设计整体技术路线如表 9-16 所示。

平台技术路线

表 9-16

云类型	应用分层	技术路线
运行环境	视图层	JSP、Three.js、Element-ui、ECharts
	业务层	SpringCloud 微服务设计 （1）Eureka 的注册中心服务； （2）Zuul 的网关服务； （3）Spring-Oauth2 的 jwt 鉴权服务； （4）Elastic-Job 的分布式任务管理； （5）Apollo 分布式配置中心
	持久层	（1）数据库连接池框架 Hikari； （2）采用 Redis 作为内存数据库做一些登录的隔离及查询缓存； （3）Mybatis 作为数据库持久层框架
	数据层	Mysql＋HBase 混合数据仓库
	物联层	（1）Nginx 负载分流服务； （2）Netty 架构作为高并发服务框架； （3）Kafka 双向无延时的消息处理服务
系统环境	基础环境	Windows/Linux 服务器

9.4.3　平台关键技术

（1）协议自适应的数据采集

1）采集终端适配过程

针对西北偏远村镇分布式供能现场的智慧物联感知设备种类繁多、规约非标且技术标准不统一这一现状，采集终端硬件上采用模块化配置，以减少对外端口数量，便于灵活投切和扩展接口，如图 9-27 所示。针对感知设备不同的通信方式，设计不同的采集模块，基于不同的硬件接口实现模块间的兼容性，常用的硬件接口包括 RS232/485、网口、Wi-Fi、2G/4G/5G、Lora 等。

结合具体的系统场景，当图 9-28 中多个厂家的数据需要采集时，根据设备提供的硬件接口进行通道配置，以设备约定的通信规范进行规约配置，一般采用 Modbus（网/串口协议）、101（串口协议）、104（网口协议）、CDT（串口协议）等标准协议进行数据交互通信，完成通道配置和规约配置即可完成采集终端适配。

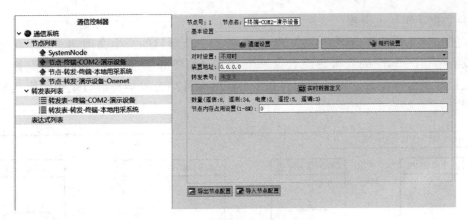

图 9-27　采集终端模块化配置

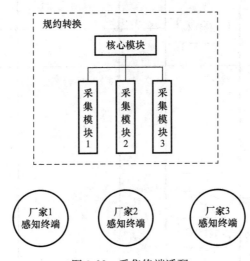

图 9-28　采集终端适配

2）协议规约转换过程

在感知设备的协议转换上，基于图形化编程思想，开展以图形符号拖拽式、可配置表达研究感知设备不同协议的解析问题，提供感知参数的标准化数据规约接口，统一接入边缘物联代理，降低感知设备和边缘物联代理的接入和后期维护成本。多厂家接入系统的规约转换流程如图 9-29 所示。

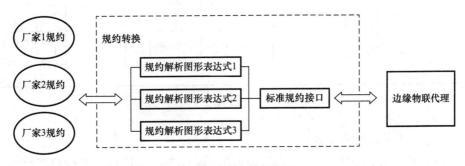

图 9-29　规约转换流程

3）数据采集接入过程

多能互补智慧监测与运维管控平台负责管理一个项目的全生命周期。其中在项目创建阶段需遵循图 9-30 的流程完成数据采集接入，主要分为北向配置及南向配置，即设备端配置和平台端配置。设备端配置和平台端的配置均为采集终端与规约转换互相适配的过程。

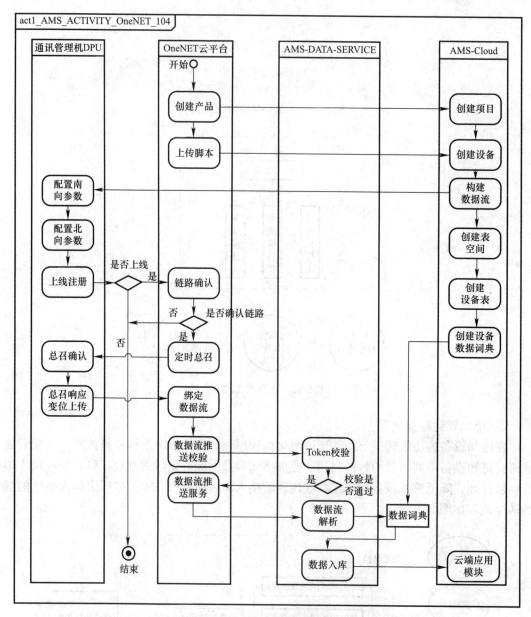

图 9-30　数据采集接入过程

（2）设备在线风险状态评估

设备在线风险状态评估技术是针对多种给定运行方式（状态）进行预想事故分析，对系统安全运行构成威胁的故障进行研判，从而对各种能源系统的安全水平进行评估并找出系统的薄弱环。设置在线风险状态评估在平台中的功能定位及计算流程如图 9-31 所示。

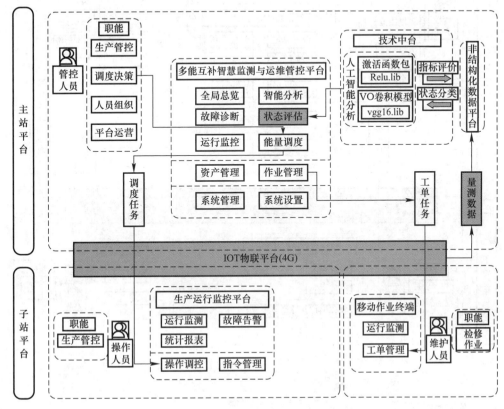

图 9-31　设备在线风险状态评估计算流程

针对西北村镇地域分散、监测缺失、故障发现及维护响应滞后等问题，平台采用在线风险状态评估技术来实现对该场景核心设备风险状态的评估。该技术基于 V0 卷积神经网络建立了以设备图像为输入、设备所属状态为输出的状态评估模型，采用准确率、精确率与召回率的加权调和平均数的多分类均值以及训练时间作为综合的评估指标，从而对设备故障或状态的发展趋势进行合理预测，为设备状态检修提供依据。

（3）数据模型驱动的故障预警

数据模型驱动的故障预警技术是指利用先进的传感器技术，获取系统运行状态信息和故障信息，借助神经网络、模糊推理等算法，根据系统历史数据和环境因素，对系统进行状态监测和故障预测，以实现关键部件的预判维护，保障系统运行的稳定性。其在平台中的功能定位与计算流程如图 9-32 所示。

针对西北村镇的多能互补场景，平台采用数据模型驱动故障预警技术来实现对该场景主要设备的故障诊断。该技术是对设备数据进行归一化处理，选择 KELM 模型作为故障诊断模型，通过 SSA 算法对 KELM 参数进行寻优，提升 KELM 模型的性能。对传感器的数据进行相关性探索，将测试集样本输入到诊断预测模型，预测出会在接下来的某个时间点出现故障。

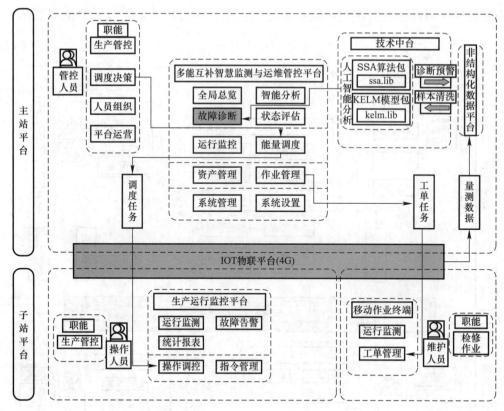

图 9-32　数据模型驱动的故障预警计算流程

9.4.4　平台典型应用

（1）主要功能布局

分布式多能互补智慧监测与运维管控平台通过图表等可视化手段和交互界面，实现对西北村镇各示范点的监测与控制。

图 9-33 为登录界面，用户在此输入登录信息，系统识别用户身份，鉴定用户权限，从而保护隐私信息和分配使用资源。

图 9-33　登录页面

　　登录系统后，进入到信息看板界面，如图 9-34 所示。界面中包括电力拓扑、项目定位、运维指令信息、告警数据、设备明细、工单统计等模块，对系统中各设备的运行状况进行全面的展示。最左侧为功能选择栏，点击后可以调用故障诊断、状态评估等模块，实现相应的基本功能。

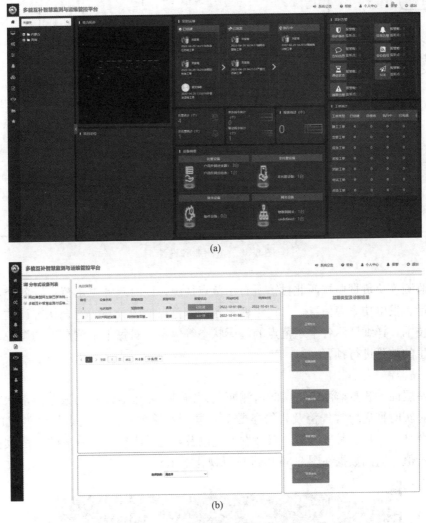

(a)

(b)

图 9-34　信息看板

（a）信息看板；（b）故障诊断

（2）系统监测管控模块

1）全局总览

　　分布式能源系统智慧监管平台的监测业务设计框架如图 9-35 所示，包括多角度展示西北村镇分布式供能设备运行状态、异常告警情况及供能设备在线监测装置覆盖情况、监测数据质量情况，基本完成数据采集、通信方案和监测平台的搭建调试工作。通过对各个示范点的监测覆盖，将数据收集到平台的数据库，作为各位点设备状态评估和故障预警的数据依据。

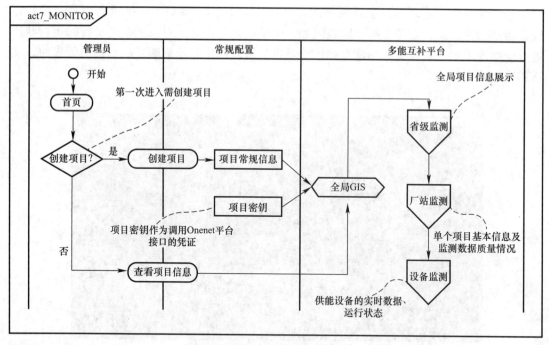

图 9-35　监测业务设计

智慧监测模块负责监控西北村镇所有示范点情况，同时统计总示范点及各个示范点的装机总容量、发电功率等信息。可视化展示各个示范点地图分布，融合状态评估、故障预警等关键技术，详细展示各个示范点的健康状态等信息，对每个示范点中的设备未来时间可能会发生的故障进行预警。

2）厂站监测

在厂站层面，智慧监测模块实时监测西北村镇各个示范点厂站的数据异常状态、周边气象环境，实时推送异常告警及告警条数等；同时全天候监测示范点厂站的发电功率变化，统计今日发电量、月发电量、累计发电量以及经过数学模型计算成的经济收益情况与社会贡献价值。监测数据在图 9-36 中进行可视化展示。

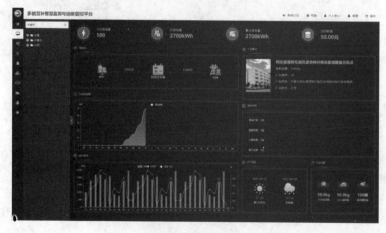

图 9-36　厂站监测

3）设备监测

在设备层面，智慧监测模块实时监测当前示范点中逆变器整体设备状态以及设备运行数据，包括但不限于三相电压、三相电流、总有功功率，统计日发电量、月发电量等。设备类型及对应运行数据在图9-37中进行了详细展示。

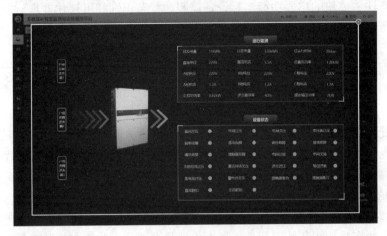

图9-37　设备监测

4）厂站报警

智慧监测模块展示西北村镇每个示范点的历史告警数据，以保护事件、异常告警、告知信息、变位信号、通信状态、SOE、越限告警7种报警类型进行告警信息统计。如图9-38所示，设备的异常数据、报警类型、报警级别、报警状态及报警时间等信息都在平台历史告警数据中详细记录，以供随时翻阅查看。

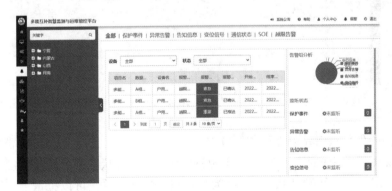

图9-38　厂站报警

5）运行调度

智慧管控模块可实现多能互补系统的能量管理和优化调度，定时启动调度任务。平台将调度任务周期设定为30s，以每台储能的直流侧电压及在线状态作为判断条件，同时监测在线运行储能的直流电压大小，保障调度过程中系统各运行参数均处于安全范围。

（3）设备状态评估模块

1）模块概述

为准确识别和判断不同分布式设备的异常工况及其对发电效率的影响，在多能互补系统智慧监测与运维平台中构建了设备状态评估模块。本模块基于智能采集终端与深度学习技术，提供了根据设备工况图像和监测数据实现模型训练和状态辨识的主体功能，为多能互补系统的设备状态评估和响应机制提供数据支持。

2）功能简介

设备状态评估模块的主要功能包括设备监测、状态识别和可视化处理。

设备监测功能负责实时监测当前示范点中设备整体状态以及运行数据，包括但不限于三相电压、三相电流、总有功功率、工况图像、温度等。

状态识别功能以设备图像与运行数据为输入、设备所属状态为输出，基于卷积神经网络识别设备的状态，对光伏积灰状态、风机损伤状态、储能和热泵的健康状态进行评估和分级。

可视化处理功能负责展示西北村镇各个示范点地图分布，融合状态评估技术，详细展示各个示范点设备的健康状态等信息，对每个示范点中的设备未来时间的效率变化提供参考，同时监测各个示范点多能互补情况。

3）应用效果

图 9-39 为用户使用状态评估模块时展示的界面。左侧为系统中各设备的状态监测与评估入口，主要有光伏积灰状态评估、风电损伤状态评估、储能电池状态评估和空气源热泵状态评估。本模块具有扩展性，可根据系统中设备数量增加入口。

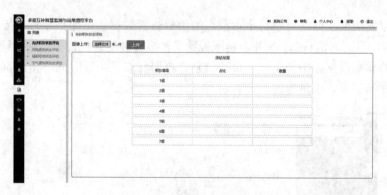

图 9-39　状态评估模块首页

光伏设备的积灰状态评估界面如图 9-40 所示。界面左上方导入监测终端上传的光伏组件积灰工况图像，用户点击上传后，系统根据图像评估光伏表面的积灰程度，向用户展示评估结果。其中 0 级为清洁状态，7 级为严重积灰状态。单次可以批量上传图像，并在评估结果中展示不同等级设备所占比例，协助用户进行决策。原图像与预测结果同时显示，清晰明了。对于储能、热泵等设备，上传内容为设备的运行数据，操作和展示界面与光伏设备相同。

（4）设备故障预警模块

1）模块概述

为实现运行异常特征数据的一体化采集和实时预警，在多能互补系统智慧监测与运维平台中构建了设备故障预警模块。本模块对西北村镇多能互补系统中分布式光伏、风机、热泵和逆变器等关键部件的异常特征进行识别，基于核极限学习机、聚类算法等方法，提供了根据监测数据实现模型训练和故障识别的主体功能，对设备故障进行及时准确的预警，以提高西北村镇综合用能的可靠性。

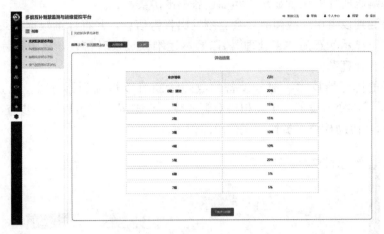

图 9-40　光伏积灰状态评估界面

2）功能简介

设备故障预警模块具有故障诊断和故障记录两个功能。

故障诊断功能负责实时监测西北村镇各个分布式设备的数据异常状态，通过输入端监测到的设备故障电气参数（如短路电流、开路电压、最大功率点电流、最大功率点电压）来识别正常、短路、开路等典型故障状态，并在系统界面作可视化展示，从而实现故障预警。

故障记录功能负责详细记录过往时段的故障历史数据，包括故障设备名称、报警类型、故障时间、处理方式等，以供随时翻阅查看，协助用户分析故障频发的时间和位置，提供参考处理方案，并展示故障预警模块的准确率。

3）应用效果

图 9-41 为分布式设备故障诊断界面，当前系统中接入的设备包括光伏、风机、热泵和逆变器，通过点击左侧按键切换设备。

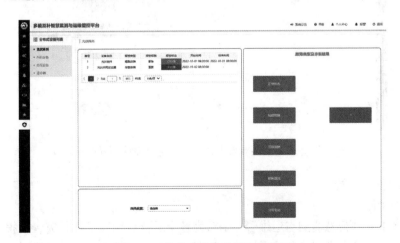

图 9-41　分布式设备故障诊断界面

在用户使用过程中，首先在左下方功能框导入输入端监测到的各设备数据，随后系统对各设备进行故障诊断。点击切换按钮查看各设备诊断结果，诊断结果将在右侧界面中展示，故障状态编码所在的位置显示了当前设备的故障类型。

当系统检测到设备出现故障时，会立刻发出告警信息，并将详细数据记录在左侧历史数据功能框中，显示状态为"未处理"，以警示运维人员及时排查；故障排除后再将报警状态调整为"已处理"。

借助先进的传感器技术，部分设备的故障诊断可以精确到器件级。以逆变器为例，图 9-42 中显示该逆变器设备发生同相桥双管故障，点击界面则可以进一步查看故障器件，如图 9-43 所示，协助检修人员快速定位故障位置。

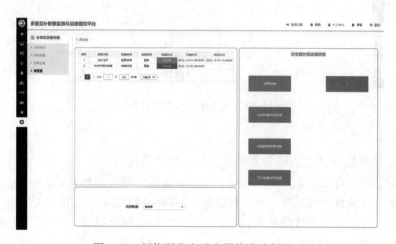

图 9-42　新能源发电逆变器故障诊断界面

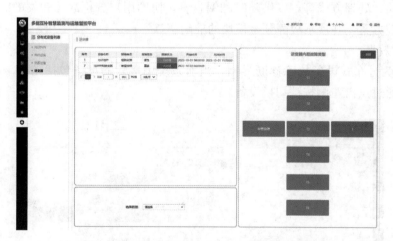

图 9-43　新能源发电逆变器内层故障诊断界面

（5）运维移动终端

1）厂站运维

分布式多能互补智慧监测与运维管控平台为各个示范点构建了比较完善的报警和评价系统，使各个分散示范点内部信息的通畅性得到保障，让系统管理人员能够实时完成设备的统筹监督和规划，提高各个分散示范点的智能化管理水平。运维业务设计框架如图 9-44 所示。

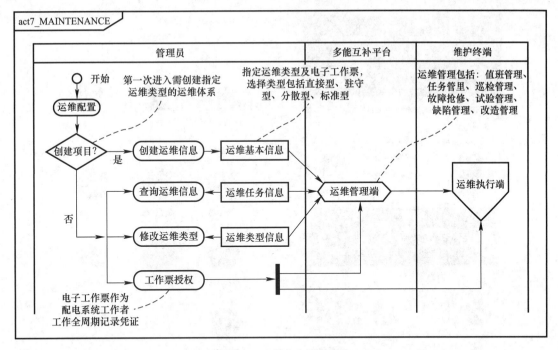

图 9-44　运维业务设计框架

　　智慧运维模块可对任务工单的管理（告警工单、抢修工单、电试工单、随工工单、改造工单、缺陷工单、巡检工单、调度工单）、创建、派发、执行、验收等环节进行记录，厂站运维业务流程如图 9-45 所示。并且可以同时根据不同的运维类型采用不同的运维模式，包括直接型、驻守型、分散型和标准型。

图 9-45　厂站运维业务流程

　　2）运维终端

　　本项目开发了多能互补智慧监测与运维管控平台的移动运维终端（图 9-46 至图 9-48），通过 APP 即可对单个示范点汇总展示设备统计、工单统计、数据源等信息，实时显示示

图 9-46　APP 首页

图 9-47　运维终端工单中心

图 9-48　工单列表（左）与工单处理（右）

范点中的故障报警。并且可查看分配的工单任务,执行接收工单任务、提交工单任务等操作,大大提升了智慧监测与运维管控的便捷性和高效性。

在平台项目方面,面向西北村镇用能分散的情况,设计了智慧监控和运维管控平台的硬件架构、软件架构、设备接入流程和规约转换流程,完成了智慧监测系统、智慧运维系统和智慧管控系统三大部分的可视化操作,并开发了平台的智能监测运维终端,在 APP 上实现了工单的分配、提交和接收等任务,完成了设备运行状态评估、异常告警、优化管控等基本功能,有效提升了智慧监测与运维管控的便捷性和高效性。

第 10 章

案 例 分 析

10.1 山西省偏关县水泉镇风光互补发电驱动低温空气源热泵供暖工程

10.1.1 工程概况

水泉镇位于山西省忻州市偏关县北部（图 10-1），与内蒙古清水河县接壤，总户数 80 户，常住 52 户，常住人口 134 人。水泉镇年平均气温 3～8℃，全年平均降水量为 425.3mm，无霜期为 105～145d。一月份最冷，平均气温－10℃，七月份最热，平均气温 23℃。

图 10-1 山西省偏关县水泉镇貌

1. 存在的问题

目前，水泉镇农户冬季供暖及炊事全部依靠燃烧煤炭、木柴和生物秸秆（图 10-2），用能方式单一落后，且水泉镇海拔较高，冬季室外最低温度低于－20℃，供暖期 5 个月。通过前期走访调研，村民普遍反映现有供暖方式存在室内空气环境质量差、操作繁琐、阴天及夜间室内温度偏低、热舒适性差等问题。

图 10-2　水泉农户供暖现状

　　2021 年年底，由中国建筑科学研究院有限公司援建的水泉镇村民综合服务培训中心建成并投入使用（图 10-3），总建筑高度 7.15m，总建筑面积 950m²，该建筑共两层，其中一层为厨房餐厅，二层为会议室，供暖末端为地暖。目前水泉镇镇政府内办公楼及宿舍供暖热源为一台燃煤锅炉，总供热面积 2700m²，由于该锅炉供热功率有限，无法满足培训中心冬季供暖需求，因此培训中心目前尚无供暖热源。

图 10-3　水泉镇村民综合服务中心建筑外观及内部照片

2. 建设目标

　　本工程通过集成风光互补发电技术、太阳能-风能联合发电驱动低温空气源热泵供暖技术、太阳能光热/光伏复合发电产热技术及其相关配套产品，解决培训中心冬季供暖以及农户日常用电和生活热水需求。同时，基于分布式多能互补系统智慧综合管控平台，实现"风电＋光电＋光热＋空气能"分布式多能互补供热供暖系统运行参数实时监测与分析。

10.1.2　技术/装备与系统方案设计

1. 分布式风-光互补并/离网高效发电技术

　　基于以年发电量为最优目标的西北村镇分布式风-光互补并网/离网高效发电技术，同时考虑风光互补发电与储能、储热结合，采用如图 10-4 所示的"风-光-热-储"综合供能系统，通过优化"风-光-电-热-储"供能系统优化配置方法，提高供电可靠性、降低用电成本。

329

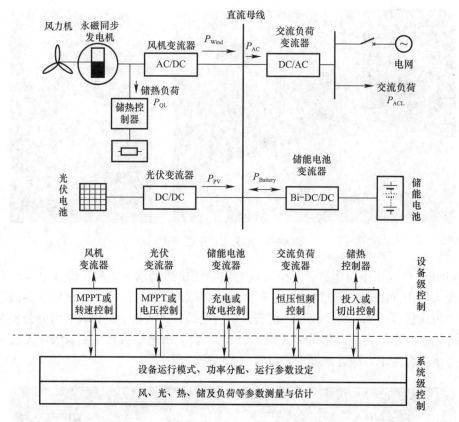

图 10-4　"风-光-热-储"综合供能系统结构

应用研发的"风-光-热-储"系统协调控制单元（图 10-5），以及与终端动态用电负荷特性匹配的中小型风光互补发电控制方式与调控策略。

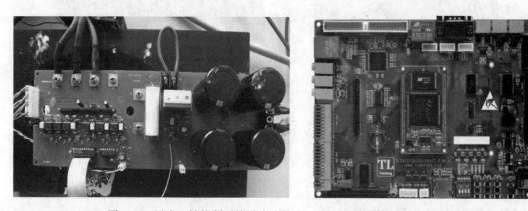

图 10-5　风光互补控制系统功率变换器（左）及核心控制板（右）

2. 中小型风力发电机组

本项目在水泉镇百姓大舞台附近安装 2 台研制的中小型风力发电机组，风力发电机组参数及现场图分别如表 10-1 和图 10-6 所示。

中小型风力发电机组设备参数表　　　　　　表 10-1

技术参数	参数值	技术参数	参数值
额定功率	5kW	工作风速	3~25m/s
高度	9m	噪声	≤70dB
叶轮直径	5.5~6m	安全风速	50m/s
叶片材质	增强玻璃钢/木制	塔架高度	9m
额定转速	200r/min	主机类型	3-phase AC PM
最大功率	7500W	寿命	>15 年
最大起动力矩	小于 1.2N·m	外壳材质	精铸钢
输出电压	220V	定子材质	N38SH
启动风速	3.5m/s	表面处理	镀锌，喷漆

3. 分布式太阳能光伏/光热复合发电产热技术及产品应用

本项目对水泉镇培训中心厨房屋顶的 20 块（40m²）光伏组件进行光热光伏一体化建设（图 10-7）。为解决 PV/T 冬季防冻问题，在 PV/T 集热管内充注防冻液，通过与 500L 单盘管集热水箱内的水进行换热后，预计每天能够为培训中心提供 600L 的 40℃ 热水，主要用于解决培训中心厨房生活热水需求。

图 10-6　中小型风力发电机组现场照片

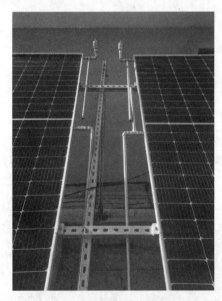

图 10-7　培训中心光伏光热一体化组件现场应用照片

另外，选择水泉镇 24 户农户，在每户农户屋顶安装 1.35kW 新型热管式光伏光热一体化组件（图 10-8），同时配备蓄电池、微型逆变器以及蓄热水箱，在解决农户基本用电需求的同时，为农户提供生活热水（图 10-9）。

图 10-8　水泉镇农户屋顶光伏光热一体化应用照片

图 10-9　水泉镇农户光伏发电系统蓄电池、微型逆变器及蓄热水箱

4. 风光互补发电驱动低温空气源热泵供暖装备应用

在水泉镇培训中心北侧安装 3 台 11.8kW 制热量低温空气源热泵机组（图 10-10），与培训中心地暖系统相连，为培训中心大楼提供供暖热源。此外，通过风光互补发电系统为空气源热泵提供电力供应，设备清单见表 10-2。

图 10-10　水泉低温空气源热泵供暖系统现场应用照片

风光互补发电驱动空气源热泵供暖系统设备清单　　　　　表 10-2

设备名称	型号/参数	数量	备注
低温空气源热泵机组	制热量 11.8kW	3	380V
热水循环泵	扬程 15m，流量 7.8m³/h	4	
逆变器（三相）	20kVA	2	380V
整流器（三相）	25kVA	1	380V
整流器（带蓄电池充电功能）	25kVA	1	
太阳能能量控制器	10kW	1	
配电箱	定制，带直流断路器	1	
铅碳蓄电池	12V，100A	40	

10.1.3　运行监测与效益分析

1. 中小型风力发电机组

2022 年 5 月 7 日至 6 月 10 日对 2 台中小型风力发电机组进行了现场测试，机组的现场测试方案参考现行国家标准《小型风力发电机组第 2 部分：测试方法》GB/T 19068.2。机组根据使用说明书的规划进行安装，机组轮毂安装在 10m 高度处，为了使风速计、风向仪及其支撑构件对风轮的尾流影响最小，安装在距风轮至少 3m 的位置。风速计的安装使其在轮毂高度下方 1.5 倍风轮直径水平高度之上的截面积最小。气温和压力传感器应安装在轮毂下方至少 1.5 倍风轮直径处。

对测试期间数据采用比恩法进行整理，发现该风电机组在风速为 3.99m/s 时已经启动，并发电且有输出功率，随着风速增大，发电功率也随之升高；在风速 10.60m/s 时，输出功率达到 5kW，满足设计要求。具体测试数据如表 10-3 所示。

中小型风力发电机组输出功率测试数据表　　　　　表 10-3

风速（m/s）	功率（kW）	电流（A）	电压（V）
3.99	0.27	5.39	50.73
4.41	0.39	6.49	59.77
4.80	0.55	7.67	71.47
5.18	0.74	8.82	84.16
5.55	0.96	9.92	96.72
5.90	1.19	10.98	108.64
6.24	1.44	12.01	119.79
6.57	1.69	13.01	130.05
6.89	1.96	13.99	139.88
7.20	2.23	14.93	149.14
7.51	2.50	15.81	158.13
7.81	2.78	16.65	167.06
8.12	3.06	17.40	175.72

续表

风速（m/s）	功率（kW）	电流（A）	电压（V）
8.42	3.34	18.10	184.44
8.72	3.62	18.74	193.04
9.03	3.90	19.34	201.39
9.34	4.17	19.93	209.42
9.65	4.45	20.52	216.83
9.97	4.71	21.12	223.17
10.28	4.98	21.81	228.45
10.60	5.25	23.02	227.88
10.93	5.50	23.97	229.52
11.28	5.74	25.50	225.22
11.63	5.97	25.64	232.92
12.00	6.18	27.03	228.48
12.39	6.36	27.20	233.75
12.79	6.50	28.31	229.77
13.21	6.61	28.94	228.44
13.64	6.66	28.56	233.11
14.08	6.64	28.36	234.16
14.50	6.56	28.96	226.37
14.90	6.39	28.16	227.10

对山西省偏关县水泉镇风场风资源进行环境和经济性分析，利用 WAsP 计算得如图 10-11 所示的试验样机年发电量结果。中小型风力发电机组平均功率密度为 $376W/m^2$，可得该 5kW 机组理论年发电量为 16954kWh，折合 5109.94kg 标准煤，每年减少二氧化碳排放 41876.38kg、二氧化硫排放 339.08kg、氮氧化物排放 169.54kg、粉尘排放 169.54kg。

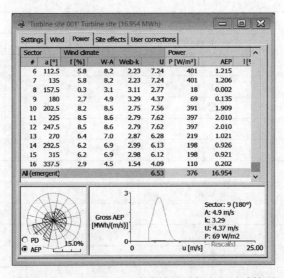

图 10-11　山西省偏关县水泉镇风机年发电量计算图

2. 分布式光热光伏一体化热电联供系统

为了研究新型 PV/T 组件的实际运行效果，构建了 PV/T 组件性能测试系统，重点针对水泉镇农户安装 PV/T 组件进行性能测试。

本次测试时间从 2022 年 9 月 1 日至 9 月 30 日，主要测试内容包括室外温度、太阳辐射强度、PV/T 组件光电效率和光热效率。

（1）运行监测结果

1）室外环境参数

整个测试期及典型日（9 月 5 日）的室外环境温度和太阳辐射强度随时间变化结果如图 10-12 和图 10-13 所示。在整个测试期，平均太阳辐射强度波动较大，主要是与当天的温度及大气情况有关。9 月 5 日当天最高太阳辐射强度为 832W/m²，当日最高气温 21.2℃。

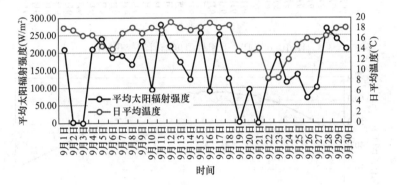

图 10-12　室外环境温度和太阳辐射强度随时间变化情况

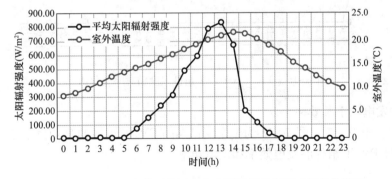

图 10-13　9 月 5 日室外环境温度和太阳辐射强度随时间变化情况

2）PV/T 组件温度

整个测试期 PV/T 组件温度随时间变化情况如图 10-14 所示，由于 9 月 2 日、9 月 3 日、9 月 19 日等属于阴雨天气，暂无测试数据外，其他时间内的 PV/T 组件温度的变化情况与当天的太阳辐射照度有关，整个测试期内 PV/T 组件的最高温度为 67.9℃，整体平均温度为 52.7℃。

9 月 5 日，PV/T 组件温度随时间变化情况如图 10-15 所示。PV/T 组件温度变化趋势为随时间推移先升高后降低，在 12∶30～13∶30 期间达到最高值。PV/T 组件温度降低速率快，这是因为其没有冷却换热通道，温度受太阳辐射强度及环境温度影响最显著。PV/T

组件的平均温度为 52.9℃，温升相对比较慢，在 13:15 左右达到最高温度 63.56℃，之后 PV/T 组件温度随着时间的推移缓慢下降。

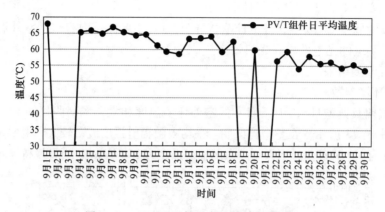

图 10-14　PV/T 组件温度随时间变化情况

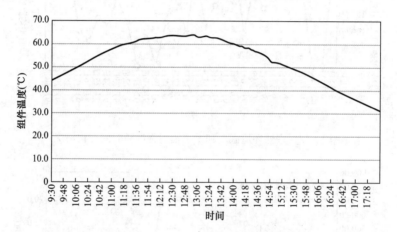

图 10-15　9 月 5 日 PV/T 组件温度随时间变化情况

3）组件发电功率及效率

图 10-16、图 10-17 及图 10-18 为整个测试期间 PV/T 组件的日均发电量及发电效率，以及 9 月 5 日 PV/T 组件的发电效率和发电功率。

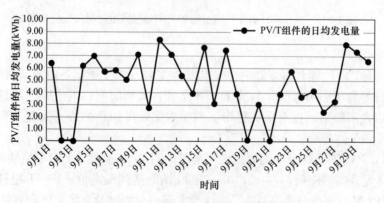

图 10-16　PV/T 组件的日均发电量

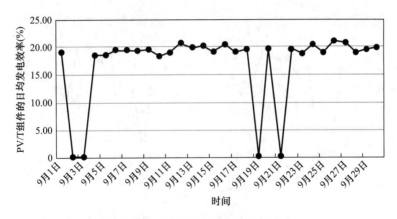

图 10-17　PV/T 组件的日均发电效率

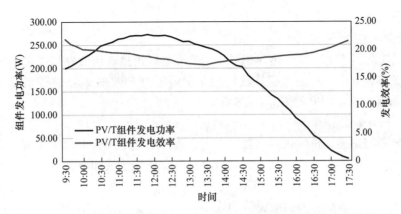

图 10-18　9 月 5 日 PV/T 组件发电功率及发电效率随时间变化情况

　　PV/T 组件的发电效率前期波动较大，最高发电效率为 21.96％，平均发电效率为 19.05％。测试开始至 13:30 期间，PV/T 组件发电效率呈现下降趋势，这是因为组件温度升高所导致的发电效率降低；13:30 至 16:00 期间，PV/T 组件发电效率有稍许上升，这是因为组件温度已经开始下降，组件发电效率有抬头趋势。PV/T 组件发电功率趋势为先增加后降低，在 12:30 左右发电功率达到最大值，后随着太阳辐射强度的增加，组件表面温度升高，发电效率降低，发电功率也开始下降。

　　在整个测试期，由于 9 月 2 日、9 月 3 日、9 月 19 日及 9 月 21 日等属于阴雨天气，暂无测试数据外，其他时间内的发电效率相对比较平稳，另水泉镇每家农户设置了 3 块 PV/T 组件，图 10-18 所示 PV/T 组件的日均发电量为每家农户 PV/T 组件的总发电量，平均发电量为 4.83kWh/天。

　　4）组件集热效率

　　图 10-19 为整个测试期间 PV/T 组件集热效率随时间变化情况。在整个测试期（9 月 1 日至 9 月 30 日），由于 9 月 2 日、9 月 3 日、9 月 19 日等属于阴雨天气，暂无测试数据外，其他时间内的 PV/T 组件集热效率主要跟当天的太阳辐照强度以及环境温度有关，最高集热效率为 23.77％，平均集热效率为 17.8％，集热效率整体波动不大。

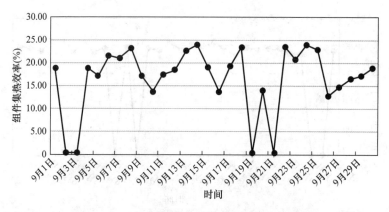

图 10-19 PV/T 组件集热效率随时间变化情况

（2）效益分析

1）综合热电性能评价指标

PV/T 系统既能产电也能产热，相对单一的光电或光热转换效率指标都不能衡量 PV/T 系统的能源转换效率。目前，应用较广的是 PV/T 综合效率 η_T，该评价指标仅是定性说明 PV/T 系统性能，即电效率 η_e 与热效率 η_{th} 之和。

$$\eta_T = \eta_e + \eta_{th}$$

考虑到电能与热能品位的区别，提出了一次能源节约率评价 PV/T 系统的方法，该方法反映了因利用太阳能而节约一次能源的效率，其具体表达式如下：

$$E_f = \eta_e / \eta_{power} + \eta_{th}$$

式中，E_f——PV/T 系统的一次能源节约效率；

η_{power}——常规电厂的发电效率。

根据 9 月 5 日的监测参数可知：

PV/T 组件太阳能直接利用率为 19.05％＋17.8％＝36.85％。

考虑到电能与热能品位的区别，基于一次能源节约率评价方法修正后得到 PV/T 组件的综合热电性能评价方法，即 $E_f = \eta_e / \eta_{power} + \eta_{th}$，则：

PV/T 组件综合热电性能为 19.05％÷0.38＋17.8％＝67.93％。

2）PV/T 组件发电量指标

在整个测试期（9 月 1 日至 9 月 30 日），由于 9 月 2 日、9 月 3 日、9 月 19 日等属于阴雨天气，暂无测试数据外，其他时间内的 PV/T 组件的日均最高发电量为 2.75kWh，PV/T 组件的日均最低发电量为 1.08kWh，PV/T 组件的日均发电量为 1.61kWh。

根据《光伏发电站设计规范》GB 50797—2012，参考同纬度地区大同城市太阳能发电计算参数，理想状态下得出水泉镇村民综合服务培训中心一年的太阳能光伏发电量接近 24000kWh。

水泉镇 21 户农户屋顶均安装 1.35kWpPV/T 组件，单个农户一天的太阳能光伏发电量为 4.83kWh。理想状态下得出农户一年的太阳能光伏发电量将近 1800kWh。

3）PV/T 组件集热量指标

在整个测试期，由于 9 月 2 日、9 月 3 日、9 月 19 日等属于阴雨天气，暂无测试数据外，其他时间段根据水箱初始温度、最终温度以及水箱容积监测结果，获得单块 PV/T 组件日均集热量为 2.12kWh，以部分农户设置 3 块 PV/T 组件为例，可知每天可为水泉镇农户提供 260L 的 45℃生活热水量。

水泉镇综合服务培训中心安装了 20 块 PV/T 组件，根据单块 PV/T 组件日均集热量，每天可为综合服务培训中心提供 1736L 的 45℃生活热水。

（3）新型双高效空气源热泵供暖系统

为了全面揭示新型双高效空气源热泵机组的运行性能，2021 年 12 月 14 日至 2022 年 4 月 14 日对水泉镇 3 台空气源热泵机组制热性能进行了长期测试。针对该测试系统，搭建了比较完善的全自动监控系统，如图 10-20 所示。按照图 10-21 所示测试系统原理图中的点位布置，分别在机组的室外空气侧布置了温湿度传感器，制冷剂侧布置了温度传感器，热水侧布置了温度传感器和电磁流量计，以及安装了功率传感器。

图 10-20　新型双高效空气源热泵供暖系统全自动监测系统

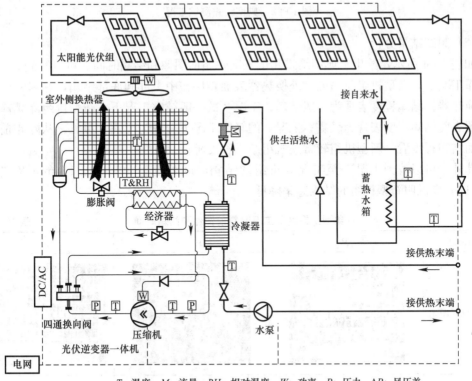

T：温度　M：流量　RH：相对湿度　W：功率　P：压力　ΔP：风压差

图 10-21　现场测试系统原理图

3. 典型结霜工况监测结果

（1）测试工况

为了充分揭示新型双高效空气源热泵机组产品在结霜工况下的抑霜优势，选取了 3 个典型的结霜工况进行结除霜性能测试。如图 10-22 所示，为所选的 3 个测试工况，根据结霜图谱可以看出，工况 1 位于重霜区，工况 2 位于一般结霜区，工况 3 位于轻霜区。

此外，所有测试工况中机组均按照额定功率运行，并采用相同除霜控制策略，出水温度均设定为 45℃。

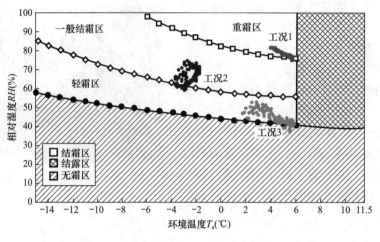

图 10-22　典型结霜测试工况

（2）测试结果分析

如表 10-4 所示，给出了典型结霜测试工况除霜前图像和结霜时间。可以看到，工况 1 的重霜工况下，新型机组除霜前室外换热器表面霜层在中上部和底部结霜，并未完全覆盖室外换热器，结霜程度表现为一般结霜；工况 2 的一般结霜工况下，新型机组除霜前室外换热器表面结霜程度表现为轻霜；工况 3 的轻霜工况下表现为无霜。可见，从除霜前换热器表面结霜程度看，新型机组较常规机组结霜程度降低。

此外，可以看到工况 1 至工况 3 机组的结霜时间分别为 109min、114min 及"未除霜"，进一步说明新型机组的结霜速率降低。

典型结霜测试工况除霜前图像和结霜时间　　　　　　　　　表 10-4

工况	工况 1	工况 2	工况 3
除霜前结霜图像	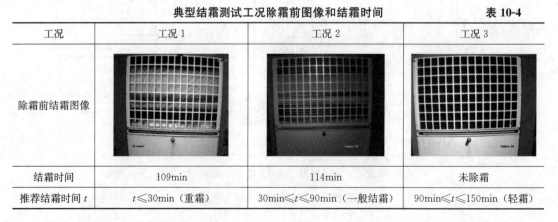		
结霜时间	109min	114min	未除霜
推荐结霜时间 t	$t \leqslant 30min$（重霜）	$30min \leqslant t \leqslant 90min$（一般结霜）	$90min \leqslant t \leqslant 150min$（轻霜）

4. 典型低温工况监测结果

（1）测试工况

为了进一步揭示新型双高效空气源热泵机组热水机工程应用的节能优势，于 2021—

2022 年供暖季对该机组进行了长达 38d 的现场运行性能测试。如图 10-23 所示，为测试期室外温度和相对湿度在结霜图谱上的分布规律。结合分区域结霜图谱，可以看到测试期间重霜工况占到了整个测试工况的 7.8%，一般结霜工况占比达到了 13.1%，轻霜工况占比达到了 19.3%，结霜工况的工况总占比达到了 40.3%。

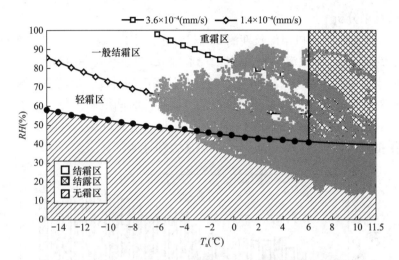

图 10-23　测试期间室外温湿度在结霜图谱上的分布规律

此外，如图 10-24 所示给出了测试期间日均温度和相对湿度的变化规律。可以看到，室外日均温度和相对湿度呈现出反向的变化规律，整个测试期间室外日均温度和相对湿度分别在 $-1.85 \sim 15$℃ 和 $24.4\% \sim 81.3\%$ 之间波动，平均室外温度达到了 5.7℃，平均相对湿度达到了 45.8%，详细信息如表 10-5 所示。

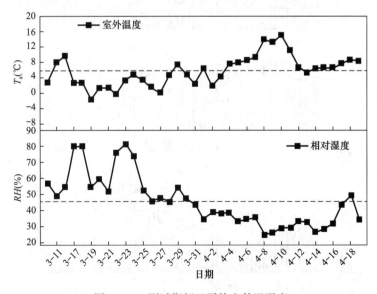

图 10-24　测试期间日平均室外温湿度

测试期间室外温湿度变化范围及平均值

表 10-5

环境温湿度	单位	范围	平均值
T_a	℃	$-1.85\sim15$	5.7
RH	%	$24.4\sim81.3$	45.8

（2）测试结果分析

如图 10-25 所示，为该机组的长期测试结果，包括室内温度 T_n、单位面积制热量 q_0、供回水温差 ΔT 及 COP 等关键参数。可以看到，测试期间室内平均温度达到 25.33℃，机组的平均供回水温度差为 4.16℃。可见，随着室外温度的升高，负荷率逐渐下降，但供回水温差保持相对稳定，进而导致室内温度在测试后半段时间偏高。此外，整个测试期间机组平均 q_0 达到了 21.43W/m^2，平均 COP 达到 3.34。由此可见，机组低温性能和抑霜性能的提升，使得机组拥有良好的长期持续供热能力和性能。

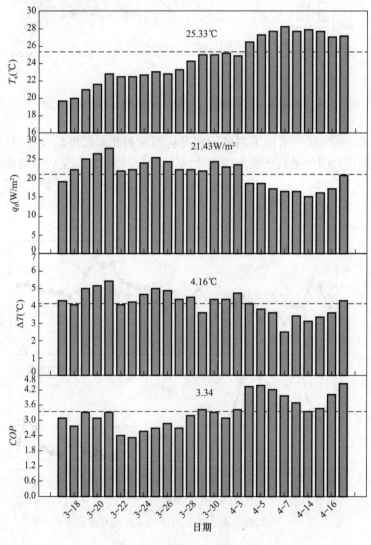

图 10-25　机组长期测试结果

如图 10-26 所示，为该系统的长期测试结果，包括系统单位面积制热量 q_{sys}、水泵功率 P 及 COP_{sys} 等关键参数。可以看到，测试期间系统平均 q_{sys} 达到了 20.55W/m²，水泵的平均功率为 1kW，系统的平均 COP 为 2.62，系统整体性能较为理想。

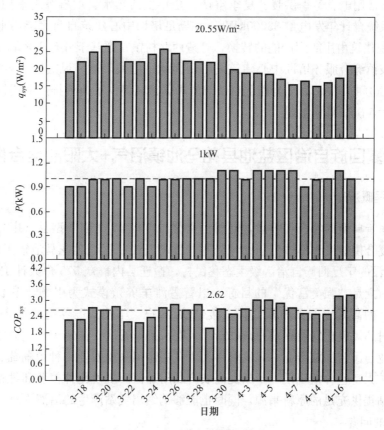

图 10-26　系统长期测试结果

5. 效益分析

（1）常规能源替代量

山西省设计供暖天数为 151d，每天连续 24h 供热，根据测试结果，可计算建筑所需总供热量为 174821.8MJ/年。基于该结果，将新型双高效空气源热泵机组供暖系统和热电厂燃煤锅炉集中供暖系统的能耗量进行对比，可计算出每个供暖季新型双高效空气源热泵机组供暖系统的常规能源替代量为 2961kgce。

（2）经济效益

根据 2022 年 3 月 12 日至 2022 年 4 月 19 日的测试结果，可知测试机组的平均制热量为 13.4kW，并以该结果代表供暖季的平均制热量。根据新型超低温机组平均能效，并参考空气源热泵机组平均能效 2.1，可计算出新型双高效机组和常规机组的平均功率分别为 6.4kW 和 5.1kW。根据当地公布的电价 0.477 元/kWh，可以分别计算出常规机组和新型双高效机组的年运行费用分别为 10901 元/年和 8687 元/年。新型双高效空气源热泵机组热水机的初投资较常规机组增加了约 2847 元，而其每年的运行费用可节约 2214 元，因此新型双高效空气源热泵机组追加成本投资的回收期为 1.3 年。

（3）社会效益

通过集成应用风光互补发电技术、太阳能光伏/光热复合发电产热技术、风光互补发电驱动低温空气源热泵清洁供暖技术及研发的核心装备产品，从根本上解决水泉镇综合服务培训中心日常用电、冬季供暖、夏季空调、全年生活热水、炊事等终端用能需求，风-光互补发电系统合计年发电量 33000kWh，在满足培训中心建筑自身用能需求后，净产能达 25%，实现建筑由用能到产能的转换，打造西北村镇首个基于分布式多能互补系统的零碳建筑。水泉镇综合服务培训中心建筑终端用能均可由太阳能、风能等可再生能源提供，全年可减少 CO_2 排放 38.7t，为西北村镇节能降碳领域提供了典型推广应用模式，助力我国村镇领域"双碳"目标实现。

10.2 宁夏回族自治区盐池县花马池镇沼气+太阳能复合供能工程

10.2.1 工程概况

盐池县属于典型的农区和牧区，同时也是全国首批 47 个创新型县（市）之一。该沼气＋太阳能复合供能工程具体位于北塘新村，北塘新村是盐池县花马池镇下辖的行政村，是 2011 年建设的宁夏回族自治区级生态移民村，搬迁县内群众 575 户共计 1354 人。近年来，北塘新村立足"强美富优"的目标，以智慧滩羊养殖模式为引领，采取"企业＋农户＋消费者"的高端定制养殖模式，直接带动 18 户"羊把式"养殖滩羊 2100 余只。此外，北塘新村还规模化发展种植业，创新"大棚采摘＋餐饮＋住宿＋红色研学"模式，将种养特色产业与民俗文旅产业一体发展，大力发展休闲采摘农业，种植葡萄、桃、樱桃等水果，持续扩大特色种植规模，不断提高农产品附加值。规模化种植业和牲畜业的发展不仅可为沼气站提供充足的原料来源，同时也能够消纳沼气站产生的沼液沼渣。

1. 存在的问题

盐池县特奇新能源技术推广专业合作社沼气站于 2015 年 7 月开始建设，2016 年 7 月 1 日正式点火启动运行。沼气站年产沼气量约为 3.0 万 m^3，用于供周边 45 户村民生活用能及冬季发酵池增温保温。其中，每户村民每天耗气约 1.0m^3，每天供气 45m^3，每年冬季发酵池增温保温消耗的沼气量约为 1.35 万 m^3，约占总沼气产量的 45%。

盐池县特奇新能源技术推广专业合作社沼气站总占地面积 6660m^2，主要由主体工程、辅助工程、环保工程和公用工程等构成，其中主体工程包括原料处理系统、发酵系统、增温保温系统、沼气净化储存系统、沼肥加工系统、电控操作系统及沼气入户管网输配系统等设施组成，具体工艺流程如图 10-27 所示，主要设施及规模如表 10-6 所示。

盐池县沼气站主要设施及规模

表 10-6

主要设施	规模	用途
集污池	容积 120m^3，安装格栅粉碎机 2 台	原料的汇集、破碎
预处理池	容积 60m^3，安装机械搅拌机 1 台	原料的混合、均化
发酵池	2 座×150m^3，内部各安装 1 台回流搅拌泵	原料发酵产沼气
脱硫塔	2 座×1.3m^3	沼气脱硫，脱硫剂为氧化铁

主要设施	规模	用途
储气柜	容积 100m³，干式卷帘气柜，自带压缩装置	沼气的储存
水封罐	2 台×0.6m³，分别安装于发酵池和储气柜之后	脱水、阻火
沼液池	容积 120m³	沼液的收集
沼渣池	容积 60m³	沼渣的收集

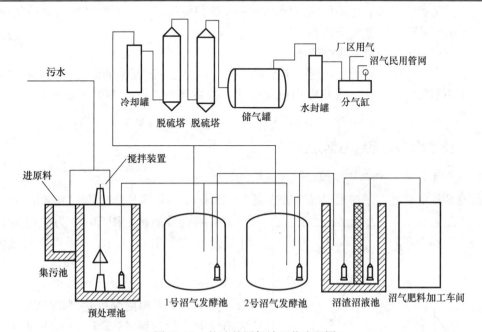

图 10-27 盐池县沼气站工艺流程图

目前该沼气站存在的主要问题如下：

（1）沼气站增温保温效果不佳，影响产气稳定性

盐池县平均高温和平均低温的年变化较大，5 月至 9 月气温相对较高，其他月份气温低，且昼夜温差在 15℃左右。低温以及温度的持续波动将严重影响产甲烷微生物的活性，从而影响沼气发酵装置的产气效率及稳定性，甚至导致其无法正常产气。盐池县沼气站现有沼气锅炉每个供暖季需消耗沼气年产量的 45％用于发酵池的增温保温，尽管耗气量很大，但仅能使发酵池温度维持在 20℃左右，池温仍较低，因此严重影响沼气的产气效率。

（2）原料成分复杂，水解酸化效率低

厌氧消化过程是一个复杂的微生物化学过程，依靠三大主要类群的细菌，即水解产酸细菌、产氢产乙酸细菌和产甲烷细菌的联合作用完成。水解酸化是将复杂的非溶解性的聚合物被转化为简单的溶解性单体或二聚体的过程。水解过程通常较缓慢，因此被认为是含高分子有机物厌氧消化的限速阶段。盐池县沼气站的发酵原料包括畜禽粪污、屠宰厂血污水、化粪池清掏物等，种类多样，含有较多的大分子物质，如纤维素、半纤维素、蛋白质、淀粉等，水解酸化速度慢将影响整个厌氧消化过程的生产速率。

（3）北塘新村村民亟需清洁供暖方式

北塘新村是自治区级生态移民村，现有移民 550 户，移民目前生活用能主要为煤和电。冬季多采用燃煤炉取暖，空气污染严重，若使用不当可能造成一氧化碳中毒等安全事故，因此有必要采用新的清洁取暖方式。

2. 建设目标

（1）提升发酵池容积产气率

用太阳能集热器增温系统取代原有的沼气锅炉为发酵池增温保温，以提高因发酵池温度过低导致的产气率低和产气不稳定的问题；通过控制预处理池的搅拌条件或增设曝气设施以调节其溶解氧含量，在不影响后续产甲烷过程的前提下，提高原料的水解酸化速率。综合以上措施，使沼气池年均池容产气率达到 $0.3m^3/(m^3 \cdot d)$ 以上。

（2）农户端冬季清洁取暖改造

在沼气用于炊事的基础上，进一步拓宽其利用方式，研制新型的沼气全预混燃烧器并将其应用于沼气站办公区及农户家中供热供暖，改进后的沼气全预混燃烧器热效率达到90％以上。

10.2.2 技术/装备与系统方案设计

1. 太阳能辅助发酵环境增温恒温技术

盐池县日照充足，年均太阳辐射量达到 $5926MJ/m^2$，年均日照时数 3345.9h，属于 II 类太阳能资源地区。图 10-28 为盐池县 2021 年每月平均太阳辐射强度，可以发现盐池县太阳辐射强度在 5 至 7 月达到最高，平均为 $283W/m^2$，其他月份的太阳辐射强度相对较低，但年均太阳辐射强度达到 $197W/m^2$，年太阳辐射总量达到 $6211MJ/m^2$。较为丰富的太阳能资源为利用太阳能集热器调控沼气池温度提供了可能。

本项目针对现有的全预混燃烧器进行优化，提高沼气流动性能，开发一款沼气全预混燃烧器，通过风机调节适应沼气压力波动，适应低压供气条件的定量范围不低于 400Pa

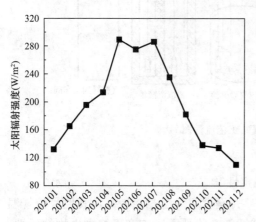

图 10-28　盐池县 2021 年每月平均太阳辐射强度

的情况，通过软件进行建模设计及模拟，并依此制作出一台样机并对其进行测试，测试结果见表 10-7 至表 10-9。本项目将研制的沼气全预混燃烧器用于沼气站办公区、洗浴区和村民家供热供暖。

两用炉热输入计算表			表 10-7
测试时间（s）	进气压力（kPa）	燃气流量（m³）	热输入（kW）
60	3.5	0.048	15.790
60	3.8	0.040	13.199
300	3.8	0.158	10.430
120	3.8	0.074	12.209
120	3.8	0.073	12.044
120	3.8	0.088	14.519

两用炉热水热效率计算表　　　　　　　　　　表 10-8

燃气流量 （Nm³）	自来水进口 温度（℃）	热水出水 温度（℃）	热水质量 M_1（kg）	热水质量 M_2（kg）	热水质量 修正后（kg）	热水热 效率（%）
0.023	15	28	7.00	6.998	7.002	88.74
0.048	12	37	7.78	7.775	7.785	90.91
0.088	15	43	12.50	12.495	12.505	89.21
0.074	15	41	11.20	11.119	11.281	88.87
0.088	15	44	12.00	11.999	12.001	88.68

两用炉供暖热效率计算表　　　　　　　　　　表 10-9

测试时间（s）	燃气流量（Nm³）	循环水流量（m³/h）	供水温度（℃）	回水温度（℃）	供暖热效率（%）
60	0.048	3.26	57.9	26.5	79.85
300	0.158	3.36	70.0	50.0	77.25
60	0.034	3.20	66.0	43.0	80.86
120	0.073	3.27	67.0	43.0	80.26

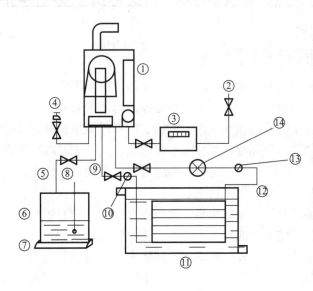

图 10-29　沼气暖浴两用炉热工性能测试实验台

1—样机；2—燃气管道；3—膜式流量计；4—自来水进口管道；5—洗浴热水出口管道；6—盛水桶；7—台秤；
8—温度计；9—供暖供水管道；10、13—k 型热电偶；11—水浴式换热器；12—供暖回水管道；14—涡轮流量计

　　根据实验测试结果，得到样机最大热输入为 15.79kW，样机的热水热效率在 88%～90% 范围，供暖热效率为 80% 左右。冷凝式沼气暖浴两用炉的热水热效率达到 90%，高于供暖热效率（80%），即冬季模式的供暖热效率低于夏季模式的热水热效率。由于样机采用板换式换热＋三向阀的结构，即燃烧器加热的回路分两个支线，通过三向阀进行切换，其中一个接供暖回路，另一个与洗浴热水进行换热。在供暖热效率测试过程中，由于未使用洗浴热水，试验气燃烧产生的热量全部用于加热供暖回路的循环热水。经分析，由于供暖回路的供、回水温度采用两个 K 型热电偶测温，且测点布置离热水出水口和回水进

水口距离均较远，即测得的供水温度低于两用炉实际出水温度，测得的回水温度要高于两用炉的实际进水温度，使得供回水温差（t_2-t_1）变小，从而导致实验测试供暖热效率偏低。

2. 沼气＋太阳能复合供能系统设计

盐池县特奇新能源技术推广专业合作社沼气站的平面布局如图10-30所示。图中阳光暖棚下为集污池、预处理池、地埋式沼气池和沼液沼渣池。根据需求，本项目做以下改造：

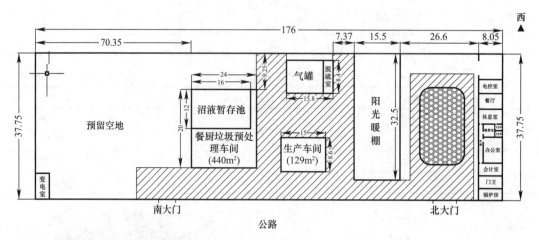

图 10-30　沼气站平面布局图

（1）增设太阳能集热器为发酵池增温保温。在沼气站最北边的办公生活区屋顶安装太阳能集热器，在原来的锅炉房中安装保温水箱，利用太阳能为发酵池增温保温。

（2）控制原料预处理池的搅拌条件或增设曝气设备以调节阳光暖棚中预处理池中发酵料液的溶解氧含量，使其达到最佳值，从而促进原料的水解酸化，进一步提高产气效率。

（3）在锅炉房、员工住宿区、1户村民家分别安装试制的沼气全预混燃烧器，从而为沼气站办公室、员工洗浴室和农户家供暖、供生活热水。

太阳能供热系统主要由太阳能真空管、保温水箱、太阳能循环泵、控制柜和管道等部分组成。其原理是通过采光，把吸收的太阳能转变成热能，通过管道输送到沼气池，提高沼气池的温度。除了安装太阳能供热系统以外，还安装了同济大学研发的新型沼气全预混燃烧器，并将其应用于沼气站办公区、员工住宿区及农户家中供热供暖。太阳能供热系统如图10-31所示。

图 10-31　花马池镇沼气＋太阳能复合供能系统

10.2.3　运行监测与效益分析

1. 监测结果

通过对项目建设完成后沼气池的池温、消化液 pH、沼气产量、甲烷含量等指标的监测，可以明确温度对消化液理化性质和产气效果影响的变化规律，更好地为太阳能集热器调控温度、强化厌氧消化系统的进一步研究提供可靠的实验依据。在沼气工程中通过对太阳辐射强度、气温、沼气池池温以及沼气池消化液理化性质的实时监测，随时掌握各项指标的变化，分析温度对消化液理化性质以及产气效果的影响，以合理调整各种设备的运行，是整个系统实现安全、稳定运行的前提。

本项目的太阳能辅热增温设备在 2022 年 7 月安装完毕，经过调试之后，在 2022 年 10 月份开始正式运行，得到显著的效果。通过监测 2022 年 10 月和 11 月的产气效果以及消化液理化性质等数据，对于太阳能辅热增温后所得到监测结果的分析如下。

（1）太阳辐射强度

经过监测，盐池县 2022 年 10 月和 11 月太阳辐射强度如图 10-32 所示。

经过图 10-32 所得数据计算得出盐池县在 10 月和 11 月日平均太阳辐射强度呈现波动下降的趋势，最高可达 221.4W/m²，最低仅为 20.7W/m²，平均太阳辐射强度为 137.1W/m²。太阳辐射强度受到季节和天气的影响较大，阴雨天气和雪天太阳辐射强度会大大降低，且冬季的太阳能辐射强度也较低。

（2）沼气池温度及平均气温

图 10-33 是 10 月、11 月当地平均气温以及沼气池的温度变化情况。从图中可以看出，当地 10 月份和 11 月份平均气温均很低，并呈波动下降趋势，若无增温保温系统提供热量，将无法维持厌氧消化系统的正常运行，从而导致厌氧消化系统产气不稳定。在安装太阳能供热系统调控温度后，沼气池在 10 月、11 月温度在 21～25.5℃之间波动，平均温度达到了 24.5℃，可以保证厌氧消化系统的正常运行和正常产气。

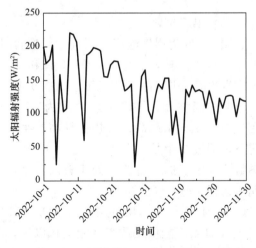

图 10-32　盐池县 2022 年 10 月、11 月
太阳辐射强度

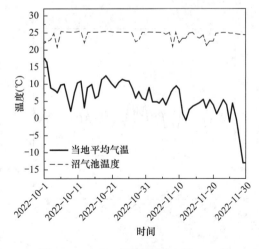

图 10-33　2022 年盐池县 10 月、11 月
平均温度以及沼气池温度

（3）沼气池消化液 pH

经过监测，2022 年 10 月和 11 月沼气池消化液 pH 的变化情况如图 10-34 所示。从图中可以发现，消化液 pH 在 10 月和 11 月的波动范围始终处在 7.02～7.95 之间，平均 pH 约为 7.47。pH 的波动可能与沼气池的进料、出料有一定关系。总体来看，10 月和 11 月的沼气池消化液 pH 相对稳定，可以维持正常的厌氧消化，保证正常产气和系统的正常运行。

（4）沼气产量

图 10-35 为 10 月、11 月的日沼气产量变化趋势。从图中可知，10 月和 11 月沼气总产量为 6289.8m³，日平均沼气产量约为 103.1m³，对应的池容产气率约为 0.34m³/(m³·d)，说明产气效果较好。尽管从图 10-35 可以看出，沼气池的温度存在一定的波动，但产甲烷微生物经过长期的驯化可能已经适宜了此温度范围，因此沼气池仍然保持了较好的产气效果。

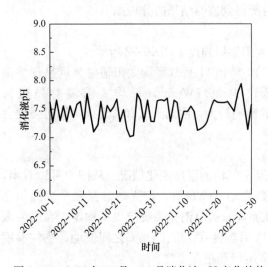

图 10-34　2022 年 10 月、11 月消化液 pH 变化趋势

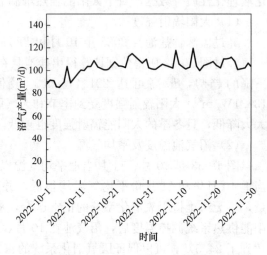

图 10-35　2022 年 10 月、11 月沼气产量

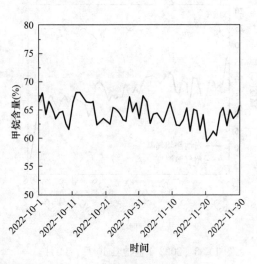

图 10-36　2022 年 10 月、11 月
沼气池所产沼气甲烷含量

（5）甲烷含量

图 10-36 为沼气池产生沼气的甲烷含量。从图中可以发现，从总体上看 10 月和 11 月所产生的沼气甲烷含量相对稳定，在 59.4%～68.1% 之间波动，平均甲烷含量为 64.3%。沼气中甲烷含量越高，其热值越高。通常情况下，沼气中甲烷含量在 50%～70% 之间，项目所产沼气的甲烷含量处于较高水平，表明其运行状况良好。

综合以上监测结果可以看出，自 2022 年 10 月 1 日太阳能供热系统开始运行以后，沼气池的平均池温达到 24.5℃，消化液 pH 保持在 7.5 左右。此时的沼气产量和甲烷含量也呈现出相对稳定的状态，沼气产量维持在

$103m^3/d$ 左右，甲烷含量稳定在 65％ 左右，池容产气率保持在 $0.34m^3/(m^3 \cdot d)$ 左右。这是由于太阳能供热系统运行后，为厌氧消化提供了稳定的常温运行环境，使消化液中的产甲烷菌相对更加活跃，酶活性相对增强，可以更加有效地去除有机物和固形物，同时导致挥发性脂肪酸的累积相对减少，从而增强了产沼气效果，所产沼气的甲烷含量也相对增加。

（6）改造前后沼气产气效果对比

西北地区农牧废弃物资源量丰富，为了避免秸秆焚烧、畜牧粪污随意排放等现象出现从而污染环境，亟需对其进行资源化处理。厌氧消化是资源化处理的一种重要方式，可以对农牧废弃物进行有效的降解，同时产生沼气、沼液和沼渣。沼气是一种绿色、可持续发展的清洁能源，沼液和沼渣可以作为高效有机肥料。但西北地区冬季气温低，不适合厌氧消化，无法维持正常产气，传统的增温方式有化石能源燃烧加热、所产沼气回用等方式，燃烧化石能源碳排放量较大，会污染周边环境，并且化石能源有限，而沼气回用在沼气产量较少的情况下并不适用。所以，本项目采用太阳能增温的方式，对沼气站发酵池进行控温，使其在一年四季都可以保证合适的温度条件，达到稳定的产气效果。

表 10-10 为项目改造前后的产气效果对比。为减少外界环境对对比分析的影响，改造前取 2021 年 10 月和 11 月的沼气站运行数据。

项目改造前后产气效果对比　　　　　　　　　　　　　　　　表 10-10

指标	改造前	改造后
平均甲烷含量（％）	65.1	64.3
总沼气产量（m^3）	3598.6	6289.8
日平均沼气产量（m^3/d）	69.2	103.1
平均 pH	7.00	7.47
发酵池平均温度（℃）	19.8	24.5
平均池容产气率 [$m^3/(m^3 \cdot d)$]	0.23	0.34

从表 10-10 可以发现，项目改造前沼气池的平均温度较低，仅为 19.8℃，因此沼气产量也相对较低，平均池容产气率仅为 $0.23m^3/(m^3 \cdot d)$。经过项目改造后，一方面沼气池平均温度提高至 24.5℃，另一方面微好氧的环境促进了发酵原料的水解酸化，使得沼气产气效果进一步提升。因此，项目改造后池容产气率有了明显提高，较改造前增加了 47.8％。

上述结果表明，利用太阳能集热器辅热增温强化产气的方式，相比于其他传统的增温方式，可以有效减少碳排放，具有更好的节能减排效益；当地太阳辐射强度大，可以有效的使全年发酵池温度保持在适合于厌氧消化产气的范围，并可以保持适合于厌氧消化稳定产气的 pH，沼气产量和所产沼气的甲烷含量也较高且稳定。

2. 效益分析

（1）经济效益

为了计算本项目开发的太阳能辅助增温耦合微好氧厌氧消化技术的成本和经济效益，以本项目运行参数为依据，即沼气池体积为 $300m^3$，原料为猪粪，原料浓度 9％，停留时间为 50d，通气量 $0.0125m^3/(m^3 \cdot d)$，沼气池及其他工艺参数见表 10-11，主要设备的能耗如表 10-12 所示。放大的太阳能辅助增温耦合微好氧厌氧消化系统如图 10-37 所示。

沼气池的工艺参数 表 10-11

项目	25℃±2℃	35℃±2℃
体积（m³）	300	
原料浓度（%）	9	
原料浓度（g TS/L）	92.33±3.98	
原料浓度（g VS/L）	65.56±2.82	
停留时间（d）	50	
进料量（m³/d）	6	
进料泵（m³/d）	6	
搅拌速率（rpm）	200	
通气量［m³/(m³·d)］	0.0125	
运行期	10月至4月	5月至9月
运行时间（d）	212	153
沼气产量［m³/(m³·d)］	0.351±0.006	0.496±0.021
甲烷产量［m³/(m³·d)］	0.185±0.004	0.322±0.017
甲烷产率（m³/t VS）	86±7	221±24
固形物去除率（%）	30.16±2.87	54.52±2.20
沼液产量（m³/d）	5.84	5.71
太阳能热水器的水循环（m³/d）	7.5	7.5

不同设备的能耗 表 10-12

序号	设备	能耗
1	进料泵	40.68［kJ/(kg VS·d)］
2	搅拌器	203.39［kJ/(kg VS·d)］
3	通气泵	15.25［kJ/(kg VS·d)］
4	热水器循环泵	30.51［kJ/(kg VS·d)］

沼气池的能量衡算如图 10-38 所示，详细如下式所示：

$$能量衡算＝能量输出＋热量回收－热量输入－电能输入$$

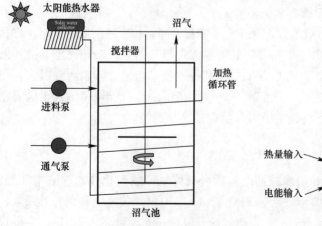

图 10-37 太阳能辅助增温耦合微好氧厌氧消化系统

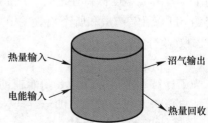

图 10-38 沼气的能量衡算

主要设备的电能输入计算如下式所示：

$$E_{i, electicity} = 进料泵能耗 + 搅拌器能耗 + 通气泵能耗 + 热水器循环泵能耗$$

式中，$E_{i, electicity}$——电能输入（kJ/kg 进料 VS/d）。

由于采用太阳能辅助加热，根据太阳能的年变化和热量回收，每年 10 月到次年 4 月可以维持沼气罐温度为（25±2）℃，而每年 5 月到 9 月可以维持沼气罐温度为（35±2）℃，因此无需额外输入热量。

沼气、沼液、沼渣、猪粪和秸秆价格按项目计。太阳能热水器使用寿命按 10 年计，总价格 14 万元，不考虑其日常维护费用。计算过程中不考虑沼气提纯、沼液和沼渣的分离等费用，沼气罐的建设成本、进料泵、搅拌泵、出料泵、通气泵等成本也不考虑。

$$产出收入 = 沼气收入 + 沼液收入$$
$$沼气收入 = 沼气产量 × 沼气价格$$
$$沼液收入 = 沼液产量 × 沼液价格$$
$$物料成本 = 原料成本 + 太阳能热水器成本 + 电费$$
$$原料成本 = 猪粪量 × 猪粪价格$$
$$太阳能热水器成本 = 太阳能热水器总价 / 10 / 365$$
$$电费 = 电能输入 × 电能价格$$

以上式中，沼气产量单位为 m^3/d；沼气价格：1.3 元/m^3；沼液产量单位为 m^3/d；沼液价格：150 元/m^3；猪粪价格：130 元/m^3。太阳能热水器总价：140000 元，使用寿命为 10 年。

经济效益的计算如下式所示：

$$经济效益 = 产出收入 - 物料成本$$

通过计算，放大后沼气罐的物料成本为 399.2 元/d，经济效益为 628.8 元/d，详见表 10-13。从经济效益来看，尽管增加了太阳能热水器的投入，但是由于保证了沼气池的消化温度，使沼气池可以稳定产气，从而可以获得更好的经济效益。

放大后沼气池的物料成本和经济效益　　　　　　　　　　表 10-13

序号	物料成本	产出收入	经济效益
1	原料成本=339.3 元/d	沼气收入=160 元/d	—
2	太阳能热水器成本=38.4 元/d	沼液收入=868 元/d	—
3	电费=21.5 元/d	—	—
合计	399.2 元/d	1028 元/d	628.8 元/d

（2）生态环境效益

农牧废弃物是西北地区村镇重要的污染源，不合理的处理与利用，将会对西北地区村镇环境产生严重污染。通过太阳能辅助增温耦合微好氧厌氧消化实现这些农牧废弃物的高效能源化和资源化，可以削减 COD 和氨氮排放量，避免这些废弃物的随意堆放带来的面源污染问题，切实把住源头，避免形成土壤污染，降低这些废弃物对当地生态环境的破坏，减轻环境压力，保护优质的水资源和良好的生态环境，提升村镇人居环境质量。产生的沼气可以替代部分化石能源，从而减少化石能源使用带来的环境问题，并实现碳减排；产生沼液可以为无公害农产品生产提供肥料，替代化肥，从而减少化肥生产和使用带来的碳排放和面源污染问题，提高耕地有机质含量，增加土壤养分含量，增强土壤微生物活力，改善土壤结构，提升耕地质量，促进其永续利用。

（3）社会效益

通过太阳能辅助增温耦合微好氧厌氧消化实现农牧废弃物的高效能源化和资源化，可以有效改善农业生产环境，推进养殖与种植业的紧密衔接，形成种养循环一体化。同时，种养结合循环发展模式，能够促进农民增收、农业增效，增加农村就业岗位，推动当地经济、文化、教育、卫生事业发展。可以提升农民生活水平，推动美丽乡村建设，并促进西北地区村镇农牧业的绿色发展。

10.3　甘肃省高台县宣化镇生物质炉具+太阳能复合联供工程

10.3.1　工程概况

该工程位于甘肃省张掖市高台县宣化镇贞号村（图10-39），为原有自然村易地搬迁后新村，全村60户，总建筑面积约5095m²。每户由政府统一协调建设，户型及面积基本一致，主体结构于2019年建成，具备较好的基础条件。

图10-39　宣化镇贞号村村貌

1. 存在的问题

（1）当前生物质成型颗粒燃料价格高、获取难度大，炉具对燃料要求高，居民供暖负担重。

（2）现有炉具功能单一且热效率低下。

（3）炉具封火时间短，操作不便捷。

（4）供暖效果不好，室内温度偏低，居民总体感觉室内环境偏冷，热舒适性较差。

2. 建设目标

（1）充分利用当地资源，研究生物质成型燃料品质提升技术，扩大燃料来源及燃料适用范围，降低燃料成本。

（2）改造炉膛结构，进行燃料形态优化，提高炉具燃烧效率。

（3）针对末端进行设计优化，提高供暖温度与舒适性。

（4）增加炉具供能功能，提高炉具利用率。

（5）提高炉具操作简便性。

10.3.2 技术/装备与系统方案设计

1. 生物质颗粒燃烧特性研究与形态优化技术

通过仿真模拟对生物质颗粒的燃烧特性进行研究，并结合静态堆积特性和动态燃烧特性，对生物质成型燃料的形态进行优化设计。首先根据堆积特性的研究，初步确定可行生物质颗粒的尺寸范围；随后在 Fluent 中建立燃烧模型，改变模型中颗粒的形态参数，得到该范围内的颗粒的尺寸变化对挥发分析出情况的影响规律；最后在堆积特性、燃烧特性研究的基础上，给出颗粒燃料形态参数优化的方案与依据。

2. 生物质炉具综合热效率提升技术

利用理论分析、实验测试、模拟分析、综合评价等手段，设计新型生物质成型燃料多功能炉具，并通过理论分析优化炉具结构。主要研究内容有以下几方面：

（1）在现有基础上对生物质成型燃料燃烧特性的进一步研究，包括燃烧模式、点火性能及其影响因素，以及户用炉具燃烧的封火特点、结渣特性，为设计炉具。

（2）依据工业炉设计标准，结合省柴灶、燃煤炉、半气化炉特点，并根据传热计算设计出新型生物质成型燃料炉具。

（3）利用 Fluent 软件进行模拟分析，以实验测得的数据为基础进行模拟，研究模拟软件的基础理论，对模拟过程中模型的建立、网格的划分和计算参数进行设置，并对模拟结果与实验所测的结果作对比讨论，相互验证实验测试与模拟分析的准确性，优化炉具内部结构。

（4）制作优化后的新型生物质成型燃料炉具，对炉具性能进行全面试验，包括组件燃烧热效率、污染物产生情况、节能效率等，根据试验结果进行分析并提出建议。

3. 生物质炉具供热系统设计

选择贞号村 30 户农户安装研发的户用炊事取暖生活热水耦合高效联供炉具，生物质炉具项目的技术方案图 10-40 所示，同时将依据该示意图选定组件，在 TRNSYS 中连接。

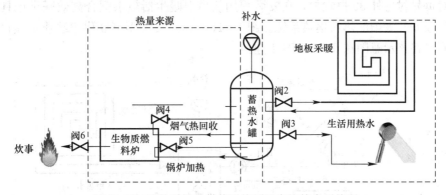

图 10-40 生物质炉具供热系统项目实施技术系统图

利用 TRNSYS 软件进行模拟前，需先选择系统需要的各模块，随后根据逻辑关系将各个模块连接起来，形成模拟系统，可以通过打印机和绘图机输出进行模拟监测或输出结果。本项目设计的联合供热系统需要的模块名称、类型及个数，如表 10-14 所示：

系统模块选择　　　　　　　　　　　　　表 10-14

模块名称	模块类型	模块个数	模块名称	模块类型	模块个数
蓄热水箱	Type158	1	供暖及生活用水	Type14	2
辅助热源	Type6	1	房间	Type56	1
循环泵	Type110	1	生活热水箱	Type39	1
分流器、合流器	Type11	2	积分器	Type24	1
气象资料	Type15	1	计算器	—	3
打印机	Type25	1	绘图机	Type65	若干

（1）控制策略说明

1）燃料炉一直保持运行状态。当负荷较低时，燃料炉以最小风阀开度运行。

2）当太阳能集热器产生的热水温度低于蓄热罐的设定热水温度最低值时，增大燃料炉的风阀开度，对蓄热罐内的水加热，达到设定水温最高值后再关小风阀开度。

3）阀 4 和阀 5 处于常开状态。

4）太阳能保持着能用尽用的原则。

5）当太阳能集热器产生的热水温度低于蓄热罐设定水温最低值时，关闭阀 1。

6）当蓄热罐内的水量低到某一限值时，补水泵开始工作。

7）地板供暖内的流体媒介与蓄热水罐内的热水互不接触，直接进行热量交换。

其他回路直接调取蓄热罐内的热水。

（2）不同工况运行说明

1）炊事工况：阀门 6 开启，用于做饭。

2）非炊事工况：阀门 6 关闭。

3）供暖工况：阀门 2 开启，用于地板供暖。

4）非供暖工况：阀门 2 关闭。

4. 生物质炉具＋太阳能复合联供系统设计

针对贞号村另外 30 户农户，在安装户用炊事取暖生活热水耦合高效联供炉具的基础上，在屋顶安装太阳能热水集热系统。图 10-41、图 4-42 为多能联供生物质炉项目的技术方案，同时将该示意图在 TRNSYS 中连接。

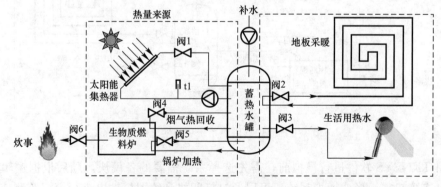

图 10-41　生物质炉具＋太阳能复合联供系统项目实施技术系统图

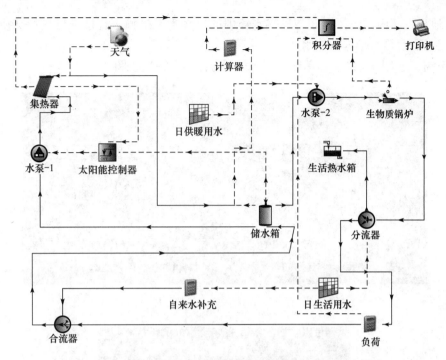

图 10-42 生物质炉具＋太阳能复合联供系统项目系统示意图

利用 TRNSYS 软件进行模拟前，需先选择系统需要的各模块，随后根据逻辑关系将各个模块连接起来，形成模拟系统，可以通过打印机和绘图机输出进行模拟监测或输出结果。本项目设计的联合供热系统需要的模块名称、类型及个数，如表 10-15 所示：

系统模块选择　　　　　　　　　　　　　　　　　　　表 10-15

模块名称	模块类型	模块个数	模块名称	模块类型	模块个数
太阳能集热器	Type71	1	供暖及生活用水	Type14	2
蓄热水箱	Type158	1	房间	Type56	1
辅助热源	Type6	1	生活热水箱	Type39	1
循环泵	Type110/114	2	积分器	Type24	1
分流器、合流器	Type11	2	计算器	—	3
气象资料	Type15	1	绘图机	Type65	若干
控制器	Type165	1	打印机	Type25	1

（1）控制策略说明

1）燃料炉一直保持运行状态。当负荷较低时，燃料炉以最小风阀开度运行。

2）当太阳能集热器产生的热水温度低于蓄热水箱的设定热水温度最低值时，增大燃料炉的风阀开度，对蓄热水箱内的水加热，达到设定水温最高值后再关小风阀开度。

3）阀 4 和阀 5 处于常开状态。

4）太阳能保持着能用尽用的原则。

5）当太阳能集热器产生的热水温度低于蓄热水箱设定水温最低值时，关闭阀 1。

6）当蓄热水箱内的水量低到某一限值时，补水泵开始工作。

7）地板供暖内的流体媒介与蓄热水箱内的热水互不接触，直接进行热量交换。其他回路直接调取蓄热水箱内的热水。

图 10-43 为太阳能系统现场图，图 10-44 为蓄热水箱现场图。

图 10-43　太阳能系统现场图

图 10-44　蓄热水箱现场图

（2）不同工况运行说明

1）炊事工况：阀门 6 开启，用于做饭。

2）非炊事工况：阀门 6 关闭。

3）供暖工况：阀门 2 开启，用于地板供暖。

4）非供暖工况：阀门 2 关闭。

10.3.3　运行监测与效益分析

1. 监测结果

2022 年 11 月 29 日至 2022 年 12 月 29 日对生物质炉具供热量、供暖末端供回水温度及流量、生活热水出水温度及流量、太阳能系统供热量、供暖房间的温湿度等参数进行了连续监测，结果如下：

（1）生物质炉具供热量

对典型用户生物质供暖炉进行供热量监测，持续时长 70min，记录数据如表 10-16 所示。

生物质炉具供热量监测结果　　　　　　　　　　　　　　表 10-16

序号	检测项	数值
1	实际加热时间（s）	4210
2	总水量（L）	480
3	初始水温度（℃）	18.2
4	结束水温度（℃）	85
5	测试炉具供热能力（kW）	31.89
6	生物质燃料消耗量（kg）	10.2
7	生物质燃料产品低位热值（MJ/kg）	16.6
8	燃料累计热值（kW）	40.22
9	系统综合热效率（%）	85.4

（2）供暖末端供回水流量及温度（表 10-17）

供暖末端供回水流量、温度监测结果　　　　　　　　　　表 10-17

系统编号	监测时间	供回水流量（m³/h）	供水温度（℃）	回水温度（℃）
供暖末端	10min	3.92	44.14	42.40
	20min	4.02	44.83	42.25
	30min	4.11	44.23	42.24
	40min	4.18	44.99	42.39
	50min	4.16	44.04	42.67
	60min	4.21	44.94	42.66
	70min	4.15	44.88	42.38
	80min	4.12	44.50	42.11
	90min	4.05	44.40	42.77
	100min	3.92	44.43	42.49
	110min	3.90	44.82	42.57
	120min	3.86	44.44	42.38
	运行平均值	4.05	44.55	42.44

注：管径 $DN25$，额定流量 $4m^3/h$。

在监测时间内，供水温度保持在 44.5℃ 左右，回水温度保持在 42.5℃ 左右，整体波动不大，较稳定（图 10-45）。供回水流量在 4.0m³/h 左右，波动较小。

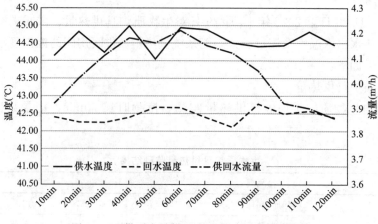

图 10-45　供暖末端供回水流量、温度监测结果

（3）生活热水温度及流量（表 10-18）

生活热水流量、温度监测结果　　　　　　　　表 10-18

序号	检测项	数值
1	实际放水时间（s）	2400
2	热水供应总量（L）	53
3	自来水温度（℃）	18.2
4	水箱热水温度（℃）	85
5	生活热水供水温度（℃）	45
6	生活热水供热能力（kW）	2.48

（4）太阳能系统供热量（表 10-19）

太阳能系统供热量监测结果　　　　　　　　表 10-19

序号	检测项	数值
1	实际加热时间（h）	3.5
2	总水量（L）	480
3	初始水温度（℃）	18.2
4	结束水温度（℃）	60
5	测试太阳能系统供热能力（kW）	6.67

（5）太阳能＋生物质联供系统综合热效率（表 10-20）

太阳能＋生物质联供系统综合热效率计算　　　　　　　　表 10-20

序号	检测项	数值
1	供暖末端供热能力（kW）	9.93
2	生活热水供热能力（kW）	2.48

序号	检测项	数值
3	炉具供热能力（kW）	31.89
4	太阳能系统供热能力（kW）	6.67
5	太阳能供暖保证率（%）	67.14
6	系统综合热效率（%）	85.45

（6）供暖房间温度

对温度监测的数据结果如图 10-46 所示，典型房间如客厅与两个卧室均有持续性供暖，客厅平均温度相比于卧室偏高一点，整体供暖温度在 20～22℃。

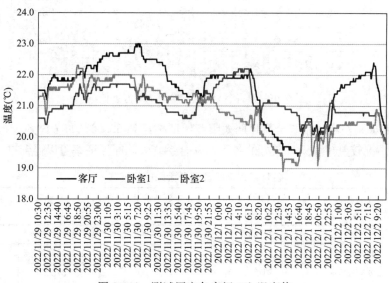

图 10-46　测试用户各房间 72h 温度值

（7）供暖房间湿度

对湿度监测的数据结果如图 10-47 所示，相对湿度与室内温度有关，整体相对湿度在 50% 左右，稍有波动。

各户供暖热环境与各户的具体供暖设置有关，均较好地达到了各户的热环境要求，证明沼气供暖系统的优化处理达到了要求，各用户均对生物质炉具供暖效果较为满意。

2. 效益分析

（1）供热量及太阳能保证率

利用 TRNSYS 软件对生物质炉具＋太阳能复合联供系统进行模拟，得到供暖期各月的太阳能保证率，如表 10-21 所示。供暖期太阳能及生物质能提供总热量包括当月的供暖热负荷、生活热水负荷、水箱热量散失及其他部分热量散失，但主体为当月的供暖热负荷，整体趋势与当月供暖热负荷相同。每月的太阳能集热器有效集热量与当月的太阳能状况相关，由表 10-21 可见，12 月当月太阳能集热状况较差，可见当月天气状况较差，此时生物质炉具供热量最高，负荷压力较大；1 月时太阳能集热器有效集热量最高，可见当月天气多晴朗，属于比较理想的系统运行情况。太阳能保证率在 10 月、11 月及 3 月达到较高值，超过 70%，主要原因是这几个月系统总热负荷较低。在负荷较高时，系统太阳能保证率

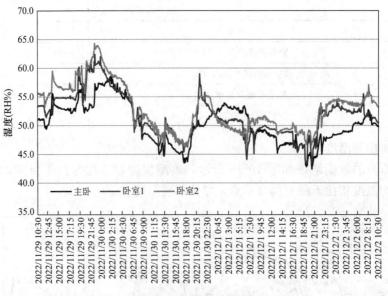

图 10-47　测试用户各房间 72h 湿度值

则基本稳定在 60% 左右，系统全供暖期太阳能保证率达到 62.96%。考虑到选择的气候数据中 12 月天气情况较差，在天气较好的冬季，联合系统太阳能保证率可以得到进一步提升。

各月系统运行数据及太阳能保证率　　　　　　　　　　　　　表 10-21

月份	太阳能集热器 有效集热量（kJ）	储罐总热量 损失（kJ）	生物质炉具 提供热量（kJ）	总提供热量 （kJ）	太阳能保证率 （%）
10	1659875	17753	544904	2303245	72.07
11	3347517	14458	1679019	4521869	74.03
12	3626762	10727	3121494	7737802	46.87
1	4447095	13196	2693116	7132735	62.35
2	4153551	10612	2200925	6346695	65.44
3	3322790	14891	1291066	4609025	72.09

　　（2）经济效益

　　将生物质炉具＋太阳能复合联供系统与单一生物质供热系统对比，分析二十年运行期两种系统的总折算成本。单一太阳能供热系统难以实现，即使选用蓄热水箱来积蓄热量，但太阳能利用时间偏短，很难保证夜间连续供热，故不纳入比较。

　　对生物质供热系统的成本进行讨论，其初投资部分不考虑太阳能集热器与太阳能集热器回路水泵，但生物质炉具所需成本略有增加，价格约为 3500 元；年运行费用部分，生物质供热系统每年消耗的生物质燃料量增加，每年能源费用增加，末端回路水泵的年耗能费用不变。计算完的各部分数据见表 10-22。

纯生物质系统与联合系统总折算成本比较　　　　　　　　　　表 10-22

系统类别	初投资费用（元）（改造部分）	年能源费用（元）	泵耗能费用（元）
纯生物质系统	3650	2786.6	394.8
联合系统	9440	1778.6	486.7

　　由表 10-22 可见，联合系统年能源费用较低，每年节省约 1000 元。不考虑两系统共同成本部分，联合系统初投资成本稍高，但是运行中即使不考虑太阳能集热器对生活热水成本降低，到第 6 年联合供热系统成本已优于纯生物质供热系统。而考虑到系统运行时间通常会高于 20 年，节省成本会更加明显。但是相对于生物质炉具＋太阳能联供系统，纯生物质供热系统可以保持持续稳定的热量输出，而阴雨天气生物质炉具＋太阳能联供系统的热量输出难以达到较高标准，各户可根据实际情况选择更适合的供热系统。

10.4　青海省海东市平安镇分布式压缩空气储能热电联供工程

10.4.1　工程概况

　　该工程位于青海省海东市平安区平安镇白家村，地处海东市中心腹地，属于典型农区、山区和高海拔聚居区，大陆性高原气候，日间光照时间长，昼夜温差大。该村拥有羊肚菌科研基地（图 10-48），园区拥有温室 70 座，羊肚菌种植面积突破 1000 亩，建设总用地 $3200m^2$。

　　1. 存在的问题

　　青海省海东市平安区平安镇白家村农业园区以羊肚菌种植为主，羊肚菌作为园区的重要经济作物，在白家村农业园区经济收入占比较高。羊肚菌生长对环境要求较为严格，其生长最佳温度区间为 15～20℃，低于 0℃ 羊肚菌就会冻死，高于 25℃ 半个小时之内就会全部死亡。因此需保证羊肚菌在低温时的供暖措施以及高温时的散热措施，可采用通风与喷水的方式来进行降温。由于青海地区冬季气温极低，

图 10-48　平安区白家村羊肚菌种植基地

较低的气温会导致羊肚菌生长放缓，甚至出现冻死的现象，严重降低了羊肚菌的产量。

　　2. 建设目标

　　分布式压缩空气储能系统具有运行可靠、使用寿命长、热电联储联供等优势，通过在白家村农业园建成分布式压缩空气储能系统，为农业园区提供清洁电力和热源，保证羊肚菌处于最佳生长温度区间，极大程度提高羊肚菌的生存率与品质，提高羊肚菌基地整体经济效益，实现平安镇白家村农业园的增产创收。

10.4.2　技术/装备与系统方案设计

　　1. 分布式压缩空气储能系统设计

　　（1）压缩子系统

　　空气压缩子系统选取四级活塞式空气压缩机，型号 VF-1.1/80，选用的空气压缩机为 V 型双排四级串联的高速压缩机，气缸间的夹角为 75°，级间采用强迫风循环冷却方式，即冷却风直吹压缩机各级气缸，压缩过程近似等温压缩，可有效减少压缩过程的功耗。为避免压缩机气流波动引起的压比突变，各级压缩机出口设置有气流缓冲瓶，最后一级与高压钢制模块化跨压区储能及释能装置储气管连接，通过压力差控制进入储气管的阀门开

度，确保非稳态压缩处于近似准静态过程。

空气压缩子系统在工作时，气流首先经过过滤器，然后进入一级气缸进行压缩，压缩后的空气经一级冷却后进入二级气缸，依次类推进行四级压缩，每级气缸的排气口都串联有冷却器进行中间冷却。每级气缸输出管的连接管道上都装有与各级压力相应的保险阀门，以保证在各级排气压力超过设计压力时起保险作用。空气经过第四级冷却器后进入油水分离器，最后以额定压力存储在储气罐内。压缩机容积流量为 $3Nm^3/h$，最大排气压力可以达到 100bar。需要特别说明的是，实验平台所在地处于高海拔地区，气压和空气密度降低导致电机功率和压缩机出力均有所下降，设备供货方考虑高海拔因素，表 10-23 给出了该活塞式四级压缩机的运行参数。

活塞式压缩机各级运行参数　　　　　　　　表 10-23

参数	单位	第一级	第二级	第三级	第四级
进气压力	bar	1	2.9	10.2	34.9
排气压力	bar	2.9	10.2	34.9	101
进气温度	℃	10	25	25	25
排气温度	℃	117	157	148	130
绝热效率	%	74.4	77.5	80.5	82.4

图 10-49　VF-1.1/80 活塞式压缩机实物图

图 10-49 给出了 VF-1.1/80 活塞式压缩机实物图。为保证压缩机的安全可靠运行，系统还配备了油压保护、排压保护、主机过载保护、油泵电机过载保护、冷却风机过载保护，启动方式为自耦降压启动。

（2）储气子系统

测试平台中储气设计压力运行范围为 7.2～98bar，储气容积 $6m^3$。在充气过程中，四台储气管同时进气，压缩机与储气管之间连接控制阀门，当压力达到额定值时关闭阀门。储气管出口和透平膨胀机间连接调节阀门。放气过程中，随着管内压力下降逐渐调节阀门开度，保证阀门出口压力恒定为 7.2bar。为了准确测量管内空气在充气和放气过程中温度和压力的变化，系统设计在一台储气罐内部布置了一支 PT100 温度传感器，通过储气罐内预先布置的支撑完成温度传感器的安装，温度传感器暴露在储气罐内空间，测量精度 0.1℃。表 10-24 给出了模块化跨压区储能及释能装置的运行参数，图 10-50 为模块化跨压区储能及释能装置实物图。

模块化跨压区储能及释能装置运行参数　　　　　表 10-24

运行参数	单位	数值	运行参数	单位	数值
压力	bar	98	温度	℃	80
温度	℃	20	全容积	m^3	6
压力	bar	98	安全阀整定压力	bar	96

（3）光热集/储热子系统

光热集/储热子系统主要由塔式集热子系统、槽式集热子系统、热油罐、冷油罐、油气换热器、太阳直射辐照仪、导热油泵、阀门及控制仪表等组成，各装置的选型配置介绍如下。

槽式集热器用于将储热介质加热到设计温度并存储于高温导热油罐中。试验平台选用ZY-PTC2.55 型槽式集热器，其工作参数和实物分别如表 10-25 和图 10-51 所示。

图 10-50　模块化跨压区储气罐实物图

槽式集热器主要运行参数　　　　　　　　　　表 10-25

参数	单位	数值	参数	单位	数值
开口宽度	m	2.55	光学效率	%	70
焦距	mm	850	膜层吸收率	%	95.5
单元长度	m	6	膜层发射率	%	10.5
反射镜数量	片	4	反射镜反光率	%	94
集热管内径	mm	40	玻璃管透过率	%	95

运行经验表明，在太阳辐照度大于 $550W/m^2$ 的条件下，集热器开始工作，集热镜场通过聚焦集热将热油罐内的导热油加热至 180℃，然后通过换热系统与空气进行换热，换热后的导热油进入冷油罐。冷油罐内的导热油经油泵输送至集热镜场再次加热，集热器含有单轴自动跟踪系统，可实现太阳光始终垂直入射集热镜场。通常在进行一次循环加热后，热油罐中的导热油尚未达到设计温度，此时，集热器处在自循环模式，即导热油的循环路径为：热油罐—槽式集热器—集热镜场，直至导热油达到设计温度。

测试平台中的储热子系统采用双罐布置的方式，在膨胀发电时，按照导热油设计质量流量 2590kg/h，发电时间 0.23h，需消耗约 595kg 导热油。系统选用 320 导热油为储热介质，工质密度为 800kg/m³。考虑裕量后设计热油罐/冷油罐容积均为 3m³，热油罐和冷油罐如图 10-52 所示。

图 10-51　槽式集热器实物图

图 10-52　热油罐和冷油罐

光热集/储热子系统中的换热器选用翅片管壳式换热器作为加热器，用于将所集光热能量加热进入透平膨胀发电机的高压空气，以提升其做功能力。整套油气换热系统高温部分（高温导热油管道、油气换热器外壳）、膨胀系统高温部分（高温气体管道）均按照绝热保温标准设计，高温热油罐保温要求为 12h 储热降温≤5℃。表 10-26、表 10-27 给出了系统油气换热器运行参数，图 10-53 为油气换热器实物图。

一级油气换热器运行参数
表 10-26

序号	名称		单位	工况数值
1	空气侧	入口温度	℃	10
		出口温度	℃	120
		入口压力	MPa	0.72
		气侧最大允许压降	MPa	0.7
		流量	t/h	2.88
2	油侧	入口温度	℃	175
		出口温度	℃	86
		入口压力	MPa	0.18
		出口压力	MPa	0.175
		流量	t/h	1.635
3	换热器总传热量		kW	89.8
4	换热器总传热系数		W/(m^2·℃)	129.1
5	总传热温差		℃	63.8
6	换热器传热面积		m^2	13.4
7	换热器尺寸及体积		m^3	DN300×1500×900（通径×长度×高度）
8	空气侧压降		kPa	5
9	导热油侧压降		kPa	5

二级油气换热器运行参数
表 10-27

序号	名称		单位	工况数值
1	空气侧	入口温度	℃	55.5
		出口温度	℃	120
		入口压力	MPa	0.305
		出口压力	MPa	0.29
		流量	t/h	2.88
2	油侧	入口温度	℃	175
		出口温度	℃	86
		入口压力	MPa	0.28
		出口压力	MPa	0.275
		流量	t/h	0.955
3	换热器总传热量		kW	52.4
4	换热器总传热系数		W/(m^2·℃)	121
5	总传热温差		℃	39.7
6	换热器传热面积		m^2	13.4

续表

序号	名称	单位	工况数值
7	换热器尺寸及体积	m³	DN300×1500×900（通径×长度×高度）
8	空气侧压降	kPa	10
9	导热油侧压降	kPa	5

（4）透平发电子系统

测试平台中透平膨胀发电子系统进气温度相对较高（120℃），进气流量相对较低（2800kg/h），同时透平膨胀机高速输出轴与发电机定子同轴连接，其剖面结构和实物如图 10-54 所示。

图 10-53 油气换热器实物图

图 10-54 高速透平发电机实物图

高压空气进气流量由调节阀控制，高压空气经喷嘴和工作轮膨胀做功。其运行参数如表 10-28 所示。

透平膨胀发电子系统运行参数 表 10-28

运行参数	单位	数值	运行参数	单位	数值
流量	kg/h	2800	出口温度	℃	37.5
进口压力	bar	7.2	电压	V	400～480
进口温度	℃	120	设计转速	r/min	30000
出口压力	bar	1.05	设计轴功率	kW	120
等熵效率	%	80	发电机功率	kW	100
频率	Hz	883.3	效率	%	95

本测试中的透平膨胀发电机发出电能的额定频率为 883.3Hz，选用交直交变流方式向负载供电，负荷侧变流器选用型号为 BNWG-100KS 带整流装置逆变器，参数如表 10-29 所示。高频整流逆变柜实物如图 10-55 所示。

带整流装置逆变器运行参数 表 10-29

运行参数	单位	数值	运行参数	单位	数值
最大输入功率	kW	120	自启动时间	min	2
额定输入电压	V	380	系统自耗电	kW	0.1
输入频率范围	Hz	500～900	环境温度	℃	−25～50
额定输出功率	kW	100	最大输出功率	kW	105
电流波形畸变率	%	<5	效率	%	98

图 10-55　高频整流逆变器集装箱

（5）供暖子系统

分布式压缩空气储能大棚供暖子系统主要由供暖管道组成。冷却水在供暖管道和油水换热器之间形成闭式循环，首先低温冷却水进入油水换热器被高温导热油加热至高温状态后，再进入供暖管道向大棚散热，经过散热降温后的冷却水再次进入油水换热器循环。整个供暖管道的参数如表 10-30 所示。供暖管道沿着大棚四周布置，现场示意如图 10-56 所示。

供热管道运行参数　　　　　　　　　　　　　　　表 10-30

运行参数	单位	数值	运行参数	单位	数值
管径	mm	32	长度	m	185
翅片高度	mm	14	重量	kg/m	3.66
供水温度	℃	50	回水温度	℃	30

图 10-56　大棚供暖子系统实物图

（6）测控子系统

为保障分布式压缩空气储能系统供能的安全性和可靠性，测控系统基于云端实时监测，可及时准确的监测系统状态并做出故障诊断，实现分布式压缩空气储能系统的安全运行、可靠供能。图 10-57 为测控子系统框架布置示意图。

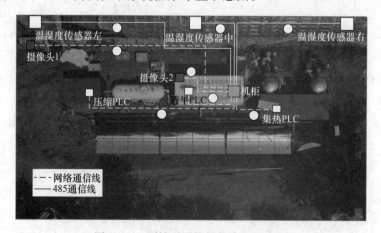

图 10-57　测控子系统框架布置示意图

2. 分布式压缩空气储能系统现场布置

白家村温室大棚前有一块长为 25m、宽为 8m、面积为 200m² 的空地，方位为自东向西，非常适合安装分布式压缩空气储能系统，并且结合青海省丰富的太阳能资源，能给光热集热系统提供充足的热能。

初步方案架构主要以分布式压缩空气储能系统为枢纽，通过梯级利用光热模块的高温热能，实现稳定、高效的热电联供。整个工程主要由压缩子系统、储热子系统、回热子系统、储气子系统、透平子系统、光热集热子系统以及大棚供暖子系统组成。

受场地宽度的局限性，整个分布式压缩空气储能系统呈自西向东一字形排列。在压缩储气过程中，通过压缩机压缩后的高温高压空气要先经过压缩机冷却塔降温，然后将收集到的压缩热注入大棚内的供暖管道，冷却后的高压空气储存在储气罐中，为了节约空地面积与减少供暖过程中压缩热的损失，将压缩机冷却塔和供暖管道集成至大棚，将压缩机单独集成。在透平发电过程中，进入透平发电机进气口的温度越高，其发电效率就越高。因此，为了减少回热过程中管道的热量散失，将回热器与透平发电机集成装在一个集装箱中。分布式压缩空气储能系统安装的首要前提是在不影响温室大棚内农作物光照的前提下，集热场作为一个 2.5m×20m 的光热集热系统，只能将其安装在远离温室大棚的一侧。平安区白家村分布式压缩空气储能系统的布置示意及现场分别如图 10-58 与图 10-59 所示：

10.4.3　运行监测与效益分析

1. 监测结果

（1）储能功率

空气压缩机的功率作为分布式压缩空气储能系统的储能功率，是评估分布式压缩空气储能系统的储能运行性能的关键因素。为此，本项目对空气压缩机的功率进行了测试分析。空气压缩机运行功率主要通过测量储能过程中压缩机输入端的线电压和线电流后，采用下式计算得到：

$$P_c = \sqrt{3} U_c I_c \cos(\varphi)$$

式中，P_c——储能功率（kW）；

　　U_c——储能过程中压缩机的线电压（V）；

　　I_c——储能过程中压缩机的线电流（A）；

　$\cos(\varphi)$——电动机的功率因素，取 0.8。

本项目共进行了 3 组压缩机输入端的线电流和线电压测量，测量结果如表 10-31 所示。结合表 10-31 可知，分布式压缩空气储能系统的储能功率约为 58kW。

（2）光热集热子系统

分布式压缩空气储能光热集热子系统主要通过槽式集热器将光热转换成高温热能存储后用于透平发电或者大棚供暖。显然，光热集热子系统的集热温度是评估其性能的关键。为此，对光热集热子系统内部高、低温油罐的储热温度进行了测量，结果数据如表 10-32 所示。

结合表 10-33 可知，分布式压缩空气储能光热集热系统工作正常，系统高温储热罐内导热油的储热温度约为 180℃，低温储热罐内导热油的温度约为 60℃，可满足透平发电和大棚供暖的需求。

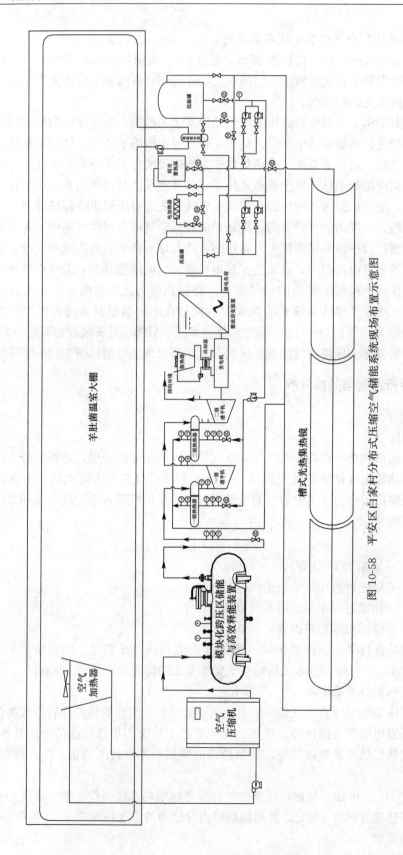

图10-58 平安区白家村分布式压缩空气储能系统现场布置示意图

图 10-59　平安区白家村分布式压缩空气储能系统现场

分布式压缩空气储能系统储能功率计算　　　　　　表 10-31

检测项目	第一组数据	第二组数据	第三组数据	平均
压缩机线电压（V）	380.1	379.5	380.4	380
压缩机线电流（A）	110.3	110.9	110	110.4
储能功率（kW）	58.1	58.3	58	58.1

光热集热子系统蓄热温度测量结果　　　　　　表 10-32

测试项目	第一组测量结果	第二组测量结果	第三组测量结果	平均
高温油罐起始温度（℃）	181.7	180.8	180.2	180.9
高温油罐最终温度（℃）	181.3	180.3	180.1	180.6
低温油罐起始温度（℃）	61.6	59.8	59.4	60.2
低温油罐最终温度（℃）	61.5	59.6	59.1	60.1
供热温度（℃）	61.6～181.5	59.7～180.6	59.3～180.2	60.2～180.8

（3）透平机轴功率

透平发电子系统作分布式压缩空气储能系统热功转换的关键部件，其工作流程为：来自模块化跨压区储能及释能装置的高压空气经过节流阀稳压后，经过换热器被加热至高温状态，再依次进入透平发电系统输出轴功。可见，透平发电子系统的做功能力是影响分布式压缩空气储能系统发电能力的关键。透平发电子系统输出的轴功率可通过各级透平机进、出口温度及压力，以及透平机的空气质量流量等测量参数计算而得，具体可采用如下计算公式：

$$P_w = C_p q_m [(T_{in\_1} - T_{out\_1}) + (T_{in\_2} - T_{out\_2})]$$

式中，C_p——空气定压比热容 $[kg/(kg \cdot ℃)]$；

q_m——空气质量流量（kg/s）；

T_{in_1}——一级透平机进口空气温度（℃）；

T_{out_1}——一级透平机出口空气温度（℃）；

T_{in_2}——二级透平机进口空气温度（℃）；

T_{out_2}——二级透平机出口空气温度（℃）。

透平机各级进出口空气的压力和温度等参数可以通过温度表进行测量，整个测试过程一共进行了 3 组测试数据的采集，具体测试数据如表 10-33 所示。可知，基于空气动力的新型发电装备输出轴功率为 117.5kW。

分布式压缩空气储能系统透平机参数测试数据 表 10-33

测试项目	第1组测试结果	第2组测试结果	第3组测试结果	平均
透平机进口空气质量流量（kg/s）	0.80	0.81	0.79	0.803
一级透平机进口空气温度（℃）	120	121	123	121.3
一级透平机出口空气温度（℃）	55.5	56.8	58.7	57
二级透平机进口空气温度（℃）	120	119	120	119.7
二级透平机出口空气温度（℃）	37.5	37.3	38.3	37.7
空气定压比热容［kJ/(kg·K)］	1.004	1.004	1.004	1.004
透平机轴功率（kW）	118.1	118.6	115.7	117.5

（4）透平发电功率

为进一步评估分布式压缩空气储能系统的发电能力，本项目对释能功率进行测试并分析了测试结果。释能功率主要通过测量透平发电机输出端的线电压和线电流后，采用下式计算得到

$$P_e = \sqrt{3} U_e I_e \cos(\varphi)$$

式中，P_e——释能功率（kW）；

U_e——释能过程中透平发电机的线电压（V）；

I_e——释能过程中透平发电机的线电流（A）；

$\cos(\varphi)$——发电机的功率因素，取 0.8。

本项目共进行了 3 组压缩机输入端的线电压和线电流测量，测量结果如表 10-34 所示。可知，分布式压缩空气储能系统的透平发电功率约为 115kW。

分布式压缩空气储能系统透平发电功率检测数据 表 10-34

检测项目	第一组数据	第一组数据	第一组数据	平均
透平发电机线电压（V）	380.8	380.5	379.4	380.2
透平发电机线电流（A）	217.9	220.4	215.7	218
透平发电能功率（kW）	115.7	116.2	113.4	115.1

（5）透平机热力效率

透平机热力效率作为透平机运行的重要指标，是评估透平机热工转换能力的关键。为准确评估分布式压缩空气储能系统透平发电装备的性能，结合实际测试的方式进行了空气动力透平机热力效率分析。透平发电装备的热力效率可通过监控透平发电装备运行过程中进出口空气的压力和温度等参数计算得到。热力效率的具体计算方式如下所示：

$$\eta = \frac{C_p q_m \left[(T_{in\_1} - T_{out\_1}) + (T_{in\_2} - T_{out\_2}) \right]}{C_p q_m \left[(T_{in\_1} - T_{out\_1\_ideal}) + (T_{in\_2} - T_{out\_2\_ideal}) \right]}$$

式中，T_{in_1}——一级透平机进口空气温度（℃）；

T_{out_1}——一级透平机出口空气温度（℃）；

$T_{out\_1\_ideal}$——一级透平机等熵膨胀出口空气温度（℃）；

T_{in_2}——二级透平机进口空气温度（℃）；

T_{out_2}——二级透平机出口空气温度（℃）；

$T_{out\_2\_ideal}$——二级透平机等熵膨胀出口空气温度（℃）；

C_p——空气定压比热容 $[kg/(kg \cdot ℃)]$；

q_m——空气质量流量（kg/s）。

$$T_{out\_1\_ideal} = (T_{in\_1} + 273.15) \times \left(\frac{P_{out\_1}}{P_{in\_1}}\right)^{0.2857} - 273.15$$

式中，P_{in_1}——一级透平机进口空气压力（MPa. a）；

P_{out_1}——一级透平机出口空气压力（MPa. a）。

$$T_{out\_2\_ideal} = (T_{in\_2} + 273.15) \times \left(\frac{P_{out\_2}}{P_{in\_2}}\right)^{0.2857} - 273.15$$

式中，P_{in_2}——二级透平机进口空气压力（MPa. a）；

P_{out_2}——二级透平机出口空气压力（MPa. a）。

结合上式可知，透平发电装备的热力效率的计算主要涉及各级透平机的进、出口温度以及压力的测量。本项目一共进行了 3 组透平发电工况的测试，测试结果如表 10-35 所示。可知，所开发的分布式压缩空气储能系统透平发电装置的平均热力效率为 0.8 左右。

分布式压缩空气储能系统透平发电热力效率测试结果　　　表 10-35

测试项目	第一组测试结果	第二组测试结果	第三组测试结果	平均
透平机进口空气质量流量（kg/s）	0.80	0.81	0.79	0.803
一级透平机进口空气压力（MPa. a）	0.700	0.708	0.700	0.703
一级透平机进口空气温度（℃）	120	121	123	121.3
一级透平机出口空气压力（MPa. a）	0.305	0.308	0.305	0.306
一级透平机出口空气温度℃	55.5	56.8	58.7	57.0
一级透平机出口空气温度（等熵）（℃）	36.93	37.70	39.30	38.00
二级透平机进口空气压力（MPa. a）	0.290	0.293	0.290	0.291
二级透平机进口空气温度（℃）	120	119	120	119.7
二级透平机出口空气压力（MPa. a）	0.103	0.104	0.103	0.103
二级透平机出口空气温度（℃）	37.5	37.3	38.3	37.7
二级透平机出口空气温度（等熵）（℃）	19.3	18.6	19.3	19.1
透平机热力效率	0.800	0.794	0.791	0.795

2. 效益分析

（1）跨压区储气装置的经济性分析

跨压区储气装置的经济性主要体现在以下几点：

1）模块化跨压区储气装置由若干个储气单元组成，各储气单元上设置有可互相连接的连接结构。通过连接结构，可以实现储气装置的规模化组装，从而快速实现分布式压缩空气储能系统的容量扩充，保障系统经济性。

2）压力容器的制造工艺包括原材料的准备、划线、切割、成形、边缘加工、装配、焊接、检验等。提高钢材的耐蚀性、防止氧化、延长零部件及装备的寿命，提高装置经济性。

3）开发模块化跨压区储能与释能装备，可以支撑储能功率≥50kW、释能功率≥100kW 的分布式压缩空气储能，释能响应时间≤5s，模块化设计，可实现多模块拼装，使装置更具经济性。

（2）新型空气动力透平发电装置的经济性分析

新型空气动力透平发电装置的经济性主要体现在以下几点：

1）新型空气动力透平发电装置基于全场热平衡进行了整体热力工艺流程设计，可根据所在区域的热电负荷特征设计透平膨胀机特征参数，可精确满足区域需求的热电联供比，提高系统热电联供效率，保障系统经济性。

2）新型空气动力透平发电装置针对涡轮内喷嘴和叶轮进行气动设计与结构尺寸设计，通过设计喷嘴环的叶型减少喷嘴环流道损失，并针对叶轮气动力参数和几何参数进行优化设计，仿真结果显示，新型透平通流设计可有效提高透平膨胀机性能，其效率可达 79.6%。

3）针对新型空气动力发电透平装置设计了一体化自适应轴承，以其动、静荷载最大为目标函数进行参数设计与结构优化，最终分析结果可知，经优化后的自适应轴承额定动荷载提高了 50%，额定静荷载提高了 52.7%，极大程度上延长了轴承的疲劳寿命，使得采用自适应轴承的新型空气动力发电透平装置更具经济性。

（3）分布式压缩空气储能系统经济性分析

羊肚菌种植条件较为苛刻，对环境的温湿度的要求极高。青海地区冬季气候寒冷，极端低温环境会导致羊肚菌生长缓慢甚至出现大规模死亡现象，从而严重影响到羊肚菌的产量。为提高冬季羊肚菌产量的稳产性，青海省海东市平安区白家村羊肚菌示范基地进行了羊肚菌温室大棚种植，也一直在寻找稳定可靠的大棚供暖方式。鉴于分布式压缩空气储能系统具有热电联供的优势，提出了通过分布式压缩空气储能系统进行羊肚菌温室大棚热电供能的思路，并完成了白家村项目的建设。为进一步对比分析项目的供暖效果，结合当地现状重点测算了采用分布式压缩空气储能系统供能前后羊肚菌的收益，如表 10-36 所示。可知，白家村农业园区采用分布式压缩空气储能系统供能后，每年可增收羊肚菌 130kg，按照羊肚菌单价 800 元/kg 计算，可实现年增收 10.4 万元。考虑到项目初步估计整体投资约 100 万元，成本回收期为 9.6 年。

采用分布式压缩空气储能系统供能前后羊肚菌年收益对比 表 10-36

羊肚菌生长指标	供能前 （未采用分布式压缩空气储能）	供能后 （采用分布式压缩空气储能）
新鲜羊肚菌产量	150kg	280kg
羊肚菌单价	800 元/kg	
羊肚菌总收益	12 万	22.4 万

（4）分布式压缩空气储能系统社会效益分析

西北村镇地区地处偏远，高寒高海拔，热电用能需求较大，却普遍存在外部电网支撑薄弱、天然气管线无法覆盖等问题，难以满足当地用能需求。此外，农牧区居民大多分散居住、冬季常采用燃煤和干牛粪供暖，给西北村镇脆弱的生态环境造成了极大的隐患。分布式压缩空气储能系统具有热电联储联供的优势，除了上述经济效益外，还具有潜在的减少碳排放收益。具体结合青海省海东市平安区白家村分布式压缩空气储能项目分析可知，按全年供暖运行时间 180d 计算，分布式压缩空气储能系统全年的供热量 57600kWh，折算为标准煤 7.1t，减少二氧化碳排放 19.1t。可见，通过分布式压缩空气储能系统的热电供能可有效降低西北村镇的碳排放，有助于保护西北地区的生态环境，具有重要的社会效益。